中国城市科学研究系列报告

中国城市规划发展报告

2017—2018

中国城市科学研究会 编

中国建筑工业出版社

图书在版编目（CIP）数据

中国城市规划发展报告 2017—2018/中国城市科学研究会编. —北京：中国建筑工业出版社，2018. 7
（中国城市科学研究系列报告）
ISBN 978-7-112-22368-8

Ⅰ. ①中…　Ⅱ. ①中…　Ⅲ. ①城市规划-研究报告-中国-2017—2018　Ⅳ. ①TU984. 2

中国版本图书馆 CIP 数据核字（2018）第 126984 号

责任编辑：刘婷婷　王　梅
责任校对：李美娜

中国城市科学研究系列报告
中国城市规划发展报告
2017—2018
中国城市科学研究会　编
*
中国建筑工业出版社出版、发行（北京海淀三里河路 9 号）
各地新华书店、建筑书店经销
北京佳捷真科技发展有限公司制版
北京市密东印刷有限公司印刷
*
开本：787×1092 毫米　1/16　印张：28½　字数：555 千字
2018 年 7 月第一版　2018 年 7 月第一次印刷
定价：**92. 00** 元
ISBN 978-7-112-22368-8
（32250）

编委会成员名单

序　言

基于韧性城市的安全城市策略初探

习总书记视察北京通州新城时，曾明确指出通州新城要建设成为绿色城市、海绵城市、智慧城市。这三种城市为什么非常重要呢？这三类城市都体现了安全、生态、宜居的特点，只是实现途径不同。“绿色”采用的是微循环的办法，告别大工业文明时期类似柯布西耶的阳光城市那样的城市建造方式。“海绵”意味着城市处处都可以渗透、积存、净化、循环，化整为零地处理雨水，城市像海绵一样富有弹性。“智慧”城市利用各种新技术，比如人工智能、地理信息系统、物联网和大数据等，对城市的问题进行实时发现、运算传输、纠正执行和反馈，这四个环节构成一个闭环。以往只能通过经验估算的决策流程，在新技术面前都可以做到定量、实时、精准的管理。更为重要的是，这三种新模式是基于提高人的生活品质而设计的未来城市的三大途径，也是减灾防灾、增强城市安全的主渠道。

一、“新不确定性”威胁城市安全

习总书记在城市工作会议上指出：“无论规划、建设还是管理，都要把安全放在第一位”。城市如果不安全则一切归零。现代大都市，将面临众多前所未有的不确定性。这些不确定性源自以下几个方面：

第一，极端气候变化影响。对局部出现超历史极值的极端气候，如果用传统的工具去衡量，用承载力办法去估算，通常是无效的。像我们经常说超过百年防灾标准，一般必须要有千年的数据。而且我们现在依据的“百年”是过去的百年，过去的百年中工业文明对地球的影响并未达极值，尚未出现极端气候。但是未来我们要应对极端气候，极端气候有一个特点，即轻易就会突破千年一遇的数据。现在美国、日本都把要应对的灾害提高到超千年。在 2011 年 3 月 11 日日本特大海啸灾害发生之后，该国学术界经过深刻反思，制订了“两段海啸设立制度”，将几十年到一百年发生一次的海啸设定为Ⅰ级海啸，可以用堤坝等构造物来抵御；而将发生频率低的最大级别海啸设定为Ⅱ级，只能用避灾减灾计划来应对。实际上，传统城市安全设计中经常使用的承载力公式在面临极端气候等不确定性时就已经失效了。

第二，现代城市的高机动性。城市现代化，某种意义上说就是交通工具高速化，但高机动化就意味着高危险性，即许多难以预计的灾害会来自高机动性。比如美国“9·11”恐怖袭击事件就是利用高机动性的工具摧毁了纽约世贸中心。二十三年前，日本一个极端宗教组织放置了两罐沙林毒气在地铁里面，整个东京就瘫痪了。几年前伦敦一辆公交车爆炸，整个伦敦就瘫痪了。由此可见越高机动性的城市就越具脆弱性。

第三，新技术的快速涌现。例如，人工智能、物联网，特别是人工合成生命，这些都是颠覆性的新技术，也称之为“奇点技术”。这些新事物爆炸性地涌现也隐藏着爆炸性的脆弱性。比如说华大基因已经宣布三五年内可以合成任何生命。一旦恐怖分子掌握了这些技术，传统的安全防线就都失效了。互联网对这些新技术的传播起了很大的作用，高爆性炸药、小型核武器的制作和烈性毒药的合成方法都可以在互联网上找到。又譬如，未来的城市必然要推广无人驾驶汽车，但无人驾驶的汽车一旦被黑客操纵就会横冲直撞变成灾害之源。这些高技术及其传播方式都带来了新的城市安全的不确定性。

第四，全球化引发的外部干扰。经济社会的全球化带来的消费需求、原料、资本和能源供应等方面的波动、金融市场的波动、人口大规模的迁移，这些都会造成全球化时代新的城市脆弱性。比如说我国去年底就遭遇了前所未有的“气荒”问题，仅仅中亚一个供气合同受影响，不到10%的天然气量的减少，系统就变得非常脆弱。民众和政府对这些问题都没有做好准备。现在很多欧洲的城市变得脆弱，就是因为难民的问题。这些都是全球化时代带来的新的不确定性。

第五，互联网时代的脆弱性。许多高科技产品本身也是脆弱性的产生新源头，“万物互联”也意味着危险互联。正如习总书记强调指出的那样：“城市系统越来越复杂，社会风险越来越集中在大城市。”一个高度国际化的城市，它的不确定因素比别的地方更高，它必须对全世界开放，而同时它又是一个土地利用非常紧凑的城市，人口规模又十分巨大，空间形态呈现同心圆结构，不同的脆弱性在此迭加。

不确定性是现代城市最难对付的风险因素，《黑天鹅》的作者在书中写道：“黑天鹅总是在人们料想不到的地方飞出来”。传统的手段，比如说放大冗余的老办法在黑天鹅面前就很难奏效了。因为很多黑天鹅式灾害破坏程度轻易超越了千年记录，将城市生命线安全冗余放大到抵御两百、三百年一遇的灾害就意味着巨大的浪费。增强城市的韧性不能采取简单的放大冗余的办法。第二种传统手段是编预案。针对经常性事件，即过去历史上频繁发生过又具相对确定性的灾难，编预案是行之有效的。如果真的是不可预计的事件，预案可能一点用处都没有。比如说十多年前吉林化工厂的爆炸，大量的化学品流入松花江。危机发生后人们去找预案，发现预案并没此类应对策略，因为这件事超越了以往经验能够提供的想象，没有人能预料到它会在这种情况下、以这类化学品泄漏的形式发生灾难。再比如日本的福岛核事故，也没有编制过的预案能帮上忙，结果造成了巨大的灾害。可见传统预案无法应对黑天鹅式风险，将来可能遇到的脆弱性事件恰恰可能是前人没遇到过的，预案的方法在许多方面也注定无效。人类社会正面临着因为城市复杂性带来的无穷无尽的、爆炸性的不确定因素，这些不确定因素来自众多方面，用传统的方法难以解决。

二、“韧性城市”是应对黑天鹅式风险的必然选择

为什么要用韧性城市来应对黑天鹅？20 世纪 70 年代中期，澳大利亚经济学学者写了一本书《弹性城市：应对石油紧缺与气候变化的新途径》，讲的就是应对世界能源危机的城市方案。这本书基于 1973 年阿拉伯国家联合起来石油禁运事件造成的影响。危机发生后短短几天内全球油价暴涨，直接造成许多城市停摆，但是作者发现有的城市完全没有受到影响。这些城市的特点是：第一不是石油能源依赖型城市；第二有多种能源供应渠道，石油只占一小部分；第三这些城市有多个本地能源供给系统，能基本自给自足。凡是符合这三个条件的城市在石油危机面前都能维持运转。于是这位作者提出了能源韧性城市的概念，从此韧性城市就成为应对黑天鹅事件的有力手段，导致研究韧性城市的文献爆炸性地涌现。

“国际韧性城市联盟”在 20 世纪 90 年代末提出韧性城市概念范畴，其首要的内容为“结构韧性”，包括四个方面：一是技术韧性，即城市生命线的韧性，指的是城市的通信、能源、给水排水、交通、防洪和防疫等生命线基础设施要有足够的韧性，以应对不测风险；二是经济韧性，即当外部经济形势急剧变化的时候，或某种原材料供应停摆的时候，城市还能够运转自如；三是社会韧性，当大的事件来临时，城市社会和民众保持冷静不恐慌、不放大危险；四是政府韧性，政府在任何情况下都能服务市民、率领民众抗击灾难，维持职能运行、指挥落定。

韧性城市的第二个层面为“过程韧性”。一个城市系统面对黑天鹅式灾害时第一个阶段是“维持力”，即维持系统的主要功能不变，一般性的灾害来临时城

市可以照常运转；第二个阶段是“恢复力”，即城市遇到大灾害，系统已经崩溃，具有韧性的系统可以很快恢复，功能达到原来城市功能的85%~90%；第三个阶段是“转型力”，即城市在恢复的过程中总结灾害带来的经验和教训，转型提升，下一次面临同样灾害时维持力更好、恢复力更强。一个可借鉴的例子是日本神户市，该市于1995年遭遇了超级大地震，重建后的神户就是一个典型的韧性城市。第一，神户整个城市分为多个组团，每个组团中都有一套独立的供水、污水处理、能源供应设施，并且都有一定比例的冗余。如果再次遇到极端灾害，某个组团失效后的职能可以被其他组团自动承担。第二，所有的居民300米之内就可以找到避灾场所。从社会组织上神户提出“三加三”：一是每个家庭储备应对三天的水、食物和药品；二是社区避灾中心可以维持整个社区居民三天的吃住；三是在市民最容易到达的公园建立城市级的避灾中心，可以提供周边市民生存三天所需的物品。也就是说，遇到特大地震，这个城市可以在九天之内自给自足。

韧性城市的第三个层面是“智慧韧性”。智慧韧性由四个部分组成：一是感知系统，对所有发生的事情都可以全面感知，及时充分地获得数据；二是运算系统，通过人工智能依据某一特定的模型进行快速运算，即用大数据和机器运算的办法，瞬间用多种不同的方案解答原先难解的问题；三是执行系统，系统将指令送达相应的城市执行机构，对问题实施精准解决；四是反馈系统，对执行结果的实时反馈，反馈后再进行感知，如此一来即可以形成闭环控制。如果城市的每种生命线、每个主体、每个建筑、每个社区都接入这套系统，及时感知一切危险信号，对信号进行判断，随后执行和再反馈，那么这个城市的脆弱性都会明显下降。智慧韧性系统可以做到对各种突发事件更加定量的、快速的、精准的、实时的调控。用智慧的办法可以把各类异质子系统管理协调得更好，这就是韧性城市的三个层面内容。但现代科技也常会将民众引入歧路，对新技术的迷信也会造就新的城市脆弱性。

IBM曾经在芝加哥实施了一个“城市大脑”项目，把众多城市运行数据输入数据中心，民众和企业都可以用这些数据，但必须上传自拥有的数据。这个大脑是根据美国麻省理工学院的著名教授Forrester J. W. 写的《城市动力学（Urban Dynamics）》创立的，把芝加哥编成1600个方程式进行运算，但是实际的城市运行何止1600个方程式？实践结果证明这种集中算法毫无用处。但是近年来大数据和人工智能技术的快速发展，IBM又重新在美国的波特兰市用6000个方程式对波特兰进行模拟运算。实验唯一有效结果是系统证明了：“当市民走路走多了，肯定有减肥效用”。这个结果被议会耻笑，花费了6000万美金就得来这样一个近乎荒唐的结论。由此可见，我们不能迷信基于大数据和机器运算的高效性。人类在进化过程中，中枢神经进化出两个系统：快速系统和慢速系统。快速系统具瞬时反应功能，谁要是感到附近有人正挥手向他袭击，这个人第一反应是反手阻挡，而不是经过大脑运算后才去应对，这是人类千万年间进化出的生存本能；慢速系统也叫深度运算系统，像 IBM 发明的城市大脑就是基于将一切问题都做深度处理，这种方法对人这个单体都不适用，更何况比人复杂好几万倍的城市。有一些新技术，一旦我们错误地运用了，反而会将城市变得更脆弱，更易崩溃失效。

三、基于复杂适应理论的韧性城市规划思路

这也意味着韧性城市到底应该怎么建设？用什么方式去建设？我们给出的方法论是用复杂适应系统（CAS）。CAS 属第三代系统。第一代系统论是由控制论、信息论和一般系统论构成，也叫“老三论”，强调任何一个系统内部信号的处理、反馈和调节等对系统结构性能的影响。到 20 世纪 60 年代中期的时候出现了第二代系统论，称为“新三论”，由耗散结构理论、突变论和协同论等构成。第二代系统论解决了第一代系统论无法解释的众多的不确定性问题。这两代系统论都非常注意系统内在的结构、信息反馈回路和各种非线性因素的影响，但也因为很少关注系统主体的能力和功能而捉襟见肘。Forrester 教授写的《城市动力学（Urban Dynamics）》用的是第一代系统论，他认为每一个系统的状态都可用一组数学方程来表达描述。这一理论根本的错误在于：作为城市基本主体——人的能动性是无限的，当不同类型的人的能动性发挥出来并相互混沌作用时，所有的方程式都无效了。方程式只能描述系统中无差别节点的运行规律，但人及由人构成的团体却是千差万别的适应性主体。正因为此，20 世纪 90 年代有一群诺贝尔奖获得者，包括物理学家、生物学家组成了新的研究团体，在美国的新墨西哥州建立了“圣塔菲研究所”，专门研究第三代系统论——复杂适应系统。“适应”就是指系统每个主体都会对外界干扰做出自适应反应，而且各种异质的自适应主体相互之间也会发生复杂作用，造就系统的演化路径和结构。到了 20 世纪末，主要发起者 Holling 教授做了一个圣塔菲所建立十年的著名报告《隐秩序》，即系统主体的复杂运动和自适应性造成了隐秩序。从此，复杂适应理论走向应用。基于这一新理论，韧性城市规划内容可粗略性地作以下描述：

第一，系统主体。复杂适应理论侧重于系统主体对外界干扰的自适应行为及其规律，各类主体在环境变化时所表现出的应对、学习、转型、再成长等方面的能力，也就是系统的韧性之源。主体的适应能力及能动性对系统结构的影响是隐在的，但却是主导性的。现代城市系统的主体有哪些？一是市民，市民是最基础、具有能动性的主体；二是建筑，城市的空间是建筑构成的；三是社区，是

人、网络和建筑复合的子系统；四是城区，是社区集成的组团；最后是城市整体甚至区域。系统主体是具有不同层级的，每一层级的主体都应该有其独特的能动性和自适应性范围。城市的韧性来源于各类、各层次主体的素质和能动愿望。《城市弹性与地域重建》一书的作者，日本专家林良嗣、铃木康弘曾明确提出："只要提升居民个人的素质既可决定减灾的成败。……在灾害现场，要求人们在不确定信息的基础上开展合理的避难行动。"

第二，多样性。任何一个生态系统具有越多的物种和生境，就越具有韧性，越能抗干扰，这是个常识。例如城市中水处理不能只有一种模式而应在用户室内、建筑、社区各个层面都分别采用不同的技术和设施对污水进行多层次处理回用，这样一来，不仅水的循环利用率会成倍提升，而且系统会因此变得具有高韧性。事实证明：分布式、去中心化、小型化并联式等绿色生态城市常用的生命线新模式就比传统城市那种大规模化、中心控制、串联运行旧模式更具多样性和韧性。我国北方的蒙古族饲养绵羊、山羊、牛、马和骆驼这五种家畜，其原因在于每种家畜喜欢吃的草不同，这既可以避免对草原造成过度的负担，又可以在不可预测的天灾面前保持韧性。

第三，模块。城市各类主体的构造是大大小小相嵌在一起的，由层层叠叠的有类似结构的子系统构成。比如北京传统的四合院就可视为一种模块，如果传统四合院中某间房子着火了，人们可以跑到天井避险，但是近期大兴火灾却死了 20 多人，就是该居住模块内在缺陷造成的。

第四，冗余。现代主流经济学追求系统的运行效率，也造成了"剑走边锋"式的脆弱性。任何现存的复杂系统必然内含"无用之用"的部分，只有在系统遭遇重大灾害威胁时，"无用"部分如同系统的"预备队"发挥决胜作用。在荷兰阿姆斯特丹市建有浮动的水上建筑，该市大部分区域是低于海平面的，如果千年一遇的暴风来袭，海水倒灌，但该市一部分建筑可以"水涨屋高"浮起来，人在里面会很安全。所以城市任何生命线的设计中都必须要有微观的冗余量。这些生命线运行的"冗余能力"在平时看起来似乎多余，但在灾害时却能发挥重要的调剂功能。微观冗余越多，主体自适应能力越强，由主体构成的子系统就越强，进而城市整体的韧性就会越好，这当然也受成本效益的限制。

第五，慢变量管理。许多城市脆弱性是"温水煮青蛙"造成的，在潜移默化、不知不觉的过程中对风险习以为常地淡化了。所谓智慧系统，即人类日常觉察不到的，智慧系统可以通过积累性计算察觉和警示民众。我们要学会管理灰犀牛式的缓慢来临的风险因子和外在的影响因素带来的临界突变式灾难。此类慢变量风险突出表现在房地产市场和地下燃气管网等几个方面。2014 年台湾省高雄市发生了因燃气管网泄露引发的爆炸事件，整条街路面都被掀起，民众死伤惨重，城市也因而陷入混乱。燃气管网的陈旧老化是个“慢变量”，人们难以警觉，但智慧系统就能揭示警告。

第六，标识。为什么很多人对流感有免疫性而有些人却没有？因为病毒入侵后人体内 T 细胞会判断哪些是外来的有害入侵者，并将其打上“标识”，然后白细胞加以识别后将病毒吃掉。但是有一类病毒对人类危害很大，例如艾滋、癌症、SARS、乙肝等，它们是先进入人体细胞，利用正常细胞进行 DNA 复制，T 细胞便识别不出这是外来的侵入者。合理的标识系统能将城市所有危险的东西都打上标识。比如人脸识别技术可甄别哪些人有犯罪记录、哪些人有恐怖分子嫌疑。“标识”是非常有用的信息管理工具，如果标识在系统里运用成熟，那么主体的能动性就会增强，系统主体在灾害发生时能准确辨别什么是脆弱的、有风险的，或安全的、避灾的。

韧性城市研究仍然是个新型而且并不成熟的学科，不少这方面的研究方向都仅仅指向城市生命线的韧性、城市某个部门或子系统功能的韧性。而对于灾害事件对城市的基本主体的生活质量的影响，并没有直接去描述和评价，这也是长期以 GDP 和经济增长为中心的城市发展模式所造成的误区。事实上，城市如果遭遇灾害，就会对市民的生活质量（QOL）产生影响。韧性城市作为韧性系统其维持力、恢复力和转型力等都可以从 QOL 的视角进行定性和定量两方面进行表达。灾害来临时，城市 QOL 值的降低比率越小，且功能恢复时间越短，即 QOL 值降低的时间积分值越小，城市的韧性就越好。而且，QOL 函数呈现“补偿型”特点，即某个较低的因素可以由其他较高的因素来弥补。

在资源、环境和费用等外部条件的制约下，能长期维持 QOL 值的稳定或增长就等于具有可持续性（这与绿色发展具有一致性），经历灾害而损失的剩余生命和 QOL 值总值降低幅度越小的城市，就越具有韧性。这样一来，对生活环境和灾害应对能力发生变化时相应 QOL 指标的变化构建模型，就可以确定城市韧性相关的目标值（安全度），并探索确保该目标值所需的政策。

作者简介：

仇保兴，博士，国务院参事，住房城乡建设部原副部长，中国城市科学研究会理事长，中国社会科学院、同济大学、中国人民大学、天津大学博士生导师。

前　言

2017年党的“十九大”召开，作出了中国特色社会主义进入了新时代、我国社会主要矛盾已经转化为人民日益增长的美好生活需要和不平衡不充分的发展之间的矛盾等重大政治论断。全面贯彻落实“十九大”报告确定的重大决策部署，坚持以人民为中心的发展思想，保障和改善民生，践行新发展理念，建设生态文明，保护传承历史文化，提高城市治理能力和现代化水平，促进城市高质量发展，是新时期城乡规划工作的使命和任务。

2017年是认真贯彻习近平总书记对城市规划工作的重要讲话和指示批示精神，推动城乡规划深化改革与创新之年。我国城乡规划工作聚焦于推进总体规划、“多规合一”、城市设计、城市修补生态修复、历史街区和历史建筑保护、违法建设治理等重点领域的改革。《北京城市总体规划（2016年—2035年）》得到中共中央国务院正式批复，为全国城市总体规划编制改革创新树立了标杆。在试点基础上，各地的改革创新实践普遍推开，围绕国家的政策方针和热点问题，城乡规划行业在过去的一年取得了不凡的成绩。

本年度报告以贯彻落实党的“十九大”会议精神为出发点，紧密联系现阶段我国城市规划工作的重点领域和焦点、热点问题，以综合篇、技术篇和管理篇三个部分，汇总了一年来国内有关空间规划改革、城镇化、城市规划技术和城市规划管理等方面的优秀理论与实践研究成果，具体包括总体规划改革、“多规合一”与空间规划体系构建、城镇体系和城市群发展、国家中心城市建设、韧性城市及安全防灾、人工智能和大数据对城市规划的影响、生态修复城市修补、城市设计与规划管理体系的衔接等热点问题的研究探索，以及控制性详细规划、城市规划历史及发展、城市规划社会过程研究、海绵城市规划、综合管廊规划等方面的研究成果，以期对各地城市规划管理制度建设、城市规划技术创新和应用提供有益的参考。此外，报告还介绍了一年来国家城乡建设主管部门在城乡规划管理、城乡规划动态监测与督察工作、风景名胜区与世界自然遗产规划建设管理、海绵城市、城市地下管线规划建设与城市设计等方面工作的开展情况。

本报告的素材来源包括：2017年在《城市规划》《城市规划学刊》《城市发展研究》《规划师》《地理学报》等核心刊物上发表的内容符合本报告特点，具有前瞻性、创新性的部分较高水平的学术论文；相关部门对城市规划相关领域2017年工作开展情况的总结与评述；2017年中国城市规划年会等规划领域重要会议上的主题报告和论文。

本期报告的编制过程中，得到了诸多单位和专家领导的支持，在此要特别感谢住房城乡建设部城乡规划司、城市建设司、城市管理监督局、中国城市规划设计研究院、住房城乡建设部城乡规划管理中心，中国城市规划学会、中国城市规划协会，《城市规划》编辑部、《城市规划学刊》编辑部、《城市发展研究》编辑部、《规划师》编辑部、《地理学报》编辑部、《中国给水排水》编辑部、《建设科技》编辑部、《时代建筑》编辑部、《北京规划建设》编辑部等单位的大力支持。

目　录

综合篇

空间规划改革的思考

导语：我国空间规划的改革是基于生态文明体制改革的重要制度设计，是针对已有各类空间规划问题的解决方案。伴随着对空间规划的认识不断深化，空间规划的改革实践也在逐步深入：结合已开展的省级空间规划、市县“多规合一”、城市开发边界三方面的试点，考察空间规划实践的进展和不足，并对空间规划的逻辑关系、法律关系、体制关系进行了分析。

“知是行的主意，行是知的工夫，知是行之始，行是知之成。”这是明代思想家王阳明提出的“知行合一”。就是说“知”是在“行”中体现的，“行”又是“知”的一个组成部分。对于我国空间规划的改革而言，“知与行”的关系，反映了我国空间规划探索的过程。

一、空间规划改革缘起

（一）各部门以往空间规划的实践

各个部门，实际上以前都有空间规划有关的探索。发展改革委有主体功能区规划，既有全国的，也有省级的；国土资源部有全国土地利用规划，现在称全国国土规划；省级和市县级有土地利用规划；住房城乡建设部有全国城镇体系规划、省城镇体系规划，以及市县的甚至一直覆盖到村的规划，其他各部门同样也有涉及空间类的规划（图1）。

发展改革委——主体功能区规划：全国、省级、地区规划

国土资源部——国土规划：全国、省级、市县级

住房城乡建设部——城乡规划：全国、省级、市县级

其他部门：环保、农业、林业、海洋……

图1　各部委以往的空间规划实践

（二）以往空间规划的问题

多种空间规划存在的情况下，就出现了很多问题，包括空间性规划重叠冲突问题，例如广州市在做城市总体规划时，发现具体落地时与土地利用规划冲突严重，如图 2 中红的就是冲突的地区，同样一个空间，两个规划严重不一致。搞建设违反土地规划不行，违反城市规划也不行，这种不一致就导致谁都干不了。还有部门职责交叉重叠问题，再就是习总书记讲的空间性规划约束不力问题，以及地方规划朝令夕改，导致管不住、没人管、标准不统一等问题。

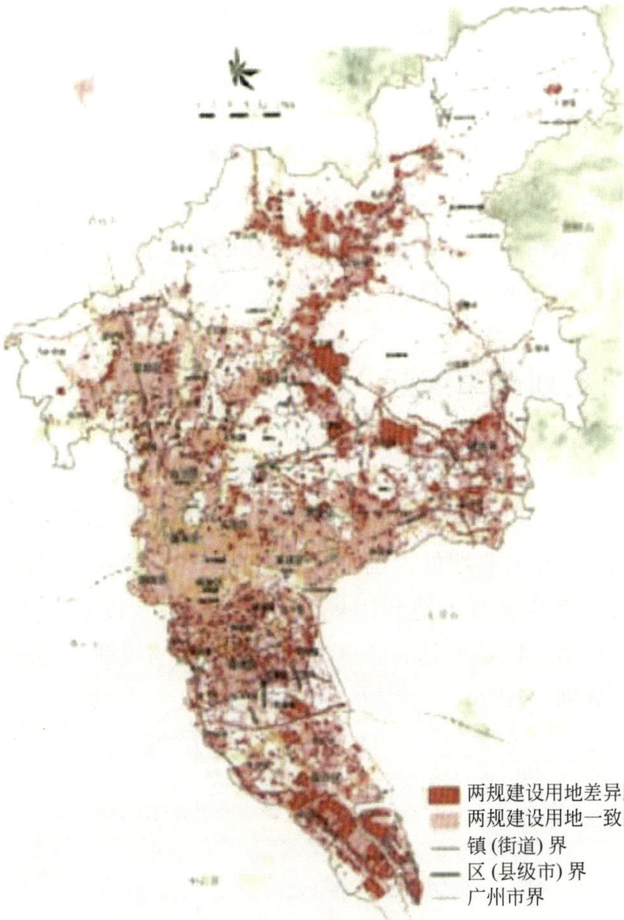

图 2　广州市“两规”空间差异对比

（三）空间规划改革的历程

针对空间规划问题，“十八大”提出了推进生态文明建设、优化国土空间格局、控制开发强度。2013 年 11 月十八届三中全会通过的《中共中央关于全面深化改革若干重大问题的决定》，明确提出要从生态文明制度建立的角度健全全国空间开发，建立空间规划体系，划定生产、生活、生态空间开发管制界限，落实用途管制。2013 年 12 月召开的中央城镇化工作会议提出了建立空间规划体系，推进规划体制改革，包括加快规划的立法工作。在城镇化有关的规划中，明确提出了市县“多规合一”等问题。2015 年 9 月，中共中央、国务院印发的《生态文明体制改革总体方案》明确提出了空间规划体系。2015 年 12 月召开的中央城市工作会议，提出以主体功能区规划为基础，统筹各类空间规划，推进“多规合一”，包括在城市中促进“多规合一”。中央城市工作会后印发的《关于进一步加强城市规划建设管理工作的若干意见》，也专门提出了有关空间规划的要求。

需要重点说明的是，2015 年 9 月中共中央、国务院印发的《生态文明体制改革总体方案》，从生态文明体制改革的角度，把国家新的空间规划体系的构建作为生态文明体制改革的主要制度之一。在这个总体方案里提出了八项制度，其中有自然资源的产权制度、空间开发保护制度、规划体系等。这八项制度实际上整个构成了生态文明建设的制度体系，对规划影响大的有三项，一是构建归属清晰、权责明确、监管有效的自然资源资产产权制度；二是构建以空间规划为基础、以用途管制为主要手段的国土空间开发保护制度；三是构建以空间治理和空间结构优化为主要内容的空间规划体系，全国统一、相互衔接、分级管理。如果说“十八大”时空间规划改革只是一个初步设想的话，那么在“十八大”以后的 5 年里，中央关于空间规划改革的思路越来越清晰，要求越来越明确（图 3）。

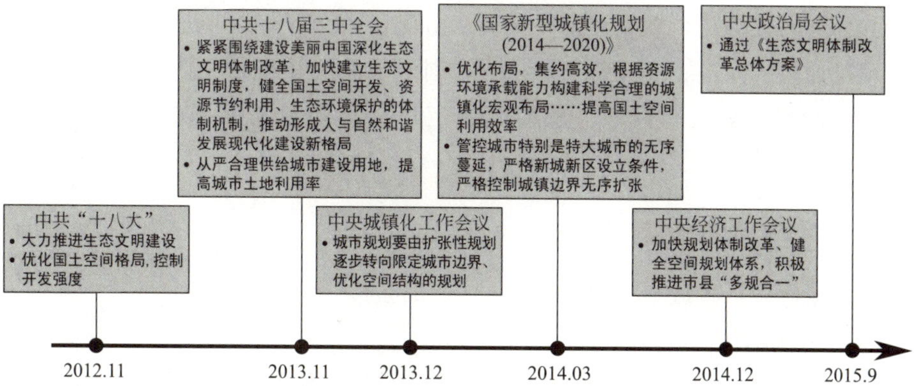

图 3　空间规划改革的缘起于思路

（四）对空间规划改革的认识

空间规划改革的目的是要实现国土空间开发格局的优化，建立基于生态文明建设的空间治理体系。空间治理体系是由空间规划、用途管制、绩效考核等构成的完整体系。空间规划以用途管制为主要手段，以空间治理、空间结构优化作为主要内容。按照改革的要求，空间规划要协调好三个空间，形成空间规划、用途管制、干部考核，还有自然资产负债表的空间治理体系，从数量型管理向空间管理转变，最后要制定统一的国土空间保护的有关法律。将来通过规划立法、部门整合来实现国家空间治理体系的现代化。

二、空间规划“知与行”

（一）空间规划的“知”

空间规划的“知”，即对空间规划的认知。目前关于空间规划还没有一个非常清晰的定义，但是空间规划要解决的问题很清晰，就是解决部门规划交叉、部门职责交叉、空间性规划约束不力的问题。《生态文明体制改革总体方案》对构建空间规划体系做了全面安排。明确空间规划的定位是国家空间发展的指南、可持续发展的空间蓝图、各类开发建设活动的基本依据。提出要建立国家、省、市县三级空间规划体系。空间规划编制内容的核心是划定“三区三线”，“三区”指城镇空间、农业空间、生态空间；“三线”指生态保护红线、永久基本农田、城镇开发边界。习总书记在“十九大”报告中又重申了这“三线”，在总体方案里不但明确提出要研究建立统一规范的空间规划编制机制，试点市县要整合规划编制部门，形成由一家来做规划编制，还明确了市县空间规划的程序，首先是公众参与，还要成立一个规划评议委员会，由规划评议委员会来进行论证，然后由人大审批通过，报上级部门备案。空间规划的监督，由人大和公众进行，对政府违反规划的行为要进行问责。要研究制定市县空间规划编制的指引和技术规范等。

（二）空间规划的“行”

1. 探索之一：省域空间规划试点

（1）海南案例

空间规划的“行”，即空间规划的实践和认知是同步的，边摸索边认识。空间规划的探索之一就是省级空间规划的试点。中央《生态文明体制改革总体方案》，把空间规划分成国家、省、市县三级。其中，作为较大空间单元的省级空间规划，其试点令人关注，目前全国已有 9 个省（区）开展了省级空间规划的试点，进展较快的是海南和宁夏。

海南是第一个开展省域空间规划的，规划把土地、城乡规划、环境、林业、海洋等空间规划内容全部综合，采取自下而上和自上而下相结合的工作方式，先由各个市县编空间规划，反馈到省一级，省里再根据全省的要求反馈下去。几轮反复，确定“三区三线”。

在空间规划完成后，海南省还推动了规划体制的改革。2017 年 6 月成立了作为政府组成部门的海南省规划委员会，把原分布在六个厅局的空间规划职责集中到规划委员会，由规划委员会负责空间规划的编制、审批和督查工作，国土厅不再编全省的土地规划，住建厅不再编全省的城镇体系规划，环保、林业部门等都不再编有关的空间规划了，包括省发改委也不再编省的主体功能区规划，这一改革举动非常大，是没有先例的，现在这个机构已经在运转（图 4）。

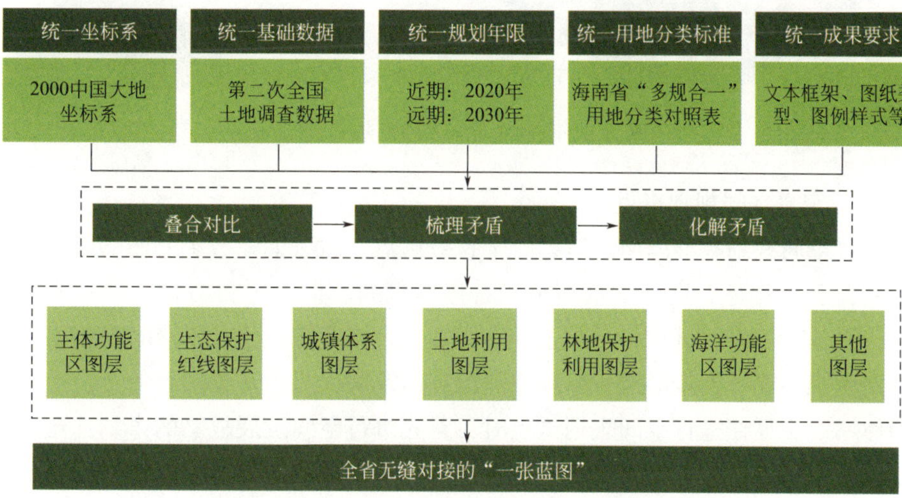

图 4　海南省域空间规划的“五统”

海南省空间规划提出统一技术标准，梳理矛盾，提出“五统”，即统一坐标、统一基础数据统、统一规划农业、统一分类标准、统一成果要求。包括叠合对比来梳理矛盾、化解矛盾，把主体功能区、生态红线、城镇体系、土地利用、林地、海洋等要素全部整合到一张蓝图上。其中有非常艰苦的工作，因为各个部门的规划交叉重叠问题非常严重，空间信息数据 6000GB，数据文件数量超过 4 万个，规划矛盾图斑 72.1 万个，面积达到 1587km^2，海南陆域面积 3.54 万 km^2。矛盾图斑这么多，必须要通过深入细致的工作，建立矛盾协调解决机制，解决空间属性唯一性问题（图 5）。

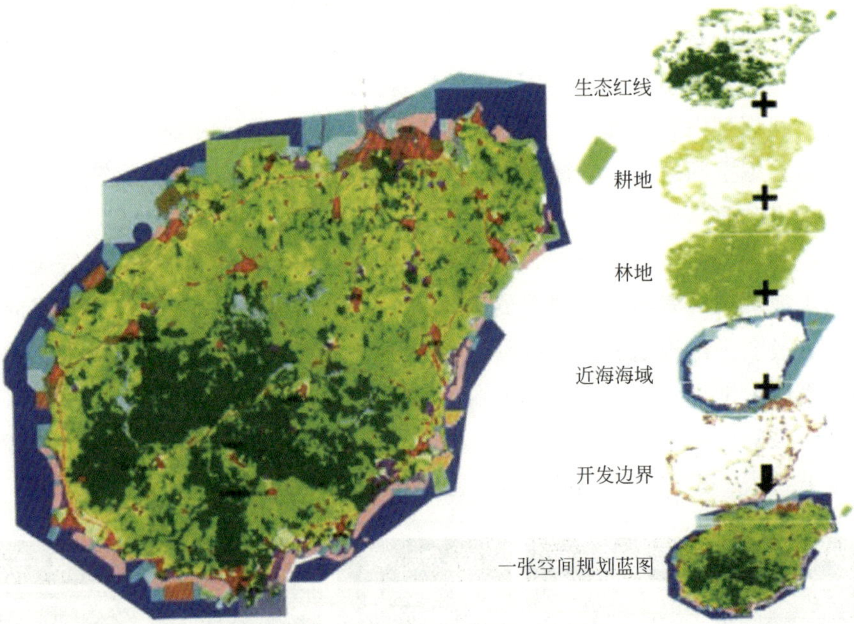

图 5　海南省全省一张空间规划蓝图

（2）宁夏空间规划案例

宁夏空间规划是继海南之后第二个省级试点，做法上参考了海南的经验，但是具有自己的特色。进行了规划编制、体制创新、信息平台搭建、项目审批改革、法规建设等方面试点，形成了一本规划、一张蓝图，建立了空间编制实施监督的制度规范等，初步形成一个以空间治理、空间优化为主要内容的全自治区的空间体系。宁夏在进行空间规划试点时，首先进行空间发展战略的谋划，这是一个更全面的顶层设计，首先要考虑全自治区怎么发展，通过空间发展战略，再确定空间规划大的底盘，包括划定“三区三线”，建立管控体系。值得一提的是，宁夏在空间规划试点的同时启动了地方立法的探索，专门由自治区人大通过《宁夏空间规划条例》，2017 年 7 月 1 日正式生效，为空间规划的落地实施提供了法律保障。在国家层面缺乏相应法规支撑的情况下，自治区层面通过地方立法解决了规划的法律地位问题。同时，改革空间规划的管理体制，成立规划委员会办公室，统一行使规划的编制和管理职能。通过海南和宁夏这两个省（区）的试点，可以看出未来大的改革走向。

2. 探索之二：市县“多规合一”试点

2013 年中央城镇化工作会议对于市县层面提的是“多规合一”，而没有说市县空间规划，为了落实中央城镇化工作会议要求，从 2014 年开始，国家发展改革委、国土资源部、环境保护部、住房城乡建设部四部委在全国选取了28个市县开展“多规合一”的试点。上述四部委对开展市县“多规合一”形成了四点共识：第一是坚持保护优先，划定“三区三线”，增加保护面积；第二是坚持发展适度，突出空间结构优化，强化战略引领；第三是全域管控；第四是体制创新。但是实际上四个部委的试点具体又分为三种方案，发展改革委和环境保护部提出一种市县“多规合一”的试点方案，国土资源部提出一种试点方案，住房城乡建设部也提出一种试点方案，大家对于“多规合一”的理解并不完全相同。

（1）发展改革委与环境保护部联合试点：浙江开化县案例

发展改革委与环境保护部联合试点之一是浙江省开化县。在最早发展改革委和环境保护部的试点方案中并没有开化，各市县“多规合一”试点工作基本完成时，才启动了开化的试点，所以是吸收大家试点经验基础上做的。开化县空间规划是以县域发展总体规划来引领经济社会发展的空间布局，也是实行了一套体系，城乡规划、土地规划、环境功能区化等衔接定位，落实了三个空间，包括三类空间的细分，落实了三条红线（图6）。因为在农业空间里可能还会有生态空间，有城镇空间；在大的生态空间里，可能还会有农业空间，所以对三大类空间需要进一步的细分，包括对中心城区空间结构也作了规划和设想。规划内容是“六统一”，由几个部委在开始试点时提出，包括统一规划体系、统一空间布局、统一数据、统一标准、统一信息平台、统一管理体制。开化县的“多规合一”试点，是以经济社会发展规划作为统领，增加了空间规划的内容（图7），三类空间的划分对应了部门的事权，缺点是少了实际抓手。

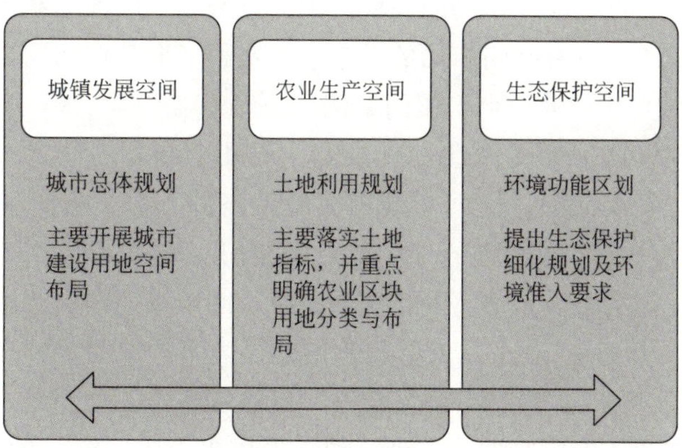

图6 浙江开化县“多规合一”落实三大空间

（2）国土资源部试点：山东桓台县案例

国土资源部的“多规合一”试点方案，采取通过编制国土空间的综合规划来统筹有关的空间要求，也是一张蓝图一个平台。这一规划体系是通过总规划加

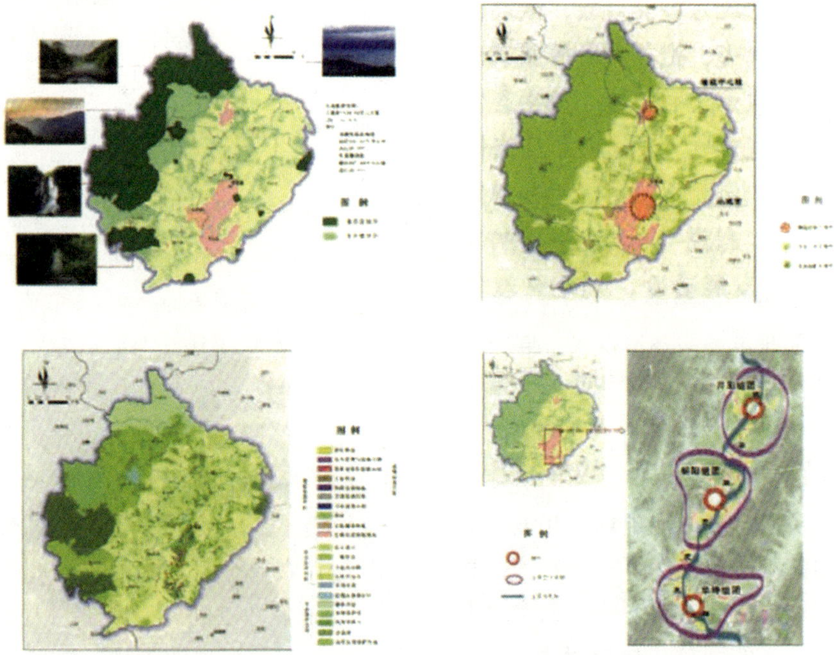

图 7　浙江开化县空间规划主要成果

分规划的方式来解决的，所谓总规划，就是国土空间综合规划，加上土地利用、城市建设、综合交通产业发展等分规划。山东桓台的方案就是按照这一逻辑，既有全域综合规划，也有分类单元管控规划，依据国土规划的统领，形成总规划加分规划的体系。缺点是缺少布局的一面，因为总规划是以国土利用作为一个总规划，没有总的战略，没有空间布局的设想，一定程度上存在问题。

（3）住房城乡建设部试点：厦门案例

住房城乡建设部的“多规合一”试点，与几个部委的试点大体差不多，工作内容也采取了发展战略、空间布局加实施策略的方式。空间规划的几个“统一”都一样。住房城乡建设部的一个试点是厦门，厦门是以“美丽厦门”战略规划作为载体，把战略规划落实到空间中，来绘制全域空间一张蓝图。厦门市领导认为要落实“十八大”“十九大”提出的建设美丽中国要求，把美丽厦门战略作为统领规划的“纲”，通过“美丽厦门”战略来统筹各类规划。规划首先体现了保护优先，把各种管控要求落实到一块，形成永久的、统一的生态管控边界。规划完成后，还进行了生态保护控制线空间上定桩，让市民都知道这是生态保护线，起到一个公众监督的作用。规划坚持发展适度，划定开发边界，开发边界内统筹安排各种设施的布局，包括优化园区、轨道交通、区域重大基础设施等统一考虑，加强全域管控。对于开发边界内、外怎么管，提出了相应的具体措施。开发边界外已经批的，已经收储的土地要调出来，位于生态管控范围内的收储用地包括国有建设用地都进行调整。这一规划协调了 12.4 万个冲突图斑，涉及 $306km^2$ 土地（图 8）。厦门还进行了规划体制的创新，成立规划委员会，统筹“多规合一”的工作。

图 8　魅力厦门规划案例

住房城乡建设部的试点，还包括大理、寿县、嘉兴等，与其他试点市（县）相比，厦门的试点更进一步。主要成果一是实现了“多规合一”的“一张图”；二是建立了空间规划信息平台；三是建立了空间规划协调机制。住房城乡建设部的空间规划试点也有不足，比如对政策不敏感。

以上四部委开展的市县“多规合一”试点工作，各有优缺点。“多规合一”试点工作结束后，中央财经领导小组办公室的领导对四部委的试点似乎不太满意，觉得四部委试点还是把部门看得比较重。后来关于市县空间规划的技术方案，就不让四家来主导做了。

3. 探索之三：城市开发边界划定

城市开发边界的划定是空间规划“三区三线”中的一项重要内容。空间规划要划三条线。其中，生态保护红线由发改委和环境保护部划，永久基本农田由国土资源部和农业部划，开发边界由住房城乡建设部和国土资源部联合划。2014年住房城乡建设部和国土资源部选了北京、上海、南京、杭州、苏州等14个城市进行试点。在开发边界划定时，城市规划图和土地规划图要两图合一，强调底线控制。首先要坚持保护优先，先明确生态本体。在开发边界内，土地规划和城市规划要做到一一对应，开发边界的形态由住房城乡建设部牵头，国土资源部协同；建设用地规模是国土资源部牵头，住房城乡建设部协同。开发边界的表达方式可能不是一个集中的边界，可能是分成不同的边界来做。考虑到在全域划开发边界的难度较大，所以大部分城市的开发边界划定都限定在规划区内（表1）。

14个试点城市的开发边界划定范围 **表1**

试点城市	城市开发边界划定范围	城市规划区范围
厦门	规划区	市辖区
武汉	规划区	市辖区
贵阳	规划区	市辖区+清镇市青龙办事处、红枫湖镇、百花湖乡和修文县龙场镇、扎佐镇
西安	规划区	市辖区+蓝田县、周至县、户县
郑州	规划区	市辖区+中牟县、巩义市、荥阳市、新密市、新郑市、登封市
沈阳	规划区	市辖区
苏州	中心城区+沈抚新城	市辖区+昆山市巴城、张浦、锦溪、周庄镇、常熟市辛庄镇
北京	中心城区	规划区（市域）
上海	规划区	规划区（市域）
成都	规划区	市辖区+双流县、郫县、新津县普兴镇、金华镇
广州	中心城区+天府新区	市辖区
杭州	规划区	市辖区（不含富阳区）
深圳	规划区	市辖区
南京	规划区	市辖区

资料来源：根据相关城市规划资料整理。

城市开发边界的划分分为永久性和带期限两种，上海、北京、厦门等城市划定的都是永久性的边界（图9、图10），有一些城市划定的是带期限的边界，如南京、沈阳（图11）。结合两规的期限来划定带期限的开发边界，这也是针对不

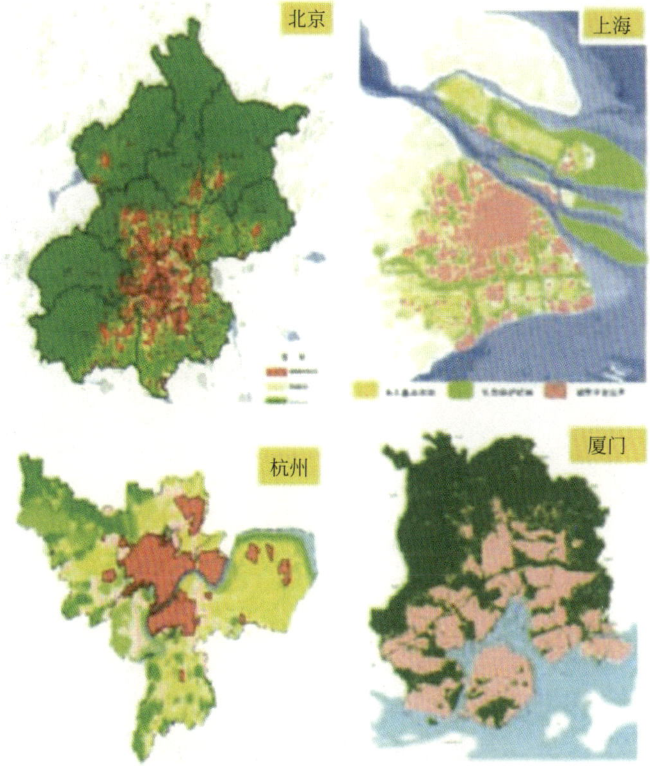

图 9　永久性城市开发边界划定

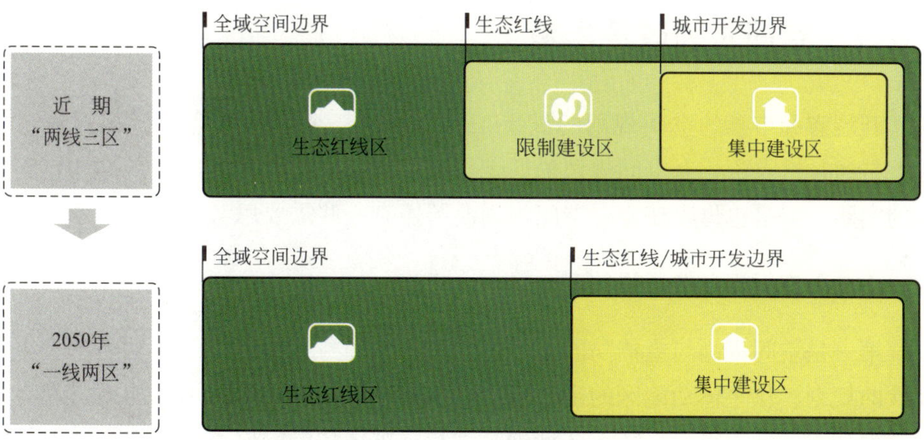

图 10　北京市全域空间管制示意图

同的问题来确定的。开发边界内外采取了不同的管制方式，如厦门出台了开发边界的管理实施细则，杭州通过地理市情监测平台建设“一张图”数据中心，对开发边界实施动态化监管。

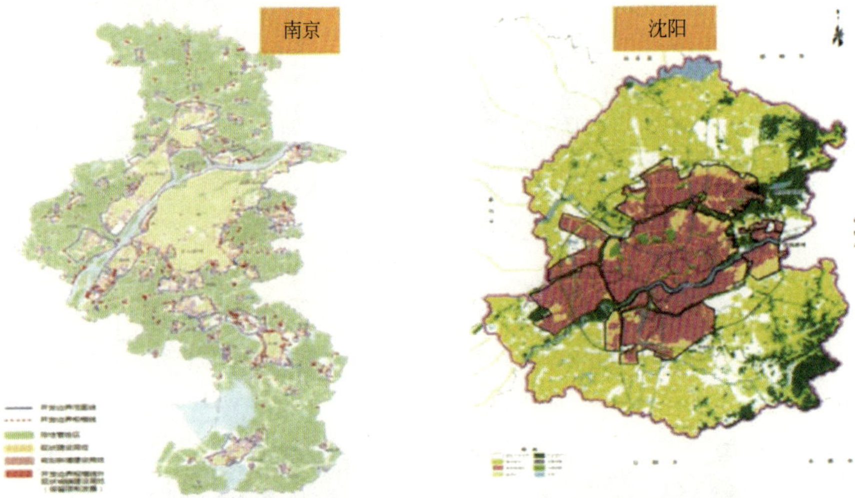

图 11　分期限的城市开发边界划定

关于空间规划试点的小结：第一，突出保护性主题，不管是省还是市县都是通过空间规划的编制，划定“三区三线”，把生态保护放在突出位置；第二，要突出空间性主题，因为要对开发建设行为进行全域的管控，要在空间上落地；第三，要突出改革性主题，主要是涉及规划体制的改革。空间规划的“行”就围绕着这几方面展开。

三、空间规划改革思考

开展省和市县的空间规划的试点工作，就是一个“知行合一”的过程，实际上是通过试点深化对空间规划的认识。通过认识的深化，又进一步推动空间规划的实践，但是也毋庸讳言，空间规划改革还有一些需要思考的问题。

（一）空间规划的逻辑关系

第一是空间规划与主体功能区的逻辑关系问题。主体功能区规划是一个空间属性的规划，从主体功能区的定义看，是指基于不同区域资源承载能力、现有开发密度和发展潜力等，将特定区域确定为特定主体功能定位类型的空间单元。空间上划分为四大区域，即优化开发区域、重点开发区域、限制开发区域和禁止开发区域。层级上分为国家和省级，尽管主体功能区规划只做到省级，但是对市县级有约束力。这样一来，国家和省级空间规划的“三区三线”内容与主体功能区规划的内容必然是重叠和交叉的。而现在进行空间规划时，要求依据主体功能区规划，这意味着在同一个宏观区域空间里并存两个空间类规划，主体功能区规划成为空间规划的上位规划。笔者认为，这与空间规划改革的初衷不一致，主体功能区规划和空间规划之间的层次和逻辑关系不清楚。

第二是不同层级空间规划的逻辑关系问题，即怎样理顺国家空间规划和省级空间规划的关系问题。现在将近 1/3 的省（自治区）在进行省级空间规划的试点，但是遇到一个问题，国家空间规划还没有启动，这些省级空间规划的编制依据是什么？国家要不要对省的空间规划有要求？甚至有一些约束，不能各个省各自为战，编完一拼合就成为国家空间规划，那国家空间规划就没有存在的意义。空间规划体系必须是上下结合的。在国家空间规划没有出来之前，省的试点大面积推开，将来国家的空间规划和省的规划是什么关系，还没有说明白。同样，省级空间规划和市县空间规划目前也存在这样的问题，现在一些地方的省级空间规划，采取比较简单的方式，就是要求各个市先把市县空间规划做出来，上报给省，省里将市县空间规划拼合就成为省级空间规划，难以体现省级空间规划对各市县发展目标、空间格局的战略引领和对重要空间资源的刚性管控。所以，目前的空间规划本身的层级逻辑关系仍不清晰。

第三是新的空间规划与其他空间规划的逻辑关系。现行体制下，各类空间规划都有法律支撑，包括相应的政策，按照专项规划，未来将不再编其他的规划了，所有的项目、资金等安排是否都以空间规划为依据，仍说不清。所以在空间规划的试点中，顶层设计就出现两种方案，一种是整合型，“1 替代 N”，就是做一个空间规划，其他规划全不做了，这一个空间规划能把所有规划全部替代；第二种是包容型，等于是“1+N”的空间规划方案。国土资源部的试点方案就是“1+N”，空间规划不取代其他规划，在所有规划顶上再做一个空间规划，各自的规划都还存在，但是各自规划服从于空间规划，这样一来，原有的空间规划体系没有减少，还多了一层规划，多了一层协调问题。最早发改委也是提出这个“1+N”的方案，都觉得各自有各自的作用，所以就出现了空间规划试点百花齐放的问题。

关于城乡规划和空间规划的关系，从城乡规划的层次看，全国城镇体系规划、省城镇体系规划、城市（县）总体规划与空间规划的层次是重合的。空间规划的开展无疑将对城乡规划体系产生巨大冲击和影响。在目前省级层面空间规划试点的情况看，城镇体系规划成为空间规划内容的一部分，有的省明确提出不再单独编制省的城镇体系规划，那么在市县层面，将来是不是市县空间规划能够以城市（县）总体规划为主？习近平总书记 2017 年 2 月视察北京，对北京的城市规划作了重要指示。习总书记指出，城市规划在城市发展中起着重要的引领作用，要把握好战略定位、空间格局、要素配置，坚持城乡统筹，落实“多规合一”，形成“一本规划、一张蓝图”。学习习总书记讲话，我们理解，城市总体规划要实现战略引领和刚性管控，是“一本规划、一张蓝图”“多规合一”的，又是全域覆盖的，城乡统筹的，体现了全域空间、全要素、全过程管控的要求。实事求是地说，目前的城市总体规划离实现这一要求还有距离，所以有必要对城市总体规划进行改革。2017 年，住房城乡建设部在江苏、浙江两省和沈阳、长春、南京等 15 个市开展了总体规划编制试点，要求以“统筹规划”和“规划统筹”为原则，落实主体功能区战略，把握好战略定位、空间格局和要素配置，坚持城乡统筹，落实“多规合一”，使城市总体规划真正成为城市党委和政府落实国家和区域发展战略的重要手段，使城市总体规划成为统筹各类发展空间需求和优化资源配置的平台。这就意味着，通过改革城市（县）总体规划来适应市县空间规划的改革，进而起到市县空间规划的作用。

（二）空间规划的法律关系

关于法律关系问题，空间规划作为新生事物，目前没有现行法规可循。海南省空间规划上报国务院审批，国务院有关部门在办理时就找不到相应的法律依据。但是，有的地方例如宁夏回族自治区在试点时进行了地方立法的探索，给予了空间规划“准生证”。但如果在全国大面积推开空间规划改革的话，则需要从国家层面上统筹考虑立法问题。如何构建国家空间规划的法规体系，有两个路径可以选择，第一个路径是启动新的关于空间开发与保护的法律立法工作，将空间规划的内容纳入其中；第二个路径是不立新的法律，而是调整涉及空间规划的各有关法规相应内容。目前看，选择第一条路径的可能性比较大。立法问题滞后，将阻碍未来空间规划改革的开展，空间规划的实施也无法可依。

（三）空间规划的体制关系

规划体制改革是空间规划落实的关键。目前在空间规划试点的过程中，一些地方同步进行了规划体制改革的探索。但是，如果在国家层面的空间规划体制未改革的情况下，地方的空间规划改革难以取得真正的突破，最后导致空间规划难以持续推进和落实。海南和宁夏的空间规划试点就反映出这一问题。地方的规划体制改了但是国家各部委未改，涉及多个规划的内容时，仍然要到各个部门汇报，该审批的还要审批。所以，空间规划体制改革要与国家行政体制改革相一致，才能实现《生态文明体制改革总体方案》提出的要求。党的“十九大”报告提出：“深化机构和行政体制改革。统筹考虑各类机构设置，科学配置党政部门及内设机构权力、明确职责。统筹使用各类编制资源，形成科学合理的管理体制，完善国家机构组织法。转变政府职能，深化简政放权，创新监管方式，增强政府公信力和执行力，建设人民满意的服务型政府。赋予省级及以下政府更多自主权。在省市县对职能相近的党政机关探索合并设立或合署办公。”这段话具有非常大的想象空间，指的不仅是空间规划体制的问题，而是一个全面体制改革的考虑。按照未来体制改革的框架，将来要将自然资源所有者和监管者分开，一个事情一个部门负责（图 12）。按照“十九大”报告，设立国有自然资源资产管理和自然生态监管机构，这实际上是对 2015 年《生态文明体制改革总体方案》进一步的落实，将来可能会出现空间资源所有者与监管者分开的管理模式，即整合空间规划，形成把规划管理职责统一、用途管理职责统一的部门，统一行使国有资源的开发管制职责。

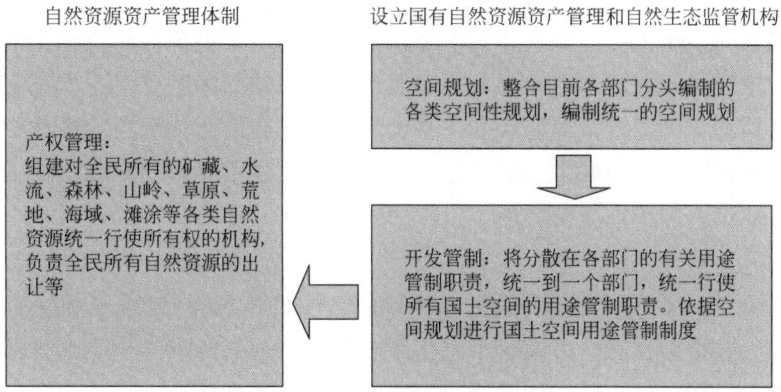

图 12　空间规划改革的体制关系

四、小结

空间规划是以空间治理和空间结构为主要内容，以用途管制为主要手段，具有全国统一、相互衔接，分级管控的特点，是构建我国空间治理体系的重要组成部分。空间规划的改革涉及多方面，既有规划内容与方法的改革，也有体制与法规的改革，要“知行合一”、不断思考、不断实践。对城乡规划而言，要面对空间规划改革的趋势，按照提高空间治理能力和治理水平的要求来思考城乡规划自身的改革，主动进行城乡规划改革，以在空间规划改革中把握主动权。空间规划的改革在路上，城乡规划的改革也同样在路上。

（撰稿人：孙安军，中国城市规划学会理事长。）

注：摘自《城市规划学刊》，2018（01）：10-17，参考文献见原文。

关于供给侧结构性改革与新型城镇化

导语：我国已进入新常态发展阶段，供给侧结构性改革是推进新型城镇化健康可持续发展的重要机遇，推进新型城镇化目标的实现也是供给侧结构性改革的应有之意。针对当前新型城镇化发展面临的突出问题，研究和思考落实新型城镇化规划目标的近期主要任务，以供给侧结构性改革要求审视所在城市的发展定位，分析讨论未来劳动力的流动和走向，研究改善城市用地结构。最后明确了当前城乡规划的工作重点：认真学习中央供给侧结构性改革精神和贯彻生态文明建设理念，推动城乡规划工作改革，提出改进城市规划的编制意见；研究近期建设方案，以整合新区、新城与建成区关系为重点推进布局优化和空间效率提升，梳理已批准或正在编制的城市总体规划；提出近期规划引导房地产业健康发展；重视新农村建设，保护小城镇特色。

中央对我国经济社会发展作出重要判断，明确指出在2020年将全面建成小康社会，同时指出我国已进入新常态发展阶段，必须坚持供给侧结构性改革。习近平总书记强调，供给侧结构性改革的根本目的是提高社会生产力水平，落实好以人民为中心的发展思想。新的经济社会形势与要求下，城镇化应着力推动经济社会长期可持续发展，解决新常态发展中的突出矛盾，提升经济社会发展的总体质量；应兼顾规范、高效与公平的发展，力促跨越“中等收入陷阱”，建设一个新的现代化和谐社会。推进新型城镇化目标的实现也是供给侧结构性改革的应有之意。

一、供给侧结构性改革与新型城镇化规划目标

(一) 我国已进入以城市群为主体形态的城镇化发展阶段

截至2015年，全国56.1%的人口工作生活在城镇（表1，图1）。京津冀、长江三角洲、珠江三角洲三大城市群以2.8%的国土面积集聚了18%的人口，创造了36%的国内生产总值，成为带动我国经济快速增长和参与国际经济合作与竞争的主要平台。实施以人为核心的新型城镇化，推进大中小城市和小城镇协调发展，在国家经济社会运行中起到越来越重要的决定性作用，日益成为建设和提升国家治理能力的重要平台。

2015 年不同层级城镇人口和建成区面积 **表 1**

类别	个数(个)	城区户籍人口(亿人)	暂住人口(亿人)	建成区面积(万 km^2)
设市城市	656	3.94	0.66	5.21
县	1568	1.40	0.16	2.00
建制镇	20215	1.60		3.91

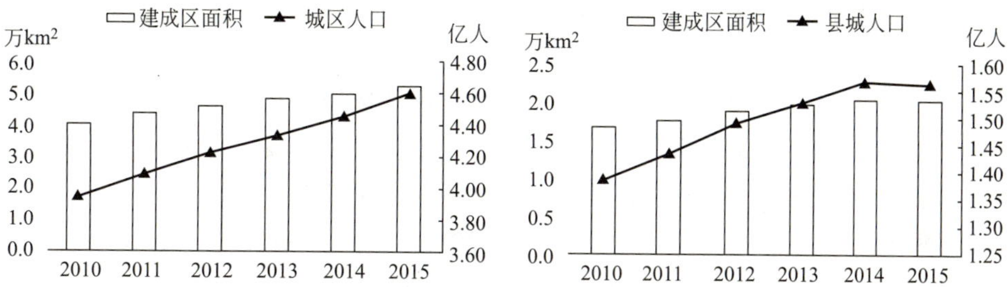

2010~2015年城市建成区面积和城区人口　　2010~2015年县城建成区面积和县城人口

图 1　2000~2015 年城镇建成区面积和人口

（二）当前新型城镇化面临的突出问题

1. 大量农业转移人口难以融入城市社会，市民化进程滞后

目前农民工已成为我国产业工人的主体（表 2，表 3），但被统计为城镇人口的 2.34 亿农民工及其随迁家属，未能在教育、就业、医疗、养老、保障性住房等方面享受城镇居民的基本公共服务，给经济社会发展带来诸多风险隐患。

2015 年外出农民工地区分布及构成 **表 2**

按输出地分	外出农民工总量(万人)			构成(%)		
	外出农民工	跨省流动	省内流动	外出农民工	跨省流动	省内流动
合计	16884	7745	9139	100.0	45.9	54.1
东部地区	4944	858	4086	100.0	17.3	82.7
中部地区	6592	4024	2568	100.0	61.1	38.9
西部地区	5348	2863	2485	100.0	53.5	46.5

2015 年外出农民工流向地区分布及构成 **表 3**

	合计	直辖市	省会城市	地级市	小城镇	其他
外出农民工总量(万人)	16884	1460	3811	5919	5621	73
其中:跨省流动	7745	1188	1752	3258	1473	73
省内乡外流动	9139	272	2059	2660	4148	0

续表

	合计	直辖市	省会城市	地级市	小城镇	其他
外出农民工构成(%)	100.0	8.6	22.6	35.1	33.3	0.4
其中:跨省流动	100.0	15.3	22.6	42.1	19.0	0.9
省内乡外流动	100.0	3.0	22.5	29.1	45.4	0.0

市民化长期滞后导致农民工缺乏预期，缺乏培训使之固化在低端劳动力，缺乏上升的通道。2015 年，我国农民工中有 74.8%为初中及以下文化程度，农民工的文化程度直接影响其接受新知识和各种信息的能力，严重滞后于产业结构升级对员工素质与技能提升的需要。

2. 土地城镇化快于人口城镇化，建设用地粗放低效

根据国家发展改革委公布数据显示，2010~2014 年我国城镇人口年均增长 2.84 个百分点，城市建设用地面积年均增长 5.89 个百分点，两者相差超过 3 个百分点。一些城市“摊大饼”式扩张，过分追求宽马路、大广场，新城新区、开发区和工业园区占地过大，建成区人口密度偏低，建设用地粗放低效。如河北省的地均城镇建设用地的非农产出仅为苏浙地区的 70%左右，广东省的 45%左右；9 个国家级产业园区平均土地产出 58 亿元/km^2，仅为全国 341 个国家级开发区平均水平的 45%（京津冀协同发展空间布局小组，2014）。

一些地方过度依赖土地出让收入和土地抵押融资推进城镇建设，进一步加剧了土地粗放利用，浪费了大量耕地资源，威胁到国家粮食安全和生态安全，也加大了地方政府性债务等财政金融风险。根据财政部数据显示，2014 年国有土地使用权出让金收入（俗称土地财政收入）超过 4 万亿元，在可查的 20 个省市中有 12 个省国有土地出让金占财政收入比重超过 50%，其中，海南、江西 2014 年国有土地出让金甚至占到财政收入的 75%。

3. 城镇空间分布和规模结构不合理，与资源环境承载能力不匹配

东部一些城镇密集地区资源环境约束趋紧，中西部资源环境承载能力较强地区的城镇化潜力有待挖掘。京津冀平均水资源量只有 370 亿 m^3，不足全国的 1.3%，但却承载着全国约 8%的人口、11%的 GDP。水资源的过度利用，农村 80 万个深层水井导致地下水超采（图 2），自然生态补水严重不足（图 3），仅河北省就形成 25 个地下水“漏斗”，面积超过 4 万 km^2，城乡建设与资源环境形成了互相制约。

城市群布局不尽合理，城市群内部分工协作不够、集群效率不高。部分特大城市主城区人口压力偏大，与综合承载能力之间的矛盾加剧；中小城市集聚产业和人口不足，潜力没有得到充分发挥；小城镇数量多、规模小、服务功能弱，这

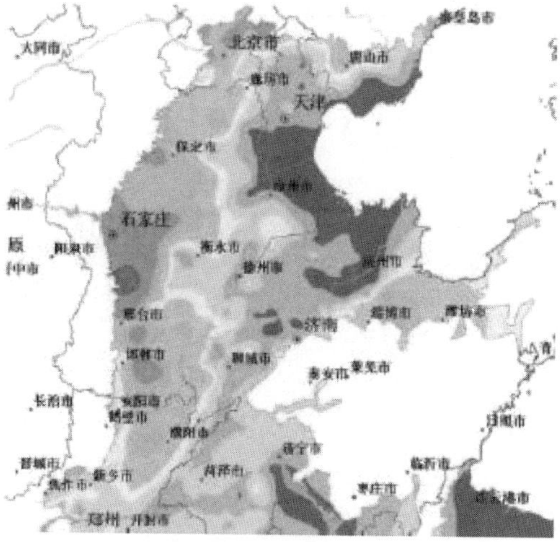

图 2　2012 年地下水超采深度示意

图 3　部分地标河流现状干涸

些都增加了经济社会和生态环境成本。以京津冀城镇群为例，北京、天津的核心集聚效应十分突出，分别承载了京津冀地区 28. 1%和 18. 2%的城市人口，以及 31. 1%和 22. 5%的国民生产总值（图 4），过度“虹吸”效应抑制了河北省中心城市的发展。河北省城市规模偏小，大城市和中等城市的个数明显偏少：全省 300 万~500 万人的城市仅有 2 个（石家庄和唐山），100~300 万人的城市有 4 个（保定、邯郸、张家口、秦皇岛），125 个县级单元中，仅有 15 个（占 12%）县（市）城区人口在 20 万~50 万，68 个（占 54%）的县（市）城区人口不足 10 万，省域城市体系的完整性明显差于长三角和珠三角，没有形成合理“金字塔”状的城市等级格局。

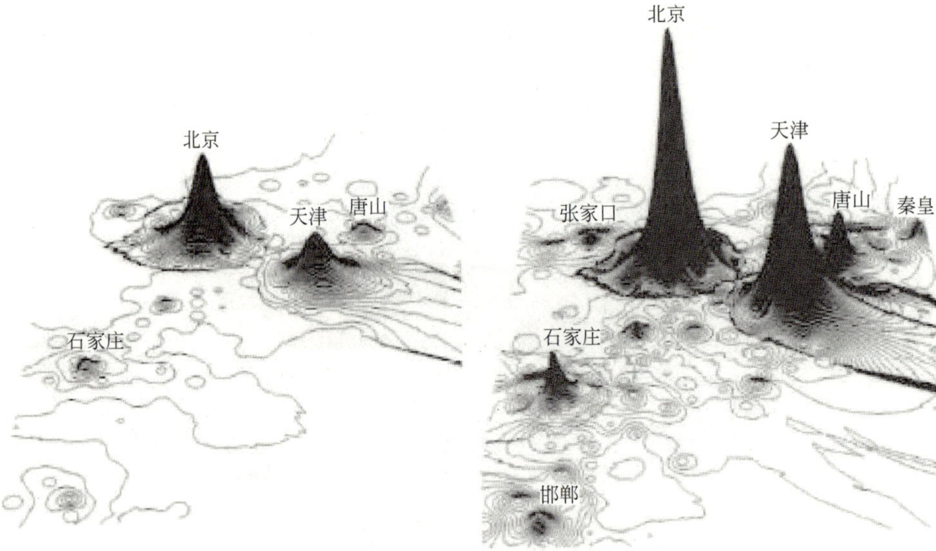

图 4　京津冀地区 GDP 空间分布示意图　1994 年（左）和 2012 年（右）

4. 城市管理服务水平不高，“城市病”问题日益突出

一些城市空间无序开发、人口过度集聚，重经济发展、轻环境保护，重城市建设、轻管理服务，城市管理运行效率不高。公共服务供给能力不足，外来人口集聚区人居环境较差（图 5）。

图 5　北京、广州等城市城中村人居环境情况

全国约有 2/3 的城市交通在高峰时段出现拥堵，一线城市交通拥堵十分严重，且逐渐向二、三线城市蔓延。全国 657 个城市中有 300 多个属于联合国人居环境署评价标准的“严重缺水”和“缺水”城市。城市生活垃圾以每年约 10% 的速度增长，但大多数垃圾只能简易填埋，北京、广州等地一度出现“垃圾围城”现象。

5. 自然历史文化遗产保护不力，城乡建设缺乏特色

一些城市的新建建筑追求外形的奇特，带来景观结构与所处区域的自然地理特征不协调，城市的自然和文化个性被破坏；一些农村地区大拆大建，导致乡土特色和民俗文化流失；体制机制不健全也阻碍了城镇化健康发展等（图6）。

图6　部分城市和乡村建设风貌

（三）统筹推进新型城镇化目标

供给侧结构性改革是一个综合性强的工作，要以“三去一降一补”统筹兼顾处理好当前城镇化出现的突出矛盾和问题。在制定“去产能、去库存、去杠杆、降成本、补短板”工作方案的同时，研究针对上述问题的改善意见。

首先应当与城市环境保护和改善相结合。近些年来北京市面临十分严重的生态环境问题，特别是长时间、大面积雾霾。2014 年 PM2. 5 年均浓度 93ug/m^3，超过国家标准 1. 6 倍，整个京津冀地区区域性大气污染极为严重。针对此问题，河北省一边去产能，规划“十三五”期间压减炼铁产能 4989 万 t、炼钢 4913 万 t；一边补短板，加快调结构和转型升级之路，逐步改善区域与城市环境。

全面研究城市群内城市间产业结构调整。2014 年河北省县（市）工业主营收入占全省总量的 64. 2%，据统计，全省“二产”就业中 44. 8%在农村，其中非金属、纺织、服装等就业规模较大的行业农村就业均在 50%以上[1]（图 7）。推进城镇群内各级城镇间的产业转型升级和空间整合，推动工业企业向城市和园区集中，严格限制工业尤其是具有一定污染性的产业在城乡空间无序分散布局。

研究“僵尸企业”关停并转的人员安置，同时分析如何新增就业人员岗位。研究停产转业企业的土地再利用与节约集约土地、完善城市功能提高城市承载能力和改善住房保障条件等（表4）。

---

[1] 《京津冀协同发展空间布局专题调研报告》，京津冀协同发展空间布局小组，2014 年 6 月。

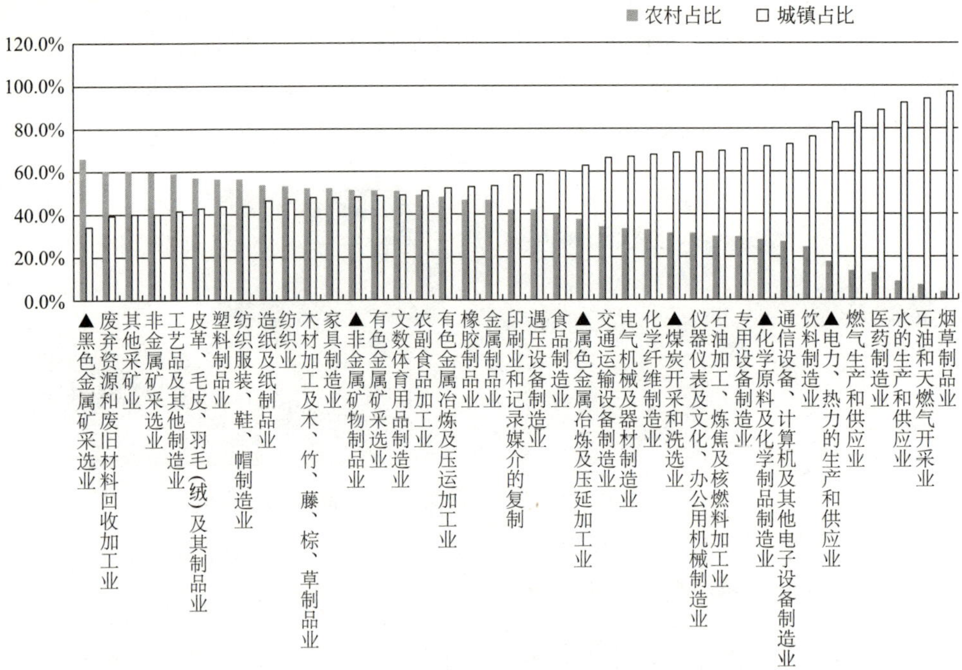

图 7　河北省工业就业城乡分布特征

2015 年农民工就业行业分布（单位：%）　　表 4

	2014 年	2015 年	增减
第一产业	0.5	0.4	-0.1
第二产业	56.6	55.1	-1.5
其中：制造业	31.3	31.1	-0.2
建筑业	22.3	21.1	-1.2
第三产业	42.9	44.5	1.6
其中：批发和零售业	11.4	11.9	0.5
交通运输、仓储和邮政业	6.5	6.4	-0.1
住宿和餐饮业	6.0	5.8	-0.2
居民服务、修理和其他服务业	10.2	10.6	0.4

去库存主要是二、三线城市的房地产市场问题，去库存是推进城市群大中小城市和小城镇协调发展的机遇。据统计，目前我国商品房待售面积已经达到 7 亿 m^2，商品房待售面积与商品房销售面积之比从 2008 年的 2~4 左右急剧攀升至 2015 年的最高 8 左右，如果考虑待开发的土地、未售在建工程等，全口径的房地产库存或高达 130 亿 m^2（图 8）。通过政府对公共服务持续投入是中小城市

房地产良性发展的重要支撑。以山东临沂市为例，其县级单位在基本公共服务类的财政支出占县总财政支出的 56.83%，非基本类公共服务支持占 15.94%，两项合计，全县每年有 72.77%的财政支出用于公共事业，高于中心城的支出比重。从房地产销售施工情况分析来看，各县的房地产销售状况总体好于中心城区（图 9、图 10）。

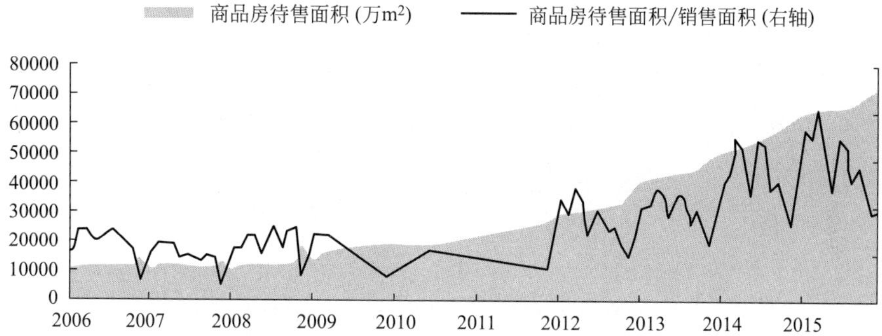

图 8　我国房地产库存持续攀升

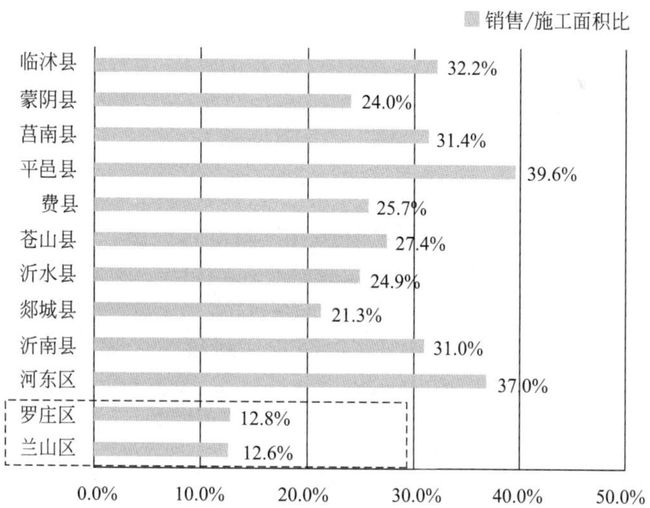

图 9　2012 年临沂市各区县房地产销售施工情况分析

着重围绕中心城市产业结构调整，完善中小城市和有条件的小城镇基础设施及公共服务设施，改善中小企业创业环境。鼓励私人投资办企业，尤其是当地外出先富人员返回本地区办企业，创造更多的就业机会。同时，政府制定相应财税和金融政策，鼓励完善公共服务和基础设施建设，消化住房库存，推动农业转移人口市民化。

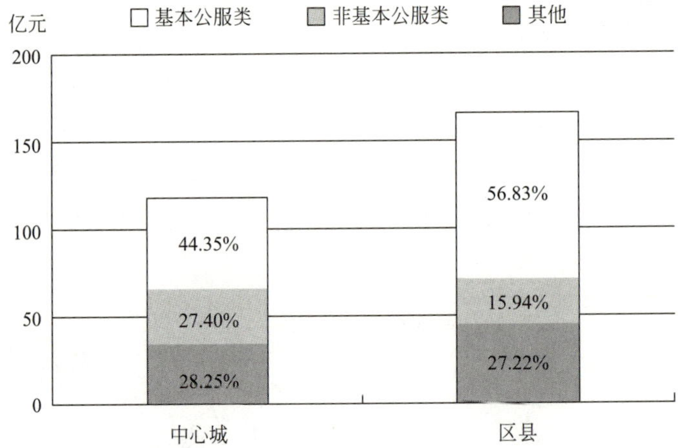

图 10　2012 年临沂市公共财政支出构成：中心城与区县比较

二、落实"新型城镇化规划"目标近期主要任务的思考

总结以往城镇化和城市发展中的经验和教训，坚持《国家新型城镇化规划（2014—2020 年）》的要求，立足实现 2020 年目标，谋划更长时间的任务，思考"十三五"期间主要任务。

（一）以供给侧结构性改革要求审视所在城市的定位

城市的定位是城市发展和竞争战略的核心。城市的定位要找出最能代表城市特点的"名片"，使城市脱颖而出，增强城市的凝聚力、吸引力和辐射力。城市的定位要有连续性，城市定位一旦确定，就必须在较长一段时间内保持不变，并坚定不移地去贯彻、宣传和实施。

优化提升东部地区城市群，培育发展中西部地区城市群，建立城市群发展协调机制，促进各类城市协调发展。集中力量研究已经或者将要形成的城市群，分析有产业发展条件的地区，确定扩大投资需求的重点地区和城市，重点培育有发展潜力的中小城市。政府扶持和引导下扩大民间投资，着重解决完善城市功能，补齐基础设施和公共服务短板。

研究城市所处区位和国家确定城市群中的发展定位和特点，对批准的城市性质和功能定位进行反思和检讨。对照中央要求，总结近年来城市发展的经验和不足，提出去库存和补短板的重点和项目，推进城市可持续发展。

（二）调研讨论劳动力的流动和走向

1. 以人为核心的城镇化，分析人力资源和劳动力市场是关键内容

2015 年农民工总量为 27747 万人，比上年增加 352 万人，增长 1.3%。2011 年以来农民工总量增速持续回落。农民工仍以青壮年为主，但所占比重继续下降，农民工平均年龄不断提高。中部地区农民工 9609 万人，比上年增加 163 万人，增长 1.7%，增长速度分别比东部、西部地区高 0.8 和 0.4 个百分点（表5）。

2015 年农民工年龄构成（单位：%） **表 5**

	2011 年	2012 年	2013 年	2014 年	2015 年
16~20 岁	6.3	4.9	4.7	3.5	3.7
21~30 岁	32.7	31.9	30.8	30.2	29.2
31~40 岁	22.7	22.5	22.9	22.8	22.3
41~50 岁	24.0	25.6	26.4	26.4	26.9
50 岁以上	14.3	15.1	15.2	17.1	17.9

2. 分析农村劳动力素质变化和流动趋势，研究去产能对劳动力流动的影响

国家统计局 2015 年统计数据表明，农民工中受过高中及以上教育经历的比例为 23.8%，平均受教育年限仅为 9.39 年；从接受教育的内容来看，76.8%的新生代农民工仍停留在义务教育（60.3%）和普通高中教育（16.5%），接受过职业教育的比重仅为 7.3%（表 6）。

2015 年农民工文化程度构成（单位：%） **表 6**

	农民工合计		外出农民工		本地农民工	
	2014 年	2015 年	2014 年	2015 年	2014 年	2015 年
未上过学	1.1	1.1	0.9	0.8	1.6	1.4
小学	14.8	14	11.5	10.9	18.1	17.1
初中	60.3	59.7	61.6	60.5	58.9	58.9
高中	16.5	16.9	16.7	17.2	16.2	16.6
大专及以上	7.3	8.3	9.3	10.7	5.2	6

经济新常态下，削减过剩产能和落后产能必然导致就业岗位大幅削减，而首当其冲被削减就业岗位的一定是农民工群体。化解过剩产能将造成一部分职工被分流安置，据人力资源社会保障部统计，钢铁、煤炭去产能涉及 180 万职工分流（表 7、表 8）。

分行业农民工人均月收入及增幅（单位：元） 表 7

	2014 年	2015 年	增长率(%)
合计	2864	3072	7.2
制造业	2832	2970	4.9
建筑业	3292	3508	6.6
批发和零售业	2554	2716	6.4
交通运输、仓储和邮政业	3301	3553	7.7
住宿和餐饮业	2566	2723	6.2
居民服务、修理和其他服务业	2532	2686	6.1

分地区的农民产业分布（单位：%） 表 8

	东部地区		中部地区		西部地区	
	2014 年	2015 年	2014 年	2015 年	2014 年	2015 年
第一产业	0.4	0.4	0.4	0.3	0.8	0.7
第二产业	61.2	60.2	52.5	50.7	47.1	44.1
第三产业	38.4	39.4	47.1	49.0	52.1	55.2

3. 提高公民素质教育，补年轻人素质培养和农村富裕劳动力就业技能培训的教育短板

市民化长期滞后导致农民工缺乏预期，缺乏培训使之固化在低端劳动力，缺乏上升的通道。农民工的文化程度直接影响其接受新知识和各种信息的能力，制约其思维水平和农村经济社会的发展。需要提高公民素质教育，特别是补齐年轻人素质培养和农村富裕劳动力就业技能培训教育的短板。

（三）研究改善城市用地结构

1. 紧抓供给侧结构性改革推进集约节约用地的机遇

2016 年国土资源部出台了《关于支持钢铁煤炭行业化解过剩产能实现脱困发展的意见》（国土资规〔2016〕3 号），支持盘活土地资产，提出关于退出企业、兼并重组、转产企业和停建企业的土地处置办法。

紧抓供给侧结构性改革推进集约节约用地的机遇，讨论和研究去产能关闭企业土地的利用和城市已规划尚未开发使用土地的利用。深入贯彻落实最严格的节约用地制度，有效去除过剩产能，加快闲置和低效工业用地处置再开发利用，促进工业转型发展和土地节约集约利用。以完善城市总体功能为目的，以补自身区

域产业和民生短板，确定土地再开发的用途，储备或者转让土地，发展新型产业。

2. 补齐医疗卫生事业等短板，研究租售并举、让农民安居乐业的去库存长效机制

房地产去库存难以走出困境的主要原因在于房地产开发供给侧结构失衡，需要推出一系列能够改善房地产供给侧的长效机制。

2015 年底召开的中央经济工作会议提出，要发展住房租赁市场，鼓励自然人和各类机构投资者购买库存商品房，成为租赁市场的房源提供者，鼓励发展以住房租赁为主营业务的专业化企业。

坚持租售并举、降低房价，去住房库存，创造良好社会氛围，结合户籍制度改革，让农民在这些地方实现安居乐业的生活。

三、当前城乡规划的工作重点

重点是贯彻城镇化工作会议和城市工作会议决定的意见，指导城市规划部门，按照当地政府要求，就供给侧结构性改革内涵，以人为核心的新型城镇化目标，立足于扩大就业和改善民生，如何履职尽责。

（一）认真学习中央供给侧结构性改革精神，推动城乡规划工作改革

认真学习“十八大”以来中央指示精神，对照《城乡规划法》等法律要求，反思城乡规划工作的指导思想。将保护自然生态系统放在突出位置，城市发展要统筹研究相关自然生态系统的保护，统筹完善建成区与新区城市生态系统。

开展对已编制的城市规划成果的评估工作。按照“三去一降一补”要求，结合城市生态保护和修复，主要评估包括检讨人口估算，研究发展规模；优化土地利用，推动节约集约利用；城市形态和结构，修复生态系统；分析交通状况，评价 TOD 理念实施效果和改善措施等。

（二）认真学习贯彻生态文明建设理念，研究改进城市规划编制意见

生态文明建设落实到城乡规划工作，总结生态城市试点经验，总结提出建设资源节约环境友好型城市以来的经验和教训，将生态保护的理论贯穿在城市规划建设的全过程。系统分析城市存在的问题，提出对策，丰富城市规划的城市生态保护和修复内容。

1. 城市生态系统的构建对自然生态系统的影响

土地性质的变更是人们干扰自然生态系统的最基本的问题。城市发展将农林

用地变成建设用地并硬化使用，无论对生活或生产，都会带来资源消耗的增加和废弃物的排放，这都需要城市生态系统来保障，也必然会干扰自然生态系统。同时，自然生态系统的物种生境破坏或改变，直接影响了生物多样性。这一对基本矛盾是城市生态保护与修复的长期主题。

2. 土地利用与水生态系统

水是城市生态系统中遭破坏最严重的生态要素（图 11）。未来，应加快建设自然存积、自然渗透、自然净化的海绵城市。统筹自然降水、地表水和地下水的系统性，协调给水、排水等水循环利用各环节，并考虑其复杂性和长期性。同时，还要继续强化城市污水治理。

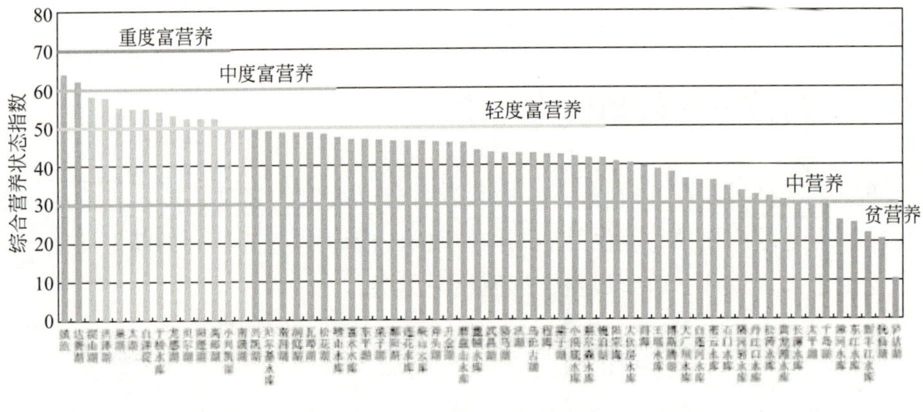

图 11　2015 年重点湖泊（水库）综合营养状态指数

3. 节能和能源利用与大气污染

能源供应结构和能源利用效率是直接关系大气质量的基础因素。大气的污染和温室气体排放是世界性的共同主题，我国是发展中国家，问题更加突出，责任更加艰巨。

空气质量的改善面临着越来越严峻的挑战，雾霾天气增多，能见度下降等问题成为社会关注的热点问题。遍布全国各地的污染源量大面广，种类繁多，排放规律各异，对人体健康、环境质量、生态系统构成严重威胁，已成为制约我国经济可持续发展的重大瓶颈。而能源供应结构和能源利用效率是直接关系大气质量的基础因素。目前，由工业化和城市化进程不断加快所引致的依赖能源的程度越来越高，能源的过度消耗引发一系列环境问题，能源消费加剧全球变暖，我国温室气体和相关大气污染物排放总量已经位居全球前列。要改变我国能源利用的现实困境，最有效的手段就是优化能源供应结构和能源利用效率。

4. 城市下垫面变化与城市局地气象

城市规模和结构、建筑高密度和地面硬化铺装，都会直接影响居民生活环境和健康。城市建设的形式和内容更加丰富，同时也改变了原有的自然生态属性，影响地-气之间的物质和能量交换，干扰局地大气循环，进而对局地气候环境产生影响，且更高强度、高密度的开发利用越发加剧了这些影响，产生包括城市热岛效应、城市弱风效应等在内的一系列城市气候问题，进而对城市宜居性、人体舒适甚至居民健康产生影响。

例如，针对北京怀柔雁栖湖生态发展示范区进行的局地气象与大气质量绩效评估表明，规划方案中的城市规模有所扩大，结构更为紧密，热岛区域便出现了相连成片的发展趋势，地区整体通风环境也有所恶化，而高密度建筑和地面硬化铺装不仅影响了地-气间的物质能量交换，增强了城市热岛，也挤占了近地面通风走廊，造成弱风范围扩大，不利于局地空气流通扩散，从而影响行人高度的舒适度和宜居性（图 12、图 13）。

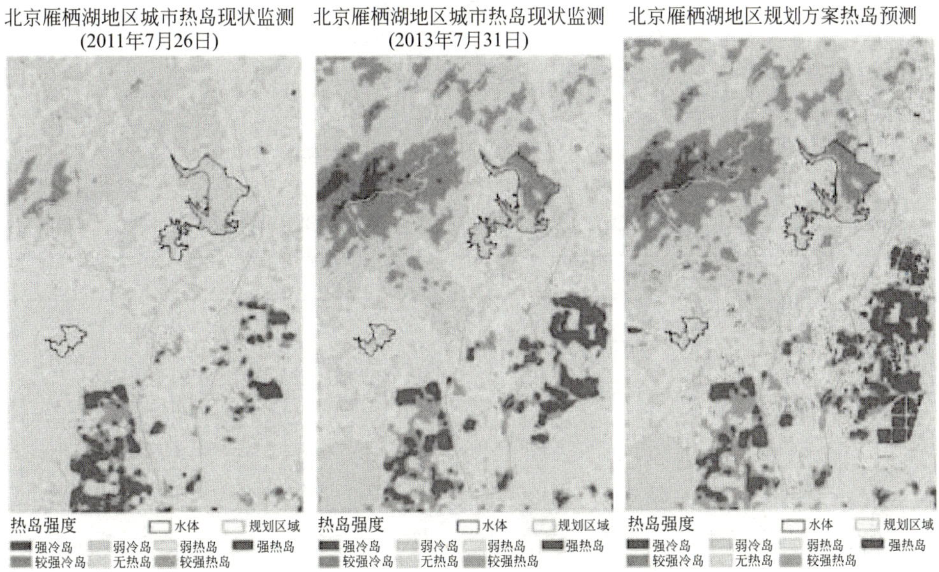

图 12　雁栖湖地区城市热岛强度预测

5. 物资流动与固体废弃物处置

废弃物排放是再一次干扰、危害相对稳定的城市生态系统，或直接干扰自然生态系统自然调节能力的重大难题。区域外向区域内补给生活用品和生产原材料是城市经济和生活的基本要素。除了对水、气直接的影响纳入土地利用与水生态系统、节能和能源利用与大气污染之外，固体废弃物应当有专门处置，减少次生污染（表 9）。

图 13　北京雁栖湖周边地区通风廊道

2014~2015 年全国设市城市生活垃圾清运量　　　　**表 9**

2014 年			2015 年	
生活垃圾清运量	1.79 亿 t		1.92 亿 t	
生活垃圾无害化处理量	1.62 亿 t	90.5%	1.80 亿 t	93.8%
其中:卫生填埋处理量	1.05 亿 t	64.8%	1.15 亿 t	63.9%
焚烧处理量	0.53 亿 t	32.7%	0.61 亿 t	33.9%
其他处理方式	0.04 亿 t	2.5%	0.04 亿 t	2.2%

（三）研究近期建设方案

1. 以整合新区、新城与建成区关系为重点，推进布局优化和空间效率提升

中国城市中心规划院对全国 12 个省（自治区）的 156 个地级市和 161 个县级市的新城新区规划建设情况调查表明：所调查的 90%以上的地级城市规划建设了新城新区；新城新区规划面积和人口普遍超越现实；地方政府把新城新区建设作为城镇化的抓手和突破口；新城新区规划标准高，投资规模普遍偏大(表 10)。

全国各类新城区基本情况调查 表 10

新区类别	个数	规划建设用地面积（km^2）	已建建设用地面积（km^2）	已建用地占批准规划建设用地比例(%)
全国各类新城新区	3652	78000	30000	38.46
国务院批准的新区	18	6145	3409	55.48
国际级各类开发区	531	19000	7800	41.05
省级及省级以下新城新区	3103	52961	19201	36.25

严格按照国家有关政策法规、城市总体规划、土地利用总体规划、主体功能区规划等，规范新城新区管理和指导。清理低效园区，清退低质低效企业；清查用地建设，打击“两违”用地；整合资源，以“布局集中、用地集约、产业集聚”为目标，淘汰落后产能，聚焦优势产业集群培育。紧密联系园区与城市，加强城市服务业对产业发展的支持，促进产城融合。

2. 梳理已批准或正在编制的城市总体规划

按照供给侧结构性改革对产业布局进行调整，调整相应功能布局，确定优先建设的城市基础设施建设项目安排，引导先富裕起来人员投资创新办企业，促进农民就地就业。

（四）提出近期规划引导房地产业健康发展

根据 2013 年住房城乡建设部组织的全国 20 县调研显示，大部分县的农民主要选择在县城购房，并且目前县城房价尚在合理价格区间，对县城房价具有较强支付能力（房价收入比为 6~10）的农民占全县农民的比例较高，表明农民到县城购房的潜力较大（图 14~图 16）。

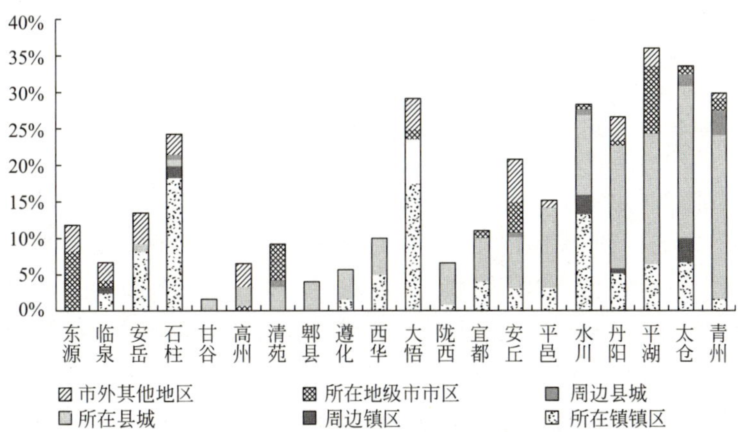

图 14 20 县在外购房农民占比

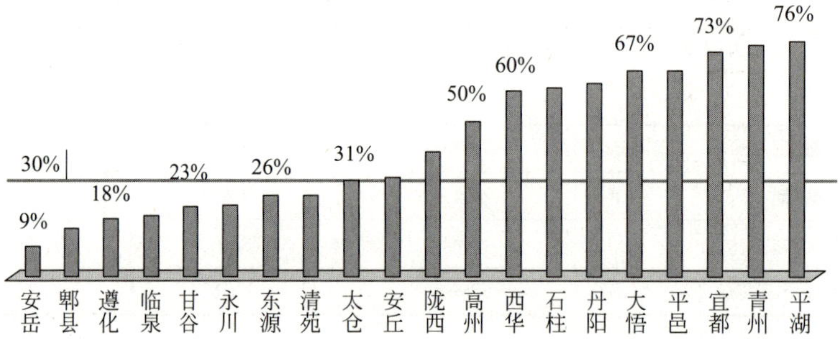

图 15　具有较强购房能力的农民占全县农民比重

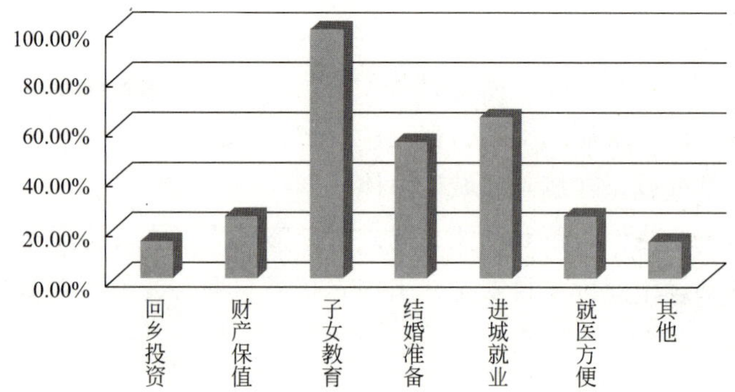

图 16　20 县村民购房原因分布图

以安居乐业的人群住房需求的供应为重点，积极参与制定农民进城落户的政策措施，目标是结合去库存的要求，补短板，让农村富裕劳动力在适宜自我条件的城市，进城就业定居。

着重讨论二、三线城市去库存，研究支持产业、就业、住房联动政策，研究九年义务教育学校布局与去库存政策结合。政府引导与市场机制结合，鼓励外出务工人员返乡创业与住房去库存联动。

（五）重视新农村建设，保护小城镇特色

新农村建设一定要走符合农村的建设路子，农村要留得住绿水青山，系得住乡愁；打造和谐宜居的美丽环境，传承记忆中华文化。新农村建设要着重改善农村人居环境，支持特色小镇的培育，加快推进新型城镇化建设。

特色小镇是适应和引领经济新常态，推动政府与市场互动、激发创新创业活力的重要平台。特色小镇是集产业链、投资链、创新链、人才链、服务链于一体的创业创新生态系统，是新型工业化、城镇化、信息化和绿色化融合发展的新形式。产业是特色小镇发展的根本动力，要注重产业特色，符合“7+1”产业定

位，聚焦于信息经济、环保、健康、旅游、时尚、金融、高端装备等战略性新兴产业和历史经典产业。

四、结语

供给侧结构性改革的根本要义是供给侧的结构性改革，即转变政府提供公共产品和配置生产要素的方法，加快体制机制的结构性调整和创新，以提高全要素生产率，促进社会经济持续健康发展，更好地满足人民群众的需要。城镇化所涉及的经济、社会和城乡建设等各领域需要应对供给侧结构性改革要求作出相应调整。

推进城镇化健康可持续发展要抓住当前供给侧结构性改革这个历史性契机，破除制度障碍和制约，加快推进机制创新。要紧抓供给侧结构性改革的机遇，充分认识到当前城乡规划工作改革迫在眉睫、势在必行，应认真反思，主动调整和积极创新。

本文根据中国城市百人论坛 2016 年年会发言主题整理修改。整理修改过程中得到中国城市规划设计研究院张兵总规划师，规划研究中心张娟副主任、王玉虎、刘航，中央财经大学政府管理学院王伟副教授等的帮助，提供了很多资料，已在文章中采用，在此致谢。

（撰稿人：汪光焘，高级工程师，国际欧亚科学院中国科学中心副主席，住房城乡建设部原部长，第十一届全国人大环资委主任委员。）

注：摘自《城市规划学刊》，2017（01）：10-18，参考文献见原文。

人口城镇化特征与国家城镇体系构建

导语：历经30余年的快速发展，2015年我国城镇化率已达56.1%。我国人口总体结构和城镇化流动人口的特征已经发生了诸多变化，城市的功能结构以及对人口就业的吸纳也发生了诸多变化。人口在区域和不同层级城市间的流动对城市体系空间及层级格局的影响日益显现。城镇化的模式、速度和机制正在经历着重大的转变。推进"以人为本"的新型城镇化，必须以人的流动为主线，通过多维度的城镇化人口流动与人群特征分析，认识城镇化发展新阶段的特征与规律。同时，通过对城镇化空间特征和不同层级城市的功能和城镇化作用的研判，合理优化我国的城镇空间格局与城镇体系，为城镇化人口流动提供所需要的城镇空间供给，为国家新阶段的经济融合发展和战略举措提供城镇空间支撑体系，引领我国城镇化的健康发展。

一、人口城镇化特征的多维度分析[1]

（一）城镇化人口流动的总体趋势

2000年以来，我国城镇化水平保持着年均约1.3个百分点的速度快速增长，并未出现明显的放缓现象。这得益于近年来城市服务需求快速增长下，第三产业就业潜力的发挥。但从人口增长趋势看，劳动力与流动人口总量下降的特征明显，城镇化增速下降的趋势依然清晰。

城镇化流动人口增量趋减。随全国经济收敛，中西部地区快速崛起，全国流动人口规模呈下降态势。2010年以来，流动人口年均增长量从2000~2010年间的约1100万人下降到约500万人；2015年，流动人口总量从2014年的2.53亿人下降为2.47亿人（图1）。

跨省人口回流增多。2010~2014年，东部人口流入型省份，如广东、浙江、江苏、福建等净流入人口规模出现下降（图2）；相应地，中西部部分人口流出省份（直辖市），如重庆、湖北、湖南、安徽、四川等人口流出减少，人口回流态势明显（图3）。同时，长三角、珠三角、京津冀等近域流动人口占比保持在65%~70%，中西部各省省内流动人口占比保持每年提高1个百分比左右。

---

[1] 本章人口相关数据来源：第五、第六次全国人口普查，中国统计年鉴2011—2016。

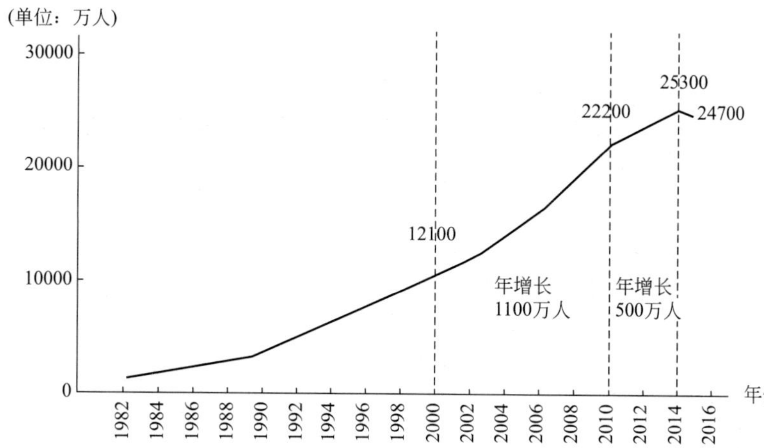

图 1　全国流动人口变化历程

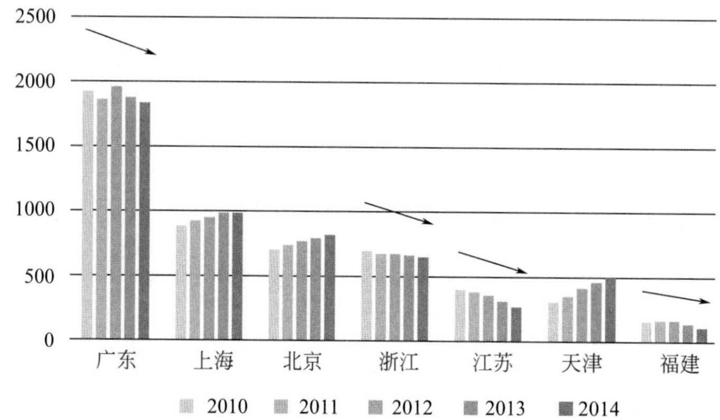

图 2　2010~2014 年主要流入省份净流入人口（万人）

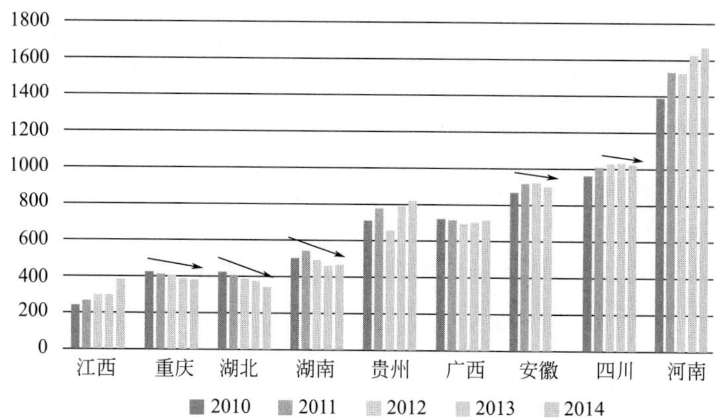

图 3　2010~2014 年主要流出省份净流出人口（万人）

（二）分区维度

近年来，中部西部地区城镇化加速发展，2010 年以来城镇化水平年均提高约 1.5 个百分点，显著高于东部地区（1.0 个百分点）和东北地区（0.8 个百分点），地区之间的城镇化水平差距不断缩小。

从城镇人口集聚的层级模式看，分三个层级进行测度，第一层级为直辖市、省会、计划单列市，第二层级为一般地级市，第三层级为县级市及县域，发现不同地区呈现出不同的城镇化分层模式（图 4）。

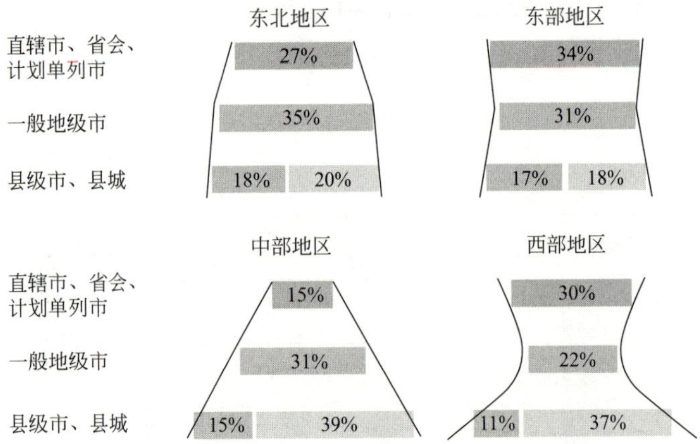

图 4　2010 年不同地区城镇人口分布模式

其中，东北地区城镇人口分布呈“相对均衡型”。从城镇人口增长看，2000~2010 年新增城镇人口的 37%聚集在第一层级城市。

东部地区城镇人口分布呈“均衡型”。2010 年，从城镇人口增长看，各层级协调发展的特征明显。

中部地区城镇人口分布呈“梯型”，县级单元在城镇化中发挥了重要的作用。2010 年，三个层级人口比为 15：31：54；从城镇人口增长看，呈现底层集聚的特征，2000~2010 年新增城镇人口中 70%增长在县级单元。

西部地区城镇人口分布则呈“沙漏型”。2010 年，三个层级人口比分别为 30：22：48；从城镇人口增长看，呈现出向顶层、底层集聚的特征，2000~2010 年新增城镇人口中 30%增长在第一层级，55%增长在第三层级。

（三）分层维度

2015 年，全国城市（含县级市）数量达 655 个，较 2000 年减少了 8 个，基本保持稳定。其中，地级市增加了 32 个，县级市减少了 40 个。从规模层级看，除小城市外其他城市数量均有增加，其中，超大城市增加了5个，特大城市增加了1个，大城市增加了14个，中等城市增加了47个，而小城市则减少了65个。

从新增城镇人口分布看，2000~2010年，城镇人口呈现出向超大城市、县城和镇集聚的态势。2000~2010年，6个超大城市城镇人口增长约2800万，占全国城镇人口比重提高了约0.7个百分点；县城与镇城镇人口增长约8000万，占全国比重由22.2%提升至27.6%。而其他层级城镇人口占比均有所下降，其中，特大城市城镇人口占全国比重由9.2%下降到8.5%，大城市城镇人口占全国比重由22.2%下降到21.0%，中等城市城镇人口占全国比重由15.8%下降到14.2%，小城市城镇人口占全国比重由19.3%下降到16.7%。

（四）城市群维度

城市群地区❶占国土面积的20%，集聚了全国70%左右的城镇人口，贡献了76%的GDP，在我国的城镇化进程中着实发挥了主体作用。城镇人口规模在4000万以上的城市群包括长三角、珠三角、京津冀、长江中游和成渝；城镇人口规模在2000~4000万的包括山东半岛、江淮、中原、海峡西岸、辽中南。

从城镇人口增长来看，2000~2010年，全国新增1.4亿的城镇人口中，70%增加在城市群地区。各城市群的城镇人口增量差异明显，增长最快的长三角与京津冀城市群，增量在2000万人以上；珠三角、成渝、长江中游和中原城市群增量在1000万人以上；山东半岛、江淮、海峡西岸、辽中南和关中平原城市群人口增量为数百万人（图5）。

（五）县级单元维度

2010年，全国县级单元（本文指县旗和县级市）总人口约8.1亿人，占全国总人口比重61%左右；城镇人口约2.9亿人，占全国城镇人口比重43%左右。2000~2010年，全国新增约2.1亿城镇人口中，51%增长在县（市）域。县级单元是城镇人口增长的重要载体。

从各省区看，只有30%的省区城镇人口在省级单元的比重高于全国平均水平（图6）。从城市群内外看，城市群内的县级单元城镇人口占全国城镇人口的18%~20%，仍然是相当大规模的城镇化群体。县城平均人口规模由2006年的7万人左右增长至2014年的10万人左右。约139个县城的人口规模在20万人以上，占全国县城总数的比重为9%；人口规模在10~20万人的县城达490个，占全国县城总数的30%；这些县城已经具备了小城市的基本功能和发展基础。从分

❶ 通过定量识别得到全国范围内20个城市群及其范围，并与发改委已批城市群规划的范围相衔接。

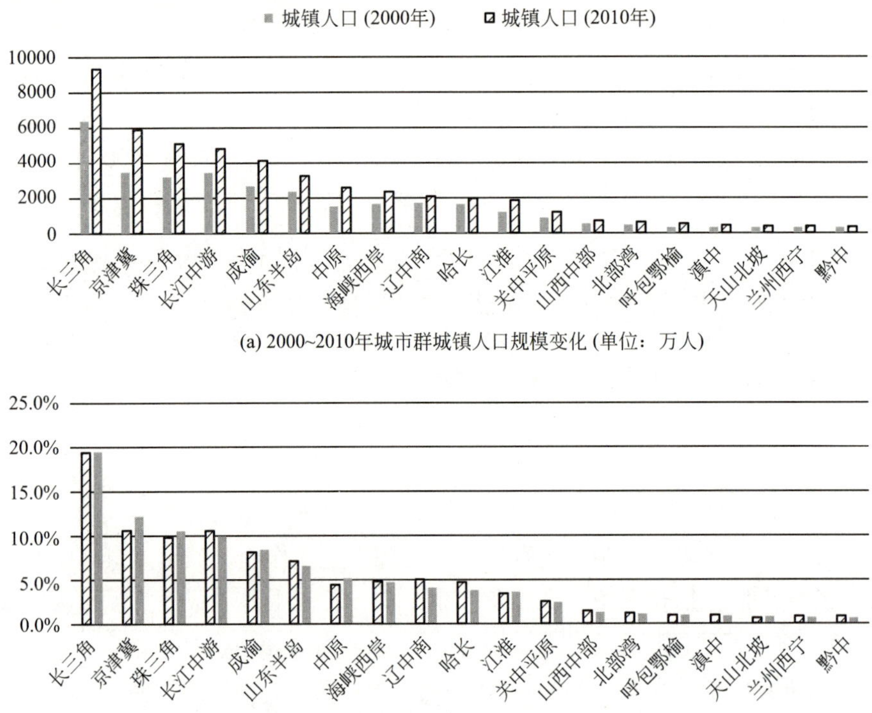

(a) 2000~2010年城市群城镇人口规模变化 (单位：万人)

(b) 2000~2010年城市群城镇人口占比变化 (单位：%)

图 5　各个城市群的人口规模变化情况

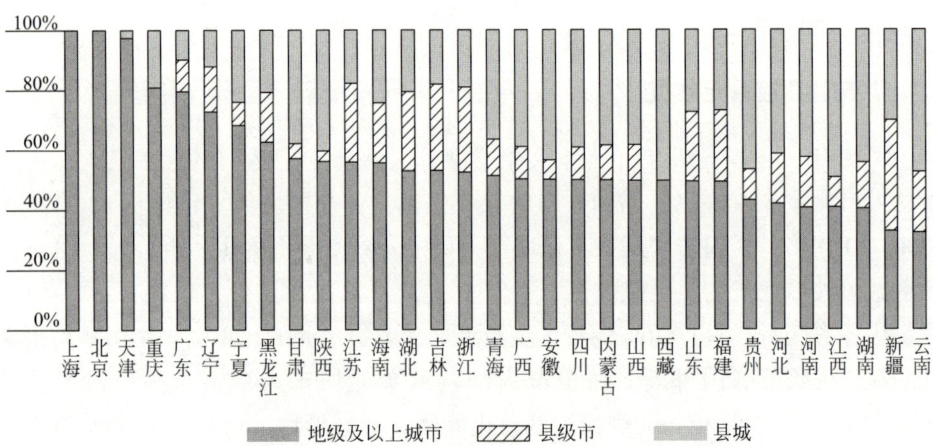

图 6　2010 年不同省份城镇人口分布模式

布看，人口规模超过 20 万人的县城主要分布在江苏、四川、河南、安徽、山东等人口密度较高的省份，县级单元城镇化在人口高密度的传统农业省份中的基础性作用尤为突出。

（六）小结

基于人口城镇化多维度分析可知，东中西部差距不断缩小，就地就近城镇化趋势加强；人口向超大特大城市与县域集聚态势明显，中间层级城市人口吸纳能力不足；城市群已成为城镇化的主体形态，但各城市群在人口吸纳能力上存在层级差异；县域是就地就近城镇化的重要载体，其基础性作用需要加强关注。应对人口城镇化发展的新趋势，亟需认真研究城镇化人群的新特点和流动规律，优化城镇体系，促进人口合理流动与布局，促进城镇化健康发展。

二、人群特征与流动类型分析

我国的人口结构和城镇化人群的特征已经发生了重大变化，劳动力总量下降，老龄化加速，农村收入增加，农民生活方式多样化，农民工构成变化、高校毕业生成为新增就业主体和中等收入群快速扩大，使得城镇化进程中的需求特征和流动类型发生明显的变化，对城镇化策略和城镇空间供给提出新的要求。

（一）城镇化人群的总体特征

我国出现了劳动年龄人口负增长的历史性拐点。我国 15~64 岁劳动年龄人口在 2013 年达到峰值 10.06 亿人，之后总量开始下降，2014 年比上年减少约 113 万人，预计至 2030 年劳动力总量将减少至 9.6 亿人❶。同时，人口老龄化加速，2030 年左右我国将进入深度老龄化社会。据预测，即使顺利推进“二孩化”政策，总人口年龄结构和劳动力供给也难以出现实质性改变。

老年抚养比和人口总抚养比开始上升（图 7）。2015 年我国老年人口抚养比为 14.1%，2030 年将提高至 26%左右，届时总人口抚养比将由 2015 年的 36.6%提高至 2030 年的 50%左右。因此，城镇化转移人口的家庭抚养负担将明显而持续加重，城镇化进程与模式将更多受到家庭抚养与安置的影响。

（二）农民工素质与农民收入变化

农民工群体受教育水平提高，素质不断提升。2015 年高中及以上文化程度农民工占比 25.2%，比上年提高 1.4 个百分点❷。值得注意的是，1980 年后出生

❶ 数据来源：《全国城镇体系规划（2016—2030 年）（草案）》人口与城镇化专题，由国家卫计委中国人口与发展研究中心、中国人民大学共同预测。

❷ 数据来源：2015 年农民工监测调查报告。

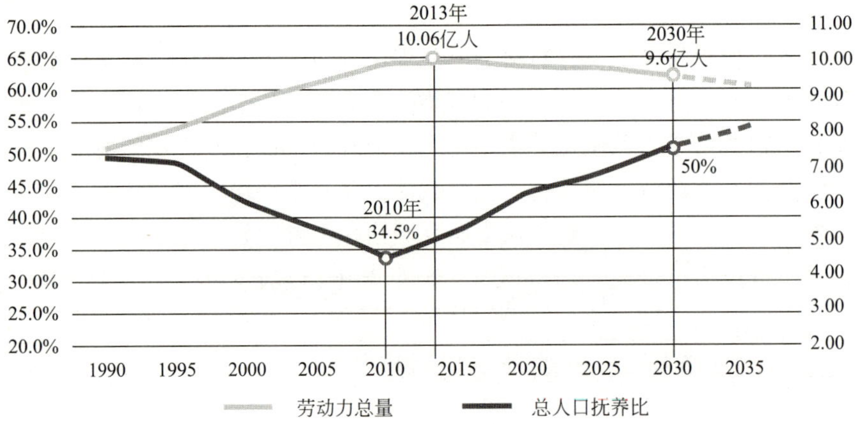

图 7　劳动力人口、全国抚养比发展历程与趋势预测

的新生代农民工高中及以上文化程度比老一代农民工高约 20%，同时新生代农民工规模占农民工总量约 50%。因此，未来农民工对就业的选择能力将提高。与老一代农民工相比，新生代农民工的生活价值观，以及择业、择居的取向发生了很大的变化。

农村家庭收入结构变化，工资性收入比重提高（图 8）。1990 年以来，农村家庭经营收入占比从 76%下降至 2014 年 40%。工资性收入从 1990 年 20%提升至 2014 年 40%。家庭成员与个人多种就业、工农兼业、灵活就业改变农村家庭的经济状况，也使农村人口有更多样化的生存选择和就业选择。

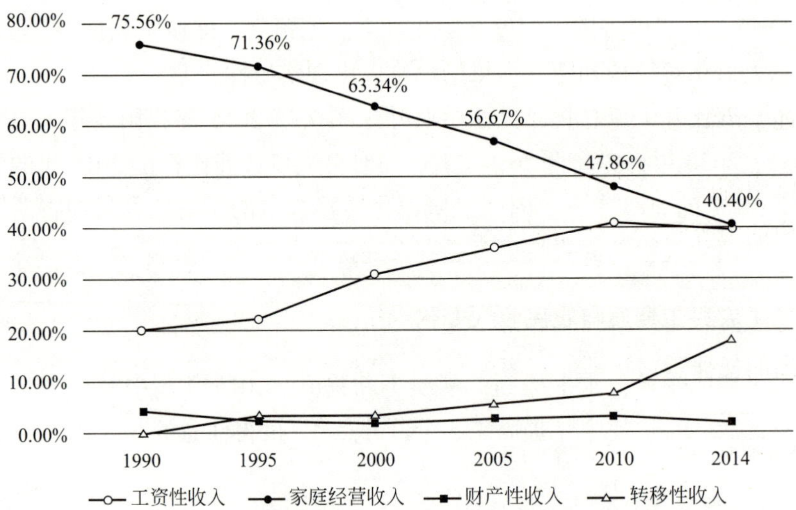

图 8　1990~2014 年农民收入构成变化情况

（三）新增就业主体的变化

高校毕业生成为最重要的城镇新增就业主体（图9）。2007年起，城镇新增就业群体中，普通高校毕业生规模已经超过新增农民工群体。2015年，普通高校毕业生达到749万人，约占城镇新增就业人数的57%；而当年新增进城农民工仅为63万人。

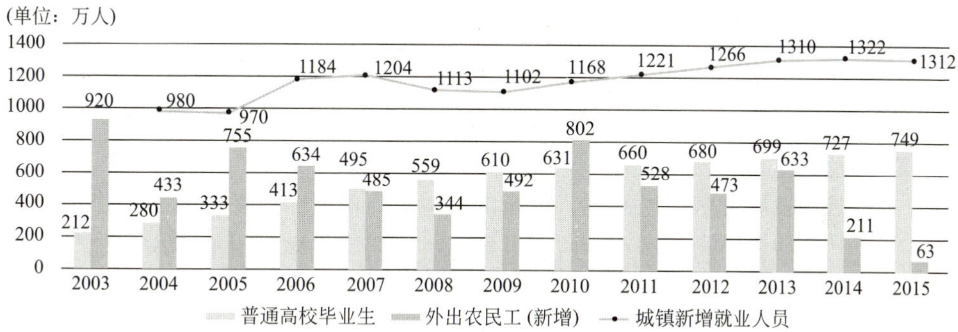

图9　城镇新增就业人数及其来源

全国农村学生普通高校录取人数约占录取人数的60%，因此，大学生进城就业实际上也是农村人口城镇化的途径之一。目前，农村家庭毕业生就业率（81.2%）明显低于城市家庭出身的毕业生（87.2%）❶。

在新增就业主体变化的背景下，同时出现了城市传统劳动力需求的“招工难”和大学生“就业难”的问题。城市就业需求与劳动力供给的结构性矛盾，反映出城市经济转型、功能提升的内在压力；反映出不同层级城市提供不同就业机会，吸纳不同素质与教育背景劳动力的潜在要求。

（四）中等收入人群的变化

我国中等收入群体快速扩大，预计2025年将达到5亿~6亿人，成为世界上最大规模的中等收入群体。四个核心城市（北上广深）的中产阶级群体全国占比将由40%降至16%，一批区域中心城市的中产阶级群体增长更快。

中等收入群体具有较强的个人发展期望和“多业、多艺”的能力，因此也具有较高的迁徙需求❷。中产阶级社会的“双城居住”“周末家庭”“第二居所”

---

❶　数据来源：《社会蓝皮书：2014年中国社会形势分析与预测》。

❷　2008年日本在审议通过的第六次国土规划，即《日本国土形成规划》中提出：随着价值观的多元化和可自由支配业余时间的增多，日本国民对于各种生活方式的选择性也大大增加，开始出现从事多份工作（多业）或多份学习、研究活动（多艺）的现象。同时，一个人在多个地点同时居住的“二地居住”现象也逐渐增加。

等生活方式对城镇化的空间供给提出了新的诉求。

繁荣的出境旅游市场表明，中产阶级体验消费能量巨大，但目前国内在休闲、度假等体验消费的空间供给严重不足。以区县单位统计的全国工作日与国庆期间的人口流动对比分析表明，国庆期间核心城市、城市群与周边区域人口流动规模巨大，区域性旅游、休闲、度假的空间需求巨大。

（五）需求与供给模型：城镇化人口流动类型分析

改革开放初期，农业转移人口流动的主要动力是以城市就业获得稳定收入，以解决温饱、赡养家庭，流动选择必然倾向于提高收入与节余，满足生存型需求。随着城镇化主体人群已经脱离赤贫状态，流动选择倾向于在提高收入的同时，兼顾多种发展需求。已经进入城市的群体也将不断产生新的需求，作出选择的改变。与马斯洛需求理论相对应，城镇化进程实际上也是人的需求增加与改变的过程，遵循由低层次向高层次递进的基本规律，即从解决就业/温饱、保障子女教育、满足家庭安置到趋向生活品质、追求个人实现。城镇化进程中的个体选择从物质转向非物质，从单一转向多元，从相似性转向差异化，从满足量转向追求品质，从提升质量转向个人发展实现。因此，城市必须提供多种选择和更多元的空间，以适应中等收入社会的城镇化需求。

城镇化人口流动的类型更加多元，大体上可以识别出“脱贫型”“改善型”“提升型”“发展型”等流动类型（表 1）。

多样化的城镇化人口流动类型及特征 **表 1**

流动类型	需求特征	居住/就业空间特征
脱贫型流动	收入或收入/成本盈余率提高	就业机会较多的经济发达地区与城市
改善型流动	兼顾就业、子女教育、养老、家庭安置等	就近就地转移或工农兼业、城乡双栖
提升型流动	致富预期、生活品质追求	寻求创业机会的多次流动与双城居住
发展型流动	自由流动和自我价值实现	有较多发展机会的区域和城市

基于以上城镇化需求与流动类型分析，城镇化的供给侧即城镇空间供给必须作出相应的变革，要通过分层-分质城镇空间差异化供给（图 10）。分层差异化供给指通过发展不同层级的城市，提供差异化的就业、服务、品质和机会，提供双城居住、城乡双栖的生活方式。分质差异化供给指通过建设特色城市、魅力景观区，提供特色化的城镇空间，满足中等收入人群的休闲、消费、体验需求，推动特色城镇化发展（图 11、图 12）。

我国城镇化的历程表明，城镇化人口及家庭成员要通过多次流动、多向流动，乃至代际持续迁徙才逐步趋向稳定。城镇化进程将持续呈现乡村与城市、欠

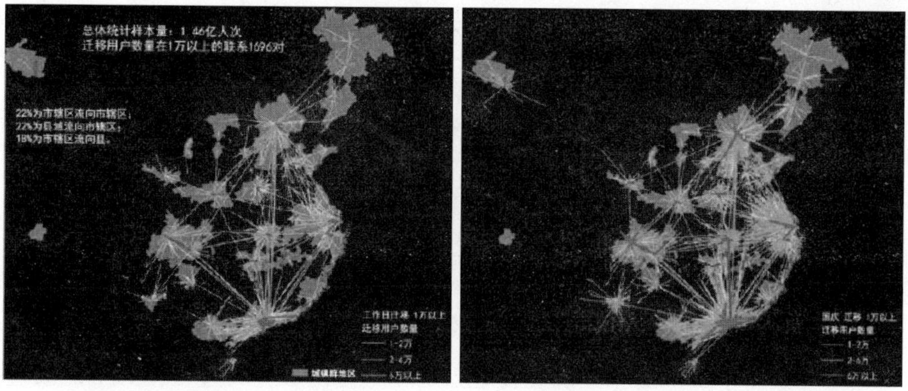

工作日人口流动情况 (以县区为单位)　　　　国庆期间人口流动情况 (以县区为单位)

图 10　基于大数据的主要城市群工作日和节假日人口流动情况

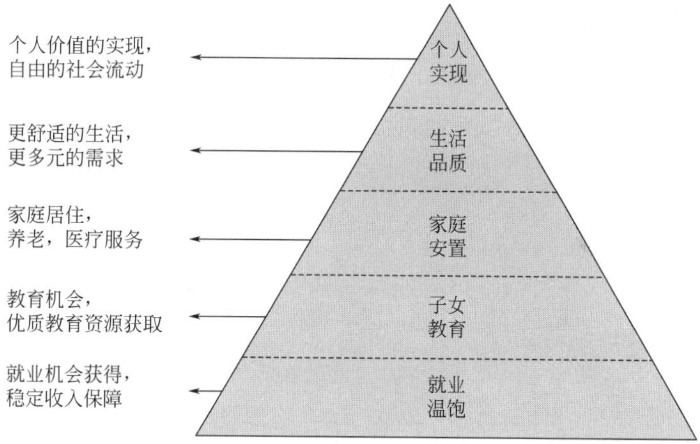

图 11　人的城镇化需求模型

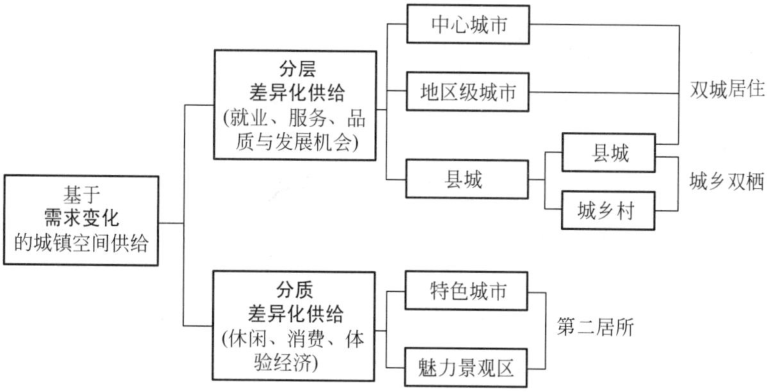

图 12　基于需求变化的城镇空间供给模型

发达地区与发达地区、小城镇与大城市之间的流动与回流，聚集与再平衡的多样化图景。一方面，传统的大城市偏好的发展路径已经发生变化，中小城市与县城、镇迎来发展契机；另一方面，区域、城市之间的协调发展的必要性也日益凸显。

三、城市的层级分工

（一）城市分工与分层认识

经济学家杨小凯指出，经济发展是分工和专业化演进的过程，分工的演进加上集中交易，即可产生城市。随着分工的发展，市场会自发地形成最优的城市分层结构（图 13）。分层结构中的顶端城市以完善的分工推动人口、资本、资源、信息、技术等大量生产要素集聚，诱导信息业、咨询业、运输业、金融产业等非生产性行业的集中；中间的城市随着人口聚集规模的不断扩大，工业品制造和生产的分工水平同步提高；而底端城市通常自给自足，专业化服务则通过临近的高等层级城市提供。理论上讲，完整的城市体系会呈现清晰的城市功能与规模分层结构，不同层级城市因效率差别而承担不同的功能分工，通过协调发展形成一个高效体系。

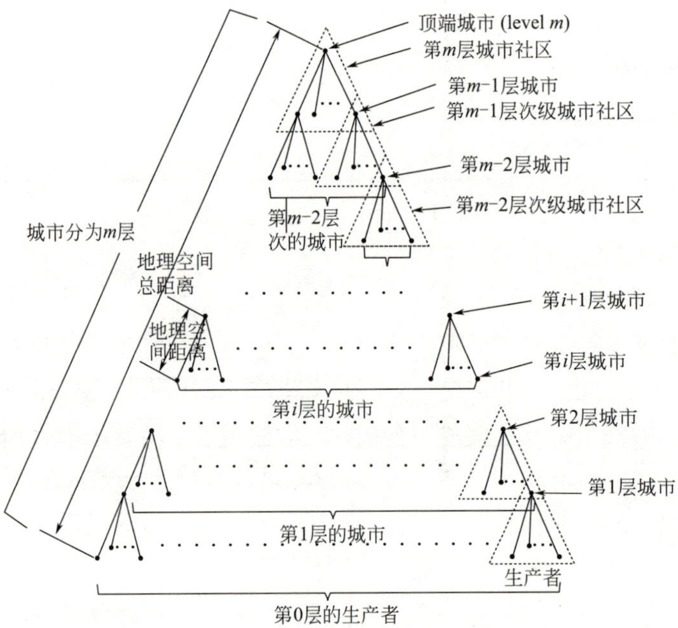

图 13　城市分工与分层模型

通过对我国各层级城市优势产业部门的分析（表2），可以发现我国不同规模层级的城市如杨小凯所述，存在着明显的产业分工差异特征。超大城市、特大城市的高端服务业、生产性服务业优势明显，大城市服务业与制造业较为均衡，小城市、县域的社会服务与基础性供应职能显著。

各层级城市优势产业部门分析 **表2**

分类	农、林、牧、渔业	采矿业	制造业	电力、燃气供应业	建筑业	生产服务业	流通服务业	个人服务业	社会服务业
≥1000万人	-0.83	-0.96	0.65	-1.43	-2.03	2.13	1.65	2.05	-0.97
500~1000万人	-0.81	-1.10	1.03	-1.18	-0.02	-0.07	0.86	0.39	-0.86
300~500万人	-0.99	-0.72	0.08	-0.16	1.13	0.07	0.29	0.02	-0.54
100~300万人	-0.22	-0.18	0.94	0.11	0.72	-0.87	-0.85	-0.62	-0.52
50~100万人	0.48	1.19	-0.08	0.56	0.28	-0.73	-1.06	-0.85	0.27
20~50万人	0.66	1.31	-0.99	1.06	0.00	-0.18	-0.76	-0.64	0.92
<20万人	1.72	0.45	-1.62	1.05	-0.08	-0.34	-0.13	-0.35	1.69

虽然我国一直贯彻“大中小城市与小城镇协调发展”的城市发展方针，但行政等级化的政策与政府资源配置和地方政府增长主义盛行，导致市场化的城镇资源配置失衡、层级分工错位等问题。如超大、特大城市要素成本过低导致制造业和商贸服务业过度聚集；中小城市公共投资严重不足。分工错位加剧了城市就业、服务供给与城镇化人口需求的结构性矛盾。

（二）各层级等级城市的特征与问题

1. 超大城市服务功能凸显，城市病加剧

近年来，超大城市在生产服务业、流通服务业以及个人服务业等方面区位熵提高加快，服务型产业不断集聚，新经济要素快速成长，并向高端化、专业化发展，全球资本服务能力不断提升，城市向服务功能和高端化转型态势显著；受要素成本、劳动力获得和环境管制的倒逼，一般性制造和商贸流通业快速退出。但超大城市人口过度集聚导致城市综合承载力之间下降，土地财政依赖、房价飞涨、交通拥堵、环境恶化等城市病日益凸显，城市发展边际效益出现递减。

2. 特大、大城市重要性不断提升

特大城市和大城市的优势产业部类包括制造业、生产性服务业和部分生活类服务业，保持了较高的效率和人口、产业吸引力，呈现制造业和服务业双轮驱动特征。杭州、南京、成都、武汉等特大城市表现突出，但东北、华北的一些城市如哈尔滨、大连等处于低迷与调整之中。特大城市和大城市也存在功能过度集聚、城市病加剧的趋势。

3. 中等城市差异明显，面临多重发展瓶颈

沿海发达地区中等城市发展态势良好。中西部地区中等城市既缺乏经济发展动力，也没有拉开与小城市、县域的生活服务层级，人口和产业吸引力不足，地区辐射带动功能难以发挥。75%的城市城镇人口增长率低于全国平均水平，60%的经济增长率低于全国平均水平，存在着“中等城市陷阱”风险。部分城市由于人口外流，出现了城市收缩现象，东北地区尤其明显。

4. 小城市与县城整体作用未能发挥

中小城市和县城在社会服务业方面优势明显，是城乡基本公共服务供给的重要载体，也是吸纳农村劳动力转移和安置家庭的主体层级，发挥我国城镇化“稳定器”的基础性作用。但经济效率偏低加上政策支持缺失、公共投入不足、治理体系缺位，导致小城市与县城基础设施和公共服务设施欠账现象严重，生活质量不高，阻碍了人口进一步集聚，潜在的人口红利难以释放。

（三）美、德两国城镇格局变化的启示

1. 美国城市格局的变化

美国城市体系的发展大体经历了三个阶段：第一阶段，形成于 19 世纪的区域性城市体系，城市主要分布在大西洋沿岸和中部，以纽约为全国性中心，以芝加哥、费城、圣路易斯和巴尔的摩等城市为区域性中心，40 个地方性工商业中心城市和约 500 个小市镇的城市体系。第二阶段，19 世纪末到 20 世纪中叶，形成分布更加均衡的全国性城市体系，城市之间的联系更加紧密。第三阶段，“二战”后至今，城市数量急剧增长，城市人口不断增加，大都市区迅猛发展。毗邻的大都市区相互融合渗透，成为巨型城市区域。2009 年《美国 2050 空间战略规划》识别了覆盖 26%的国土面积，拥有 74%的人口的东北地区、五大湖地区、南加利福尼亚、南佛罗里达、北加利福尼亚、皮德蒙特地区、亚利桑那阳光走廊、卡斯卡底、沿海海湾地区和德克萨斯三角地带十大巨型城市区域引领的全国性发达城市体系。

从目前的空间战略看，美国经历了从大西洋沿岸和五大湖地区向太平洋沿岸和南方沿海地区推进的过程。在这个进程中，联邦政府通过高速公路、国家实验室、战略性军事与航空航天基地、国家公园等建设和改革措施，实现了国家战略重点向西转移、多向开放和国土均衡发展。在联邦体制下，州县政府也通过大学、海港、空港等核心基础设施的建设，推动休闲娱乐业发展。在国家战略实施中，政府还根据不同阶段的战略目标、发展特征和社会需求，分别推进制造、科

研、高科技、休闲度假、娱乐养老功能的布局和空间转移。

2. 德国的多中心城市网络

德国的城市体系是由多个重要城市、多个平行的大都市构成的多中心均衡型的城市体系，城市之间、都市区之间分工清晰，协作良好，共同支撑了国家各项经济产业职能，保持了很强的国家竞争力。目前德国拥有了 11 个大都市区和 12 个人口超过 50 万人的大城市，各大城市与大都市区的分布也比较均衡，支持了国土均衡发展。柏林、波恩、汉堡、慕尼黑、斯图加特、科隆、汉诺威等一批中心城市各自承担了政治、金融、航运、航空、高科技、贸易、装备制造等重要功能，在欧洲乃至国际占有重要地位。

德国城市体系的重要经验还在于小城市和乡村地区的发展良好，人居环境和公共服务水平很高，吸纳了大量的城镇人口和重要的经济产业。一些重要的科技和装备制造业落户在了小城市。

四、国家城镇体系构建

（一）体系构建的价值取向与结构认识

1. 立足全球城市体系

在全球化的进程中，中国的经济发展已深度纳入全球经济体系，中国的城市体系与全球资本体系的关联性日益显著，各自承担了政治、金融、航运、航空、高科技、贸易、装备制造等重要功能。中国城市体系在全球的地位和作用凸显，城市体系的构建一定要置于全球城市体系，突出中国城市在多极化、多层次全球城市网络体系中的竞争力。

2. 响应国家战略要求

“一带一路”倡议、京津冀协同发展和长江经济带三大国家战略，奠定我国区域发展的新格局，对城市体系的构建影响重大，也需要国内人口与经济布局的优化调整来支持。城市体系的构建一定要落实国家空间战略，有利于多向对外开放格局的形成和国家发展战略的实施。

3. 促进国土格局再平衡

针对我国“胡焕庸线”以西人口与城镇集聚度较低，以东城镇密集地区与非密集地区差异显著的国情，以及多民族聚居、文化分区的特征，城镇体系的构建要关注城镇化空间的再平衡与国土格局优化，促进区域化的经济体系建设和生产流通效率提高。

4. 重视发展基础稳定

针对国家进入中等收入行列，人口结构和城镇化人口主体的特征变化和社会需求的变化，城镇体系构建要重视中小城市、县域在城镇化中的基础性地位，促进各级城市健康发展，发挥城镇化带动实现全面现代化的租用。

顺应人口流动规律，立足全球城市体系、国家战略格局和国土均衡的发展要求，顺应人口及流动变化和社会需求变化，构建由国家级—区域级—地区级构成的规模合理、功能完善的城镇体系结构（图 14、图 15）。

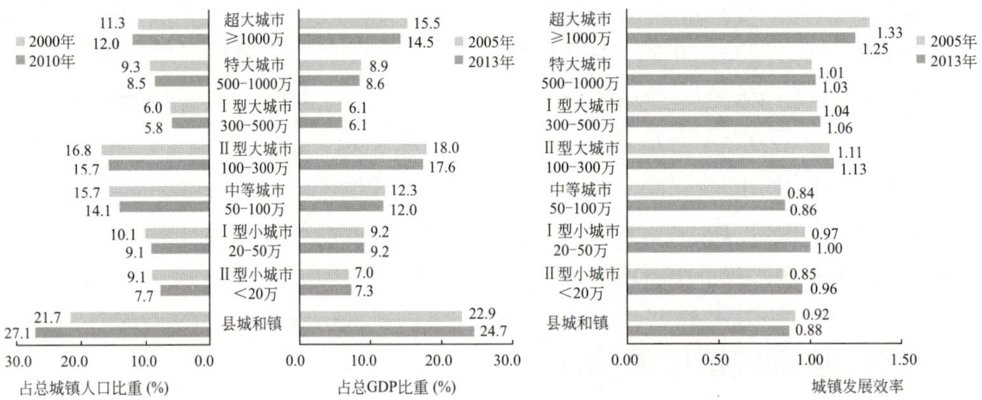

图 14　各层级城市人口经济规模与发展效率变化

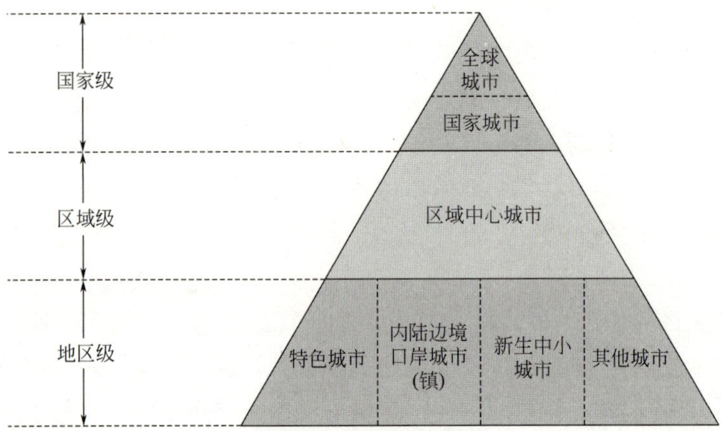

图 15　城市功能结构示意图

（二）国家级城市：全球城市与国家城市

1. 概念缘起与发展

《全国城镇体系规划（2006—2020 年）（报批版）》首次提出了北京、上海、广州、天津和重庆建设为“国家中心城市”。随后，“国家中心城市”这一概念得到广泛认可和应用。国务院颁布的《珠江三角洲地区改革发展规划纲要》《成渝城市群发展规划》和《促进中部地区崛起“十三五”规划》中分别提出“广州要强化国家中心城市、综合性门户城市和区域文化教育中心的地位”，“重庆围绕建成国家中心城市、成都以建设国家中心城市为目标”，“支持武汉、郑州建设国家中心城市”。“国家中心城市”从国家层面为一些超大城市和特大城市的发展指出了超越地域的目标和责任，要求城市从国家战略的高度发挥国家和区域发展的核心支撑作用。

西方相关学者则通常将研究视角置于全球，基于城市在全球经济和全球治理中的支配地位，建立了世界城市和全球城市的学说体系（Friedmann J，1986；Sassen S，1991；Taylor PJ，2003）。早期世界城市体系研究忽略了第三世界国家的城市，而萨森、卡斯特的全球城市网络研究，以及 GaWC 等机构近年来的研究，越来越多涉及全球各国城市，也涵盖了中国城市（图 16）。1990 年代以后，中国学术界也先后提出了“全球城市”，“全球性城市”，“大区中心城市”（顾朝林，2009），“一级中心城市”，“二级中心城市”（周一星，张莉，武悦，2001），“国家意义的中心城市”，“核心城市”（李晓江，2012）等概念。

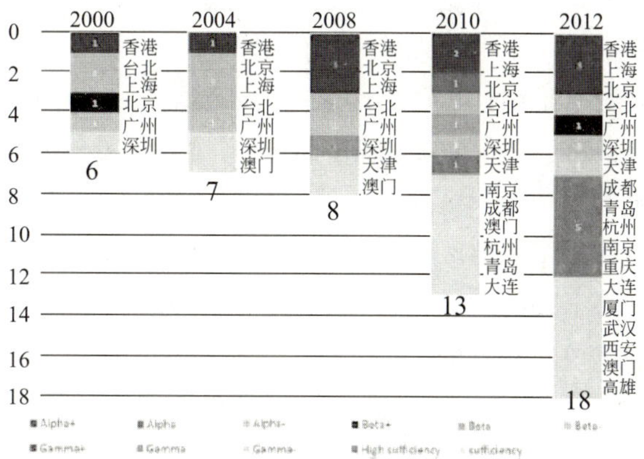

图 16　GaWC 中国城市排行变化

从发展实践来看，发达国家城市通常以全球城市、世界城市来表达，如《伦敦 2030》中提出了顶级全球城市（Excel among global cities），《东京都 2020》中提出要建设世界第一城市（The world's best city）等。近年来，北京曾经提出建设“世界城市”❶，深圳提出建设“可持续发展的全球先锋城市”❷，上海在新一

❶ 《北京城市总体规划（2014—2020 年）》提出北京城市发展的目标定位在四个方面：国家首都、世界城市、文化名城和宜居城市。

❷ 深圳市在 2005 年发布的《深圳 2030 城市发展策略》中提出：深圳 2030 年的发展目标应是“建设可持续发展的全球先锋城市”，主要包括三大功能定位：国家级高新技术产业基地和自主创新的示范城市、区域性物流中心城市、与香港共同发展的国际都会。

轮总体规划中提出建设“卓越的全球城市”，而广州、重庆、沈阳、武汉、青岛等城市较多采用“国家中心城市”“国际化城市”等概念作为自身的发展目标定位。

从理论研究和实践看，中国学者和政府部门倾向于国家城市体系的定位和“中国式表述”，比较敏感于全球城市或国际的定位表述。笔者认为，“全球城市”“世界城市”和“国家城市”是中国重要中心城市发展的必然，是国家城市体系的应有之义，而“中国式表述”更加低调、谦和，并容易被社会理解和接受。

2. 发展意义与战略思考

国家级城市是我国全面对外开放、深度参与全球竞争的承担者，是带动核心区域发展、促进国土空间格局均衡的必然选择，也是国家应对全球治理体系调整、推进国家战略深度实施的有效举措。

首先，国家级城市有利于我国提升全球治理体系中的地位、深度融入全球城市网络。伴随着世界治理新秩序的建立，国家级城市作为我国城市体系的顶端城市，将代表中国深度参与全球竞争，在经济、创新、文化等全球网络链接方面获得竞争优势，提升中国在全球治理体系中的话语权。

其次，国家级城市是城镇化可持续发展的必然需要。面向全国的服务性功能过度集中在极少数城市，是导致城市病的重要原因。发展一批国家级城市，可以分散一些全国的服务性功能，更加合理地布局国家的交通枢纽与门户及战略性节点，并可带动中西部和东北地区城市群和国家边疆地区的发展。此外，新的市场中心、新的交通网络中心的形成，也要求发展国家级城市。

最后，国家级城市发展有助于推动国家经济转型。创新发展与结构转型，培育内生动力需要国家级城市率先内涵提升、培育新型服务功能、发挥创新引领作用。

3. 全球城市和国家城市的识别与思考

全球城市的识别需要关注以下维度：首先，从全球视野来看，北京、上海作为中国第一梯队城市的地位不可撼动，全球城市体系地位与纽约、伦敦的差距正在缩小；广州、深圳作为中国城市的第二梯队，其他城市也难以撼动其地位。多项国际研究表明，北京、上海正在超越东京等传统全球城市，广州、深圳与新加坡等城市的差距不断缩小。其次，从城市功能来看，北京、上海、广州在世界创新网络、信息传播网络、文化交流中的节点属性越来越强，由单一的经济节点走向综合性的功能节点；深圳创新的世界影响力也越来越大。第三，从城市群发展基础与目标来看，京津冀、长三角、珠三角城市群均已提出建设世界级城市群，而发达经济体的经验表明，世界级的城市群通常需要世界城市/全球城市支撑。

笔者认为，北京、上海、广州、深圳应当采用“全球城市”的定位。

国家城市的布局需要系统把握，要在对各中心城市再认识的基础上进行统筹确定（王凯，徐辉，2012）。基于城镇体系构建的价值取向，以及美国、德国等国家的发展经验，国家城市的内涵应有多维度考量，既包括国家工业化和城镇化需要发展地区的核心城市，也包括未来具有国家战略意义和发展潜力的城市，以及承担重要国家使命和国际地缘角色的中心城市。

首先，应当评估城市的人口、经济发展能力以及创新、交通、文化、宜居等城市综合实力；同时考虑国家城市体系地位、城市群地位，对于国际化程度高、国家现代化服务能力强的重庆、天津、成都、南京、杭州、武汉等城市优先考虑作为具有综合发展能力的国家城市。

其次，“一带一路”倡议是国家首次提出的国际空间战略，这必然要求国土战略格局也要作相应的调整。历史发展经验表明，大国振兴必定需要繁荣稳定的边疆地区发展作为战略支点和开放门户。根据我国疆土辽阔、多民族聚居、内陆开放程度不高的国情，应当将乌鲁木齐、昆明、南宁、哈尔滨、呼和浩特、拉萨等确定为具有国家内陆开放和边境稳定战略意义的国家城市。

第三，沿海地区重要门户城市和具有国家统一、国际地缘意义的中心城市的国家战略价值不可忽略。如青岛、宁波、大连之于东北亚国际地缘关系和环太平洋战略；厦门、福州之于国家台海战略；海南省的城市之于南海战略，都是具有国家城市的战略价值。

此外，美国、德国等国家发展历程表明，大国振兴战略下需要更加均衡的中心城市布局。因此，西安、沈阳、郑州等国家次级城市群的核心城市也要予以重视。

4. 全球城市和国家城市的责任

国家城市不是荣誉和“帽子”，而是承担国家战略责任，发挥特殊作用。

北京、上海、广州和深圳作为全球城市，应当承担四大职责：培育具有世界影响力的金融、服务功能和国际交往功能；对国际经济活动和科技创新具有较强控制力；具有高度影响力、包容力的国际文化之都和旅游目的地；全球交通与信息网络重要平台及配置枢纽。

重庆、天津、成都、南京、杭州、武汉、郑州、西安、沈阳等作为国家城市，应当发挥六大职责：国际经济、文化交往中的重要节点地位；区域经济发展的辐射带动作用；国家科技创新的核心组织作用；交通、信息网络中的门户与枢纽作用；在城市文化与绿色发展的示范作用；国家战略中具有重要地位。

乌鲁木齐、昆明、南宁、哈尔滨、呼和浩特、拉萨等城市要强化国际合作交流与边境贸易枢纽作用、综合交通枢纽与门户作用，促进边疆繁荣稳定和民族和谐。

青岛、宁波、大连、厦门、福州等城市要突出促进国家统一、改善地缘国际关系中的特殊职能，加强境内外、国际开放合作，完善综合交通枢纽与门户建设，取得难以替代的区域与国际地位。

（三）区域中心城市与地区性城市

1. 区域中心城市

需要将一般省会城市及省内重要中心城市建设为区域中心城市，发挥区域中心城市在省内、跨省域地区的核心组织作用和辐射带动作用，促进区域网络化发展。区域中心城市要优化行政区划，适当扩大城市规模，完善城市功能，提高城市综合承载力；要加快高铁枢纽和机场建设，提升区域交通枢纽地位。

城市群内的区域中心城市要加强与核心城市的协作对接，发挥分担功能、优化区域布局的作用。城市群外的区域中心城市要延伸面向腹地的产业和服务链，形成带动区域发展和对外开放的新增长极，形成区域型集聚发展的都市区（圈）。

2. 地区性城市

在地区性城市中，要特别关注特色城市、内陆边境口岸城市（镇）的健康稳定发展。

针对城市群以外地区的城镇持续发展动力不足、自然和人文保护的压力较大的现实，针对日益增长的中等收入社会休闲度假、体验消费的巨大需求，通过创新发展路径，建设特色城市，促进城镇化多元特色发展。鼓励将生态环境优良、自然和人文资源富集、基础设施完善、对国家自然和文化遗产保护传承、国家文化软实力提升以及对扩大中华文化国际影响力具有重要意义的文化旅游城市建设为特色城市。特色城市的发展应有坚持特色发展路径，获得特殊政策支持，避免工业化、粗放化的城市发展路径依赖。

通过发展内陆边境口岸城市（镇），强化边境战略支点作用与边境贸易、居民交往和旅游功能，实现“稳边、安边、兴边”。内陆边境口岸城市（镇）的发展要重点改善铁路、公路、口岸、桥梁等跨境基础设施，建设跨界合作的口岸经济区，强化与内陆腹地的网络连接和产业合作，实现口岸城镇与口岸经济一体化。

3. 县域城镇化与县城

县级单元是统筹城乡一体化发展的重要空间，是本地城镇化的核心单元，是推进新型城镇化的重要层级。

根据预测，至 2030 年城镇人口增量 35%位于超大城市、特大城市和大城市，34%位于中等城市和小城市，31%位于县城和镇。三层级比重由 2010 年的 42：

31∶27 优化为 40∶32∶28，加上县级市的市域，我国县级单元的城镇人口应占到全国的 40%左右（图 17）。

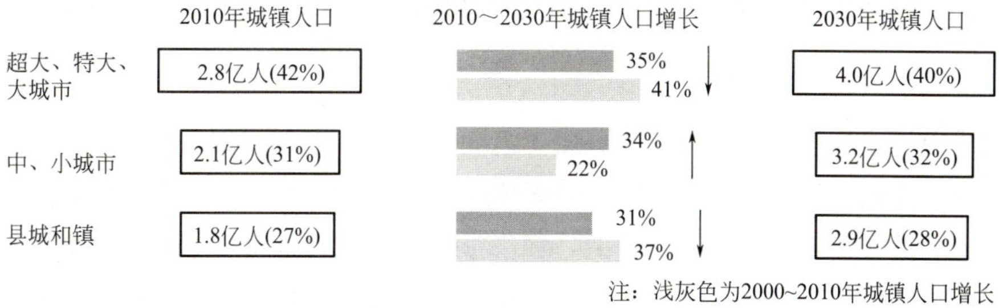

图 17　城镇人口的层级分布及预测

推进县域城镇化重在根据县的不同发展条件，对发展模式和路径给予分类指引。推进重点县的产业发展和人口集聚，鼓励有条件的重点县撤县设市，慎重对待撤县设区，提高社会治理和城市建设水平。充分发挥特色发展县在自然生态、风景、历史文化等方面的资源优势，引导特色县的资源保护与特色发展，在适宜建设的地区相对集中建设。

城市群外的一般县重点推进“扩权强县”“省直管县”，加快第一、二、三产业协调发展，提供多产业、多门类、多形式的就业岗位；保障县级的公共服务和基础设施建设的财政投入，提升县城的综合服务能力；创新土地制度，统筹城乡建设用地在县域内自主调配，探索农民“带资进城”；探索我国特有的“集体所有制”制度，安排参与城镇化与城镇发展的路径。

中国城市规划设计研究院上海分院吴春飞、陆容立、张超、陈阳、朱雯娟、李鹏飞等深度参与研究全过程与本文撰写，特此感谢！

（撰稿人：李晓江，中国城市规划设计研究院原院长，教授级高级规划师；郑德高，中国城市规划设计研究院副总规划师，上海分院院长，教授级高级规划师）

注：摘自《城市规划学刊》，2017（01）：19-29，参考文献见原文。

基于国家战略视野的国家中心城市建设

导语：通过对新时期国家中心城市内涵的解读，提出国家中心城市建设既要考虑城市客观实际，更要考虑国家战略要求；其评判标准应综合考虑政治管理决策功能、经济组织中枢功能、社会管理服务功能、文化凝聚功能、国际交往功能和区域辐射功能，进一步区分为全球城市、综合性国家中心城市和特色性国家中心城市三类；基于国家战略视野的趋势预判，通过梳理国家级重大政策改革区的设立和探索、国家级重大建设项目的倾斜和投放、国家级重大战略资源的扶持和引导三个方面的国家干预手段，提出对不同类型的国家中心城市应重点从促进高端要素集聚、国际门户开放、科技创新驱动、文化软实力打造、环境品质提升、体制机制创新、中心城市与所在城市群的协同互动等方面进行扶持和引导。

一、国家中心城市概念内涵、问题误区和重新认识

（一）现有研究基础和存在的问题误区

1. 现有概念认知

2007 年原建设部上报国务院的《全国城镇体系规划（2006—2020 年）》中首次提出“国家中心城市”的概念。在其名词解释中指出：国家中心城市是中国金融、贸易、管理、文化中心和交通枢纽，同时也是发展外向型经济和推动国际文化交流的对外门户，表现为全国层次的中心性和一定范围的国际性两大基本特征。现有概念的提出主要基于中心地理论、核心—边缘和增长极等区域经济基础理论。王凯等在此基础上进一步扩展，认为国家中心城市是全国城镇体系的“顶级”城市，在新时期，为了进一步参与全球化分工，推进区域相对均衡和安全发展，需要从国际化门户、创新中心、市场中心、网络中心四个方面来综合统筹国家中心城市的布局。目前，我国将北京、天津、上海、广州、重庆、成都等列为国家中心城市。

现有研究思路和评判标准：关于国家中心城市的评价标准国内已有较多论述，大多设定以经济发展、科技创新、国际化程度、交通信息通达程度等为标准的评价体系，多数侧重反映总量的数量指标。田美玲等运用主成分分析法，对 12 个中心城市进行国家中心城市职能评价和排序，并运用空间表达和空间插值的方法研究了国家中心城市竞争力的时空演变情况。陈来卿、王琳、周晓津、杜

鹏等分别从不同角度建立指标体系，针对国家中心城市的某一项或几项功能进行评价。

2. 存在问题和误区

目前对于国家中心城市的内涵解读主要基于传统的中心地理论，并构建以城市经济发展水平、人口规模等为度量的指标体系进行评价。笔者认为，现有对国家中心城市的认识存在以下问题和误区：

第一，以往更多偏重经济中心职能的内涵，忽视了城市在社会、文化、国际交往等多方面的国家职能。

第二，以往以规模等级为核心的评价体系，忽视了国家战略层面的均衡需求，也掩盖了城市在特定领域的国家甚至国际的影响力。

第三，过于看重城市现状积累条件的评价，忽视对发展潜力和未来在国家格局中影响力的考量，这种“以评代建”的方式难以有效支撑国家整体战略意图和战略格局的落实。

（二）对国家中心城市新的认识

笔者认为，国家中心城市的界定，并非单纯的客观规律总结，具有强烈的政策内涵和政策意图。既要考虑城市实际运行的客观规律，也要统筹考虑未来发展态势和国家战略要求。基于国家“五位一体”总体布局和实现“两个一百年”战略目标要求，新时期对国家中心城市内涵的解读，应基于以下基本原则：

首先，研究视角应由“塔尖”到“网络节点”转变。突破传统中心地和纵向分级理论束缚，将城市在全球和国家城市网络中发挥的枢纽节点作用作为首要考虑因素，而不是简单的规模数量比较。

其次，战略视野应由区域到国家战略导向扩展。应将国家战略任务和战略格局的要求作为基本出发点，关注不同阶段下国家发展战略任务和战略导向的转变。

最后，关注重点应由城市个体向区域支撑扩展。在以城市群为推进城镇化的主体形态发展导向下，应改变以往过多关注国家中心城市本身，而是更多关注国家中心城市的影响范围和辐射带动能力，关注其所依托的国家级城市群。

（三）国家中心城市的内涵界定

国家中心城市是居于国家战略要津、体现国家意志、肩负国家使命、引领区域发展、跻身国际竞争领域、代表国家形象的现代化大都市。具体内涵应包括：在经济、政治、社会、文化、国际交往、区域辐射等领域承担国家战略职能，具有全国性重要影响，并能代表国家参与国际合作与竞争的主要城市，是国家主要经济区域和城市群的核心。

二、国家中心城市的评判原则、标准和要素体系

（一）国家中心城市的评判原则

国家中心城市的选择并非简单地按照城市的经济规模总量，而是注重城市的引领、辐射、集散功能及未来的潜在性功能发挥，冀望其整体带动提升区域发展能级。布局国家中心城市应立足国家发展版图，应突出以下几条原则：

第一，突出国家功能担当，而不是简单的数量比对。

第二，突出引领辐射作用，而不是服务本地功能。

第三，突出枢纽控制能力，而不是简单的综合排位。

第四，突出现有基础和未来潜力相结合，而不是简单的“以评代建”。

（二）国家中心城市的评判标准

国家中心城市需要在政治、经济、社会、文化、国际交往和区域辐射诸方面在全国具备引领的战略功能。一般应具备以下各项功能：

一是政治管理决策功能。国家、省级政府或者行使政府管理职能的机构所在地。

二是经济组织中枢功能。国家组织经济活动和配置资源的中枢；国家金融和贸易战略平台；国家综合交通、物流和信息网络枢纽；国家产业创新中心和服务中心。

三是社会管理服务功能。具有国家影响力的社会事业组织机构驻地；跨区域影响力的高等级公共服务中心。

四是文化凝聚功能。代表中华文明的历史文化地位和特色；是国家重要的文化名片，具有国家级的文化品牌价值和影响力。

五是国际交往功能。承担国际交往的窗口和战略平台作用；集聚有一定数量的国际组织机构；具有国际影响力。

六是区域辐射功能。具备互为依托、辐射带动的国家重要城市群及其支撑腹地。

按照不同情况，可以将国家中心城市进一步分成两级三类：

综合性国家中心城市：各项功能均具备国家引领、辐射影响力。此类进一步区分为具备全球影响力的全球城市和国家影响力的综合性国家中心城市。

特色性国家中心城市：具备若干项（三项以上）国家引领、辐射影响力，其他各项在区域中有重要影响力。

（三）国家中心城市评判的基础条件和要素体系

国家中心城市的评判，应遵循定性和定量要素相结合的原则，进行整体判断，而不是用简单的指标评分和综合排名进行判定，核心是，是否符合上述国家中心城市的评判标准。

1. 参与国家中心城市遴选的基础条件

第一，政治管理决策：直辖市、省会城市或计划单列市。

第二，经济组织中枢：国家级交通枢纽；拥有国家级金融交易所或综合保税区；国家自主创新示范区或拥有国家级高新技术产业园区。

第三，区域辐射：所在经济大区人口 1 亿人以上或生产总值占全国 5%以上的核心城市。

符合上述条件的城市，可以作为国家中心城市的遴选城市。

2. 国家中心城市遴选的综合条件

在满足上述基础条件的前提下，进一步综合考虑政治管理决策功能、经济组织中枢功能、社会管理服务功能、文化凝聚功能、国际交往功能和区域辐射功能，进行综合评判。具体评判功能和要素参考表 1。

判定国家中心城市参考功能和要素 **表 1**

功能	功能细化	评判要素
政治管理决策功能	政府机构和行政中心地位	国家级政府机构驻地、跨省区政府机构省会
经济组织中枢功能	金融和贸易功能	金融交易所、金融及保险业发展水平 对外直接投资 国家级商品交易会 保税区、综保区、口岸 国家、区域批发市场
	生产组织功能	中国 500 强企业总部 行业 100 强企业总部
	门户和枢纽功能	国家级航空枢纽（运量、腹地） 国家级铁路、公路枢纽（运量、腹地） 国家级港口（运量、腹地） 国家电信主枢纽
	产业创新和服务功能	专利授权量、万人专利数 高新技术产业产值比重 R&D 支出比重、高校数量 自主创新示范区

续表

功能	功能细化	评判要素
社会管理服务功能	行业管理功能	行业协会、产业联盟数量
	社会服务功能	区域性高等级公共服务设施 区域性高等级文化休闲设施
文化凝聚功能	历史文化地位和特色	在华夏历史文明中的重要地位和价值 世界遗产数量 国家历史文化名城 国家级文保单位、非遗数量
	文化交流和品牌价值	国家级文化论坛 文化产业发展水平
国际交往功能	对外政治经济交往	领事馆 自由贸易区 世界 500 强总部
	对外社会文化交往	国际各类会展、论坛、赛事 国际组织数量
区域辐射功能	区域辐射功能	城市群人口总量、城市群经济总量 城市群协作机制

三、基于国家战略视野的国家中心城市趋势预判

（一）国家战略目标和战略任务的要求

党的“十八大”以来，国家提出全面建成小康社会、实现社会主义现代化和中华民族伟大复兴的战略目标，并做出经济建设、政治建设、文化建设、社会建设、生态文明建设“五位一体”总体布局，提出必须牢固树立并切实贯彻创新、协调、绿色、开放、共享的五大发展理念，坚持走中国特色新型工业化、信息化、城镇化、农业现代化道路。

（二）战略环境变化：全球城市网络分工体系调整和节点作用重构

全球化和新技术变革背景下，国际分工格局由垂直型分工向混合型分工转变。跨国公司构建一体化的国际生产网络，产业一体化推动形成区域一体化。国家发展更加依托“极核—城市群”并存互促的战略格局。国家中心城市既要关注对城市网络节点的控制作用，即在“能级”方面的突破，也要关注所依存的城市群发展水平整体提升，即在“量级”方面的提升。

（三）战略路径调整："一带一路"倡议下统筹国内和国际两个大局

"一带一路"倡议下，国家对外开放将转变为陆海内外联动、东西双向开放的全面开放新格局，并形成纵深联动的区域开发局面。一方面，国家依托"一带一路"进行国际产能合作；另一方面，积极推进扩大内需战略路径转型。在新的国际、国内两个大局融合的侧重点上，内陆中心腹地及其中心城市在国家战略板块格局的地位在上升。国家内陆地区开放高地和具有全球性竞争力城市的建设，关乎国土均衡全面发展和国家竞争力的全面提升。除了东部沿海地区以外，我国广阔的内陆地区，也需要一批能够对接全球经济体系、辐射带动区域发展的国家中心城市。

（四）战略理念变革：创新驱动、四化协同和绿色发展

未来国家和城市发展驱动力，从资源要素驱动转向创新驱动，起决定性因素的是人才、科技、教育和创新等智力型因素。另一方面，实现"新四化"是我国现代化的战略任务，农业板块、工业板块、新型城镇化和信息化各个板块，都要在国家层面进行补短板创优势。此外，建设生态文明，实现绿色发展，需要综合考虑国家各区域和城市的资源环境承载格局。这些新型理念和要求，成为未来国家区域发展格局和国家中心城市建设的重要考量因素。

四、国家中心城市未来发展的战略导向和干预策略

（一）国家中心城市未来发展的关注点

国家中心城市的未来发展，需要重点关注和统筹以下四个方面内容。

一是需要统筹考虑国际国内两个层面的战略使命。一方面，国家需要北京、上海等城市参与全球城市顶级层面的全方位竞争与合作，另一方面，也需要一批在科技创新、先进制造、商贸物流、文化交往等专项方面抢占全球竞争优势的城市，还需要能够引领辐射带动国家大区域均衡发展的中心城市。

二是需要统筹考虑政治、经济、社会、文化、国际交往和区域辐射诸方面在全国具备引领的战略功能。应摆脱传统的以经济体量论英雄的单一思路，注重培育国家科技创新中心、国家智能制造中心、国家商贸物流中心、国家文化交往中心等更多元的国家职能承载体系。

三是需要更加注重新型理念的贯彻落实。从国际发展趋势来看，除了经济竞争力之外，社会包容、和谐幸福、绿色低碳可持续等已成为全球城市 2.0 的关键议题。未来国家中心城市发展，需要从追求量的扩张向质的提升转变，更加注重

提升社会包容度、绿色宜居度和特色魅力度。

四是需要立足现实，放眼长远，循序推进。国家中心城市发展是一个动态演进过程，目前不具有全球竞争力优势或者国家影响力的城市，有可能在未来一段时期内实现跨越提升。应立足国家综合竞争力的提升，循序渐进，聚焦和扶持一批具有战略价值和发展潜力的国家中心城市。

（二）国家中心城市未来发展的干预重点和手段

国家中心城市的发展，需要从国家层面进行整体战略布局和政策干预，确保国家战略意图、战略路径和战略理念得到有效落实。国家干预的重点是应促进国家中心城市的高端要素集聚、国际门户开放、科技创新驱动、文化软实力打造、环境品质提升、体制机制创新、中心城市与所在城市群的协同互动。

国家干预的手段主要有以下几点。

一是国家级重大政策改革区的设立和探索。通过国家新区、国家自主创新示范区、自由贸易试验区、智能制造示范区、文化传承示范区、生态文明建设示范区等重大政策区的布局统筹，增强对国家中心城市的政策先行先试平台支撑作用。

二是国家级重大建设项目的倾斜和投放。通过国家航空港、海港、信息港、高速铁路网、城际轨道交通网、大型综合交通枢纽、区域性大型能源、水利工程项目、重大战略产业和公共服务项目的审批投放，增强对国家中心城市的基础支撑保障作用。

三是国家级重大战略资源的扶持和引导。依托国家层面的综合资源，积极引导跨国企业总部、金融中心、科技创新和文化创意组织机构、国际性旅游和会展大事件向国家中心城市汇聚落户，增强对国家中心城市的动力激发和品牌提升作用。

（三）不同类型国家中心城市的战略导向和干预策略（表 2、表 3）

第一类是综合实力很强，具备显著全球影响力的全球城市，如北京、上海、香港等。从国家战略要求来看，此类城市的职责是抢占全球城市体系的顶端，形成对全球资源的配置和控制能力，提升国际的核心竞争力和话语权。从发展战略导向来看，应从经济影响力向综合影响力拓展，更加注重提升科技影响力、文化影响力和政策影响力。

从国家干预策略来看，一是在高端要素集聚方面，应进一步加速和强化跨国企业全球总部和主要分支机构的集聚，提高全球资本支配能力；二是在国际门户开放方面，进一步推动辐射全球、服务全国的国际空港、海港和信息港枢纽建设，成为全球信息网络的枢纽和国际航运交通枢纽；三是在科技创新驱动方面，进一步强化国际级和国家级的顶级高校、科研中心、工程中心、创新平台集聚，建设具有全球影响力的国际科技创新中心；四是在文化软实力提升方面，进一步促进国际和国家级大型会展、博览、商贸、论坛、节庆活动集聚，强化国际交往，提升国际文化影响力；五是在环境品质提升方面，应更加注重探索绿色低碳可持续发展模式，破解大城市病，构建优质舒适的公共服务体系，提升城市宜居性和民生福利，建设成为绿色生态之城和宜居幸福之城；六是在体制机制创新方面，通过技术创新来推动管理和治理水平的提高，增强社会包容度，扩展国际和国内影响力；七是在中心城市与所在城市群协同互动方面，立足建设世界级城市群的目标，建立强有力的跨区域协同机制，促使生产要素自由流动；最后，在国家重大政策区投放和资源扶持方面，发挥综合性政策创新平台作用，尤其注重聚焦于金融创新和自主创新的高端要素集聚平台。

第二类是综合实力强，具备一定全球和国家影响力的综合性国家中心城市，如广州、深圳、天津、重庆、成都、武汉等。从国家战略要求来看，此类城市的职责是参与全球竞争与合作，提升城市的国际及全球地位，同时引领辐射带动区域发展，打造国家大区域中心极核。从发展战略导向来看，应以提升经济影响力和开放门户职能为核心战略，同时关注科技、文化、体制等方面国际综合影响力的提升。

从国家干预策略来看，此类城市一是应更加注重跨国生产性服务业全球总部和主要分支机构、本土跨国公司总部和主要分支机构集聚，提高全球资本服务能力和对先进制造业的支撑能力；二是推动链接全球、辐射区域的国际空港、海港和信息港枢纽建设，增强国际门户开放功能；三是国家级高校科研中心、工程中心、双创平台集聚，重点打造具有国际影响力的国家产业创新和科技成果转化中心；四是国际和国家级特色会展、博览、商贸、论坛、节庆活动集聚，提升国际知名度和影响力；五是加强国家层面的统筹协调，建立完善城市区协同机制，增强中心城市对周边区域的辐射带动能力，吸引和利用全球资源，服务中心城市所在腹地城市群的产业发展。

在国家重大政策区投放和资源扶持方面，应重点将国家新区、自由贸易试验区、自主创新示范区、智能制造示范区、生态文明建设示范区、文化传承创新示范区等国家重大政策平台向此类城市倾斜，鼓励各领域的创新探索，建设一批在若干专项领域具有全球竞争力的城市。例如深圳、重庆、杭州等城市承担建设成为全球科技创新的领军城市，南京、杭州、西安承担建设全球文化中心城市的职责，天津、武汉、成都将承担建设全球智能制造中心城市的职责。

第三类，综合实力较强，在某些专项领域具有国际和国家影响力的特色型国家中心城市，如郑州、沈阳、厦门、乌鲁木齐等。从国家战略要求来看，此类城市的职责是发挥特色国家职能，融入国际经济网络，打造具有国家意义的地缘中心城市。从发展战略导向来看，此类城市应以提升基础支撑保障能力和特色国际化职能为核心，服务国家地缘政治和区域繁荣稳定。

从国家干预策略来看，此类城市一是应积极吸引国际领事馆、跨国企事业组织机构集聚；二是完善基础设施，建设面向国际，服务区域的空港、海港和信息港枢纽；三是依托地方特色历史文化和自然环境资源，大力推动一批国际和国家级特色会展、博览、商贸、论坛、节庆活动集聚，开展一系列国际重大交往事件，提升国际知名度和影响力。

不同类型国家中心城市的战略要求和发展导向　　表 2

国家中心城市分类	全球城市	综合性国家中心城市	特色型国家中心城市
基本要求	综合实力很强，具备显著全球影响力	综合实力强，具备一定全球和国家影响力	综合实力较强，在某些专项领域具有国际和国家影响力
代表城市	北京、上海、香港等	广州、深圳、天津、重庆、成都、武汉等	郑州、沈阳、厦门、乌鲁木齐等
国家战略要求	抢占全球城市体系的顶端，形成对全球资源的配置和控制能力	参与全球竞争与合作，同时引领辐射带动区域发展	发挥特色国家职能，融入国际经济网络，打造具有国家意义的地缘中心城市
发展战略导向	更加注重科技、文化和政策等综合影响力的提升	以提升经济影响力和国际开放门户职能为核心	以提升基础支撑保障能力和特色国际化职能为核心

不同类型国家中心城市的干预重点　　表 3

国家中心城市分类	全球城市	综合性国家中心城市	特色型国家中心城市
高端要素集聚	跨国公司和金融服务业全球总部和主要分支机构集聚	跨国生产性服务业全球总部和主要分支机构、本土跨国公司总部和主要分支机构集聚	国际领事馆、跨国企事业组织机构集聚
国际门户开放	辐射全球、服务全国的国际空港、海港和信息港枢纽建设	链接全球、辐射区域的国际空港、海港和信息港枢纽建设	面向国际、服务区域的空港、海港和信息港枢纽建设
科技创新驱动	国际级和国家级高校、科研中心、工程中心、双创平台集聚，打造国家知识创新、技术创新和产业创新中心	国家级高校科研中心、工程中心、双创平台集聚；重点打造国家产业创新和科技成果转化中心	区域级高校科研中心、双创平台集聚，打造国家特色创新创意节点

续表

国家中心城市分类	全球城市	综合性国家中心城市	特色型国家中心城市
文化软实力打造	国际和国家级大型会展、博览、商贸、论坛、节庆活动集聚	国际和国家级特色会展、博览、商贸、论坛、节庆活动集聚	国际和国家级特色会展、博览、商贸、论坛、节庆活动集聚
发展模式示范	探索绿色低碳可持续发展模式，破解大城市病 构建优质舒适的公共服务体系，提升城市宜居性		
体制机制创新	提升现代都市治理水平，增强社会包容		
中心城市与城市群的协同互动	建设世界级城市群协同机制	建设国家级城市群协同机制	建设区域级城市群协同机构
国家重大政策区投放	综合性政策创新平台，尤其注重聚焦于金融创新和自主创新的高端要素集聚平台	综合性政策创新平台，专项性高端要素集聚平台	综合性政策创新平台，专项性高端要素集聚平台

在国家重大政策区投放和资源扶持方面，应重点将自由贸易试验区、生态文明建设示范区、文化传承创新示范区、跨境合作示范区等国家重大政策平台向此类城市倾斜。对于传统内陆中心城市，应加快推动内陆开放，打造内外双向型的商贸流通枢纽，提升国际交往职能；对于沿海开放城市和边疆门户城市，应大力开拓地缘市场，开展国际贸易、科技与文化交流，创新跨境贸易合作机制，发挥国际门户职能，繁荣稳定边疆。

（撰稿人：尹稚，清华大学建筑学院教授，博士生导师，清华大学中国新型城镇化研究院执行副院长，中国城市规划学会副理事长，清华大学生态城市与绿色建筑教育部重点实验室主任；卢庆强，北京清华同衡规划设计研究院有限公司副总工，总规中心副主任，城镇化和城乡发展战略研究室主任；欧阳鹏，北京清华同衡规划设计研究院有限公司城镇化和城乡发展战略研究室副主任。）

注：摘自《北京规划建设》，2017（01）：06-10，参考文献见原文。

城市化 2.0 与规划转型

——一个两阶段模型的解释

导语：城市化和任何现代商业模式一样，都分为“积累”和“生产”两个阶段。前者需要把未来的收益流贴现过来形成资本，后者需要把形成的资产还原为真实的收益流。由于积累和生产收益模式的不同，当城市化从 1.0 转向 2.0 时，会出现“现金流缺口”。由于资本和现金流存在不可替代性——资本收益只能用于资本性投资，运营性支出只能由现金流覆盖——怎样创造足够的现金流，就成为城市化 1.0 能否成功转向 2.0 的关键。存量规划的核心，就是将已经形成的资产转化为现金流。

一、引言

中国提出城市化要从“外延式扩张转向内涵式增长”的口号已经多年。但就在 2015 年，国务院又批准了哈尔滨、长春等 7 个国家级新区。这其中的很多城市，实际上已经开始出现人口净减少。口号不能代表行动。更多的国家级新区表明，当方向盘被锁定时，仅仅靠改变路标，不会改变车的方向。尽管政策的制定者企图通过划定城市增长边界、减少城市供地指标迫使城市转向内涵式发展，但采用这些笨拙而无效的工具本身，就反映出我们其实并不知道“内涵式发展”是什么。除非我们能真正理解“内涵式发展”的内在逻辑，否则，“外延式扩张”就只能是城市增长的唯一的选项。

本文试图建立一个两阶段的城市化模型，给出“内涵式增长”的经济学解释。以期将不同的政策放到一个统一的框架内，为错综复杂的城市转型提供逻辑清晰的解释，并提出政策自洽的城市化转型方案。

二、两阶段增长模型

经济是各种商业模式的集合。所有商业模式都可以用一个简单的投入产出公式来表达：

$$I_t - C_t = S_t \text{（约束条件 } S_t \geqslant 0\text{）} \tag{1}$$

其中，I 代表收入（income），C 代表成本（cost），S 代表剩余，t 代表时间点。任何商业模式存在的前提，就是剩余 S_t 大于零。所谓经济的增长/衰落，就是无数商业模式兴衰更替汇总的结果❶。

为了表达经济的结构和周期，这一恒等式各项可进一步展开：(1) 收入项 I 可以展开为融资收入（financing income，FI）和当前真实的现金流收入（revenue，R）；(2) 成本项展开为当前的资本性支出（capital expenditure，CAPEX）即固定成本（fixed cost，FC）和运营性支出现金流（operationalexpense，OPEX）即可变成本（variable cost，VC）；(3) 剩余展开为当前的资本性剩余加上未来的现金流剩余。

展开后的模型意味着经济不再是简单的数量加总，而是有结构的。经济的周期和金融的本质在这个模型中就可以一目了然。任何一个商业模式要想成功，都要分为两步：第一步，必须解决的问题就是如何获得原始资本。解决的办法，就是把未来的收益贴现过来获得融资收入，只要融资收入减去资本性支出大于零，这个商业模式就可以启动；第二步，形成资产后创造的真实收益要能覆盖运营性支出。只有当现金流净收益大于零商业模式才可能获得成功。这两个阶段用公式来表示，就是：

$$FI_t - FC_t = S_t^{\text{Captal}},\quad S_t^{\text{Captal}} \geqslant 0 \tag{2}$$

$$R_t - VC_t = S_t^{\text{Cash flow}},\quad S_t^{\text{Cash flow}} \geqslant 0 \tag{3}$$

这个模型被用于描述家庭、企业，就是“微观模型”，用于描述城市、国家乃至全球经济，就是“宏观模型”。在这个模型里，两个不等式的剩余必须同时成立。如果小于零，就会分别出现“资本缺口”和“现金流缺口”。由于资本的收益和支出是“量”，运营的收益和支出是“流”❷，所以资本性的剩余和运营性剩余不能互相替代——资本性的融资收入 FI 只能用于资本性的支出 FC；运营性支出 VC 只能用真实的现金流 R 覆盖。

一个简单的例子可以说明这个规则。假设一个农民每年种地收入 10 元，他的工作寿命是 30 年，这时政府要征用农地，一次性补偿 300 元被认为是市场公允的价格。但在不可替代规则看来，不要说 300 元，就是 600 元也不能说是公允。因为农民种地每年 10 元是现金流，是一个商业模式。而补偿给农民的是一次性的资本，征地摧毁的是一个商业模式。只要放松 30 年工作寿命的假设（或者存在通货膨胀），现金流缺口一定会在某一时间出现。真正公允的补偿应当是

---

❶ 收益 I_t 类似于生产法计算的 GDP；成本 C_t 则相当于支出法计算的 GDP。当产出和投入相等时（利润 S_t 为零假设），生产法计算的 GDP 应当等于支出法计算的 GDP。

❷ 就好比前者是“二维”后者是“三维”，量纲不同。只要“时间”足够长，“量”最终无论多少，都“包不住”流。

用一个新的商业模式补偿被摧毁的商业模式——用渔网补偿猎枪，而不是用兔子补偿猎枪。

传统的经济学理论中的资本和现金流并不存在这一关系。柯布-道格拉斯生产函数（Cobb-Douglas production function）基本形式是 $Y=L^{\alpha}K^{\beta}$。式中 Y 是工业总产值，L 是劳动，K 是资本，α 是劳动力产出的弹性系数，β 是资本产出的弹性系数。如果我们将劳动视为运营性支出，就可以用 VC 代替 L，用 FC 代替 K，总投入为 C，柯布-道格拉斯生产函数就可以改写为 $C=(VC)^{\alpha}(FC)^{\beta}$。

柯布-道格拉斯函数意味着现金流和资本是替代性（trade off）关系。同理，采用柯布-道格拉斯生产函数的索罗的增长模型（Solow growthmodel），也是建立在现金流（劳动）和资本可以平滑替代的假设之上的。这使得传统的经济学模型，无法暴露出资本和劳动的非替代性，也因此无法解释经济的周期性波动。

按照两个等式，任何商业模式都可以分为两个阶段：1.0 阶段（$FI_t-FC_t=S_t^{Captal}\geqslant 0$）——“外延式扩张”，获得资本（融资）并进行资本性投资（土地、厂房）；2.0 阶段（$R_t-VC_t=S_t^{Cash\ flow}\geqslant 0$）——“内涵式发展”，获得现金流（利润）并支付运营性支出（折旧、工资、水电费）。这两组独立等式的约束条件必须同时满足。只有两个阶段同时成功，这个商业模式才可以完成其积累循环❶。

当 1.0 阶段转入 2.0 阶段，投资性需求 FC_t 减少，若融资方式不变，融资收入 FI_t 会出现过剩；而运营性支出 VC_t 增加，运营性收入 R_t 不足。从而导致 $S_t^{Cash\ flow}$ 出现“现金流缺口”（cash flow gap）。此时，用过剩的资本 $S_t^{Capital}$ 弥补现金流的缺口 $S_t^{Cash\ flow}$ 就是大多数相机抉择（discretionpolicy）的方便选项。而一旦不可替代规则被突破，用一次性资本性收入贴补现金流缺口（加杠杆），就会随之触发庞氏循环（Pyramid circle）——用成本更高的新债偿还旧债❷。

需要指出的是，不可替换规则是一个理论上的严格陈述。帮助我们建立起一般的财政准则。现实中，短期融资弥补短期现金流缺口的现象普遍存在。这是因为我们总是可以在技术上把“长期”切割成“短期”，使持续收益余额 $S^{Cash\ flow}$ 在时间 n 内的加总 $S_n^{Cash\ flow}$（$S_n^{Cash\ flow}=\sum_{t=1}^{n}S_t^{Cash\ flow}$）看上去像是一次性收益。这就给我们提供了一个逆庞氏循环的途径❸。

逆庞氏循环是有条件的。走出庞氏骗局的唯一途径，就是用真实现金流剩余

❶ 这个由“积累”和“收益”两个阶段组成的增长模型，是一个微观宏观兼容的模型——既可以解释个人、家庭等个体经济的商业循环，也可以解释企业、政府等集体经济的商业循环，详见参考文献 3。

❷ 用资本性收入支撑经常性支出，是所有庞氏骗局的基本形式。

❸ 但不论怎样，不可替换的原则是一样的，其局限条件都是剩余必须大于零。

的“积累”（将“流”转化为“量”），冲抵短期一次性收入（去杠杆）❶。它不仅需要长期现金流不能出现缺口（$S_n^{Cash\ flow}\geqslant 0$），而且其短期现金流余额加上资本余额还必须大于0（$S_n^{Cash\ flow}+S_n^{Capital}\geqslant 0$）。

三、城市化1.0：创造资本

城市的本质，就是“交易公共服务的场所”。如果把“公共服务”视作一个产品，政府视作提供“公共服务”的企业，这个增长模型就可以用来解释城市增长。像所有商业模式一样，公共服务供给也可以分为原始积累和创造现金流两个阶段：（1）城市“外延式扩张”阶段——“城市化1.0”；（2）城市“内涵式发展”阶段——“城市化2.0”。

城市化1.0阶段能否启动，关键在于能否解决投资与收益在时间上错配的问题。城市的公共服务（比如防卫）需要投资巨大的资产（比如城墙）。在信用缺乏的年代，无法通过未来的收益获得足够的资本。只能通过积累、贸易或掠夺他人的剩余的方式获得剩余，以解决资本不足的问题❷。结果人类的城市化水平长期以来停留在很低的水平。

直到改革开放前，中国的积累模式仍然是建立在过去剩余的积累上。由于积累的本质就是减少消费，这种挖肉补疮式的积累模式效率极低。严重的资本不足，使得中国的城市化水平长期徘徊在10%左右。直到1980年代，中国的城市化水平（1984年23%）才超过古代历史上的最高水平22%（南宋）。

中国的城市化外延式扩张是从信用制度突破开始的。进入1990年代，中国逐步发展出一套以土地为信用的资本生成模式。同发达国家通过“税收—债务”机制间接融资的方法不同，中国将土地未来收益作为信用，通过土地出让直接融资的办法，将公共产品未来收益贴现过来。

土地财政刚一出现，便显示出出人意料的强大威力。中国城市化1.0从20世纪90年代开始起步，进入21世纪，城市化爆发式增长。城镇常住人口从1978年1.7亿人增加到2015年7.7亿人，增长了3.5倍。城镇化率由1978年的

❶ 这就是庞氏骗局的逆过程——用现金流逆向覆盖一次性收入。日本所谓的“失去的二十年”正是处于这样的过程，如果不是日本企业超强的现金流剩余，日本就不仅仅是失去二十年，而是像希腊一样出现信用危机。

❷ 16世纪，欧洲国家首先发展出将未来收益贴现过来获得资本的制度。“光荣革命”以及英格兰银行的创新，使得英国率先将国王的个人信用转变为国家信用，原始资产的形成效率大幅增加。特别是布雷顿森林体系解体后，信用货币取代商品货币，美国为全球的工业化、城市化提供的信用，使得资本不再完全依赖过去剩余的积累，资本不足的约束彻底解除（赵燕菁，2016）。人类开始了迄今仍在继续的大规模城市化进程，城市化水平也成为现代经济的一个显著标志。

17.9%提高到2015年的56.1%。尽管这已经是一个惊人的数字了，但仍然不足以体现中国城市化1.0阶段的真实规模和速度。更能反映中国城市化“外延式扩张”的是城市建成区面积。

1981年全国建成区面积0.74万km^2。到2015年的扩张到5.2万km^2，增长了6倍。远高于城市人口的增长。如果加上矿区，这一数字达到10万km^2。按照现在的城市实际用地标准，这一面积足以容纳12亿城市人口，按13.6亿人口计算城市化水平可以达到88%。即使按照1万人/km^2的国家标准，也足以装下10亿人口，城市化水平达到74%。考虑到目前已经开工但仍未建成的城市新区，可以说中国城市化的1.0阶段已经基本完成。这就是中国城市化从“外延式扩张”转向“内涵式发展”的宏观经济背景。

为什么中国城市化1.0如此成功？其中一个重要原因，就是地方政府通过土地财政，成功地把公共服务未来收益资本化。在土地财政制度下，不动产使用获得是有年限的。由于不动产市场形成时，没有任何基于不动产价值的税收，这就隐含了一个交易条件：在使用权有效期内，该权利所有者无需缴纳公共服务的费用。这导致了中国主要城市异乎寻常的高地价。而正是超高的地价，支持了中国城市巨大基础设施——从地铁到机场，从公路到桥梁，从医院到学校，等等——的资本性支出（CAPEX）。

在1.0阶段政府是怎么覆盖公共服务运营的成本（OPEX）？土地财政设计了一套非常成功的间接税制度。按照这个制度，政府通过压低地价、减免未来税收，对企业的资本性投入（CAPEX，如地价）给予巨大补贴。而补贴的来源，就是非工业用地（特别是商住用地）异乎寻常的高地价——住宅地价越高，补贴企业的力度就越大，企业创造的税收就越多。在巨大的补贴下，中国制造以极低的成本横扫全球，产业税收（主要是增值税）连年递增，成为中国最主要的税种。中国政府在几乎不需要直接税的情况下，获得了高水平公共服务运营所需的现金流。

过去三十年的实践表明，土地财政生成资本能力之强，远超经济学教科书上的任何融资模式。中国不仅高速建设了举世罕见的基础设施，而且补贴出强大的制造业。不仅主权负债远低于发达国家，居然还有剩余资本大规模输出！可以说没有土地财政，中国不可能创造出如此丰沛的资本供给。

但土地财政是一柄双刃剑——由于土地财政把未来大量收益流提前贴现到资本积累阶段，因此，土地财政特别有利于1.0阶段，而特别不利于2.0阶段。某种意义上，正是因为土地财政在1.0阶段的成功，反过来成为向2.0阶段转型的阻力。土地财政的成功在于其高效率地创造了巨大的资本存量。然而，1.0阶段 FC 越大，通过折旧形成的现金流支出 VC 就越多，就越可能形成现金流缺口，也越容易在城市化 2.0 阶段触发庞氏循环。如果资本不能通过输出创造出新增的现金流，庞氏循环就会因为现金流缺口（$S_n^{Cash\ flow}+S_n^{Capital}<0$）而导致金融危机。

四、城市化 2.0：创造现金流

土地财政并非简单为地方政府公共服务融资。它同时通过国有银行、企业，将政府信用传递到民营企业、家庭乃至个人，成为整个国家初始信用的核心。水可载舟，亦可覆舟。当城市化进入 2.0 阶段，不再需要建设更多基础设施，对资本的需求急剧下降，而为了维持基础设施运转的运营性支出，则会迅速上升——基础设施的标准越高，建设越快，对现金流需求的规模也就越大（图 1）。

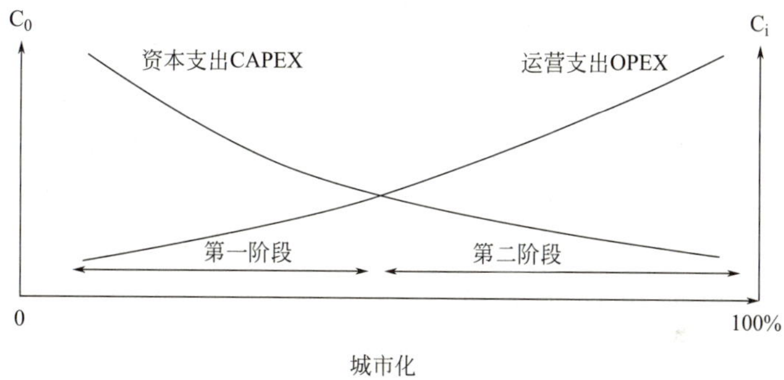

图 1　城市化 1.0 阶段转向 2.0 阶段成本支出构成变化

建设基础设施（地铁、道路、桥梁、学校等）成本属于一次性的资本支出（F C 或 CAPEX），维持这些服务的成本属于经常性的运营支出（VC 或 OPEX）。按照不可替代规则，土地收入属于一次性资本收入，只能用于资本性支出而不能用于覆盖运营成本❶。

城市化 2.0 阶段，运营性支出成为主要的成本项。如果不能尽快生成经常性的税收，卖地（资本型收益）越多，就只能形成更多的低效资产。一旦维持资产的支出超出现有现金流收入的支付能力，基础设施就会变为吞噬现金流的负资产。如果说城市化 1.0 阶段是“外延式扩张”，那么城市化 2.0 就是“内涵式增长”。所谓经济转型，就是指经济从资本型增长转向现金流型增长❷。

❶ 比如，建设地铁就是典型的资本性支出，这部分成本可以通过土地出让筹集。而一旦地铁建成，运营维持的费用就只能靠车票收入（现金流）而不能靠卖地（资本）收入来维持。这两种收入是不能相互替代的。

❷ 如果说城市化 1.0 的目的是把未来的现金流转化为当前的资本，那么城市化 2.0 就是 1.0 的逆过程，把资产再转化为真实的现金流。这个过程就好像先把空气中的水（未来的现金流）凝结成雪（资本），再把雪融化为水（现金流）。如果不能成功地从一次性收益转向持续性收益，资本就会再次蒸发。

内涵式的增长，就是将已经形成的存量资本，还原为真实的现金流收入的过程。只有当城市现金流收益充分覆盖运营性支出（OPEX），才意味着城市化真正完成。世界上完成城市化 1.0 的城市很多，但真正成功跨过 2.0 的城市寥寥无几。一个主要的原因，就在于从 1.0 阶段向 2.0 阶段转变时，必定会出现的资本过剩而现金流不足。导致“现金流缺口”。这个缺口并不一定体现为入不敷出，而更多地体现为收入支出结构的错位——大量的一次性资本面对的却是经常性的支出。

对相机抉择的政府而言，最容易就是通过融资（资本性收入，如卖地、发债）来弥补运营性支出的“现金流缺口”。突破不可替代规则的自然后果，就是触发并陷入庞氏循环——不断用更高利息（或更长期）的新债覆盖旧债。当债务增长连利息都无法支撑，政府信用破产，随之而来的就是债务危机乃至社会危机。

中国当前问题很大程度上就是城市化转型的问题。央地分权将稳定的税种（现金流 R_t）划归中央财政，而地方政府获得全部土地收益（land financing income）的分配模式，适应了城市化 1.0 阶段“外延式扩张”的资本需求。但当城市化转入 2.0 阶段，地方政府就会面临越来越严重的现金流缺口。而由于土地财政已经将未来长达 70 年的财产税（公共服务收费最有效率的税种）资本化，使得中国城市化由资本型增长（外延式扩张）转向现金流式增长（内涵式发展）变得更加困难。

土地财政是通过补贴企业资本性支出再从企业税收中获得现金流。但企业完成资本积累进入 2.0 阶段，不再需要更多资本性补贴（如地价），其最大的支出项转变为运营成本（如工资）。根据不可替换规则，一次性资本性收入只能补贴资本性支出，现金流才能补贴运营性支出。对于不缺资本的大公司而言，运营性支出更能决定城市的利润。而运营支出中，最大的一项就是劳动力成本。高地价的一、二线城市，恰恰是劳动力成本居高不下的主要原因❶。这就意味着如果土地财政不转型，工业化也转型不了。这就是为什么深圳卖地收入再高，也留不住富士康、华为。

经济增长不仅是规模的变化，更是结构的变化。在 1.0 阶段，一次性资本（如卖地）越多越好，在 2.0 阶段则是现金流越多越好；1.0 阶段，固投是好 GDP，占比越高，资产形成越快，在 2.0 阶段，固投就是坏的 GDP，投得越多，现金流的缺口越大。中国城市化 1.0 阶段已近完成，但城市的增长方式仍然是资本型增长。土地财政如果不能从创造资本转向创造现金流，不仅城市化无法完

---

❶ 这就是为什么城市穷的时候孵化的企业，城市有钱了反而纷纷离开。

成，工业化也会半途而废。

五、转型："现金流缺口"难题

从1.0阶段向2.0阶段转型的核心问题，就是解决"现金流缺口"，防止城市进入庞氏循环。回到前面的两阶段模型：

$$FI_t - FC_t = S_t^{Captal},\ S_t^{Captal} \geqslant 0$$

$$R_t - VC_t = S_t^{Cash\ flow},\ S_t^{Cash\ flow} \geqslant 0$$

公式中 $S_t^{Cash\ flow}$ 小于零，就会出现"现金流缺口"。只要资本余额不足以弥补现金流缺口（$S_n^{Cash\ flow} + S_n^{Capital} \geqslant 0$），就会触发庞氏循环。城市化转型的问题，就是在2.0阶段，如何使经常性收益（现金流）R_t 尽可能大，经常性支出（运营成本）VC_t 尽可能小，从而满足 $S_t \geqslant 0$ 的约束条件。

第一，资本性融资收入（financing income，FI）。主要指出售股票、不动产和银行借贷、发行债券等贴现未来收入获得的一次性收入。根据不可替换规则，如果一次性资本收入继续增加，政府就只能通过寻找更多固定资产投资机会消化固投，维持增长。这是外延式增长难以扭转的重要原因。在城市化2.0阶段，有收益的资本性项目基本完成，更多的固投只能导致边际报酬递减。如果一般性支出不变，现金流收益减少，就会导致"现金流缺口"（$S_t^{Cash\ flow} < 0$）。因此，在1.0阶段后期，就要有意识地减少一次性资本收入（在中国地方政府，主要是通过卖地），特别要防止通过举债支持经常性的开支（如各种福利支出）❶。

第二，固投（fixed cost，FC）。城市化1.0结束，意味着不再需要更多的资本性支出（CAPEX）。而减少对资本性收益需求的前提之一，就是减少资本性支出。但由于新的增长模式没有形成，政府的相机抉择必然是继续增加固投以维持传统的就业和GDP增长。由于固投会通过折旧进入运营性支出，只要不能带来足够的现金流，"现金流缺口"就一定会进一步扩大。

因此，在2.0阶段，政府不仅不应通过增加固投拉动GDP，相反，要尽量减少不能带来新现金流的固投，确保城市公共服务不会出现"现金流缺口"，其中，要特别谨慎开工建成后会消耗巨大现金流却不会带来足够收益的项目（地铁、机场、体育场馆、公园等高维护成本低收费的公共设施）。一般而言，即使土地出让可以覆盖资本性支出，但只要资本余额不足以弥补现金流缺口（$S_n^{Cash\ flow}$ +

❶ 一旦突破不可替代规则的约束，城市化2.0就会只能借新债还旧债。当资本余额不足以弥补现金流缺口（$S_n^{Cash\ flow} + S_n^{Capital} < 0$），就会触发庞氏循环。

$S_n^{Capital}<0$)，建设也要非常慎重❶。

第三，现金流收入（R_t）。现金流收入主要包括税收、利润、分红、租金之类的收益流。增加现金流收入，是城市化 2.0 是否成功的前提。在城市化 2.0 阶段，道路、桥梁、水电、建筑等城市基础设施基本建成，融资的需求开始减少，维持这些设施的成本迅速增加。这时，如何让这些资产创造现金流，就成为更主要的目标。2.0 阶段的规划，就是要通过租金、税收、分红等，把这些资产现金流化。只有现金流能够完全覆盖公共服务所需的经常性支出（VC），城市化 2.0 阶段才算成功❷。

应特别强调的是，加税（费）是转型的必须。没有税收，就没有足够现金流。如果现金流出现缺口，就只能依靠资本性收入（如，举债、卖地）弥补，增长方式就不可能转型。不顾发展阶段，盲目仿效发达国家减税，会使经济转型更加困难❸。增税是所有经济跨越 2.0 发展阶段最困难的一步。以往的思路都是如何增加税收，新的思路则是如何分配税收。一个可能的制度，就是建立“公众财富基金”。公众基金是指以“五险一金”为依托的个人福利账户。政府将国有企业利润、上市公司分红、公共服务收费（水、电、煤气、停车……）等，通过这个渠道注入本地“五险一金”缴纳者个人账户。新增的现金流如果能有一部分（甚至大部分）回馈个人账户，就可能在较少阻力下获得现金流收入。这些进入个人账户的现金流，可以进一步降低本地企业的劳动力成本（工资和福利），增加企业竞争力，提升城市政府的税收，从而通过政府现金流收入补贴企业现金流支出（而不是用资本收入补贴企业现金流支出）。

第四，经常性支出（variable cost，VC）。对于缩小“现金流缺口”而言，减少经常性支出（VC）和增加经常性收入（现金流 R）是等价的。在转型阶段，政府要切忌大包大揽，随意增加经常性支出科目（特别是非常难取消的福利保障）。所有资产性投入（交通设施、文体设施等），不仅投入要回收，也要同时

---

❶ 地铁是典型的高资本投入、低现金流回报的项目。在土地财政支持下，很多城市都可以筹得足够的建设资金，但地铁建成后耗费巨大的现金流收入来维持其运转却是很少城市能够负担的。根据不可替代规则，这部分成本不能通过资本收入（卖地、发债）弥补，在 1.0 阶段为拉动经济建设的很多地铁，都会成为 2.0 阶段城市化转型的负担。

❷ 也只有用现金流替代资本补贴企业，从而帮助企业完成资本积累阶段（工业化 1.0）向创造现金流阶段（工业化 2.0）升级。

❸ 温州 20 年到期产权房是否要补交地价的争论，提前引爆了 70 年以后才会大规模出现的问题。这一问题的本质，乃是土地财政结束后，靠什么来维持城市的公共服务。正确的办法就是到期土地根据业主选定的功能交物业税。如果允许无偿续期，将会导致“后土地财政”时代公共服务水平下降。那时开征物业税会同时面对所有有产阶级。

考虑最小化未来运营成本❶。

所谓“内涵式增长”的城市规划就是依照上述四项原则展开的空间和制度设计。实现增长方式的转型，首先需要改变的就是评价经济的指标——1.0的经济是比谁跑得快，2.0的经济则要看谁跑得远。新的统计指标体系，应该能区分“量”和“流”。原来GDP指标，将资本性财富和现金流财富合在一起❷，看不出增长模式的差异和经济结构的好坏——经济增长既可能是资本性收入带来的，也可能是经常性收入带来的。对于1.0阶段外延式增长，资本增长是经济增长的前提——固投常被看作增长的“后劲”；对于2.0阶段内涵式增长，现金流收入才是真实增长的体现——只要现金流收入增加，即使固投下降导致GDP萎缩，也是“好的增长”。

因此，我们需要设计一个能够显示经济结构而非数量的指标体系——比如城市的人均税收、同样税率下税收占GDP的比例等——来衡量内涵式的增长。只有用这样的指标体系，才能衡量出不同城市的增长质量❸。

处于转型的城市，增长速度并不重要，防止出现“现金流缺口”才是更主要的目标❹。一般性税收和经常性支出之差，应该成为监控城市经济健康、评估城市风险的最主要指标。

六、城市规划2.0：存量设计

现在的城市规划方法，基本上是为城市化1.0量身定做的。目的是解决城市“外延式扩张”所遇到的工程问题。随着城市化转向2.0阶段，相应的规划理论和方法也必须切换到2.0状态。如果说1.0阶段，规划主要是解决资产增量的问

---

❶ 厦门BRT单公里造价仅1.1亿元，是一个低运营成本解决大运量运输的案例。2016年厦门BRT运营里程54km，运量1.15亿人次。在票价3km内0.3元，超过3km后每1km仅0.1元的条件下，运营补亏仅1.5亿元。对比北京2016年轨道里程573km，运量40亿人次，在6km为3元，6~12km为4元，12~22km为5元的高票价下，仍需补亏100亿元，若加上维修、车辆购置则高达380亿元。

❷ 从供给侧计算的GDP大约等于资本性收益加上现金流收益，从消费侧计算的GDP大约相当于一次性固投加上运营性支出。总供给等于总需求时，两侧的GDP相等。

❸ 例如，厦门的GDP总量在15个副省级城市中排名垫底，GDP增幅一度低于东北的某些城市。按照1.0阶段的标准，厦门发展不如其他副省级城市，但如果比较人均税收，特别是税收占GDP的比重，就可以发现厦门的现金流收入远高于东北甚至多数副省级城市。2015年，大连的GDP总量是厦门的两倍多、长春和哈尔滨两大城市的经济总量也大大高于厦门，但是“轻量级”GDP厦门的财政收入却超过了大连、长春和哈尔滨这三个副省级城市，与沈阳相当。沈阳2015年GDP7280亿元，财政收入606.2亿元。厦门GDP只有3565亿，而财政收入也是606.1亿元，这意味着在2.0阶段，厦门的位次应当远比1.0阶段来得靠前。福建省内也是如此，2015年，福州GDP5618.10亿元，泉州GDP6150亿元，都高于厦门，但两市的地方级财政收入只有560.46亿元和388.3亿元。用2.0阶段的标准，厦门无疑是福建最强大的城市。

❹ 相应的经济评估需要换成一套完全不同的统计体系。

题，是增量规划，那么 2.0 阶段规划的主要目标就是怎样将已经建成的存量资产，转变为可持续的现金流，是存量规划❶。存量规划的主要目的，就是最大化现金流收入，防止出现“现金流缺口”❷。

2008 年，昆明把 336 个城中村纳入了改造范围。融资的方法是典型的土地财政——给每个村庄“足够”的容积率。到 2015 年 3 月 18 日为止，市场供应总建筑面积相当于昆明主城区近 10 年的商品房建筑面积。昆明城中村改造采用了在土地市场融资的办法，即拆除—增容—出让—平衡。增容的本质，就是在土地市场上融资。昆明旧村改造一开始就是外延式的增量规划改造。按照这一都市更新思路，不仅不会带来任何现金流收入，相反，为了服务增容带来的新增人口，政府未来运营性支出（包括教育、交通、治安等）还要大幅增加❸。

在城市化 2.0 阶段，存量规划的做法应当是：（1）尽量避免在资本市场上融资解决一次性投入；（2）保持运营成本不增加。城中村改造可以通过缴交财产税（物业管理费、城市维护费等）将违章建筑合法化，使存量资产不经改造，直接转变为城市现金流的来源。而只要获得正规产权，城中村这些半违法小产权物业就可以成为资本，其渐进式自我改造，就足以升级原来的城中村而无需依赖政府成片改造❹。

对于使用权没有到期，暂时无法收财产税的旧城区物业，也要尽可能降低对未来运营支出的压力。厦门旧城区建筑更新，不是采用成片改造，而是由居民申请自主改造，规划按照“五原”（原性质、原基底、原规模、原层数、原高度）发放行政许可。这种改造模式成本由居民分摊，不会加重公共财政的负担。针对改革开放以后数量巨大的集合产权住房❺，厦门率先探索了一套申请、审批、自建、验收的分散更新制度，为探索集合产权物业的自我更新难题，做出了有益的尝试。

在过渡阶段，如果减少增量土地供给，新的城市功能用地如何解决？答案是

---

❶ 存量规划相比增量规划，更多的是政策，是制度，是“玩法”。“规划局的规划”取代“规划院的规划”成为规划体系的新轴心。

❷ 现在有一种认识，认为存量规划就是发达国家经历过的“都市更新”（urban renewal），但实际上我们遇到的问题并不完全是发达国家的问题——发达国家的都市更新面对的是转型完成后的规划问题，而我们的存量规划主要针对的是转型过程中的规划问题。

❸ 实际上，由于昆明城中村改造大规模出让土地，导致市场存量剧增，使供不应求的不动产市场转为供大于求，投资者不是被套牢就是干脆离场，这使城市政府的财务更加雪上加霜。现在，此类增量更新仍是很多城市旧城改造（包括棚户区、城中村、历史街区）的主要模式。

❹ 这一模式也可以应用到棚户区改造等类似项目。

❺ 集合产权的维护更新，是世界性的难题。台湾大地震倒塌的物业中，大部分都快速重建，唯有集合式住宅恢复最为困难，有些迄今未能重建。改革开放以来，我国大部分住宅都是集合式产权，未来的维护将会是存量规划面对的一个突出问题。与我国城市形成对比的东京，现有 227.58 万栋住宅，独立产权高达 79.2%。

从已有的用地功能转化中挖潜。在 1.0 阶段，工业用地占比在几乎所有城市都异乎寻常地高。例如，2010 年，上海工业用地占总用地的 46.3%，深圳大约是 40%。即使净工业用地只占其中的一半计，也显著高于国际上类似城市。例如，纽约 1988 年时，工业用地占 7.5%，芝加哥 1990 年 6.9%，大阪 1985 年时 14.5%，横滨 1980 年时是 7.3%，东京 1982 年时为 2.5%。随着城市化转入 2.0 阶段，工业用地占城市用地比重会显著下降❶。新增的城市功能大部分都可以通过闲置土地收回加以解决而无需新增供地。

这些存量工业用地实际上是给未来城市政府储存的巨量财富。由于工业用地使用权年限较短，到期收回后通过增容、转变用途，可以为 2.0 阶段城市带来巨大的资本。厦门 2015 年建成区面积 334km^2，工业园区面积 130km^2，工业用地约占 39%。按照净用地 50%计，就是 65km^2。只要降到大阪的水平，就可以置换出 18km^2；降到纽约水平，就可以获得用地 40km^2。如果容积率按 2，每平方米楼面价 5000 元计，40km^2 就是 5000 亿的土地收益；如果每平方米按照 3 万元计，就是 3 万亿的土地收益。由于这些土地周边基础设施配套已经完成，无需征地拆迁，这 3 万亿基本可以视作净收益。虽然转变用途、增容也可视作增量规划的变形，但由于避免了新的拆迁、征地，对土地融资的需求减少，可以作为 1.0 向 2.0 阶段过渡的一种替代选择❷。

存量规划没有一定之规，但其原则都一样，就是发现存量资产的价值并将其现金流化最大化。

七、城市规划 2.0：存量管理

香港大学建筑学院院长，著名城市学者克里斯・韦伯斯特教授说：“城市一旦离开图板，就拥有了它自己的生命。真正的奇迹乃是城市会怎样围绕着这些设计，在不知不觉下，持续不懈自我蔓生”❸。这段话很形象地描写了城市增长模

---

❶ 实际上，目前很多城市被新城市功能包围的工业都已经退出。这些没有到期的工业用地，不是闲置就是被违章转变用途。

❷ 考虑到这些工业用地是分年度到期的，可以采用影子规划的办法，将这些土地未来的收益作为抵押融资，解决转型阶段资本不足的问题。办法是编制现有工业用地到期后的规划，并据此给国有土地收储部门到期后生效的规划许可和土地使用权证，土地收储部门用未来的土地使用权做抵押到银行或资本市场融资。做到这一点的前提是，现有工业用地到期必须无偿收回。

❸ 香港大学建筑学院院长韦伯斯特教授在 2013 年 10 月 26 日纪念已经去世的前院长黎锦超（Eric LyeKum-chew）先生论坛上的那段原话是：“Cities take on a life of their own once they leave the drawing board and the real miracle is how cities relentlessly self-organise around those designs, often, in spite of them.”详见参考文献 10。

式的转变：城市化 1.0 阶段，就是在图板上划定城市不同的功能区并配套不同的基础设施；进入 2.0 阶段，城市“就拥有了它自己的生命”——城市的每一个地块、每一段建筑的用途、强度和形态都要随着市场的需求不断改变。这时就需要对城市规划的理论和方法作出方向性的调整。

图板上的规划不可能全面准确地预见到未来的城市需求，2.0 阶段的规划必须能根据城市功能的改变，及时调整城市的每一个细胞（建筑功能）去适应新的需求。在转型阶段，规划真正困难的不是设计，而是管理——在 1.0 阶段，规划的所有制度都是围绕着加强规划的刚性，目的是避免规划被随意更改；而在 2.0 阶段，规划制度却要求土地用途要有最大弹性，要能随时根据新的需求进行更改❶。

在 1.0 阶段，中国城市的这类需求很多是通过“非正规建筑”来满足的。在中国最富活力的城市深圳，以城中村为主的“小产权”住房规模高达全市总住房面积的一半，仅 320 个原行政村为主的城中村占地就有 96km^2，私宅 35 万栋，总建筑面积 1.06 亿 m^2，解决了全市 31.62%人口的住房问题。由于城中村的物业游离于规划审批和监管之外，用途上具有极大的弹性，许多正规用地无法满足的功能，都可以通过这些物业加以满足。正是这些规划之外的非正规物业，成就了深圳创业之都的活力。

进入 2.0 阶段后，城市需要通过征税获得现金流，非正规物业“盗窃”城市公共服务现金流的弊端开始显现。世界上，很多曾经高速发展的城市（比如南美许多城市），都因大规模违章导致现金流漏失而被卡在城市化向 2.0 升级的门槛上❷。依靠非正规物业的为城市新增功能提供弹性的做法难以为继。因此，怎样从刚性的 1.0 规划过渡到弹性的 2.0 规划，就成为存量规划面对的主要问题。

笔者任职厦门规划局时，曾经提出过一个“负面清单”审批模式，来适应刚性的 1.0 规划向弹性的 2.0 规划转换的难题。其基本规则是：(1) 对土地的用途只给出禁止的功能（比如危险品、污染、噪声等）；(2) 对土地开发强度给出限制的幅度（最低/最高容积率、最低/最高建筑高度等）；(3) 给出不同的城市

❶ 即使在 1.0 阶段，城市需求的变化已经在困扰刚性的城市规划管理规则。比如，由于不能预见到电子商务的发展，规划的商业用地在过去几年出现大量过剩。而城市快速扩张也使原来规划合理的城市功能变得不再合理。再比如，城市边缘的工业区被城市建成区包围后，工业性质就不再适应新的城市区位。如果此时用地使用权没有到期，就会导致土地要么闲置，要么违章。城市大事件，如大型运动会、博览会，也会对原来规划的土地用途提出更改的需求。由于 1.0 阶段规划必须执行严格的用途管制，功能调整只有“征地—重新出让”一途，导致功能的调整只能通过增容，走资本型扩张一途。

❷ 这也部分解释了“中等收入陷阱”的产生原因（赵燕菁，2015）。

功能的年地租[1]；（4）政府根据每年核定的建筑功能和面积核收年租金，并通过每年公布不同功能用地的租金价格，引导土地用途的结构调整[2]；（5）土地所有者根据市场选择不同的功能或功能组合，确定土地的开发强度；（6）难以满足约定地租的土地所有者可以将土地退还政府；（7）产权尽量整体转让，不鼓励分割产权，以减小用途变更协调难度[3]。

“负面清单”制度实际上是将城中村自发调整城市功能的做法，放大到所有城市建成区，同时，又避免了违章建筑偷逃公共服务收费的问题。按照这个制度，每一栋物业功能的改变，都能直接或间接为城市带来持续不断的现金流。城市规划也因此最终完成了从政府决定的增量规划，向市场决定的存量规划转型。

八、“大转型”

在城市化 1.0 阶段，短缺的是资本，过剩的是劳动力。谁能制造出更多的资本，谁就能在竞争中胜出。发达国家通过把未来收益贴现，领先一步完成了 1.0 阶段的积累。中国利用土地财政后来居上，以更高的效率跨越了 1.0 阶段的城市化。现在，竞争转入 2.0 阶段，资本从短缺变为过剩，劳动力由过剩变为不足，现金流成为 2.0 阶段城市竞争的关键因素。谁能创造出更多的现金流，谁就能在新的竞争中胜出。

资本的本质，乃是未来劳动在今天的投射。劳动是财富创造的终极源泉。如果说 1.0 时代，增长主要靠资本的创造，在 2.0 时代，劳动力（就业）成为经济竞争的核心要素。凡是劳动力净流出的城市，迟早都会输给劳动力净流入的城市。争夺劳动力，已经成为下一阶段城市竞争最主要的战场[4]。

在资本过剩现金流不足的 2.0 阶段，降低企业运营性支出比降低企业的资本性支出更能决定企业的竞争力，而企业运营性支出的大头，就是劳动力成本。在劳动力成本中，大头又是住房。这就使得住房供给制度成为城市竞争力的主要决

---

[1] 比如，对公共服务配套需求高又不创造现金流的住宅，要求较高的年租金；对能创造税收、就业的商业、办公要求较低的年租金；对于能带来更多关联收益的产业、创业、文化，给予免除；对需要完成最低税收或其他要求，达不到约定的条件的，补交差额租金。

[2] 租金只影响变更用途的价格，拍卖获得土地用途维持不变的不用交年租金。

[3] 新出让的土地采取 N+X（一次性拍卖+每年用途/面积租金）方法定价。出价 N 较高者获得土地。允许业主拿地后，根据市场需求和政府公布年租金，调整地块的最佳功能比和面积。

[4] 近五年来，全年农民工总量增速持续放缓。国家统计局数据显示，从 2012 年末到 2016 年末，外出农民工逐年较上年增长比例分别为 3.0%、1.7%、1.3% 、0.4%及 0.3%。城乡间的人口流动，正让位于城市间的人口争夺。

定因素。中国城市住房市场本质上是一个资本市场❶。资本市场取代商品市场，极大地提高了土地财政生成资本的效率，但却拉高了居住的成本，使得劳动力成本随之升高。

为了减少运营成本，2.0 阶段的城市，企业被迫向劳动力更便宜的地方迁移。现金流也一同流失。某种意义上，在 1.0 阶段越是成功的城市（房价越高），越是难以跨越 2.0 阶段的门槛。大量的高标准基础设施带来的运营成本（维护、折旧等），迫使城市只能用一次性资本收入（卖地）弥补运营性支出，从而触发庞氏循环。

打破庞氏循环的唯一办法，就是留住实体经济，只有留住实体经济，才能留住现金流。而做到这一点，首先就必须留住劳动力。大幅度降低住房成本，将补贴企业的资本（地价），转向补贴企业现金流（劳动力）。

围绕劳动力成本的竞争，将决定 2.0 阶段城市竞争的成败❷。如果说，过去三十年是哪里有资本，哪里就有就业，劳动力就流向哪里；那么下一个三十年则是哪里有劳动力，哪里就会有就业，资本就会流向哪里。过去城市政府靠补贴资本（低价土地）招商引资，未来城市政府就要靠补贴劳动力（现金流）招商引资，谁能把劳动力成本降下来，谁就能吸引企业，谁就能获得持续的现金流。“外延式扩张”阶段的规划主要是围绕土地，“内涵式增长”的规划则是围绕人。城市化 1.0 向 2.0 阶段的转变，并不仅仅是城市规划方法的转变，包括国家经济的底层制度，都必须随之改变❸。

放眼全球竞争，中国的城市化转型并不孤独。从追寻资本余额最大化的资本主义 1.0，向追求现金流余额最大化的资本主义 2.0，正在成为全球新的发展趋势。在 1.0 阶段，老牌资本主义国家靠未来收益资本化在全球获得了领先的优

---

❶ 这是土地财政本质决定的。这一制度使得城市住房需求者必须首先“入股”这个城市。

❷ 办法之一是把小产权通过财产税合法化，形成合法的租赁市场，好处是获得现金流，坏处是租房者依然不能成为有产者。办法之二是“共有产权”，购房者只购买部分产权并获得居住权，产权转让时与政府按产权比例分享增值收益，好处是降低购房门槛，坏处是依然为一次性收入，没有创造现金流；如果产权人住满 70 年，政府分文收益没有。办法之三是“先租后售”，以租金代按揭，到期后按成本价房改上市，好处是收入是现金流，不会冲击当前市场，购房对象不与户籍挂钩，而与就业挂钩（“五险一金”），可以实现广覆盖，购房者有机会成为有产者。降低居住成本的前提是不能继续靠在资本市场高成本融资，比如美国的“两房”模式、中国依靠增容成片改造的模式（三旧、棚改等），而是要寻找新的现金流作为信用。

❸ 在土地财政主导的 1.0 阶段，货币信用制造依托于土地融资，转向 2.0 后，现金流就成为信用的主要来源。社会创造的现金流可能超过国家现金流，货币的信用基础也需要随着创新，企业在资本市场的活动，取代国家成为更主要的信用来源。需特别值得注意的是，互联网前所未有地把分散的个人信用显示并记录下来，使原来低含金量的信用得以“提纯”。分散的个人信用就可以为货币创造从 1.0 转向 2.0 提供新的基础。

势。从英法竞争开始，到美国经济的崛起，凡是能够利用制度创造更多资本的国家，最终都能在竞争中胜出❶。布雷顿森林体系解体之后，美元作为全球信用之源，极大地扩张了美国乃至全球的资本生成能力。全球性的资本不足历史性地转变为过剩，这使得资本似乎可以突破不可替代规则，通过不断融资，持续覆盖“现金流缺口”。

“后布雷顿森林”的42年时间里，全球股市规模扩大了35倍，其年均综合增长率几乎接近9%。这意味着任何一个股市投资者每8年时间就会让自己的资金翻番。如果1974年在股市投资2.5万美元，今天的价值将会是87.5万美元。自2006年金融危机发生以来，全球债务总额已经上升了70%，70万亿美元的GDP对应的资本高达2000万亿，大量以美元计价的债务完全没有产生相应的GDP。从2008年的次贷危机和随后的欧元区债务危机看，世界经济转型遇到了和中国城市化转型同样的问题——现金流缺口。主要大国相继进入以债养债的庞氏循环❷。

在这样的大背景下，回归现金流，回归实体经济的共识开始凝聚，各国开始意识到不可替代规则——只有现金流收入才能支持现金流支出——并没有失效。以美国为例，退出全球化、废除TPP、迫使贸易对手货币升值、催逼制造业回归，本质上就是争夺就业，争夺现金流；限制移民，废除奥巴马的医保制度，目的都是为了减少过度的福利导致现金流支出失控；要求盟国分担军费、全球战略收缩，是为了减少进一步举债来支持国防（最大的资本和运营成本支出）开支；改善国内基础设施，则是为恢复实体经济竞争力创造必要的条件。其核心就是重归实体经济，争夺现金流。

面对世界经济“大转型”，金融革命落后的中国突然成为向实体（现金流）回归的领跑者。2014年制造业在GDP中比重，中国是37%，德国是25%，日本是20%，曾经的制造业大国美国只有11%（其中还多一半是军工）。即使不用购买力平价调整，中国的实体经济依然在主要经济体中领先。这使得中国在“大转型”中居于有利位置——只要能够从资本性土地财政转向现金流性土地财政，中国就可以在新的比赛中胜出❸。在这个大背景下，中国城市化向2.0的转型也就

❶ 资本弱国的取胜之道，无不是通过利用资本强国现金流不济的弱点，将强国拖入消耗巨大的持久战，迫使其突破不可替代规则，陷入庞氏循环并最终取胜。毛泽东的《论持久战》指出：“日本战争力量虽强，但它是一个小国，军力、财力都感缺乏，经不起长期的战争；而中国是一个大国，地大人多，能够支持长期的战争。”揭示了资本强国爆发力强、持久力差的特征。

❷ 在这个阶段，过剩的资本疯狂掠夺有限的现金流，金融资本和制造业资本的冲突此起彼伏。中国的宝能万科之争、宝能格力之争都是这一冲突在中国经济中的反射。

❸ 包括“一带一路”倡议、亚投行等，都必须服从于输出人民币资本，获取现金流这一战略目标。金砖银行、亚投行要尽可能用人民币输出资本，以将国内过剩产能转化为人民币现金流。

具有了全球的意义❶。

九、结语

凯恩斯早就注意到现金流收入与增长间的关系。在1930年出版的《货币论》中，凯恩斯指出："我要提醒经济史学家注意一个明显的结论是，各国利润的膨胀时期和萎缩时期与国家的兴盛时期和衰败时期异常地相符。" 他特别强调了收入和利润的差异："本书最重要的论点是，国家财富不是在收入膨胀中增进的，而是在利润膨胀中增进的。" 翻译成本文提出的范式，就是收入增长并不意味国家财富的增长，因为"收入"既有可能是资本收入也有可能是现金流收入，只有收入是由现金流（利润、工资、税收、分红等）增长带来的，才意味着国家财富的真实增长。

世界正在快速地从资本竞争转向现金流的竞争。利润、税收、就业将取代市值、资产、股权成为更主要的经济目标。中国城市化从1.0向2.0转型，只是全球经济重新洗牌的一部分。如果说过去从"外延式扩张"转向"内涵式发展"还只是一种政策愿景，现在这一愿景正在成为决定一个城市生死的现实。在世界经济"大转型"中，决定现金流流向的劳动，重新成为财富创造的核心，这意味着那些在城市化1.0阶段抢先起跑的城市，并不一定是在2.0阶段最终撞线的城市❷。

资本型增长的城市和现金流型增长的城市动力、运行模式完全不同。原来极为成功的增长路径（比如土地财政），已经异变为新的增长路径上的障碍❸。对城市规划而言，转型影响必定是全面性的。精英决定的柯布西耶式的规划设计，将让位于公众参与的雅各布斯式的城市演进；为资本而生的城市将转向为人民

---

❶ 本文没有展开讨论，但却同样重要的，就是原来基于土地财政的国家信用以及货币制度都要随之改变。1.0时代的货币是基于未来收益的估值，各种资本市场估值生成的信用必然"成色"（贴现率）不同。由于成色不同的信用却生成等值的货币，就使得原本为创造现金流服务的资本市场成为吸吮实体经济现金流的渠道。根据"格雷欣法则"，"劣信用"驱除"良信用"——只要各种估值的资产的贴现率超出创造现金流的实体经济，虚拟经济就会逐渐将实体经济逐出市场。在城市化2.0阶段，货币必须从与资本挂钩，改为同真实现金流挂钩，禁止"劣信用"（高贴现率）参与货币制造。只有这样，才能使资本增长模式转变为现金流增长模式。

❷ 作为一个高度简化的范式，两阶段模型只是帮助思考经济问题（比如，从"外延式增长"转向"内涵式增长"）的工具，真实的城市建设和运营并非是两个截然不同的阶段。每一个城市局部的建成，其实都是其2.0阶段的开始，1.0向2.0转变是一个连续的过程。但在中国，由于土地财政使中国以前所未有的速度迅速完成了城市化1.0，在其他经济里连续的城市化演进，在中国变成了直接的切换。这给中国规划师提出了其他国家规划师不曾遇到过的挑战。

❸ 特别是1994年以现金流收入归中央，资本性收入归地方的分税制，必须及时进行调整。

（现金流）而生。20 世纪 60 年代纽约市摩西（代表资本）和雅各布斯（代表劳动）的对决，将会以不同的形式在中国各个城市上演，为人民而战的规划师将会在每一个街区，每一条道路，每一栋建筑向资本宣战。

那些缺少觉悟的城市政府，将会发现他们正在失去以前熟悉的城市控制力。巨大的利益再分配，使得无能的政治家在风险面前望而却步，而那些能领悟城市新的发展形式的城市政府，则能领导他们的城市在新的增长阶段弯道超车。面对这种 180 度的急转弯，城市规划要下决心放弃在现有增量规划体系里修补的幻想，尽快开始设计一套我们不熟悉甚至从没有见过的城市规划理论和方法。

（撰稿人：赵燕菁，厦门大学教授。）

注：摘自《城市规划》，2017（03）：84-93，参考文献见原文。

地方政府行为变迁与城市战略规划演进

导语：由于学科背景的差异，国内学者对于城市战略规划的认识存在诸多分歧。城市战略规划是“地方的事”，要准确理解城市战略规划的起源、作用及其核心理论和方法论必须从地方政府行为特征入手。改革开放以后，随着国内外社会经济形势的变迁，我国地方政府已经经历了“企业经营型政府”和“城市经营型政府”两个阶段。与之相适应，我国城市战略规划也经历了产业主导和空间主导两个阶段。在当前经济社会面临重大转型和城市政府正在朝着“治理型政府”演进的时代背景下，我国的城市战略规划要以治理理论作为核心理论，积极推进城市战略规划从“政府主导”向“多元协调”转型、从“重结果”向“重过程”转型、从“宏伟叙事”向“嘘寒问暖”转型，使战略规划不仅真正成为凝聚社会各界的共同愿景，更要成为政府实现“善治”的政策平台和重要工具。

一、引言

1960 年代以来，全球城市规划领域整体经历了从规制向战略导向的转型，以应对快速变化的社会经济环境和政府再造。在西方，城市战略规划的起源可追溯到 1960 年代的结构规划。荷兰、法国和英国在这一时期相继颁布了新的城市规划法规，建立了战略性的结构规划和实施性的土地利用规划相结合的城市规划体系，以适应后现代社会城市发展的复杂化和多元化。进入 1990 年代，受经济全球化、市民社会和可持续发展观念的影响，城市战略规划在西欧蓬勃发展并迅速扩展到世界其他区域，受到国外规划界的广泛重视，被誉为是引发最近 20 年世界城市规划变革的重要动因。

在我国，城市战略规划也已成为一种重要的规划类型，受到地方政府和规划界的普遍重视。由于开展时间相对较短，国内学者对于城市战略规划的认识还存在诸多分歧，梳理相关研究文献，可以看出主要争议集中在以下三个方面：（1）城市战略规划的起源。我国城市规划界通常将 2000 年广州概念规划的编制作为我国城市战略规划起源的标志，而经济学和地理学界认为我国城市战略规划肇始于 1980 年代初。（2）城市战略规划的作用与地位。一些学者认为，城市战略规划的优势在于其宏观性和弹性，因此其作用应定位于为城市总体规划修编或为政府决策提供支持。但也有一些学者认为，城市战略规划是适应国际政治经济形势和我国经济体制转型而出现的一种新的规划类型，因此应以其取代诞生于计划经济体制的城市总体规划和城市层面的国民经济五年规划，成为引领城市发展的纲领性文件。(3）城市战略规划的核心理论与方法论。如果仅有规划形式的改进而无核心理论和方法论的创新，城市战略规划难以担当重任。一部分学者认为我国的城市战略规划从城市发展目标或关键问题入手，以提升竞争力为导向，广泛引入经济学、地理学、生态学等其他学科的理论和方法，形成了区域—产业—空间的研究路径，具有重要的理论和方法论创新。但也有一些学者认为，目前支撑城市战略规划的理论和方法论与区域规划和城市总体规划并无实质差异，因此真正意义上的城市战略规划尚未形成。

以上三个争议很大程度上与学者的学科背景和看待城市战略规划的学科视角紧密相关，是“就城市规划论城市战略规划”还是“跳出城市规划论城市战略规划”的分歧。西方规划理论认为，城市战略规划是“地方的事”，是城市政府为应对外部环境挑战，通过地方打造提升城市竞争力的主动选择。因此，要准确理解城市战略规划的起源、作用及其核心理论和方法论必须从地方政府行为入手。

关于中国地方政府角色及其行为变迁的研究文献已经非常丰富，形成了不同的分析框架和解释模型。从政府—市场（社会）关系来看，改革开放以来，我国地方政府角色已经经历了企业经营型政府（1978 年~1990 年代中期）和城市经营型政府（1990 年代中期~2010 年前后）两个阶段，现在正在进入治理型政府的新阶段。本文即利用这一地方政府角色变迁的划分框架，首先梳理不同阶段的社会经济背景，然后从政府—市场（社会）和府际关系（包括地方与中央关系以及地方政府之间的关系）两方面分析地方政府行为特点，系统阐述不同阶段城市战略规划的范式特征，最后为我国当前城市战略规划的转型指明方向。

二、企业经营型政府时期的城市发展战略研究

改革开放以前，与高度集中的计划经济体制相适应，我国各级政府是以政治和行政控制为主的规制型政府。各行业（条条）和各区域（块块）都是中央指令性计划的执行者，而且“条条”的重要性大于“块块”。国家是唯一的利益主体，地方政府是“代理型政权经营者”，只是代表中央政府并执行中央各部门下达的计划。相应地，地区经济发展规划只是对国家经济发展规划的分解和细化，城市规划则是地区经济发展规划的具体落实。因此在这一阶段，“战略”一词仅出现在政治军事领域和全国各行业的整体发展规划中，与城市几乎没有关系。

1978 年的十一届三中全会开启了中国改革开放的进程，在 1980 年代有三个方面的改革对地方政府行为存在较大影响：（1）市场化改革。1978 年以后，我国经济体制改革经历由计划经济到“计划经济为主、市场经济为辅”的阶段（1978~1984 年）和“有计划的商品经济”阶段（1984~1992 年），进行了以引进市场机制为主要内容的试探性改革。地方政府由于贴近市场，在促进和调控地方经济发展中相对中央政府更具有优势。（2）分权化改革。为适应市场经济改革的需要，中央政府实行了以“下放权力”为基本特征的分权化改革，主要包括以下三个方面：一是赋予直辖市、省会城市、较大的市和经济特区以地方立法权，为城市发展提供了法律保障；二是财政体制从计划经济时期的“统收统支”改革为“税收包干制”，这有效地调动了地方政府发展经济的主动性；三是下放项目审批权限，简化了审批手续，并将大量国有企业下放给地方政府，这大大加强了地方政府发展经济的能力。（3）“市管县”体制的推行。为打破城乡分割和发挥城市的经济带动作用，我国将原有的地区行署改为地级市，扩大城市的行政区以适应市场经济的发展要求，地级（及以上）城市政府的地位凸显，管辖的范围和可以组织的资源大幅度增加。

以上改革的推进导致地方政府行为角色发生了巨大变化：（1）在政府与市场的关系上，地方政府积极投资兴办国有企业和乡镇企业，普遍介入到企业生产经营活动之中，从财税、人事、市场等方面给予本地企业以极大的支持。针对这一时期中国地方政府的行为特征，美国学者安德鲁·瓦尔德（Andrew Walder）提出了“地方政府即厂商”的论点，也即中国的地方政府具有强大的工业组织能力，成为当地经济运行中的主导力量。因此这一阶段的城市政府被定义为“企业经营型政府”。（2）在地方与中央的关系上，这一阶段地方政府从计划经济时期的“代理型政权经营者”转变为“代理—谋利型政权经营者”，也就是说城市政府此时兼具区域经济调控主体和经济利益主体的双重身份。作为区域经济调控主体，城市政府必须完成中央政府下达的各项经济指标；作为相对独立的经济利益主体，城市政府开始和中央政府讨价还价甚至瞒天过海以满足其自身利益的最大化。（3）在城市与城市的关系上，政府间“为利益而竞争”，地方保护主义盛行。作为相对独立的利益主体，城市政府也开始像企业一样为自身经济利益而与其他城市进行竞争。由于这一时期的外商投资仅限于沿海为数不多的开放城市，国内资本流动也有限，因此城市竞争的核心内容不是招商引资，而是在努力发展本地工业企业的同时保护本地市场和限制本地生产要素的流出，由此形成典型的“行政区经济”和“蜂窝状”的经济空间格局。虽然这一时期也成立了一些区域合作机构（如上海经济区规划办公室），但它们仅仅是城市之间的一个沟通平台，真正的合作和协调尚未展开。

随着角色和行为模式的转变，城市政府开始重视城市发展的竞争性、全局性和长远性问题，有关城市战略的理论研究和实践开始出现。与企业经营型政府相适应，这一阶段的城市战略主要围绕经济而展开，一批从事宏观经济和区域经济研究的学者是这一时期的主导者。1982 年 12 月，在北京召开了全国城市发展战略学术思想讨论会，首次正式提出要重视城市发展战略研究。1985 年 6 月，在重庆召开的第三次全国中心城市会议提出重点研究城市发展战略的建议和号召。1986 年 5 月，在上海召开的中国城市经济学会成立大会提出研究城市发展战略是今后城市经济学的主要任务之一。与此同时，全国各类城市都纷纷开展了面向 21 世纪的跨世纪城市发展战略研究。

城市规划界也认识到城市发展战略研究的重要性，认为它为城市规划的制定奠定了基础、指明了方向，是城市规划的先决条件。因此在进行城市总体规划的编制时，通常会将城市战略研究作为依据或参考。典型的如 1980 年代北京和上海的总体规划，以及 1994 年辽宁省建设工作会议专门强调要开展城市发展战略研究。但由于当时牵头进行城市战略研究的通常是计划部门或经济部门，受部门分割的影响，战略研究对城市总体规划的指导作用相对有限。

这一阶段的城市战略研究普遍存在以下几个特点和问题：(1) 重“研究”，轻“规划”。有关城市战略的理论和实践成果普遍冠以“研究”而不是“规划”，这表明它还不是一个独立的规划形式，需要通过其他规划如国民经济计划和城市总体规划来体现或落实，因而在研究成果中通常缺少与实施有关的内容。(2) 重“经济”，轻“空间”。由于受城市经济学主导，这一阶段城市战略研究主要关注城市经济和产业发展，对空间问题的论述也主要围绕产业布局而展开。(3) 重“与上衔接”，轻“横向协调”。受计划经济思维和地方保护主义的影响，这一时期的城市战略研究普遍强调与上级政府和上一层次区域发展战略的衔接，而缺少区域合作的论述，对区域关系的分析也非常有限。

三、城市经营型政府时期的城市战略规划

进入 1990 年代中期，国际国内社会经济形势再一次发生了巨大变化，对我国地方政府行为影响较大的变化有：(1) 全方位的经济体制改革。1992 年以后，我国正式确定把建立社会主义市场经济体制作为改革目标，改革进入全局性和整体性推进阶段，这进一步强化了地方政府在社会经济发展中的能动性。(2) 全方位的对外开放。1990 年代中期开始，全球资本和生产要素流动加剧。我国也适时提出“发展开放型经济、与国际互接互补”的新战略，全方位、多领域地推进对外开放，吸收利用外资和进出口快速增加，在国际分工序列中的地位迅速

上升。2001 年加入 WTO，更标志着我国对外开放进入了一个新的发展阶段。全球化影响最为深刻的地理层级不是国家而是城市和区域，城市成为把握全球化机遇、应对全球化风险与挑战的前沿阵地。（3）分税制改革。为了矫正前一阶段中央向地方分权形成的“强地方、弱中央”问题，1994 年我国进行了分税制改革，在中央政府与地方政府之间进行了事权与财权的重新划分，在强化中央宏观调控能力的同时加重了地方政府发展经济和创收的压力。（4）县（县级市）改区。1997 年以后，地级及以上城市普遍将所辖的部分县（县级市）改为市辖区，这进一步扩大了城市政府土地资源和空间资源，强化了城市政府的能力和地位，导致“大都市主义”盛行。同时也为城市政府带来了一个新的研究课题，即面对骤然扩大的城市空间，如何重新确定城市的定位、发展方向和空间结构。

这一阶段城市政府的行为特征表现为：（1）在政府—市场（社会）关系上，地方政府从“经营企业”转向“经营城市”。这一阶段城市政府发展经济的积极性和主动性相比上一阶段更加强烈，政治利益和经济利益在 GDP 增长率上得到高度统一，“经济增长主义”因而盛行。但以政企分开为核心的国有企业民营化改革后，地方政府经营企业的权力被剥夺。而土地使用制度改革、住房分配货币化改革以及 1998 年东亚金融危机后我国为刺激经济增长而启动的房地产业使得城市土地的价值凸现，城市政府转而垄断城市土地，一方面通过大规模土地开发来直接拉动房地产业的发展，另一方面通过“筑巢引凤”吸引外来投资，由此形成了“经营城市”和“土地财政”的发展模式。（2）在地方与中央关系上，这一时期总体上延续了“代理—谋利型政权经营者”的角色。所不同的是，从 1995 年开始建立的以“工作实绩”尤其以 GDP 增长率为核心的干部政绩考核体制扮演了“指挥棒”的作用，极大地激励着地方政府领导人不遗余力地去推进地方经济的发展，狂热地追求 GDP 增长率，以实现政治升迁的目的。（3）在城市和城市关系上，政府间“为晋升而积极竞争”和“消极合作”。一方面，由于决定城市政府官员升迁的核心是经济增长，因此引发地方政府以招商引资和 GDP 增长为重点的激烈竞争，形成了“晋升锦标赛”；另一方面，市场化改革削弱了地方政府对生产要素的控制能力，国际化强化了大都市区和城市群在国际经济竞争中的作用，这些因素又增强了城市间进行合作的客观需求。但总体而言，在晋升锦标赛压力下，城市间的关系呈现出“积极竞争、消极合作”的局面，即以竞争为主、合作为辅，普遍选择对自己有利的方面进行合作，而在对自己不利的合作上表现出抵触的态度。即使在那些推行“同城化”的相邻城市，实际合作的效果也很有限。

与城市政府行为模式转变相对应的是城市空间战略规划的兴起，城市规划界和地理学界开始成为这一时期的主导。1990 年代中期，我国城市规划界开始介绍西方城市战略规划。1996 年，黑龙江省提出要把哈尔滨市建成东北亚国际经贸城市，中国城市规划设计研究院按照“两岸繁荣”的构想，围绕松北区开发建设问题展开了战略研究。2000 年，受山东省委托，北京大学周一星教授编制了《“济宁—曲阜都市区”发展战略规划》，规划的核心是推进济兖邹曲复合中心的一体化，使之成为山东南部的区域性中心城市。同年，广州委托五家规划设计单位完成了《广州城市建设总体战略概念规划纲要》。自此，以空间为核心的城市战略规划在我国蓬勃展开。

这一阶段城市战略规划有以下几个显著特点：(1) 以提升城市竞争力为导向。这一时期编制的城市战略规划无一例外地都将“强化竞争优势”作为其中心议题，系统分析全球化背景下城市自身的优势与劣势，研究国际国内环境变化对城市发展带来的影响，制定提升城市竞争力的应对之策。虽然也普遍强调区域关系的分析，但落脚点在提升城市的区域地位，提出的城市发展目标通常是“国际性大都市”或“区域中心城市”。(2) 以土地和空间为核心。随着城市规模的迅速扩张、行政区划调整和土地财政效应的凸显，土地和空间成为这一阶段城市战略规划关注的核心。虽然这一阶段城市战略规划也广泛研究产业、人口、生态、制度文化等内容，但落脚点都是城市土地和空间，相当一部分规划也以“空间战略规划”为名。与“增长主义”相适应，城市战略规划普遍提出城市空间跨越式发展、拉大城市框架、兴建新区等策略，以此引导城市土地开发，为经营城市服务并为“土地财政”打下基础。(3) 城市政府主导，缺少公众参与。城市战略规划是城市政府面对激烈竞争的主动回应，是由城市政府直接推动和组织编制的，编制过程、编制时间、编制单位和编制内容基本受政府掌控。城市战略规划实际上集中体现了城市政府甚至是少数领导人的施政意图，是城市政府官僚与规划技术官僚之间的对话，而与市民几乎没有关系。

四、治理型地方政府与城市战略规划

2008 年全球金融危机以后，国际国内形势产生了诸多新的变化，主要的变化包括：(1) 中国经济进入新常态。从国际环境来看，金融危机促使西方发达国家推进“再工业化”战略，经济民族主义和国家保护主义重新显现。这导致我国出口导向的经济增长模式严重受挫，利用外资增速明显下降。从国内来看，生产要素成本显著提高，“刘易斯拐点”已经显现，“人口红利”时代正在终结，资源环境对于经济增长的制约持续加强。这些国际国内环境的变化对我国经济发展形成强大的倒逼机制，传统的增长主义模式难以为继，中国经济进入增长速度放缓、经济结构不断优化升级的“新常态”。(2) 对“治理”的强调。党的十八届三中全会指出，全面深化改革的总目标是“完善和发展中国特色社会主义制度，推进国家治理体系和治理能力现代化”，这是我国首次提出“国家治理”的概念。从管理到治理，最大的区别就在于主体由单中心向多中心转变，手段由刚性管制向柔性服务转变，目的由工具化向价值化转变。(3) 创新型国家建设。金融危机爆发以后，我国政府和社会各界都认识到要突破当前发展瓶颈、解决深层次矛盾和问题，根本出路就在于推动发展模式从要素驱动和投资驱动转向创新驱动。因此，以全球视野谋划和推动创新，改善人才发展环境，实现优势领域和关键技术的重大突破成为我国当前社会经济发展的首要任务，“大众创业、万众创新”正成为拉动中国经济继续前行的核心动力。

相应地，随着社会经济背景的变化，地方政府行为模式也正在发生相应的变化：(1) 从政府—市场（社会）关系来看，城市政府正在向治理型政府转变。在前两个阶段，我国城市政府凭借对企业或土地的控制而在地方社会经济发展中占据支配地位，属于全能型政府。但近年来，随着国企改革的进一步深入、土地资源的紧缺、地方债务危机的显现和城市政府所属平台公司政府融资职能被剥离，城市政府因控制的资源大幅下降而不得不积极寻求与企业和社会进行合作，共同提供城市公共服务和解决城市公共问题，公私合作（public private partnership，PPP）正在成为一种新的潮流，“政府引导、多元参与、协商共治”的治理型政府正在形成。(2) 适应市场经济发展，中央—地方关系进一步完善。为进一步推进经济体制改革和国民经济的转型升级，近年来我国在中央和地方的关系上又出现了一些新变化：一是中央政府上收了部分事权，如通过新设立的全面深化改革领导小组强化了对改革的领导权，通过新设立的国家安全委员会整合了维护社会稳定的各种力量，还加强了中央对全国性事务和区域性事务的管理权限和支出责任，以强化中央政府的宏观调控作用；二是中央在上收和加强部分权力的同时，弱化了 GDP 在地方政府实绩考核中的权重，并进一步下放了部分权力，减少中央政府对微观事务的管理和对各类项目的审批，进一步发挥地方政府在本地经济社会发展中的调控作用。(3) 城市间将形成“为城市品质而竞争”和“为公共服务而合作”的竞合关系。在创新型社会，城市竞争的着力点正由吸引“资本”转向吸引并留住“人才”。因此，当前和未来城市的竞争将是“品质之争”，“城市生活质量”将成为决定创新型城市建设成败的关键。与此同时，随着全能型城市政府的退出和治理型城市政府的兴起，企业与社会组织将成为推进城市间经济合作的主体，城市政府将转而成为公共服务和生态保护等公共事务合作的主体。城市政府之间必然会通过协商，弥补前两个阶段因过度关注经济发展而导致公共服务滞后和生态环境恶化等问题，为提升城市生活品质而积极合作。

城市战略规划是对关系城市发展重大问题和关键问题的全局性谋划，这是战略规划有别于其他形式规划和公共政策的根本所在，由此也奠定了其在城市治理中的重要地位。从国外经验来看，城市战略规划适应了城市治理的需要，是实现城市治理并将其制度化的最佳公共政策工具，两者的有效结合既有利于城市的持续健康发展，也有利于地方民主和政府再造，是地方创新的重要来源。因此，伴随着社会经济的转型和治理型城市政府的兴起，我国的城市战略规划也应当成为城市治理平台与重要手段，而不再局限于一种城市规划形式。相应地，治理理论和方法应当成为城市战略规划的核心理论和方法。为此，城市战略规划应当推进如下转型：

（1）从“政府主导”向“多元协调”转型。在前两个阶段，受“全能型政府”影响，城市战略规划以城市政府为中心，主导着城市空间土地和经济社会各方面。而城市治理的核心在于协调，一是协调城市中政府、市场和社会之间的关系，二是协调地方与中央的关系和与周边城市的关系。因此，未来的城市战略规划的核心也是协调，要积极动员对城市发展具有重要作用的相关群体，协调和整合他们的利益和知识，激发他们为自己未来的理想生活而共同行动。同时通过明确城市在区域或国家发展中的地位和作用，协调城市和国家及区域发展的关系，促进与其他城市的广泛合作。

（2）从“重结果”向“重过程”转型。城市治理强调多元化主体在平等的基础上积极参与、沟通、协商的过程，因此城市战略规划的成果不仅仅体现在一个规划文件上，更重要的是规划过程，尤其是通过各种群体的理性争论达成共识的过程。但是，由于战略规划具有宏观、综合和长远的特点，而利益相关者的关注点具有微观、具体和近期的特点，两者的调适是一个难点。若处理不当，公众参与就只能停留在程序性或象征性参与层面，很容易成为空洞的仪式。因此，要积极探索基于知识整合为目的的公众参与，借鉴“大伦敦规划”“新加坡概念规划”“芝加哥 2040”等国外战略规划编制过程的经验，通过规划教育、选取相关议题建立讨论组（focus group）、组织公众评议等多种形式，提升公众参与的有效性。

（3）从“宏伟叙事”向“嘘寒问暖”转变。在前两个阶段，我国城市战略规划积极构建产业体系、拉大城市空间框架、建设大型市政基础设施，为我国城市发展描绘出宏伟的蓝图。但随着城市建成环境的日益成熟，生活质量成为决定未来发展的关键，相应的城市战略规划的立足点将转向以人为中心，战略措施也将从“宏伟叙事”转向“嘘寒问暖”，即越来越强调人的情感满足和人与人之间的和谐关系，提升城市居民的地方识别感和归属感，这也是创新型社会建设的关键所在。与此相适应，社会学将成为未来城市战略规划的一个重要支撑。

五、结语

随着国内外社会经济形势的变迁，我国地方政府已经走过了“企业经营型政府”和“城市经营型政府”两个阶段。与此相对应，我国的城市战略规划也经历了以产业为核心和以空间为核心的两个阶段。在当前经济社会面临重大转型和城市政府正在朝着“治理型政府”演进的时代背景下，中国规划界应进一步重视城市战略规划在引领城市发展和构建和谐社会中的地位和作用，积极借鉴国外经验教训，建构适宜于中国国情和时代需求的战略规划新范式，使战略规划不仅真正成为凝聚社会各界的共同愿景，更要成为政府实现“善治”的政策平台和重要工具。

（撰稿人：郑国，中国人民大学公共管理学院副教授。）

注：摘自《城市规划》，2017（04）：16-21，参考文献见原文。

城市群城镇等级体系：理想金字塔与演变趋势

——以京津冀为例

导语：京津冀城市群城镇等级体系的优化是区域协同发展的重要基础，对于优化区域经济发展空间格局具有重要的现实意义。采用主成分和聚类分析方法，基于2009~2014年14项指标，借助克里斯塔勒的中心地理论和城市等级划分的理想金字塔模型，深入剖析了京津冀城市群城镇等级体系演变趋势。研究显示，现阶段京津冀城市群内城镇体系呈现七等级构成特点，与克氏理想金字塔相比，京津冀塔身内陷的情况明显改善，并已呈现出由集中式等级化向网络式扁平化发展的潜在态势。依据这一演变趋势，提出了优化京津冀城市群等级体系的相关建议。

一、引言

《国家新型城镇化发展规划（2014—2020年）》指出，“优化城镇化布局和形态，以城市群为主体形态，促进大中小城市协调发展”是“十三五”期间四大战略任务之一。国内各大城市群存在明显的区位组合效益差异，其中京津冀城市群的集合能效远低于长三角与珠三角城市群。城市群内大小不一的城镇形成规模有序、分工合理的等级体系结构是提升其集合效能的重要基石。继克里斯塔勒基于均质空间以及新古典经济学的一般假设提出中心地理论后，Handerson等基于城市规模与代表性居民福利的倒U形曲线提出城市体系模型。之后，Fujita、Krugman、Mori等将空间因素重新带回城市体系模型中。近年来，Baldwin、Anderson、Forslid、Fenge等在新经济地理理论框架下整合了地方政府主体行为，对空间经济格局进行了深入研究。在定量研究方面，国外学者先后提出城市首位定律、城市金字塔、二倍数定律、城市位序—规模法则、城市分形理论、“等级钟”、“等级距离钟”和“城市半衰期”等方法。随着上述理论和方法在我国的逐步引入，国内学者也开展了广泛的实证研究。初期侧重对全国或省级区域范围内城镇体系的划分。由Zipf-PLE模型来看，全国范围内城镇规模体系呈现“中间略大、底端偏小”的金字塔格局。在城市行政层级、城市规模控制和户籍制度等政府干预因素影响下，我国城市体系路径选择有别于先发国家。近年来，对城市群、都市圈这一特定区域内的研究成为新热点。如顾朝林等对长江三角洲都市连绵区的研究，刘效龙等对中原城市群规模等级的研究，赵春艳对关中城市群分维值的研究、方创琳对城市规模新格局的研究、魏后凯对城镇化进程中两极倾向与规模格局重构的研究。伴随着京津冀协同发展战略的提出，这一空间范围内城镇等级体系的研究受到关注。梁兴辉等指出，京津冀地区城市体系的规模结构呈现出“图章”型分布，并且高位城市的垄断地位较强。吴庆玲则认为京津冀区域城市规模结构呈现无序状态，超大城市和小城市比例过高，分散趋势不明显。付大军等采用位序—规模等法则，指出北京作为核心城市的首位度不高，京津冀都市圈的规模等级结构不明显。邬晓霞等基于 35 个县市人口数据，指出京津冀城市群县级以上城市人口规模结构呈“T”形分布。前述研究多选取京津冀城市群某一时空剖面上的单一指标或少数几个指标进行了静态研究，由此，以京津冀城市群为研究对象，将研究范围沿纵深拓展至县级中心地，采用多指标进行时空延展趋势的研究，从而探索其城镇体系结构优化的路径是极为必要的。

二、中心地体系与理想金字塔

（一）中心地的演化与七等级体系

随着区域经济的发展，最早形成的中心地规模逐步增大，升格至高一级中心地，与此同时，次一级中心地会相继出现，并随着高一级中心地的升格而升格。基于集中型等级序列原则，从重要性和中心性出发，克里斯塔勒认为，南部德国实际存在由 H 至 R 十个等级的中心地（表 1），但是其中 R 和 RT 级中心地往往与政治地位等因素有关，H 级中心地因不具有或仅发挥较少的中心作用只能作为辅助中心地。由此，在一个存在较密切的商品和服务联系的、城镇化率超过 50% 的区域内，其真正意义上的中心地体系往往包括由 M 至 L 七个等级，如德国南部慕尼黑、纽伦堡、斯图加特等 L 级体系。

克氏南部德国中心地　　表 1

中心地类型	特点
R	世界都市或国家首都
RT	介于首都和国土中心城市之间，国家某一部分首府
L	国土中心地
P	省府，大都市，省政府驻所，都市型设施齐备
G	中等城市，中级政府所在地，大学城、军事要塞、工业区中心等
B	完全规模的城市，经济上重要但行政管理上未得到多少承认，有时与 G 级难以区分

续表

中心地类型	特点
K	县城,低级行政机关所在地,中心设施较为齐备
A	公务镇,拥有初级法庭、小学、公共图书馆、地方性博物馆、电影院、俱乐部、合作社等市政功能
M	集市,最低级的完全中心地,周期性集市贸易,有火车站、邮局、诊所、多半位于邮车的起止点或重要的公路交叉点等
H	村庄,辅助中心地

进一步地，上述中心地等级体系的演化过程可分为萌芽期—成型期—完善期—成熟期—提升期五个阶段，每个阶段对应的系统层级数如表 2 所示。

克氏中心地演化过程 **表 2**

演化阶段	总层级数	新增中心地层级	中心地特点
萌芽期	1		生产力水平较低、人口密度极低,一级中心地即使产生,其所需的支撑服务范围也极为广阔。
成型期	3	第 2 级和第 3 级	一级中心地服务范围内人口数量增加,生产力水平提高,二级和三级中心地形成,中心地等级体系已基本成形。
完善期	5	第 4 级和第 5 级	新出现的四级和五级中心地之间,由于区位值的差异,同一等级中心地的人口规模并不相同
成熟期	7	第 6 级和第 7 级	低等级中心地的人口规模有可能超过高一级中心地的人口,中心地功能结构与规模结构出现了明显分异,同时以最早出现的中心地为核心,出现了人口高度集聚区。
提升期	7		各中心地根据自身区位优势不断优化提升,七等级中心地功能结构已全部形成,中心地规模特征愈加明显。

（二）理想金字塔

克里斯塔勒认为，市场原则（$K=3$）、交通原则（$K=4$）和行政原则（$K=7$）可以支配中心地体系的形成。在不同的原则支配下，中心地网络呈现不同的结构，且中心地和市场区大小的等级也按照 K 值有规律的排列。三个原则共同导致了城市等级体系的形成。在开放、便于通行的地区，市场经济的原则可能是主要的；在山地盆地地区，客观上与外界隔绝，行政管理更为重要；而年轻的国家与新开发的地区，交通原则则占主要优势。由此，克里斯塔勒得出：在三个原则共同作用下，一个国家或地区，应形成如下的城市等级体系：A 级城市 1 个，B 级城市 2 个，C 级城市 6~12 个，D 级城市 42~54 个，E 级城市 118 个，…（图 1）。

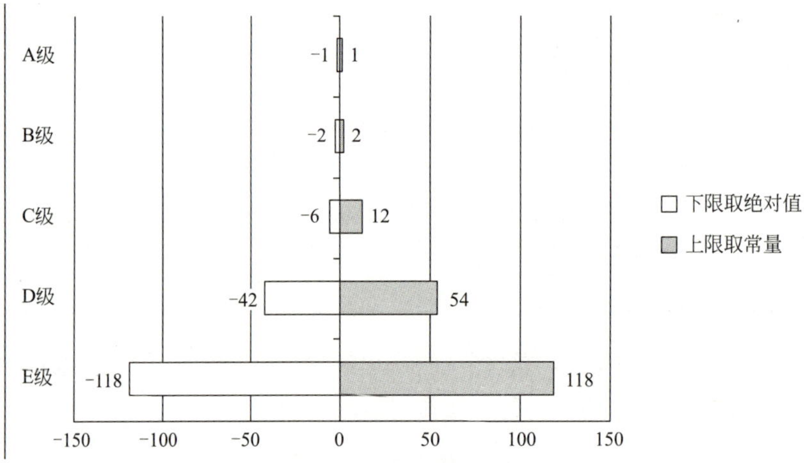

图 1　克里斯塔勒理想城市等级体系

三、京津冀城市群城镇等级体系的实证分析

（一）实证分析的框架设计

1. 研究区域

据住房城乡建设部《京津冀城镇群协调发展规划 2008—2020》的界定，京津冀城市群的空间范围涵盖北京、天津和河北省完整的行政辖区，总面积 21.36 万 km^2，由 2 个直辖市、11 个地级市组成，下辖 67 区、22 个县级市和 119 个县。剔除数据不完整的个别市县后，本次研究以该城市群内 148 个不同等级城镇为研究区域。

2. 研究方法选择

本文采用主成分分析与聚类分析相结合的多元分析方法进行城镇规模评价，并依据评价结果进行等级划分。

首先通过主成分分析法，将城镇规模评价中的多维指标转化为少数几个线性无关的主成分，简化数据结构；依据主成分的方差贡献率确定权重，避免评价指标间的共线性以及权重确定的主观性，以使评价值更加客观合理；以方差贡献率作为权重，对提取的前 p 个主成分在每个单元内得分进行线性加权，得到每个评价单元内的综合评价值。

其次，在组间联接的系统聚类方法下采用欧氏距离对主成分分析得到的综合评价值进行聚类分析，得到不同群集数下的城镇等级构成。

综合考虑主成分分析与聚类分析结果，进行京津冀城市群城镇等级划分。

3. 研究指标与数据来源

本文依据指标的易得性、统计口径的一致性、衡量经济发展水平的全面性等原则，从城市的经济发展水平、经济结构、投资水平、收入水平和消费水平、对外联系强度等方面，选择各城镇本级的行政区域内的 14 个指标（表 3）来反映城市规模。

城镇规模等级评价指标体系 **表 3**

目标层	准则层	指标层	准则层	指标层
城镇规模	经济发展水平	总人口数 X_1	对外联系	本地电话用户户数 X_8
		地区生产总值 X_2	经济结构	第二产业总产值 X_9
		人均地区生产总值 X_3		第三产业总产值 X_{10}
		地方财政一般预算收入 X_4		第二产业占比 X_{11}
	投资水平	全社会固定资产投资 X_5		第三产业占比 X_{12}
		地方财政一般预算支出 X_6	居民收入水平	城镇在岗职工平均工资 X_{13}
	消费水平	社会消费品零售总额 X_7		城乡居民储蓄存款年末余额 X_{14}

（二）实证分析过程及检验结果

1. 主成分分析

（1）数据检验

对所选用的近几年数据[1]进行 KMO 和 Bartlett 检验，其检验结果经整理后见表 4，KMO 检验值分别为 0.751、0.802、0.763、0.767、0.772 和 0.781，均大于 0.5，Bartlett 球形度检验统计值的显著性概率 P 值=0.000 < 0.05，结果显示：数据结构效度理想，变量之间存在相关关系，适合做主成分分析。

2009~2014 年数据的 KMO 和 Bartlett 检验结果 **表 4**

年份	取样足够度的 Kaiser-Meyer-Olkin 度量	Bartlett 的球形度检验		
		近似卡方	Df	Sig
2009	0.751	7012.486	91	0.000
2010	0.802	7010.779	91	0.000
2011	0.763	7085.100	91	0.000
2012	0.767	7400.072	91	0.000
2013	0.772	5846.654	91	0.000
2014	0.781	7440.283	91	0.000

[1] 数据来源：《2010 年河北省统计年鉴》《2011 年河北省统计年鉴》《2012 年河北省统计年鉴》《2013 年河北省统计年鉴》和《2014 年河北省统计年鉴》。需要说明的是，为更好地反映城市的基本经济活动状况，对地级及以上城市，本文使用其市辖区的数据进行分析；由于国内的公开统计数据均以县级市或县作为末级统计单位，未将县级市或县辖区范围内的数据单独公布，所以，对县级市或县一级采用其行政管辖范围全域的数据。

（2）提取主成分

由表 5 可知，连续六年数据所提取的主成分特征值均大于 1，且其方差累积贡献率分别为 90.417%、91.249%、88.057%、91.755%、84.826%和 90.764%，都能够体现上述 14 个指标的大部分信息。根据各城市主成分得分 f_1、f_2、f_3 计算城市规模等级综合得分 F_i。

$$F_i = \sum_{i=1}^{n} a_i \times f_i$$

$$a_i = \frac{\lambda_i}{\sum_{k=1}^{p} \lambda_k} (i = 1, 2, \cdots, p)$$

其中，a_i 为主成分权重，可以各主成分的方差贡献率在累积方差贡献率中所占的比重计算得到；f_i 为各城市主成分得分；λ 为每个指标的特征值；p 为指标数。分别得到各个省市的主成分得分。

2009~2014 年解释的总方差 **表 5**

年份	主成分	解释的总方差								
		初始特征值			提取平方和载入			旋转平方和载入		
		合计	方差的%	累积%	合计	方差的%	累积%	合计	方差的%	累积%
2009	1	8.7711	62.649	62.649	8.7711	62.649	62.649	8.149	58.204	58.204
	2	2.306	16.473	79.122	2.306	16.473	79.122	2.793	19.949	78.153
	3	1.581	11.295	90.417	1.581	11.295	90.417	1.717	12.264	90.417
2010	1	10.175	72.681	72.681	10.175	72.681	72.681	9.136	65.256	65.256
	2	1.752	12.514	85.195	1.752	12.514	85.195	1.952	13.943	79.199
	3	0.848	6.045	91.249	0.848	6.045	91.249	1.687	12.050	91.249
2011	1	9.577	68.409	68.409	9.577	68.409	68.409	6.749	48.207	48.207
	2	1.812	12.941	81.351	1.812	81.351	81.351	3.838	27.412	75.619
	3	0.939	6.706	88.057	0.939	88.057	88.057	1.741	12.438	88.057
2012	1	10.210	72.929	72.929	10.210	72.929	72.929	9.127	65.193	65.193
	2	1.716	12.257	85.186	1.716	12.257	85.186	1.927	13.761	78.954
	3	0.920	6.568	91.755	0.920	6.568	91.755	1.792	12.801	91.755
2013	1	9.150	65.357	65.357	9.150	65.357	65.357	8.798	62.844	62.844
	2	1.680	12.002	77.359	1.680	12.002	77.359	1.748	12.485	75.329
	3	1.045	7.467	84.826	1.045	7.467	84.826	1.330	9.497	84.826
2014	1	9.593	68.522	68.522	9.593	68.522	68.522	9.015	64.390	64.39
	2	1.711	12.222	80.744	1.711	12.222	80.744	2.06	14.717	79.107
	3	1.403	10.024	90.767	1.403	10.024	90.767	1.632	11.66	90.767

2. 聚类分析

在主成分得分的基础上运用聚类分析方法对京津冀城市群所有市县进行群集划分。群集数为 8 时各群集内城镇个数如表 6 所示。

2009~2014 年京津冀城市群聚类群集结果汇总 **表 6**

群集	第一群集	第二群集	第三群集	第四群集	第五群集	第六群集	第七群集	第八群集
2009	1	1	2	3	5	6		130
2010	1	1	2	3	4	9	20	108
2011	1	1	2	3	6	8	12	115
2012	1	1	2	3	6	8	24	103
2013	1	1	2	4	5	13	32	90
2014	1	1	2	5	3	21	37	78

其中一、二、三群集内的城市及其数量均保持不变，第一群集为北京；第二群集为天津；第三群集为石家庄和唐山；第四群集和第五群集以河北的地级市为主；第六群集包括城市群区域中的个别地级市、少数综合实力强的县级市和县；第七群集包括综合实力较强的县级市和一般县；第八群集由实力较弱的一般市县组成。第六、七、八群集的数量变化较大，第六、七群集内市县个数快速增加，第八群集则快速减少。从行政级别上看，承德、张家口等地级市，在某些年份与任丘、涿州等县级市在同一群集内；地级市衡水则一直与其他地级市不在同一群集内，位于第六或第七群集；县级市中迁安市变化最为显著，2011 年以来，超越部分地级市，进入第五群集。

四、京津冀城市群城镇等级体系的演变

综合主成分分析和聚类分析的结果，考虑各市、县的发展状况和行政级别，将第四和第五群集合并，京津冀区域内的城镇可划分为 6~7 个等级，如表 7 所示。

主、次核心城市和区域副中心城市数量均保持不变，而骨干城市、次级骨干城市、潜在骨干城市和一般县市的数量均有显著变化，由此绘制 2009~2014 年不同等级内城镇数量变动折线图（图 2）和 2009 与 2014 年城镇等级金字塔的对比图（图 3），以便清楚分析其变化趋势。

由上述图表可知：

（1）与当前发达国家城市等级扁平化的趋势有所不同，京津冀城市群城镇等级体系的演化仍处于等级化的阶段，基本符合克里斯塔勒七等级中心地体系构

2009~2014 年京津冀城市群城镇等级体系划分 表 7

城市等级	行政级别	与南部德国的比较	2009	2010	2011	2012	2013	2014
核心城市(主) 核心城市(次)	直辖市	R 级世界城市和首都 介于 RT 和 L 级之间	北京 天津	北京 天津	北京 天津	北京 天津	北京 天津	北京 天津
区域 副中心城市	地级市 地级市	P 级省府大都市	石家庄 唐山	石家庄 唐山	石家庄 唐山	石家庄 唐山	石家庄 唐山	石家庄 唐山
骨干城市	地级市+县级市	G 级中等城市	邯郸市、保定市、沧州市、廊坊市、邢台市、张家口市、秦皇岛市、承德市(8)	邯郸市、保定市、沧州市、廊坊市、邢台市、秦皇岛市、张家口市(7)	邯郸市、保定市、沧州市、廊坊市、邢台市、秦皇岛市、任丘市、承德市、迁安市(9)	邯郸市、保定市、沧州市、廊坊市、邢台市、秦皇岛市、张家口市、承德市、迁安市(9)	邯郸市、沧州市、廊坊市、保定市、秦皇岛市、邢台市、张家口市、承德市、迁安市(9)	廊坊市、沧州市、邯郸市、保定市、秦皇岛市、邢台市、张家口市、迁安市(8)
次级骨干城市	地级市+县级市+县	B 级中心地	衡水市、迁安市、武安市、遵化市、三河市、迁西县(6)	承德市、衡水市、迁安市、任丘市、三河市、武安市、涿州市、遵化市、迁西县(9)	张家口市、衡水市、武安市、三河市、遵化市、霸州市、迁西县、宽城满族自治县(8)	衡水市、任丘市、武安市、三河市、遵化市、涿州市、鹿泉市、迁西县(8)	衡水市、涿州市、任丘市、三河市、遵化市、黄骅市、鹿泉市、武安市等(13)	承德市、衡水市、三河市、任丘市、遵化市、涿州市、武安市、黄骅市等(21)
潜在骨干市县	县级市+县	K 级县城		霸州市、鹿泉市、黄骅市、河间市、藁城市、乐亭县、滦县、滦南县等(20)	鹿泉市、藁城市、涿州市、沙河市、黄骅市、辛集市、滦县等(12)	霸州市、黄骅市、藁城市、沙河市、河间市、辛集市、磁县等(24)	霸州市、河间市、藁城市、沙河市、泊头市、辛集市、滦南县等(32)	沙河市、辛集市、泊头市、定州市、晋州市、深州市、磁县等(37)
一般县市	县级市+县	A 级公务镇	任丘市、鹿泉市、霸州市、藁城市、辛集市、涿州市等(130)	沙河市、辛集市、定州市、泊头市、晋州市、新乐市、高碑店市等(108)	定州市、高碑店市、晋州市、河间市、新乐市、泊头市等(115)	泊头市、晋州市、高碑店市、定州市、新乐市等(103)	晋州市、定州市、高碑店市、新乐市、南宫市等(90)	冀州市、新乐市、南宫市、高碑店市、安国市等(78)

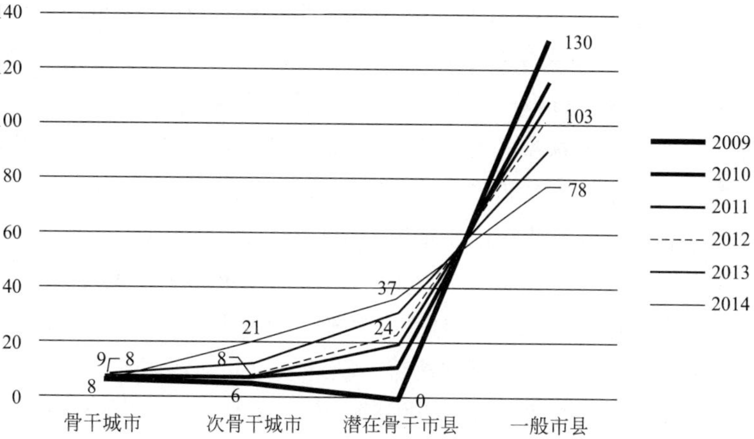

图 2　2009~2014 年京津冀城市群内城市等级内的城市数量

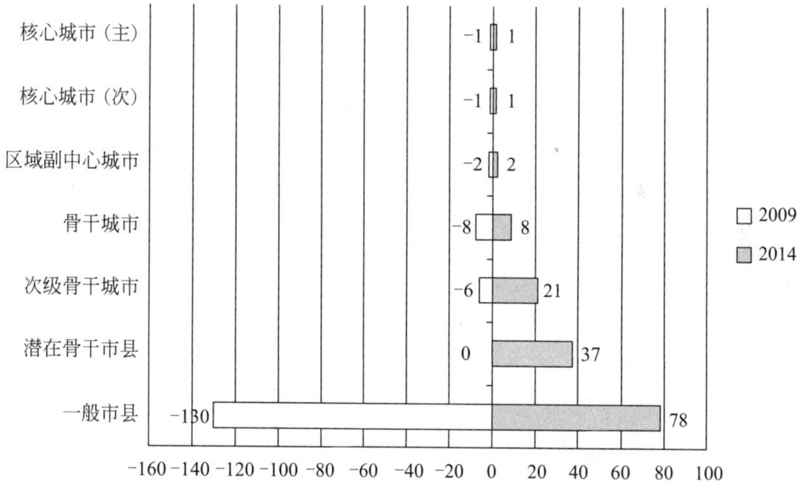

图 3　京津冀城市群城镇等级金字塔

成。2009 年京津冀城市群所有城镇仅呈现六级体系构成，自 2010 年以来主核心城市（北京）—次核心城市（天津）—区域副中心城市（石家庄、唐山）—骨干城市（邯郸市、保定市等地级市）—次级骨干城市（衡水市+唐山的遵化市、保定的涿州市等县级市）—潜在骨干县市（11 个）一般县市（其他县级市及县城）七等级构成日益明显❶。

❶　克氏以集市作为末级中心地，因我国小城镇统计数据不全，且京津冀广大农村腹地上的集市乃至部分小城镇尚不完全具备克氏中心地的职能，末级中心地功能实际上由部分县城承担，所以本文将县城作为末级中心地。随着小城镇建设步伐的加快，未来小城镇将成长为末级中心地，县城的中心地作用将得到进一步提升。

（2）京津冀城镇体系已初步呈现出由集中式等级化向网络式扁平化发展的潜在态势。自 2010 年以来第四、第五、第六级城市数量逐步递增，第七级的城市数量呈现快速递减的趋势。同时，第三~七等级城镇之间主成分得分的差异自 2011 年以来不断缩小。这一方面表明京津冀城镇等级金字塔塔身内陷的情况得到明显改善，另一方面，中低等级中心地数量和规模差异在缩小、各类城市流不断强化，底层中心地组织结构正在发生变革，金字塔中部壮大、底部缩小。这与世界城市等级体系由“金字塔”向“钟形”继而“鼓形”的转变趋势基本吻合。

（3）城市群分层系统处于相对动态平衡，V_i（上一层城市规模）$>V_{i-1}$（下一层城市规模）是常态的，但是在集聚与跃迁效应共同作用下，高等级中心地的人口规模、行政级别可能低于低级的中心地，出现 $V_i<V_{i-1}$ 的情形，如迁安和衡水。

五、结论与建议

近年来，京津冀城市群内城镇体系已出现明显的七等级体系，这一体系与克里斯塔勒中心地体系较为相似；与克氏理想金字塔相比，京津冀塔身内陷的情况明显改善。随着全球化的产业分工和要素流动以及交通系统的演进，不同子系统的同等级中心地之间、不同等级中心地之间的网络状联系日益紧密，京津冀城市群已初步呈现出由集中式等级化向网络式扁平化、由“金字塔”向“钟形”发展的潜在态势。为进一步优化城镇体系结构，促进城市群协同发展，应着力解决好以下问题：

（1）进一步发展骨干城市、次级骨干城市、潜在骨干县市、一般县市四个层级的城镇。通过政策优惠、搭建平台、加大基础设施和软环境建设力度等多种方式加快中小城镇的发展，提升各级中心地的产业承接能力和辐射力，实现区域内各级城镇的协调发展。

（2）培育城际产业链和产业集群，将产业链上不同价值环节配置到城市群的不同经济空间中。深入城市群内部，研究通信设备制造业、交通运输设备制造业、医药制造业、仪器仪表及文化、办公用机械制造业等高端制造业在各城镇（特别是中小城镇）的配套和承接。通过产业链的回顾效应、前瞻效应和旁侧效应，带动信息流、资金流、服务流、人才流在城市群内合理流动，促进大中小城镇的分工、合作。

（3）应针对不同层级的城镇制定不同的发展方针。具体来讲：加强区域副中心城市中端及中高端产业的培育力度以及以之为中心的次级城市群的培养；进一步提高骨干城市经济、政治、环境等综合实力，使其更好地承接北京、天津疏解和转移出来的人口与产业，充分考虑演化博弈中的复制动态，给予城市群“腋芽”区位上的骨干城市如廊坊等特殊发展政策；加快次级骨干城市自身经济实力建设，培育各具特色的较大规模的工业聚集区，加大这类城镇对企业、资本、技术和人才的吸引力；一般县市发展较慢，经济落后，需要借助周边的潜在骨干县市、次级骨干城市，依托次级城市群的集合效能，寻找各自的发展路径。

（撰稿人：周霞，北京建筑大学经济与管理工程学院教授；王德起，首都经济贸易大学城市与公共管理学院；刘海楠，山东建筑大学商学院；高玉娟，北京建筑大学经济与管理工程学院）

注：摘自《城市发展研究》，2017（06）：23-29，参考文献见原文。

经济转型时期的规划供给

导语： 改革开放以来我国经济的快速增长，导致以土地供应为目的的增量规划成为过去很长一段时间内规划工作的主旋律但随着我国经济进入新常态、城镇化进入转型期，规划供给也需要顺应新时期经济和城镇化发展的需求。近几年的规划转型实践的经验表明，既要摆脱速度和增量思维，认清城市发展的动力转换，厘清发展的趋势；同时也要从技术方法上有所创新，以新兴业态引领经济发展，以人本关怀促进城市发展。

2008 年国际金融危机以来，整个国家都处在经济转型之中，作为经济响应的重要部分——城乡规划正在发生着深刻的变化：正如我们通常所说，任何社会经济的现象在空间上都会有所反映，任何空间上的变化也会对社会经济产生影响。改革开放 30 多年来，我们呼应经济快速增长的要求，规划以一种空间供给的方式长期响应，当前处于经济转型时期，规划以一种什么方式响应是一个需要认真思考的问题。

一、中国经济转型的背景与内涵

（一）中国经济的转型正在发生

2011 年以来，中国经济增长率持续走低。2011~2016 年 GDP 增长率分别为 9.5%、7.7%、7.7%、7.3%、6.9%、6.5%，针对经济发展的新趋势，连续几年的中央经济工作会议提出多项新思想，2013 年提出经济发展进入“三期叠加”阶段，2014 年提出经济发展进入新常态，2015 年进一步提出供给侧结构性改革，2016 年中央经济工作会议要求继续深化供给侧结构性改革，主攻方向是提高供给质量，根本途径是深化改革，最终目的是满足需求。可以说，认识新常态、适应新常态、把握经济新常态是今后相当长一段时期里做好一切工作的前提。换句话说，国家经济的转型客观要求城市发展相应转型。

（二）中国城镇化的转型已然存在

2008 年以来，中国的城镇化发生了很大的变化。一是速度趋缓。从过去 30 多年高速发展阶段（年均约 1.5%）进入中低速（年均 0.6%~0.8%）发展时期，特别是在一些发展速度快的地区，如广东、浙江、江苏等地年均增长率回落到0.6%甚至更低。与此同时，人口流向发生结构性变化，中西部地区出现人口回流，不同层次的城镇空间出现不同的集聚现象。根据预测，2030年前后我国城镇化率将在70%左右趋于稳定。二是质量从优。过去30多年快速城镇化带来的人与土地、水、生态、能源等矛盾突出，进一步激化。“十三五”时期着力解决土地、水资源、生态、能源等问题是当务之急。三是动力转换，城市发展的动力从工业化特征的要素驱动（土地、劳动力、资源），逐步转向后工业化特征的创新与财富。可以说，新型城镇化背景下，城市发展方式需要切实转型（王凯，陈明，2013）。

（三）世界经济发展史给我们的启示

在过去的半个多世纪里，世界经济的发展也经历了转型的变化过程。形象地说，增长曲线也经历了从“V”形到“L”形的变化过程，对这一过程的分析，给我们不少启迪。

第一阶段：二战后的“黄金年代”（1945～1960年代），以美、英、法、西德等为代表的西方发达国家经历了“黄金岁月”，并形成了中产阶级占主体的社会结构。二战后大量的新兴独立国家，或通过参与国际分工，或通过进口替代，相继从贫穷国家进入中等收入国家的行列。

第二阶段：发达国家“滞胀”与发展中国家“跨阱”期（1970～1980年代）。石油危机引发西方发达国家经济出现“滞胀”，陷入中长期低增长状态。新兴经济体分为成功跨入高收入国家和掉入“中等收入陷阱”两类。在1960年的101个中等收入经济体中，到2008年只有13个成为高收入经济体（郑秉文，2011）。

第三阶段：新世纪以来创新驱动的新动力。随着互联网技术、新能源革命、服务贸易和创新创意产业的大规模发展，发达国家仍然占据着产业链的高端。在2008年金融危机后又纷纷推出制造业振兴计划，如德国工业4.0、美国再工业化等（图1）。

美国：加速美国先进制造业

- 鼓励创新
  制定国家技术战略，建立国家创新研究网络
- 确保人才输送
  改变公众对制造业的误解
- 改善商业环境
  扩大中介服务业，改善中小企业融资环境

德国：工业4.0计划

- 主要策略
  领先的供应商策略，主导市场策略
- 关键特征
  通过价值网络实现的横向集成，贯穿整个价值链数字化集成以及垂直集成和网络化制造系统

图1　美国和德国工业化战略的新方向

以金砖国家为代表的新兴经济力量在全球经济体系中占据着越来越重要的地位，经济强劲增长，但投资驱动成分较多。中国作为“全球工厂”深刻地改变了全球的经济和政治格局，但自身的经济结构有待优化与完善。因此，从长期看，经济发展从高速到低速是一般趋势，如何认识不同阶段的发展特征，有针对性地提出不同政策才是关键。

综上所述，当前我国城市发展与规划工作受两方面的影响与制约，一个是2013 年以来中央提出的经济新常态，另一个是提高质量、发展内涵的新型城镇化发展阶段的新要求。

二、新中国城市规划的工作回顾

城市规划的供给，在不同的历史时期其内涵与方式是不一样的，从历史的角度看这一问题，有助于我们理解规划的本质作用。在过去的近 70 年里，规划的服务方式，我们可以简单分为前 30 年和近 40 年两个阶段（王凯，2010）。

（一） 1949 ~1978 年中国城市规划的特征

1949 年新中国建立，开始了新中国的工业化过程，1949 ~ 1978 年这 30 年，城市建设的历史主要是配套工业建设的发展史。“一五”时期，由苏联援建的156 项重点工程的选址与配套建设是前期的代表。城市建设的重点地区集中在华北和东北的一些工业城市。

“三线”时期，按照战备的要求，工业项目布局宏观上“大分散、小集中”，微观上“靠山、分散、进洞”，未形成完整的城市，集中在中西部省区。回过头来看，这种方式与城镇发展的一般规律相违背，但对西部地区的早期工业化还是起到了历史性的作用。

概括地说，新中国前 30 年城市发展历史，是围绕工业化、促进工业化的历史，工业空间是城市空间的基础单元，围绕这一主题的城市规划，是这一“计划的延续和具体化”。

（二） 1978 ~2017 年城乡规划的重点

1978 年的改革开放，给中国的城市发展和规划事业带来巨大的变化。从近40 年的发展来看，笔者以为，以 2008 年国际金融危机为界，可以分为前 30 年和近 10 年。

（1） 1978 ~ 2007 年开发区主导的城市空间变异

1978 年党的十一届三中全会确定改革开放的政策，以经济技术开发区为特色的沿海14个城市率先开放，大大促进了沿海地区的城市发展。新城市不断出现（深圳、珠海等），中小城市蓬勃发展（昆山、顺德等），长江三角洲、珠江三角洲和京津冀地区逐步成为城市密集地区。

1992年党的“十四大”确立了社会主义市场经济新体制，加快了全国范围内的经济发展。其时全国各地普遍设立各级各类的开发区。据统计，仅1992~1993年的一年时间，全国设立县级以上开发区占地1.5万km^2，比当时城市建设用地总面积还多0.16万km^2。

与此同时，土地市场的建立促使房地产成为城市发展的新动力。1993年起，商业性用地使用权实行公开招拍挂制度。此举在规范土地市场的同时，也为城市地方政府以地生财、获得巨额土地批租收益奠定了制度基础。各种类型的经济技术开发区、高新技术开发区、保税区等成为空间发展的主要驱动力。

此时的城市总体规划、分区规划、控制性详细规划都不可避免地落实为各级各类的开发区，实现了城市空间扩大规模、增加用地等目标。2000年广州启动城市空间发展战略，以统合中心城区以外地域的发展为起始，以提高城市核心竞争力为目标，在传统的中心城区以外的更大地域规划发展空间。随后南京、宁波、杭州、北京等全国主要城市纷纷效仿，结果是一方面使城市的发展更加具有区域观，符合市场经济条件下的城市发展要求，另一方面也客观上促进了区域层面设立了更多的新城新区。

（2）2007年以来开发区模式的反思

据统计，截至2016年底，我国新城新区已经覆盖除港澳台外的31个省/自治区/直辖市的所有地区，总共3170个，批复面积达50580km^2。

概括地说，改革开放以来的前30年，以开发区为代表、新区新城为特征的城市空间拓展是城市空间发展的主要特征。而城市规划工作的主要内容即是以空间供给为主线的规划服务。

这些供给带来的效益自不待言，而存在的问题正如2015年12月习近平总书记在中央城市工作会议上对过去30多年城市发展存在问题时所指出的：“在规划建设指导思想上重外延轻内涵，盲目追求规模扩张，新城新区层出不穷，大拆大建常年不断。”

三、经济转型时期的规划供给

（一）中国经济发展的总趋势

前文已经对2008年以来国家经济转型的客观现实作了简要的分析，下一步城乡规划工作的着力点除了要深刻认识供给侧结构性改革的内涵和实质，还要把握未来 5~10 年的经济社会发展趋势。总体来说，“十三五”（2016~2020 年）将成为中国迈向高收入社会的关键阶段。2016 年我国人均 GDP 约 8000 美元，“十三五”“十四五”期间中国的 GDP 如果保持 6%的增速，考虑世界银行过去 10 多年设定的高收入国家门槛的变化速度（年均增长 2. 3%），预期“十四五”中国的人均 GDP 将有望达到高收入国家门槛，我国将进入高收入国家行列。在这个过程中，经济增长的动力将经历重大变化，将由过去的“出口导向、消费和投资驱动”的模式向“更多地依靠消费、更多地依靠服务业、更多地依靠技术进步”的模式转变。“高出口”的局面将难以重现。

新的趋势会逐渐显现。一是消费将成为经济增长最主要的拉动力量。旅游、文化、体验经济等方面的消费将提高，房地产开发投资、制造业投资以及基建投资增速都将回落。预计“十三五”期间固定资产投资名义增速将下滑至 15%以下，2020~2030 年期间将进一步下滑至 10%以下。未来的 5~15 年，消费对经济增长的贡献率将由目前 50%左右上升至 70%以上，将超过投资成为 GDP 增长的最主要动力。二是技术进步对经济增长的贡献将越来越大。尽管技术进步的速度将有所下降，但是由于其他要素的增长速度下降幅度更大，其对经济增长的贡献率也将不断上升。预计到“十三五”期末，技术进步对经济增长的贡献将由过去平均 30%左右上升至 40%左右，到 2030 年将接近 50%。三是服务业比重将快速上升，农业、工业比重持续下降。农业比重将由 2014 年的 9%左右下降到 2030 年的 3%左右，第二产业比重将由 2014 年的 42. 7%左右下降至 2030 年的 30%左右，与之相对的，服务业将由 2014 年的 48%左右不断上升至 2030 年的 66%左右。

根据国际经验，进入中等收入阶段后，发达国家消费构成沿着“衣食—耐用品—休闲”升级趋势明显。我国目前人均 GDP 水平与美国 1974 年、日本 1980 年、韩国 1991 年基本相当，在该阶段，美、日、韩居民食品和衣着消费占比由 40%下降到 30%左右，教育娱乐休闲和交通通信消费占比由 20%上升到 30%左右。

因此，对照供给侧结构性改革的“十个更加注重”，城市发展的着力点同样是在“补短板”，而这个“短板”正是过去多年建设中忽视的品质、环境、文化、创新、公共服务等。所以树立正确的城市发展理念，回归城市发展的本源，实现城市规划工作的全面转型是当前工作的重心。

（二）中央对城镇发展的政策要求

2014 年中央城镇化会议已经明确，新型城镇化是以人为核心的城镇化，主要任务是解决已经转移到城镇就业的农业转移人口落户问题，不是人为大幅度吸引新的人口进城。所以，消化“人口存量”是重点。

2015年中央城市工作会议提出，坚持以人为本、科学发展、改革创新、依法治市……建设和谐宜居、富有活力、各具特色的现代化城市，走出一条中国特色城市发展道路。所以，实现“和谐宜居”是关键。

根据这一指导思想，城市工作会议提出的“框定总量、限定容量、盘活存量、做优增量、提高质量”和“和谐宜居、富有活力、各具特色、服务均等、城乡一体”的要求成为城乡规划工作思路的根本，即重新把握量，着力保障质。

从国际先进经验来看，通过城市环境质量的改善，提高城市的核心竞争力也是近年来的普遍趋势和主要做法，以纽约为例，《纽约2030》指出，要保持纽约的竞争力在于保持高端产业，高端产业发展在于留住人才，留住高端人才在于良好的城市环境。《新加坡概念规划》也认为“高质量的居住设施、优良的环境、娱乐设施和令人兴奋的城市生活等因素对经济成功产生重要的影响”。因此，以长远眼光谋当下行动，以环境品质提升为着力点谋划城市的未来，是城乡规划工作应该做也可以做的主要任务。

值得一提的是，浙江乌镇近年来的华丽转身给我们很大的启示。乌镇从一个名不见经传的江南小镇发展成为国际互联网大会的永久会址，经历了从保护为主的历史文化名镇，发展成为依托稀缺资源，创办乌镇戏剧节，构建“景区型小镇”，成为国际互联网大会永久会址的转变过程，其中蕴含的以特色品质空间为基础，连接广泛、开放的世界经济的深刻思想值得我们深思。无论是用今天规划师习惯用的“互联网+”“文化+”等表述方式，还是转型、升级等习惯用语，其核心都是在经济转型时期，城市发展的内涵和规划工作的着力点要发生根本的转变。

四、 2008年以来中国规划实践中的新趋势

最近几年的规划实践中，我们已经看到了一些伴随经济转型，规划供给实际转型的案例，它们大都处于经济社会相对发达的地区，提出的一些新的规划理念和规划方法也结合了当地的发展实际，下文结合案例对转型时期的规划供给做一个简要剖析。

（一）上海崇明岛规划：生态＋

上海新一版城市总体规划（2016—2040）提出建设“令人向往的创新之城、人文之城、生态之城”的目标，明确了崇明岛作为世界级生态岛的地位，提出要成为“全球鸟类的重要栖息地，世界自然资源多样性的重要保护地，长江生态环境大保护的示范区，国家生态文明发展的先行区”。

上海崇明岛的发展历程大致可以分为三大阶段，第一阶段是新中国成立后1950年代到1980年代期间，主要是以围垦的方式发展农业，兴建了各类农场、林场，兴修水利，推行轮作三熟制农业等。第二阶段是1980年代到1995年左右，以前期良好的农业为基础，发展轻工业，其时崇明的日用电器全国驰名、畅销海外，如远东牌电冰箱、方方牌洗衣机、万里牌电吹风等。第三阶段则是1995年以来，崇明逐步明确生态岛的定位，环境保护部先后将其列为国家级生态县和生态农业示范区，地方政府也开始围绕生态做文章，如陆续开展生态修复、生态保育以及增绿添绿等行动计划。2001年5月上海城市总体规划明确将崇明岛建设成为生态岛，2016年底上海市委市政府发布《崇明世界级生态岛发展“十三五”规划》，进一步明确崇明的生态岛定位，正式朝着世界级生态岛的目标开始转型。

从国际生态地区的发展经验来看，随着大众消费水平的提高，以及消费需求的升级，休闲旅游等成为经济新的增长点，因此生态环境的营建一方面是对城市生态功能认识的提高，另一方面也是谋划未来城市竞争的核心竞争力的体现，所谓“有风景的地方就有新经济”。因此，上海新一版城市总体规划对崇明岛的新要求是以“生态+”为抓手，完善就业政策、宜居环境、服务设施等，整合优质旅游空间，构建以农业科技、文化休闲、运动健康等新兴经济为核心的产业体系，吸引年轻人回归，走一条新的生态型发展道路。

（二）深圳市总体规划：创新+

深圳作为改革开放的标杆城市，经历了30多年的快速发展，近年来在发展中同样面临着空间约束、成本上升、大城市病等问题。在编的第四版城市总体规划（2016—2030）中明确提出要转变城市发展方式，对内按照中央转型发展理念，率先创新发展，对外推进区域协同，建设国际一流大都市区，而这一切的工作主线是科技创新带动。

从统计上看，2016年深圳全市GDP达19492.6亿元，人均GDP为16.7万元。新产业增加值7847.72亿元，占GDP比重40.3%。其中互联网、新材料、生物、新能源、文化创意、海洋、机器人和智能设备等产业发展迅猛，高技术制造业占全市规模以上工业增加值比重66.2%，已经成为我国高新技术产业最重要的基地。而且深圳的创新主体是企业，全市有3万多家创新企业集群，全市90%的研发人员，90%的研发投入、90%的专利、90%的研发机构、90%以上的重大科技项目都在企业。

新一轮总规提出了提升国际化、推动区域化、建设现代化的发展目标，具体策略上是在城市职能上推动科技创新，空间上推进与香港的合作，建设标准上实现精明增长和绿色宜居。选择“多中心+区域集合”这一新的空间模式，既为创新类产业预留了空间，也促进了市域空间的均衡发展。战略中提出的“一主两副、四廊多点”的创新格局，一主即为深圳高新区和大学城构成的创新城区，两副则为北部的光明高新园、东部的坪山高新园两大创新平台，四廊则是大沙河科创走廊、中部科创走廊、东部科创走廊和107科创走廊，多点指其他科技城、创客空间等创新空间。创新空间格局的构建为深圳持续创新发展、经济稳步提升提供了重要的空间供给与战略保障。

（三）武汉2049战略规划：创新＋、文化＋

武汉是我国中部地区唯一的超大城市，城市发展经历了规模的快速扩张。近10年武汉城镇建设用地年均增长量为40km^2，达到历史最高期，2010年都市区范围就已突破了总规确定的2020年用地规模。快速扩张带来一系列城市发展的弊病，如地均产出低下、城市品质不高、城市拥堵等问题，为了适应新常态背景下的发展需求，实现城市的跨越式发展，“武汉2049战略”提出了“创新+”和“文化+”的发展战略。

从全国范围来看，武汉的创新基础条件是比较好的，学生数量以及科研院校数量仅次于北上广等一线城市。2009年，武汉光谷作为全国第二个国家自主创新示范区成立；2015年武汉提出“建设国家创新型城市”的目标。武汉的创新发展一直走在全国的前列，因此依托武汉现有的制造基础和创新条件，重点围绕产业创新，关注技术创新的前端环节、科技产业的中枢环节、生产与服务的基础环节，实现武汉创新产业的多路径升级。

此外，武汉作为历史文化名城，文化资源丰富，但由于历史的原因，其开放性不够，文化还未形成区域影响力和发展带动力。战略提出通过文化要素的整合，增强城市的文化影响力，进而提高城市的综合竞争力。近年来地方政府推动的中心城中山路历史街道的改造，是老汉口历史最丰富的地段和最重要的商业性干道，通过空间的整治与功能重组，强化了该街道的历史性、文化性，也增加商业效益，让街道焕发了新的活力。此外对老汉阳兵工厂工业遗产的保护与再开发也初见成效，通过文化创意、展览展示等新形式，对工业空间进行改造升级，培育新的经济增长空间（图2）。

（四）三亚双修工作：生态＋、文化＋

2015年根据中央城市工作会议提出的“生态修复”和“城市修补”的要求，住房城乡建设部以三亚为试点，开展了“双修”试点城市工作。这也是在经济新常态背景下，城市发展从增量扩张逐步转向存量发展的新探索。三亚针对城市发展中存在的环境不优、功能不全、交通不畅、设施不齐、形象不美、文脉不

图 2　武汉旧有工业厂房改造示范

续、管理不善等突出问题，明确了用城市设计的方法，总体把握、系统梳理、重点突破。

“生态修复”以生态为主线，把山体、河流、海岸带的修复作为工作重点，恢复被破坏的山体植被，治理被污染的河流，整治被破坏的海岸带。以月川绿道工程为例，通过红树林生态景观营造，建设为周边市民服务的环廊，串联红树林湿地公园、月川湿地、东岸湿地公园等重要节点，成为三亚中心城区的“绿色项链”。将生态要素与城市空间有机结合，既修复了生态基底、增强城市防洪防涝抵抗风险的能力，同时也成为居民休闲游憩的公共空间。

“城市修补”则以文化为主线，围绕城市天际线、色彩、广告牌、绿地景观、照明和拆除违建“6 大战役”展开。以解放路项目为例，围绕三亚特有的南洋骑楼文化进行整体设计，建筑界面主要从立面、平面、底层界面分别进行风貌整治，街道空间则强调环境打造，还路于民，塑造“可逛可休闲”的街道尺度。通过建筑外立面改造、道路功能提升和业态优化调整，塑造了“暖白浅灰、清新淡雅、热带风情”的南洋骑楼风格特色风貌，成为三亚主城区一个广受欢迎的城市节点。

（五）苏州昆山乡村建设：文化＋

近几年兴起的村镇复兴同样和以往的环境整治有了很大的不同。中国工程院自 2013 年以来以“村镇规划建设管理”[1] 为题开展重大咨询，举行了多轮学术讨论分析村镇复兴的经济、社会、文化等路径。崔愷院士团队以实际行动在江苏昆山绰墩村做了一个村落文化复兴项目。他们采用轻微介入的方式，保持原有村镇、田园的机理、尺度、空间形态，渐进式开展村庄的更新与改造。规划引入

[1] 村镇规划建设管理，中国工程院重大咨询项目，2017。

“昆曲还乡”的主题，将废弃的农家院原址改造为昆曲学社，繁荣和传承昆曲文化，打造旅游发展经济。当地群众积极参与，建筑则通过植入式、嵌入式的做法实现文化回归，保持文脉的延续。这与以往的大拆大建有很大的不同，也与做表面文章的环境整治不同。这一案例同样反映出在经济转型时期，乡村规划供给的方式转变。

五、结论与讨论

上述案例的简要回顾给我们的启示是，经济转型时期，城市发展的内涵发生了很大的变化，相应的规划供给也在不断的变化之中。从规划的核心内容来看，我们似乎又回到了规划理想的起点：满足人们追求更美好的生活需要。过去的几十年里人们追求理想的生活，是通过夯实理想生活的物质基础来实现的，表现为工业化建设所需要的方方面面，而今天发达地区规划实践中出现的对宜居和文化主题的追求，可以看作是物质水平达到一定阶段之后，人们对美好生活切身体感的需要。所以，从空间的角度看，城市承载的功能不是一成不变的，是会不断变化的，在这个变化中，无论是新空间的创造，还是存量空间的再利用，规划的供给都有无限的可能。

总体来说，在经济转型时期，城市规划首先要认清城市发展不同时期的客观要求，看到新动力，破除“速度情结”和“换挡焦虑”，才能保持规划的定力；其次，认清城市发展动力转换过程中的空间变化新趋势，识别空间变化的新特征，才能厘清规划工作的着力点；第三，规划技术上要有创新的思想，互联网+，生态+，文化+，创新+，服务+…都是城市规划可以着力的地方。总之，认清新动力，厘清新空间，才能提供规划新供给。从理论上来说，以宜居建设为重点，实现城市教育人、陶冶人、培育人的基本功能，回归城市规划的本源，以人为本的目的才能达到。

（撰稿人：王凯，工学博士，中国城市规划设计研究院副院长，教授级高级城市规划师，住房城乡建设部城镇化专家委员会委员，享受国务院特殊津贴专家，中国城市规划学会常务理事。）

注：摘自《城市规划》，2017（05）：14-20，参考文献见原文。

历史视角的城市规划实施问题探讨

——以新中国成立初期的八大重点城市规划为例

导语：城市的规划建设和发展变化是一个漫长的过程，只有立足于较长的时间跨度，才能更加客观、理性地审视规划实施的有关问题。从历史研究的角度，对 60 年前八大重点城市规划的实施情况进行了专题讨论。在新中国成立初期的时代背景下，八大重点城市规划在总体上得到了良好的实现，但规划实施中的问题也是不胜枚举的。制约规划实施的矛盾，突出表现在城市规划的整体性与建设实施的分散性、近期建设与远景发展、多部门配合与协调的矛盾，以及工业和国民经济计划多变等。60 年前城市规划实施的情形，与当前规划实施的局面有着惊人的相似。高度重视规划管理工作的经验积累与科学总结，是保障城市规划实施及促进规划学科发展的关键所在。

一、引言

城市规划在根本上是为城市建设实践所服务，规划实施对于城市规划工作的重要性是不言而喻的。近年来，在我国城市规划学科不断发展的过程中，有关城市规划实施的问题逐步引起规划界的高度重视。就目前关于规划实施的既有研究来看，主要呈现为两大类型：理论层面，以规划实施的理论或评价方法的探讨为主，包括对有关国际经验的引介；实践层面，以服务于规划修编或规划管理为宗旨，对新近付诸实施的一些规划编制项目进行实效或动态评估。除此之外，历史研究也应当是规划实施研究的一个重要方法，乃至于必不可缺的重要手段，因为城市的规划建设和发展变化是一个漫长的过程，只有立足于较长的时间跨度，才能更加客观、理性地审视规划实施的有关问题。60 年前的八大重点城市规划，就是可供选择的重要研究案例。

新中国成立后，在第一个五年计划时期（1953~1957 年）开始实施以苏联援建的“156 项工程”为核心的大规模工业化建设。出于配合重点工业项目建设的实际需要，开展了以西安、太原、兰州、包头、洛阳、成都、武汉和大同八大重点城市为代表的新工业城市的规划工作。八大重点城市规划工作是 1952 年全国首次城建座谈会以后着手准备，1953 年“一五”计划开始后正式启动，1954 年加快推进。规划工作在苏联专家指导下进行，中央和各地区之间开展了相互援助。规划成果在1954年9月前后编制完成，随后，新成立的国家建委进行了为期2个月的集中审查。1954年12月，国家建委率先批准了西安、洛阳、兰州3个城市的初步规划。1955年11~12月，中央、国家建委和国家城建总局又分别批复了包头、成都、大同等城市的规划❶。由此，八大重点城市规划从规划编制阶段，转入规划实施阶段。

由于新中国成立初期对城市规划工作极为重视等原因，在八大重点城市规划的实施过程中，国家有关部门和各个城市都对规划实施及管理的有关情况进行过认真的总结，加之早年城市规划工作中对于档案资料工作的高度重视，从而使当年的不少总结报告得以留存至今，这就为八大重点城市规划实施情况的历史还原提供了可能。本文试对此问题作初步的探讨。

二、八大重点城市规划实施的基本情况

（一）“按规划蓝图施工”：八大重点城市规划实施的鲜明特点

八大重点城市规划旨在为一批新工业城市的各项建设提供配套服务。在“一五”时期，由于国家的各项工作紧紧围绕工业建设这一中心任务，重点工业项目的组织实施得到一系列强有力的体制保障，这就为与之相关联的城市规划的实施提供了良好的环境条件。因而，八大重点城市规划作为城市各项建设的“蓝图”和依据，在总体上得到了良好的实现。从各个城市在规划实施各阶段所绘制的现状图上，也可明显看出其“按规划蓝图施工”的鲜明特征（图1、图2）。这是关于八大重点城市规划实施问题的首要认识。

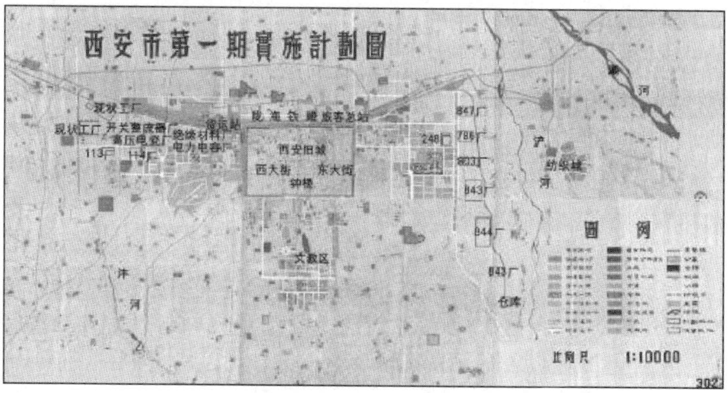

图1　西安市第一期实施计划

❶ 太原和武汉两市规划的情况比较特殊，“一五”期间没有获得正式批复。

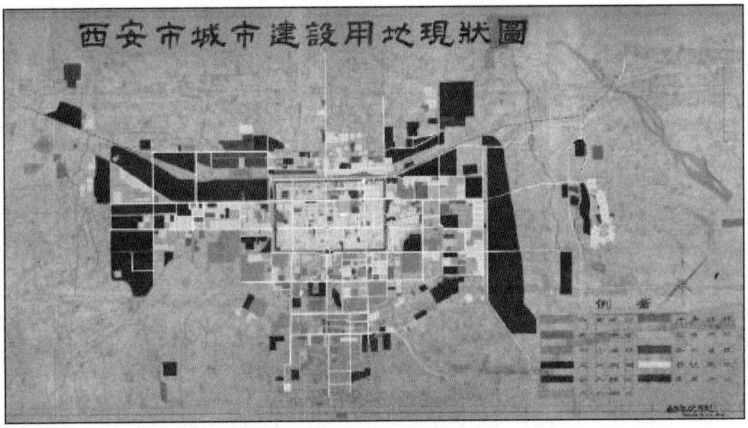

图 2　西安市现状（1963 年）

（二）八大重点城市规划实施的主要问题

尽管八大重点城市规划在总体上得到了较好的落实，但进一步具体分析，规划实施中所存在的问题也是不胜枚举的。这些问题体现在不同的层面，并表现出各不相同的形式。就相对微观的问题而言，以包头市为例，其城市规划方案的一个重要意图，即“城市三条干道直通钢厂大门使包钢与住宅区的交通很方便”，但在规划实施过程中，“附属加工厂压在马路上”，城市干道不得不调整线路绕行，由此造成“城市到包钢三大门的距离总的增加了 3.75km，使职工们上下班以及城市与河西的联系永远要多走歪路的缺陷”。就各类城市用地的规划布局而言，也有不少问题。例如：太原市在旧城西侧规划了市中心，但省、市各类政府机关等市中心职能的建设却长期在旧城内发展；洛阳市旧城与涧西区之间的西工地区，在 1954 年规划中本来被确定为远景发展用地，但 1956 年前后即开始了较大规模的近期建设（图 3、图 4）；等等。仅就以上所举的个别情况，足以令人产生这样的感觉：八大重点城市规划的实施居然出现了这么多问题，有些问题似乎还相当严重！那么，这些问题究竟是怎么产生的？规划实施中为何没有控制好呢？是否都是原来规划的问题呢？

三、八大重点城市规划实施的影响因素

（一）“边规划、边审批、边实施”的规划工作特点

首先需要指出，八大重点城市规划实施中各类问题的出现，与当时规划工作的特点和形势要求是密不可分的。以包头市为例，“当包头市的初步规划尚

图 3　洛阳市涧东区涧西区总体规划（1956 年）

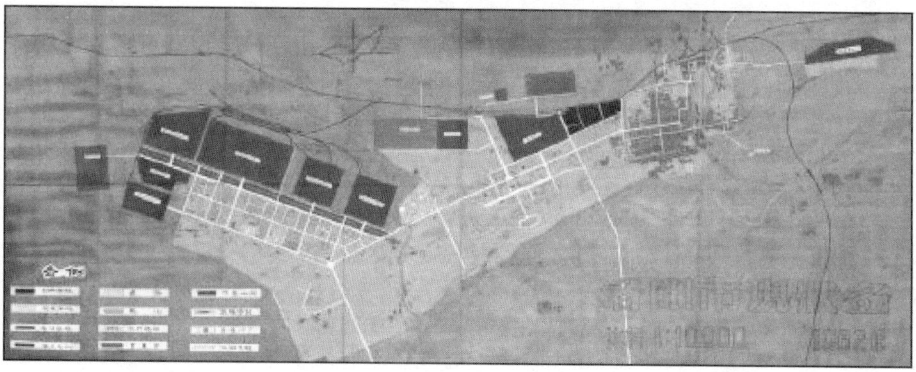

图 4　洛阳市现状（1962 年）

未获（得）批准（时），由于任务急，于 1955 年春即在包开始建设，青山区（城市东北区）即开始建设楼房街坊。因之包头市的初步规划是和详细规划、修建三者同时进行的”。再就西安市而论，“1954 年底批准了总体规划，工人住宅区详细规划由于几次返工，于 1956 年春才完成，而建设则于 1953 年已经开始，便形成一面规划、一面建设的情况，因而在全市建设当中产生了一些混乱与困难”。

（二）规划实施管理工作的复杂性和专业技术性

城市规划的各项内容和内在意图，必然要通过城市建设的具体活动和规划管理，方能实现从规划编制技术成果向社会实践的转化和“落地”，而这又是一项十分复杂的技术性工作。“从表面上来看，规划已经定了，就可按‘方格’拨地了吧”，“实际上划拨基地倒是一项认真细致的工作”，“一块基地的决定要经过多次的现场勘察，反复研究考虑给水排水、供电供热供暖、交通、建筑材料运费运距等因素和基建单位的具体修建规模、时间及城市造型等，关连（联）问题作系统的考虑后才能肯定下来。这项工作‘扯皮’的事情最多”。就建设单位而言，“对这一点了解不够，只认为划拨城市建筑用地是一种简单的手续问题，象（像）到商店里选讲（购）商品一样，一手交款，一手就能拿货。因此有不少建设单位，却一手拿着用地申请或上级批准文件，一手就想拿到正式拨地文件，立即准予用地”。就规划管理部门而言，“由于对调拨土地的政治意义与经济意义了解不够，错误地认为此项工作只是办里（理）一下使用土地的手续”，“许多新调搞基建工作人员不知道实（事）情应该怎么办，更不了解规划的作用”。

（三）城市规划管理力量之薄弱

在大规模工业化发展的时代条件下，城市建设任务是十分庞大的，相应的规划管理工作必然也是相当艰巨的。据 1956 年 8 月城市建设部的报告，“西安、兰州两市规划部门的当前工作除进行部分地区的规划及详细规划的修改外，规划实施管理工作的工作量很大。现在两市在管理的内容上仅是建筑地段、房屋的层数及立面，但已每天‘门庭若市’，每一建设单位与规划部门打交道的次数五至二十次不等”。然而，与规划管理的任务要求相比，实际从事城市规划管理的技术力量却又是甚为薄弱的。以成都市为例，“一五”时期的机构和干部情况如表 1 所示，从该表中可以明显看出，成都市的技术力量是相当薄弱的，“由于技术力量不足，五年来对一般高初中水平的干部采取在工作中实习与上课的办法，对大专程度的技术干部，则采用向专家学习与向中央及其他城市学习的办法进行培养”。由于力量薄弱，实际规划管理工作呈现出疲于应付的状况，“只有‘招架之功，没有还手之力’”。

成都市城市建设委员会规划与建设管理机构及干部情况　　表 1

年份	机构名称	干部人数					
		一般干部	技术干部			总计	合计
			工程师	技术员	练习生		
1953 年	规划科	5	2	—	—	7	29
	资料科	17	—	—	—	17	
	建筑监督科	5	—	—	—	5	

续表

<table>
<tr><th rowspan="3">年份</th><th rowspan="3">机构名称</th><th colspan="6">干部人数</th></tr>
<tr><th rowspan="2">一般干部</th><th colspan="3">技术干部</th><th rowspan="2">总计</th><th rowspan="2">合计</th></tr>
<tr><th>工程师</th><th>技术员</th><th>练习生</th></tr>
<tr><td rowspan="3">1954 年</td><td>规划科</td><td>9</td><td>2</td><td>—</td><td>—</td><td>11</td><td rowspan="3">35</td></tr>
<tr><td>资料科</td><td>16</td><td>—</td><td>—</td><td>—</td><td>16</td></tr>
<tr><td>建筑监督科</td><td>8</td><td>—</td><td>—</td><td>—</td><td>8</td></tr>
<tr><td rowspan="2">1955 年</td><td>规划处(共 2 个科)</td><td>16</td><td>1</td><td>5</td><td>—</td><td>22</td><td rowspan="2">37</td></tr>
<tr><td>建筑管理处(共 2 个科)</td><td>14</td><td>—</td><td>1</td><td>—</td><td>15</td></tr>
<tr><td rowspan="2">1956 年</td><td>规划处(共 2 个科)</td><td>11</td><td>1</td><td>5</td><td>39</td><td>56</td><td rowspan="2">90</td></tr>
<tr><td>建筑管理处(共 3 个科)</td><td>31</td><td>—</td><td>3</td><td>—</td><td>34</td></tr>
<tr><td rowspan="2">1957 年</td><td>规划处(共 2 个科)</td><td>8</td><td>2</td><td>12</td><td>32</td><td>54</td><td rowspan="2">94</td></tr>
<tr><td>建筑管理处(共 3 个科)</td><td>32</td><td>—</td><td>6</td><td>2</td><td>40</td></tr>
</table>

（四）建设单位“本位主义”及规章制度缺失对规划实施管理的冲击

以上所讨论的只是规划管理机构方面的情况，对于规划实施而言，更为关键的影响因素是规划管理的相对方——量大面广的各类建设单位的有关情况。除了上文提及的不理解规划意图及规划管理的重要性之外，建设单位只从自身需要或自身利益出发的“本位主义”，是八大重点城市规划实施中面对的突出问题。以住宅区建设为例，“修建单位却是各家强调各家的要求，根本不考虑城市规划，在选择位置上多要求选择风景幽美，安静舒适，交通便利，便于将来自己有很大的发展余地，地形尽量对比挑选，不愿有一点起伏，至于增大各项投资，造成规划布局上的困难和不合理，则不考虑”。

各个城市的规划管理机构建立较晚，工作程序不健全、规章制度缺位、管理要点不明确，是导致规划管理经常陷入忙乱，进而影响规划实施的重要方面。“划拨用地时牵联很多工程问题，如管线的相互跨越、人防、卫生等问题的措施，都应在划拨用地前得到妥善解决，但往往由于建设单位缺乏经验，而管理要点又没有明确，有时在发生问题后拖延了进度，并引起了争执，因而增加了管理工作的困难”。“诸如此类的问题非常多，因为管理要点不明确，不全面，不具体，再加上作管理工作人员因无统一办法，向外解释的也不统一，于是建设单位因事先没有准备，一旦任务紧急，就什么都不管的干起来，当发现后制止，就借口规定不明确，要我们拿出规定来，工作非常被动”（图 5）。

图 5　包钢建设场景（1959 年前后）

（五）原有规划的不足

城市规划实施的过程，并非单向的从规划编制成果到建设项目“落地”的执行过程，反过来，城市建设与发展的一些实际情况，也“反作用”地形成对以往规划编制成果的检验。在八大重点城市规划的实施过程中，逐渐暴露出原有规划成果的一些不足之处或规划理论设想与现实情况条件的差距，如规划编制工作中的一些“形式主义”问题、原有规划布局考虑不周、一些规划指标与现实情况存在较大差距以及为数众多的临时建设问题等。篇幅所限，不作详细讨论。

四、制约城市规划实施的几个突出矛盾

（一）城市规划的整体性与建设实施的分散性之矛盾

城市规划编制强调的是城市建设与发展的整体观念，但建设实施却只能一个一个地、局部和分散地落实与推进。城市规划工作的这一特点，决定了从规划编制到规划实施的巨大风险，单个的、局部的建设行为，存在着对整体的规划观念进行“肢解”的可能。以包头市为例，“当前管理工作中的关键问题是城市规划的整体性与建设单位的分散性存在着巨大的矛盾”，“由于各单位在编制计划时先后不一致，都是围绕着本单位的需要进行考虑，都是各有各的想法，各有各的地点，为了完成各自任务，谁也不管谁”。成都市对规划工作进行总结时认识到：“在整个（规划管理）工作中，集中与分散，个体与整体的矛盾是比较突出的，

原因是一方面由于我们对建筑管理工作中的矛盾关节和这些矛盾的不可避免性认识不足，执行规划考虑建筑布置有些机械片面”；“另一方面对这些矛盾不是采取积极的办法解决，而是采取了畏缩，躲避的态度，因而对某些修建单位不合理的要求对规划影响很大的，又做了无原则的迁就”，“这样就引起了很多争执，虽然大部分经过解释、说服、协商的办法得到了解决，但也给工作带来了不少困难。有时争得面红耳赤，相持不下，影响了相互关系和建设进度”。

（二）近期建设与远景发展之矛盾

八大重点城市规划是以远景城市发展目标为基本框架而编制的，规划确定的近、中、远期发展阶段的划分，以及近期（第一期）建设用地范围，在规划实施中存在着难以协调的困难。以包头市为例，“包头市原定 1962 年前修建范围，在今年（1956 年）就突破了，由于市政设施、工程设计都是按近期范围作的，一突破范围，则工程设计跟不上，给城市管理工作造成很多困难”。近远期的矛盾还特别体现在市政建设和公共设施建设方面。“（由于）近期人口少，用水也少，西安南郊去年（1955 年）铺了 8 吋管，今年就不够用了。按近期建设主要感到时间不好划分。下水道只能按远景搞，在一条管道上如（果）分期是没办法的”；“学校发展用地保留多少不好预料，如按其现在计划挤着排起来，则其稍一发展就无余地。留出余地则产生零乱现象，看起来也不紧凑”。

（三）多部门配合与协调之矛盾

由于城市规划工作突出的综合性，规划实施中面对着较为突出的与一系列不同专业部门之间的相互协调问题。任震英先生在 1956 年 3 月的一份报告中指出：“要作好城市规划，必须要重视各部门的协作配合工作。但（从）兰州市的情况来看，与铁路、总甲方及各基建单位‘扯皮’事情太多。因一个问题常常花费时间较具体设计时多几倍，甚至多几十倍，经与各处接洽，付出很大力量和时间才能解决。常为一个问题提出几个方案，才能决定下来，甚至提了很多方案至今还没有定下来的问题，如西固区十二号路与铁路交叉点座（坐）标问题，派了四、五个技术干部，经过数次的勘测查对，用了二十多天的工夫才解决了”（图 6）。

（四）工业和国民经济计划多变之矛盾

在八大重点城市的规划实施中，除了上述突出矛盾之外，最为重要的影响因素实际上是工业发展和国民经济计划的复杂多变——亦即城市规划工作最为根本的技术经济依据的“现实性”改变。“计划变动大，建筑事务管理摸不到计划的底，工作忙乱被动，有人说‘计划赶不上变化，变化跟不上电话’”，“有的单

图 6　兰州市西固区建设场景（1957 年）

位一再的追加计划，划拨了土地又要划拨，如石油技校，原计划是 1200 人，后来变成 1600，又变成 2000，现在（1956 年 9 月前后）又要 4000 人土地”，“许多学校机关，在初步规划，详细规划上根本没有，现在都来了，一来就派二、三人专门坐催和尽量挑选”。正是由于国民经济和工业发展计划的不断追加，对城市规划最基础的人口规模问题形成严峻的挑战。1956 年 9 月的《兰州市城市建设工作报告》指出，“截至目前（1956 年 9 月），仍有很多建厂单位要到兰州来。由于这种情况，不但兰州的土地不够用，就是给水、排水、供电、供热、交通等单项设计，也都失去了可靠的依据”；从而明确提出：“城市规模问题是兰州城市规划和城市建设中最基本、最严重、最突出的问题”。而中央工业交通工作部 1956 年的报告也发出这样的疑问：“西安市的发展规模是否需要控制？城市远景规划人口是否仍然需要控制在一百二十万人左右？（这）是目前西安市城市发展方针上急待考虑确定的问题”。

五、简要的小结与启示

（一）影响城市规划实施的复杂关系网络

以上对八大重点城市规划的实施情况进行了简要讨论，这些讨论尚主要基于目前所掌握的一些档案资料。尚显粗略、凌乱的分析，却也勾勒出八大重点城市规划实施的一些“历史图景”。实际有关情况，即便使用“乱象纷生”一词来加以形容，也并不为过。时过境迁，60 多年后的今天，各地城市的规划管理工作已经有了巨大变化，但从规划实施的实际情况而言，如建设单位的本位主义、相关部门的各自为政、违法建设的层出不穷等，与 60 多年之前的情况呈现出惊人的相似。这似乎也可表明，城市规划实施管理的内在属性，特别是深刻影响规划实施的复杂的关系网络的基本格局，数十年来未曾发生巨变。

对规划实施具有各种影响的相关要素，大致如图 7 所示。总的来看，八大重点城市规划的实施受到“上、下、左、右”等各方面因素的共同牵制和作用：居于规划之“上”，作为规划依据的工业发展和国民经济计划不断变化；规划编制成果向“下”的落地，受到建设单位不理解规划意图及普遍的本位主义的冲击；作为规划实施的“左膀右臂”，相关部门与规划部门沟通困难，而规划管理的体制和执法手段又十分局限。良好的规划实施，得益于“上、下、左、右”各方关系的有机配合，需要编织好一个“网络”；而网络中任何一个方面的工作失误或掣肘，必然会造成规划实施的扭曲或变形。这一点，不妨可归纳为规划实施的“木桶定律”或“短板理论”。

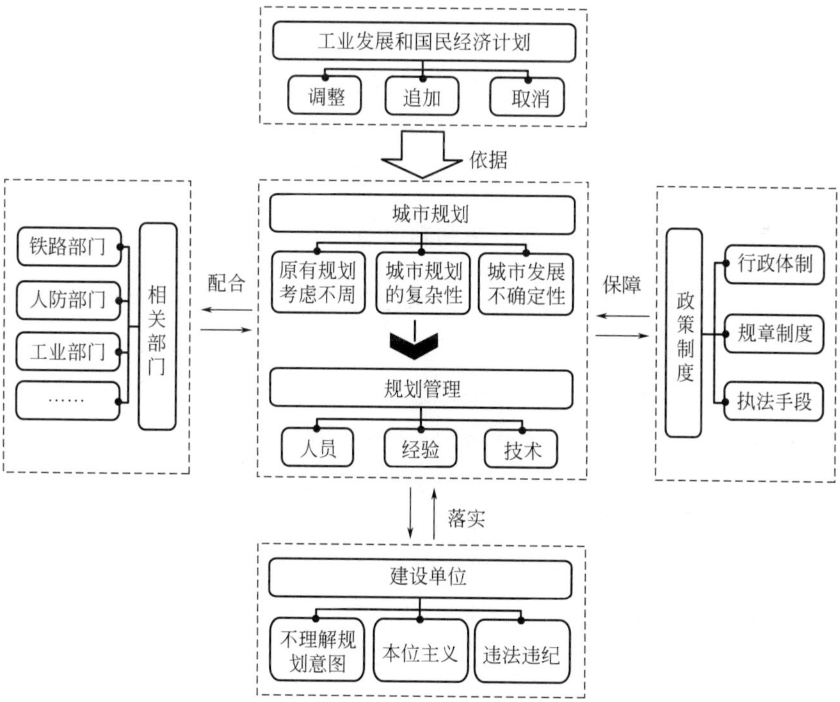

图 7　影响规划实施的复杂关系网络示意

值得特别强调的是，规划管理部门在这一复杂关系网络中的特殊角色。在规划编制阶段，规划工作者考虑的是城市建设与城市发展的方方面面，即所谓综合性和整体性；在规划实施中，方方面面的问题和矛盾必然也都要集中到规划管理这条线上来，这正是规划管理“不堪重负”之所在。而规划管理部门只是政府的一个“专业部门”，却要肩负起“综合性”突出的规划管理事务，这是规划管理中内在的“权责”逻辑或伦理的缺陷之处。

尤其是，在讲究行政权力的管理体制格局下，当规划管理部门面对同级别的“特权部门”、重点企业乃至上级部门之时，规划管理的软肋也就暴露无遗——譬如：“陕西省人民委员会准备修的一个十万多 m^2 的办公大楼，决定建筑的地段要占用规划市区中心附近的大公园 1/3，且要拆除新建不久的数栋两层楼房，同时基地下面尚有直径约一公尺余的下水道。规划部门不同意，但省人民委员会作了硬性规定”；“包钢在（19）55 年内修建的工程，全部是在早已开工甚至竣工后在我局（包头市规划管理局）的催促下才补报图纸，而且图纸多数不全，最后在年终给该公司经理发出一件亲启的公函（后,）才派专人把全年所缺图纸送来”；兰州“陆军医院把建筑时多征的 90 亩地开了菜园”，“甘肃省工会开了果园”。

这些问题之所以出现，与其说是规划实施管理不力的一种责任，倒不如说是扭曲的规划管理体制的一种必然结果。我们如何去期望在体制内生存的规划管理部门针锋相对地去对抗上级的一些决定？这其中固然也有一些特殊的“管理艺术”或“公关技巧”等应对途径，但能否完全寄希望于此呢？这或许也是规划实施管理的悲哀之处。

（二）规划管理工作的经验积累与科学总结

通过上述分析，不难注意到，在影响规划实施的各种要素中，城市规划工作以外的因素，特别是计划多变和体制环境的制约，占据了主导性的地位。这其中的重要启示在于，从规划实施的角度考虑，尽管规划编制成果的不完善也是各种问题出现的诱发因素之一，但若想规划获得良好的实施，则必然不能仅仅寄希望于规划编制工作的自我完善，而应当更加关注规划管理工作的研究与改进。“如使城市规划起到应有的作用，必须加强规划实施的管理工作，否则规划就会有落空的危险”，“另外，通过规划实施的管理还可以修正规划（的）不合理部分，因为在规划时不可能把每一个地区都考虑得完全周到，如兰州医学院按照规划的要求要填土 40 余立方，经管理部（门）到现场放线核对的结果，发现稍一平整即可，不必大动土方”。

关于拨地工作，洛阳市在管理工作中积累的经验包括：“划拨土地前，要求兴建部门一定要报送经其上级批准的计划任务书或文件，结合规划要求与现状的具体情况，初步指定用地范围。经兴建单位勘察钻探，认为符合要求时，即进行平面布置。然后根据规划进行审查，并确定其平面布置后正式划拨土地，同时进行定界定线，办里（理）购地手续。土地划拨后，应及时地检查建设单位对土地使用是否合里（理），对群众安置是否妥善；如发现有暂时不用或多批而荒芜的土地，立刻通知建设单位将多余土地交给原主耕种。这样既保证了建设用地，也增加了国家粮食收入，也会得到农民的满意”。

对于包头市拨地管理中的一些问题，如工厂压在道路上等，“在制定了内部工作程序和随时有专人绘制现状图后，前述现气（象）基本上避免了”。关于公共建筑的管理，“在拨地的管理工作当中，我们深刻体会到城市公共建筑是多样的，而且是变化多端的”，“为了便于管理工作，规划必须先有灵活性”，“应该避免把公共建筑物分别的单个的插在街坊中，如果这样作（做）就定死了它的用地面积，因发展或特殊情况有所改变或移到其他地方时，用地就难以划拨了”，“为此，将公共建筑用地连结起来，再加上一些备用地集中在每个街坊的一端，同时要照（考）虑服务半径，这样在实践当中如有变化就可以相互调剂使用了”。

针对街坊修建的问题，洛阳市提出了进行城市设计控制的观念：“为要使街坊修建既好又符合规划要求，使规划能完美的（地）实现，还必须在作好街坊总平面布置图的同时，根据规划设计要求，在沿街道处绘制好修建立面图，并提出对建筑物的空间和艺术造型的要求，以控制规划的实现”。

针对拨地之后施工环节的检查工作，洛阳市总结指出：“经验证明，检查工作应全面管里（理）规划，注意检查重点工程的质量，在方法上采取点面结合，深入一点取得经验，推动全盘的方法进行工作，现在以检查市政工程为中心，抽调测量力量住市政工程工地，及时定出每条道路、管线的中线和标高、并需反复检查，以保证规划的实现”。“对一般建筑的管里（理）是：①验线检查，每项工程在开工前进行验线检查，检查的内容：位置、标高、建筑物与红线关系，平面布置与管线走向——这是执行规划带有决定性的一环；②定期检查是否按图施工；③参加竣工验收”。

关于规划监督检查中的宣传教育，包头市总结认为：“城市规划工作是一件新的复杂的工作，为了搞好它，宣传对象就不仅仅是建设单位，其中也包括领导我们的上级机关及负责同志，因此要把工作中发生的问题及其所引起的损失，不要等到年终一次总结上报，而是要经常的及时的上报，争取他们了解我们的工作，进一步支持我们工作的推行”。另外，“如果只有宣传没有检查，就无法鉴定我们管理工作所提出的要求各单位是否正确执行，也无法发现规划当中的问题，从而提高与改进我们的工作。从另一方面来看，只有通过检查发现问题，才能使宣传工作具有说服力的内容”。

简要列举以上内容，足以表明新中国成立初期规划实施管理工作的经验积累已相当丰富，甚至也可以说，改革开放后以“一书两证”为标志的规划管理的基本制度，其实早在“一五”时期就已经有相当的实际经验积累，只不过经验的总结与制度建设未能及时跟进罢了。实际上，即使就今天而言，相对于规划编制工作的理论研究和实践探索的“繁荣”局面，关于规划实施管理的科学仍然是非常欠发达的。特别是，各地区、各城市虽然有着广泛的、丰富的规划管理实践经验，但较多限于规划管理机构的内部范畴，或者只属于管理人员的个人智慧，并未形成科学意义上的规划管理的知识体系。这一点，正是今天的规划学科发展需要加以努力改进的一个重要方面。

此外，值得反思的另一个问题在于，八大重点城市规划实施中的各种问题及其产生的内在原因表明，城市规划编制工作在服务于城市建设和社会发展方面的作用是有局限的。以规划实施中较普遍的临时建设问题而言，尽管在规划编制工作中应当有所预见和应对，但更准确地讲，其产生的本质原因在于管理工作乃至体制问题，规划控制的作用是有限的。那种寄希望于在规划编制工作中周密安排，试图“一劳永逸”地解决所有问题、“包治百病”的想法，显然是不现实的，也是不可能实现的。

（撰稿人：李浩，中国城市规划设计研究院邹德慈院士工作室教授级高级城市规划师，注册城市规划师。）

注：摘自《城市规划》，2017（04）：55-61，参考文献见原文。

城市总体规划的改革目标与路径

导语：分析城市总体规划改革的内外部背景，提出改革的目标是让总体规划更有用。从国家、城市、各方主体和规划部门四个“用户”视角分析，提出其作用分别是：“落实中央精神的顶层设计，统筹全市工作的施政纲领，协同各方利益的沟通平台，实施建设、管控的法定文件。”为此，要转变规划理念、承接国家责任；实现统筹规划，整合各类空间性规划，形成“一张蓝图”；推进规划统筹，建立规划编制与管理信息平台，实现规划统筹空间资源保护与建设；明晰政府/市场的事权边界和各级政府的事权边界，优化刚性内容传递，推进存量用地盘活。

近年来，中央对城乡规划给予前所未有的重视，将其作为提高治理能力、实现依法治国、践行生态文明、弘扬中华文化的重要抓手。2014 年、2017 年习总书记两次视察北京城市规划建设工作中分别指出：“城市规划在城市发展中起着重要引领作用，考察一个城市首先看规划，规划科学是最大的效益。规划失误是最大的浪费，规划折腾是最大的忌讳。……把握好战略定位、空间格局、要素配置，坚持城乡统筹，落实‘多规合一’，形成一本规划、一张蓝图……总体规划经法定程序批准后就具有法定效力，要坚决维护规划的严肃性和权威性。”同时，《中共中央国务院关于进一步加强城市规划建设管理工作的若干意见》中明确指出：“城市规划在城市发展中起着战略引领和刚性控制的重要作用。”

一方面是中央对城乡规划寄予的厚望，但另一方面，城乡规划，特别是城市总体规划（以下简称“总规”），面临的问题可以说是“外忧内困”：从外部环境看，国家提出建立空间规划体系，总规与空间规划到底是什么关系？是否会被空间规划所取代？这是业内专家学者们的困惑；从内部问题看，总规审批周期长、事权不对应、刚弹不区分、编督不衔接等问题一直被业内和社会所诟病，常被戏谑为“不好用、不敢用”的规划。

我们应当清醒地认识到，城乡规划是一门面向实践的学科、行业和政府职能，如果城乡规划失去了实用性，那么它就是无本之木。因此，无论是落实中央的要求，还是寻找自身存在的理由，“让城市总体规划更有用”，都是亟待实现的目标。而唯有通过自我剖析、革弊鼎新，改以致用、以用推改，方能达成这一目标。

国内针对总规地位作用和改革创新研究已经延续了多年。2011 年，住房城乡建设部委托中国城市规划设计研究院等 10 余家单位展开了《城市总体规划改革与创新研究》课题，提出“城市总体规划是保护和管理城市空间资源的重要手段，引导城市空间发展的战略纲领和法定蓝图，调控和统筹城市各项建设的重要平台”，并从“价值理念、事权法理、规划体制、技术方法”四个层面梳理总规的表象问题，明确改革方向是落实中央科学发展观，明晰规划法理、尊重政府事权，推动规划体制转型，开展技术方法创新（《城市总体规划改革与创新课题研究》课题组，2012）。之后，住房城乡建设部继续委托中国城市规划设计研究院展开了《城市总体规划编制审批办法（建议稿）》《〈城市总体规划编制审批办法〉实施细则》《城市总体规划指标体系》《城市总体规划实施评估白皮书制度》《城市开发边界》等相关课题研究。2015 年 6 月，中国城市规划学会城市总体规划学委会发布了《关于加快城市总体规划改革与创新的倡议书》，提出“让总规真正成为保护和管控空间资源的重要手段，保障公共利益和公共安全的公共政策，统筹空间利用的协调平台，指导城市发展建设的法定蓝图”，“让总规发挥极为重要的战略引领和刚性约束作用”，并提出应“树立一个理念、厘清三大关系、强化四方面重点”❶。同时，又在一系列文章中进一步阐述了总规的作用和改革方向，“总规的引领作用体现在‘转型指针’‘战略纲领’‘法定蓝图’‘协同平台’四个方面”，“发挥总规兼顾长远战略与近期实施的引领性作用，兼顾资源保护与城乡发展的综合性作用，兼顾政府事权与多元主体的协同性作用”，“保持规划理念的先进性，强化城市总体规划的主导地位”，“总规改革与创新的方向可归纳为：刚弹相宜、事权明晰、动态反馈、分类指导”，“总规编制改革的三条主线是：明晰政府事权，确定总规编制和审批内容；建支动态编制体系，推行弹性编制方法；采用适应存量用地规划的技术方法”。

这些研究都在试图回答同样的命题：城市总体规划的作用是什么？如何让城市总体规划变得更有用。当前宏观背景下如果回答好这个命题，首先要明确总规到底是为谁所用？我们认为作为一个战略性、全局性、综合性的规划，国家（党中央、国务院）、城市（市委、市政府）、各方主体（城市部门、社会团体、市场、公众）和规划部门（城乡市规划局）都是总规的使用者和执行者：针对这些使用者，总规要想有用，必须满足它们的需求，而不能偏废哪一方。本文试图

---

❶ 规划理念从“以物为本”转向“以人为本”。界定政府与市场关系，政府从“包办一切”到“管控+供给”；厘清各级政府纵向关系，从“分工不清”到“责权明晰”；梳理各部门横向关系，从“九龙治水”到“一张蓝图”。规划体系改革重点是从“层级脱节”转向“刚性传递”；规划技术改革重点是从“千城一面”到凸显地方特色与传统文化；规划成果改革重点是从“技术文件”到“公共政策”；规划实施改革重点是强化依法实施和监督检查。

从这些使用者的角度，探讨总规改革的目标和路径。

一、面向国家：落实中央精神的顶层设计

党的“十九大”从国家层面提出了一系列新思想、新观点、新战略、新举措。包括对历史方位、当前社会主要矛盾的判断，实现“两个一百年”奋斗目标和中华民族伟大复兴的中国梦，以及具体的实施路径、战略等。

宏伟的目标需要在空间上进行落实，这离不开全国层面的“空间顶层设计”：它应当以中央的新理念、新思想、新战略为依据，兼顾“生态底线思维”“社会公平思维”和“经济竞争思维”，综合考虑地缘政治、国家安全、资源保护、生产力布局、人口流动等因素，形成以空间为载体的、战略性、全局性、综合性、系统性的解决方案。

城市总体规划作为城市层面的“空间顶层设计”，应当在内容上与国家“空间顶层设计”建立承接关系，指导城市中长期发展的稳步、有序推进。为此应当包括以下内容。

（一）落实中央发展理念

贯彻落实中央五大发展理念，在强化“创新驱动，区域协调、城乡统筹，绿色引领，开放协作，共享包容”等方面，推动城市发展模式的根本转型。

特别是转变城市发展动力，推进城市空间的供给侧结构性改革，通过创新驱动、绿色引领、服务导向，摆脱城市经济社会发展对自然资源的依赖，摆脱依靠产业园区、房地产项目推动经济增长的传统城市经营模式，实现经济、社会、环境的可持续发展。

（二）落实国家发展责任

对于超大、特大城市，或者国家“空间顶层设计”中被赋予特殊地位的城市（如门户城市、边境城市、枢纽城市、工业城市、历史文化名城等），需要担当国家发展责任，这些城市应该通过总规来落实国家战略，并在城市空间格局和功能布局、要素配置上全力保障战略定位的实现。

二、面向城市：统筹全市工作的施政纲领

《城乡规划法》中规定：“城市人民政府组织编制城市总体规划”，这说明总规是为城市政府所使用的综合性规划，而不是仅为城市规划行政主管部门所使用

的专项规划。它理应成为市委、市政府的施政纲领，是凝聚全社会发展共识的、城市中长期发展愿景目标的构想，以及为达成愿景目标而制定的路线图。

但过去 30 年的城镇快速发展过程中，总规并未充分起到引领全市的战略性、全局性、综合性作用，而经常被“矮化”为指导下位规划编制的“技术蓝图”，甚至沦为服务招商引资的“卖地工具”。对某些城市领导而言，不影响招商卖地的总规就是一个“有用规划”，如果总规规模过小、限制了招商引资，就是阻碍了经济发展的“没用规划”。与此同时，城市建设以各部门自下而上凑成的“项目拼盘”为指导，呈现近期化、破碎化、随意化的特点。这与国家治理体系和治理能力现代化的要求不相适应。

未来，城市市委、市政府领导应当真正会用、用好城市总体规划，让“空间顶层设计”能够从长远指导城市发展的方向、从近期指导各项建设行为，真正从“项目”牵引建设转变为“规划”指引建设。

为此，应推进“统筹规划”，即明确总规的城市施政纲领地位，突出总规引领空间资源配置的基本职能，统筹各类空间性规划，形成“一张蓝图”，包括全空间的布局图、全要素的配置图、全时段的路线图，让总规真正成为市委市政府“一把手”亲自抓、亲自用的规划，成为指导各下属区县、部门实施空间保护和发展的纲领性文件。在规划内容上，应当有所拓展，建议建立“总体战略+三类空间规划+N 个专项规划”的规划体系（图 1），其中“总体战略+三类空间规划”是城市总体规划内容，应强化“全空间、全要素、全时段”的管控，实现空间规划建设管理的“横向到边、纵向到底”，落实“全局战略统筹、全域空间管控、全要素指标体系”。

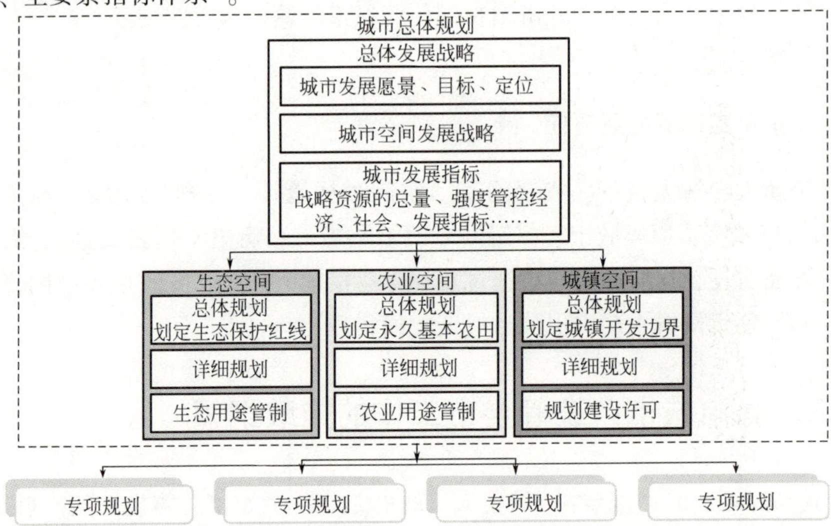

图 1　城市总体规划基本框架建议——总体战略+三类空间规划+N 个专项规划

（一）全局战略统筹

总规要能向下“落得实”，将愿景具体化为行动，应当建立“愿景目标—战略定位—举措—行动”层层深化的技术框架，并配合项目立项和财政预算的形成，让行动计划落实到有明确时间表的工程建设行为，改变过去城市建设无序、随意的现象，在这方面《美丽厦门战略规划》（图 2）、《北京城市总体规划（2016—2035 年）》（图 3）的技术框架都是很好的范例。

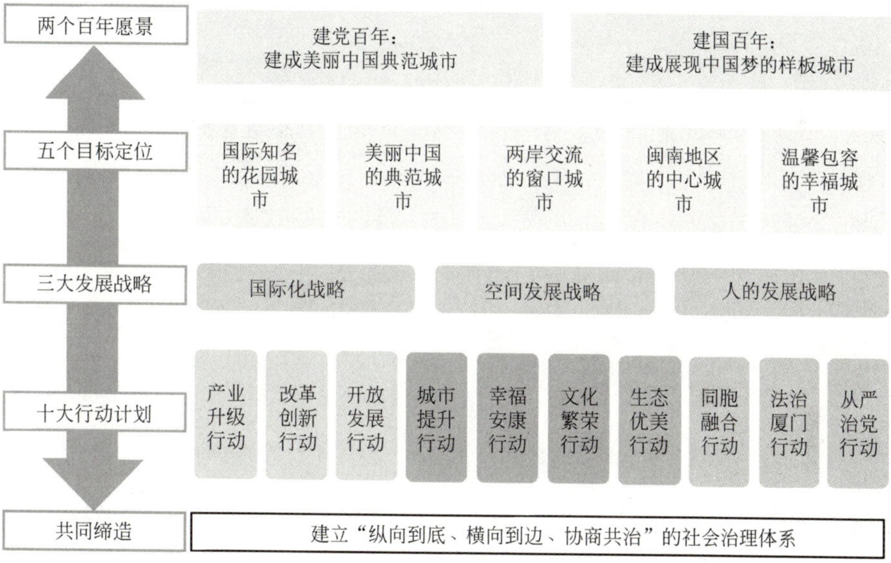

图 2　《美丽厦门战略规划》的技术框架

（二）全域空间管控

过去总规技术内容中相对薄弱的部分是非建设空间的规划与管控。按照国家建立空间规划体系的要求，应强化各级规划的全域空间管控，在城市层面划定城镇空间、农业空间、生态空间，划定城镇开发边界、永久基本农田和生态保护红线，并制定三类空间、三条线内的管控要求。三类空间强调的是“功能区管控”，允许某类空间中存在其他类型的用地（例如允许在农业空间中存在村庄建设用地和生态保护用地），但应纳入此类空间进行整体规划和管控，服务于此类空间的主导功能。

但应该引起注意的是全域空间管控在规划时序上，要逐步从模糊走向清晰。近期的建设地区与非建设地区之间可以存在“模糊地带”，但远期此类“模糊地带”应逐步明晰自己的发展走向，最终“模糊地带”被清晰地界定为建设地区

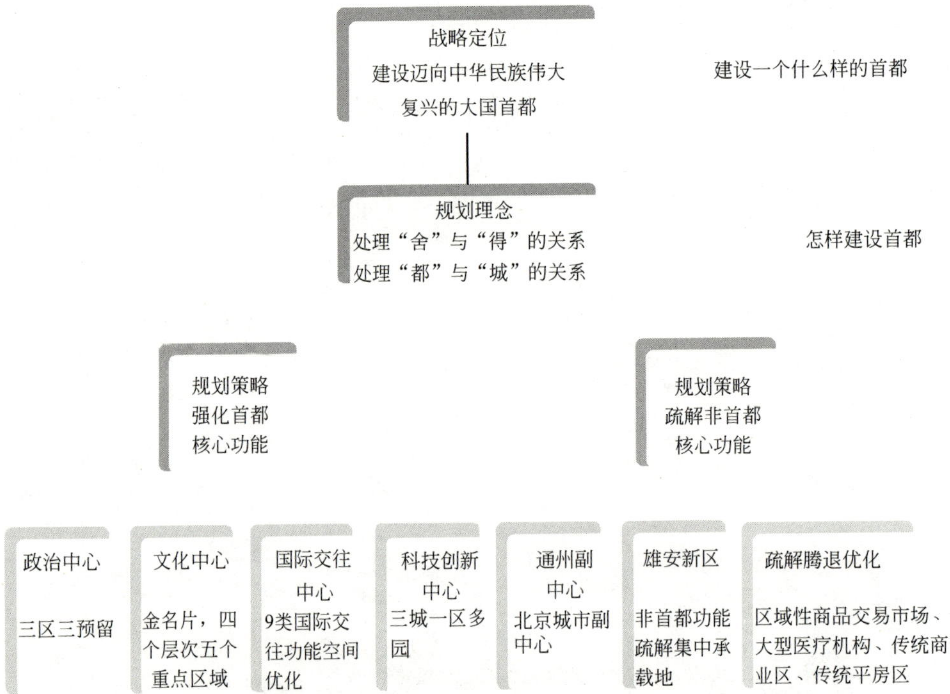

图 3　北京城市总体规划（2016—2035 年）的技术框架

或非建设地区。例如：新一轮北京城市总体规划中，近期划定城市开发边界和生态控制线，将北京市全域划分为集中建设区、限制建设区和生态控制区；远期限制建设区中的一部分归为生态控制区，一部分归为集中建设区，通过“两线合一、三区并二”最终实现“一线两区”的空间管制。

（三）全要素指标体系

总规制定指标体系的目的，是将定性的愿景目标转化为定量的指标，并以此指导空间化的功能布局和项目落地。它既是编制的重要内容，指导下位规划的深化、细化；也是审批的主要内容，校验城市发展的目标、路径；还是督察的主要内容，考核规划实施的效能、进度。因此，总规指标体系是串联总规编制、审批、督察的纽带，是保障总规科学性和严肃性的重要手段。

总规指标体系既要服务于目标导向的发展愿景，又要服务于实施导向的行动计划。前者是考核城市发展的综合水平，面向最终目标，是硬件设施和软件服务供给相结合的结果，对应上级政府事权，应当以“人民满意度”为标准；后者是考核城市政府各部门的落实情况，面向实施路径，偏重于对硬件设施的考核，对应本级政府事权，应当以“建设完成度”为标准。

按照事权对应原则，总规上报审批时应提交绩效导向的指标体系，而在总规落实过程中应以任务导向的指标体系对政府部门进行考核。绩效导向的指标体系应包括必选指标和自选指标两部分，其中：必选指标是面向所有城市的通用性指标，应以五大发展理念为纲，梳理量化指标体系；自选指标是面向特定城市的附加性指标，应依据自身在资源禀赋、区位条件、经济基础和发展阶段的特色，与战略定位相对应，经与上级审批机关商定后增加（表1）。

城市总体规划指标体系框架建议 表1

大类	指标名称	单位	现状	近期	远期	指标类型	适用范围	资料来源
(一)创新	研发(R&D)经费支出占GDP比重	%				预期性	市域	统计年鉴
	高新技术产业产出占GDP比重	%				预期性	市域	统计年鉴
	……							
(二)协调	人均城乡建设用地	平方米/人				约束性	市域	统计年鉴+国土局
	社会事业支出占公共财政支出比例	%				预期性	市域	统计年鉴
	城乡居民收入比	%				预期性	市域	统计年鉴
	……							
(三)绿色	人均绿色GDP	万元				预期性	市域	统计年鉴+环保局
	人均碳排放	吨/人·年				预期性	市域	环保局
	单位GDP能耗、水耗	吨标煤,吨				约束性	市域	统计年鉴+计算
	生态空间占比	%				约束性	市域	国情普查数据或遥感解译数据
	……							
(四)开放	实际利用外资规模	亿元/年				预期性	市域	统计年鉴
	服务贸易依存度	%				预期性	市域	统计年鉴
	……							

续表

大类	指标名称	单位	现状	近期	远期	指标类型	适用范围	资料来源
(五)共享	租赁性住房套数占比	%				预期性	市区	住房保障局
	居住区公共服务设施步行15min覆盖率	%				约束性	市区	规划局+建设局
	九年义务教育就近入学率	%				约束性	市域	教育局
	综合医院本地就诊率	%				预期性	市区	统计年鉴+卫生局
	……							
(六)自选指标	……							

资料来源:《城市总体规划指标体系》课题组。

三、面向各方主体:协同各方利益的沟通平台

过去,城市空间决策的形成存在两个弊端。一是“部门碎片化”,即政府各部门的“独立决策能力”过强,政府统筹能力和统筹机制不足,导致政府各部门间缺乏协同,决策往往“南辕北辙”,并通过强化“垂管”力度对下级政府对应部门进行直接管理,造成下级政府难以形成合力。体现在空间上,就表现为“空间性规划重叠冲突、部门职责交叉重复”等中央关切的问题。二是“决策随意性”,城市“一把手”领导的决策过程缺乏必要评估和监督,体现在空间上“一任领导、一任规划”,存在较大的随意性,经常出现背离城市发展规律的失误。

应当认识到,即便是最有经验的规划专家,也很难做出技术上兼顾全局、整体效益最优的决策;更何况城市空间形态背后是各方利益的复杂冲突和矛盾,如果不考虑利益的协调和平衡,就无法达成各方的共识,形成可操作的空间决策。

因此,规划应从“技术理性”转向“制度理性”,通过“充分沟通、协商、博弈的过程”,形成空间决策的“最大公约数”。这个过程,一方面要推动城市政府内部的“多规合一”;另一方面要推动政府与社会团体、市场、公众的“共同缔造”。

(一)推动“多规合一”

从城市政府内部角度看,过去政府各部门在空间资源的分配上缺乏协同,

原因是既缺乏协同的基础（使用何种平台、标准），也缺乏协同的机制（通过何种渠道消除差异、达成共识），更缺乏协同的目标（是否达成共同的目标和原则）。

为此，应推进规划统筹，通过与空间规划相关的法制、体制、机制改革，搭建空间规划体系的“四梁八柱”，实现规划统筹空间资源保护与建设。重点在以下三方面实施改革：

1. 建立沟通基础

包括统一空间坐标系，统一用地分类，统一标准规范，统一信息平台（图4）。特别是建立统一的规划建设管理信息平台，以电子化为手段，校正空间坐标偏差和用地分类歧义；以信息化为手段，实现空间资源分配诉求的“统一入口”和“统一出口”，实现行政许可从“串联式审批”改为“并联式审批”，面向报审用户更加友好和便捷（图5）。

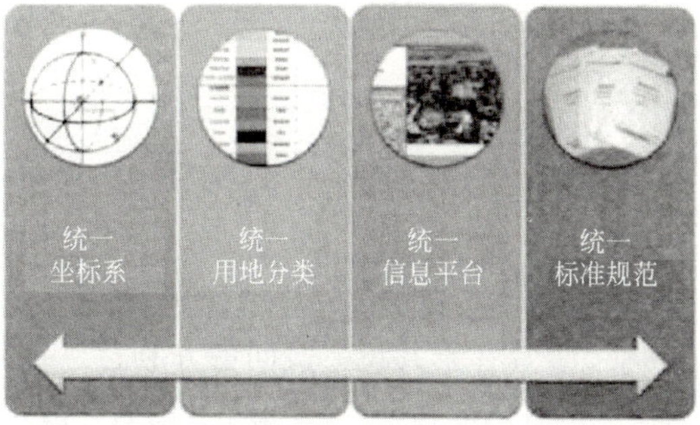

图4 “多规合一”的基础：四个“统一”

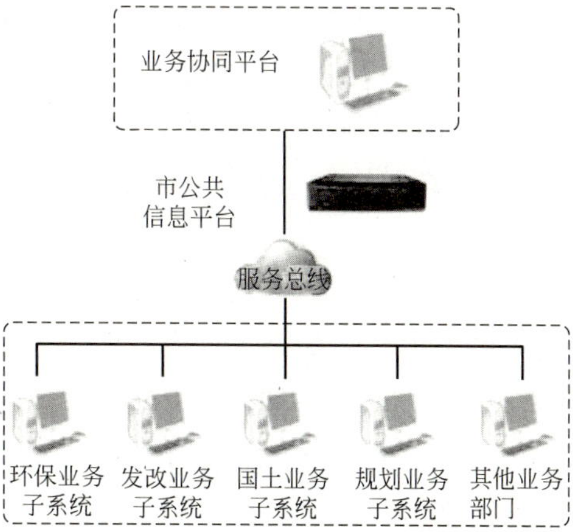

图5 厦门市空间信息平台框架

2. 完善沟通机制

应尽快建立完善自然资源资产的产权制度和交易制度，通过确权实现责权明晰，明确政府内部的各类自然资源资产“代言人”，并推动按照市场机制形成资产合理价格；以空间规划委员会为沟通和仲裁平台，实现保护类空间要素“代言人”和建设类空间要素“代言人”的充分协商，在市场机制基础上实现资源的最优配置（图 6）（董珂，徐颖，2015）。

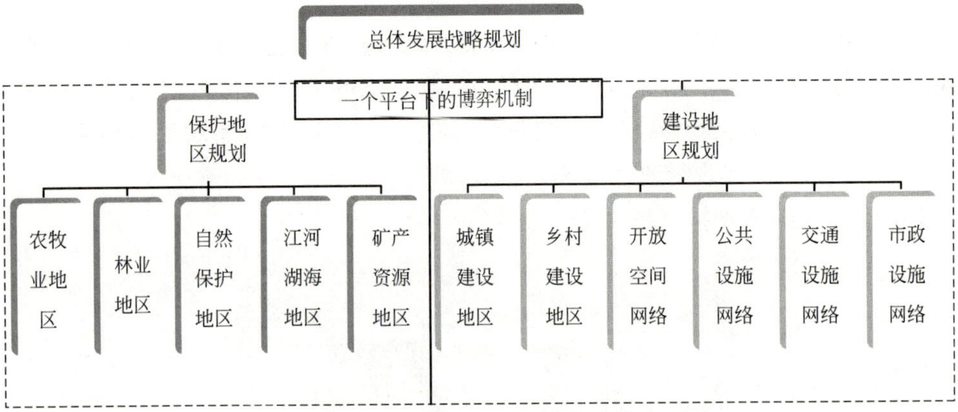

图 6　空间规划体系的机制建议

3. 明确沟通目标

即通过“总体战略”凝聚各方共识，协同各方利益。在城镇化快速发展的初期阶段，空间规划往往可以达成各方均获利的“帕累托改进”；但到了城镇化快速发展的中后期，各方利益均已达到相互博弈的“极限”，为实现整体利益的进一步优化，唯有通过上级统筹，在“总体战略”的基础上推动各方利益“有舍有得”，即舍弃与城市愿景不符的局部利益，从而实现整体的“帕累托最优”。

在建立沟通基础、完善沟通机制、明确沟通目标的基础上，应形成“先各抒己见，后统一行动”的规划决策机制。即城市政府在一个平台的基础上，首先组织各部门进行协商，然后实现统筹决策，最终安排分头实施。

（二）推动“共同缔造”

应当深刻理解“以人民为中心”的基本准则，实现“人民城市人民建，人民城市人民管”，充分发挥社会团体、市场、公众等利益主体参与城市治理的积极性和主动性。重点可以在以下三方面实施改革：

1. 实现全过程的公众参与

在现行总体规划评估、规划调研、方案、成果等阶段，组织多种形式的公众参与。从民生角度出发，针对重点问题开展形式多样的征询活动，保障广大市民、社会团体的知情权、参与权，在规划中甄别和落实公众意见。

2. 明晰各方权利与责任

首先是明晰服务型政府的权利与责任，其次是根据用益物权来确定利益相关人的权利与责任。这需要建立一套制度和规则，就是在特定地区的规划中，利益相关人拥有多大的权力、在多大程度上参与规划的制订和决策。

3. 改革社区治理体制与规划方法

在总规向下延伸的过程中，应当以社区作为基本单元，推进多元共治，形成包含居委会、企事业单位、社会组织、居民等多元主体为主导的治理体系。尝试建立社区议事平台，推行社区规划师制度，为多元主体提供技术服务。鼓励倡导式规划、渐进式规划，通过引导、协商、沟通、参与来达到治理目的。

四、面向规划部门：实施建设、管控的法定文件

对规划行政主管部门有用是总规“好用”的基础，我国已经建立起相对成熟的城乡规划体系和城乡规划实施流程（图 7），不能因为在改革过程中强化前三方面的作用，而荒废它的基本用途。对总规原有弊端的改进，既要考虑作为具有法律效力文件的一般规律，又要考虑国家发展进入新时代的新变化。

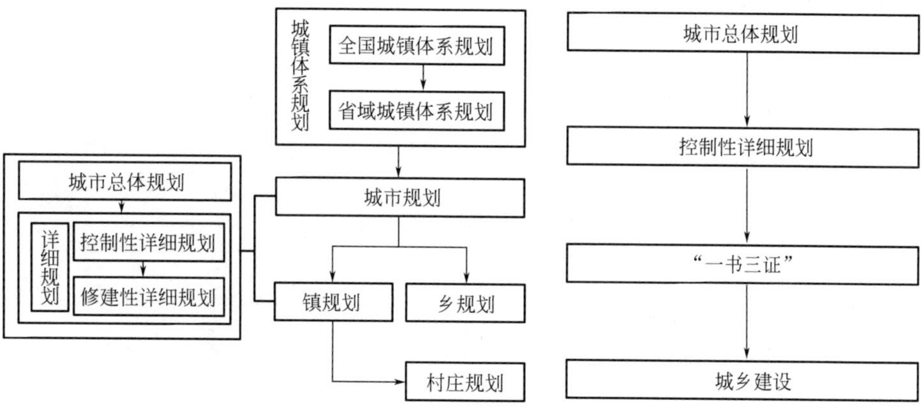

图 7　我国现行城乡规划体系和实施流程示意

（一）明晰政府事权边界

1. 明晰政府与市场的事权边界

明晰政府与市场的事权边界。在市场经济起决定性作用的体制背景下，应当

将服务型政府配置空间资源的权力限定在“公共服务供给”和“公共资源管控”两方面。

公共服务供给具有正外部性，即公共服务的供给者在自身享受服务时，也使得其他人享受了服务。因此，这是“市场失灵”的领域，城市政府应当对此实施主动形成行为，即通过征税获取财政收入，并统筹提供公共服务，将利益返还给全体市民。这种行为落实到总规中，应形成“愿景目标—战略定位—举措—行动”的逻辑框架，最终形成公共服务供给的项目库。按照服务型政府的事权设定，也应将总规项目库限定在公共服务供给的范畴内，避免对“市场有效”领域提供不必要的供给。

公共资源使用具有负外部性．即公共资源的使用者在自身使用资源时，会使得其他人减少或失去使用资源的机会。因此。不是所有的自然资源资产可以通过确权和定价实现资源的最优配置，因为某些自然资源资产必须被归类为不可被私人占用的公共资源。这同样是“市场失灵”的领域，城市政府应当对此实施负向约束行为。例如：划定各类不可建设地区和保护线，也包括在城镇空间内对地块所产生负外部性影响（例如：空气、水、固废、噪声等环境污染）进行管控约束。这种行为落实到总规中，应形成约束下位规划的管控类刚性内容，也可理解为下位规划编制的“规划条件”。

综合上述分析，总规的“成果出口”应当包含两个方面：行动计划集成和管控要素集成（图 8），分别对应城市政府的主动形成行为和负向约束行为。

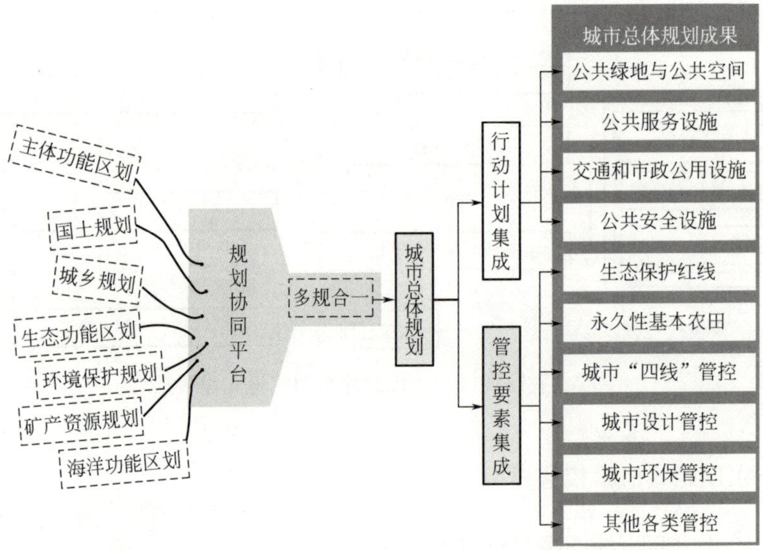

图 8　城市总体规划的“成果出口”：行动计划集成和管控要素集成

2. 明晰各级政府的事权边界

过去，总规饱受诟病的一个重要原因是上下级政府事权不清，总规内容“该刚不刚，该弹不弹”（《城市总体规划改革与创新课题研究》课题组，2012）。强制性内容事无巨细，没有给下位规划预留弹性空间，城乡规划督察据此进行图斑比对，导致督察效果“抓小放大”，未能真正起到上级政府的宏观管控作用。

针对这种情况，从进一步明晰上下级政府的事权对总规强制性内容进行分层管控是非常必要的，上下级政府事权的划分标准是管控对象是否具备“全局性、基础性、重要性”特征，例如城镇建设用地规模体现了管控的全局性，基本公共服务的配置指标体现了管控的基础性，国家级保护性要素体现了管控的重要性，这些要素都应成为上级政府的管控事权。

（二）优化刚性内容传递

无论是城市总体规划还是城市详细规划，都应当具备刚性控制作用。因为，城乡规划的法律效力，是以多个层级规划构成的整体来共同实现的。各个层级规划就好比环环相扣的“链条”，只要其中的一个“环”断裂，则整体的约束力就荡然无存。因此，保障各层级规划法律效力的“环环相扣”，即“刚性传递”，就成为制度设计上的关键和技术方法上的难点。

“刚性传递”的技术难度在于“空间类”管控的向下传递。因为，“数字类”管控要素是从“总体清晰”到“局部清晰”的过程，可以进行数字上的逐级分解；而“空间类”管控是从“总体模糊”到“局部清晰”的过程，因此无法通过简单的空间分解来实现（图9）。这导致了看似精细的“总规”图纸在实际操作过程中仅仅只能起到示意作用。

但是，为了实现城市治理能力的现代化和精细化，空间规划必须要从简单粗放的“数字类”管控转向越来越多的“空间类”管控。为实现“空间类”管控的有效“刚性传递”，应建立上下层级规划对于功能属性约束的“映射关系”，这种“映射关系”无法用“大类—中类—小类”的城市建设用地分类逐级细化来实现。因为，城市实际建设过程中相邻地块往往不属于同一“大类”用地，所以总规即便是采用“大类”用地“简化”，也无法整合相邻地块，形成理想中相对整体性的功能片区管控，最终仍然沦为一张不太好用的“碎花布图”。在实际规划管理中，这种情况使总规陷入了“两难境地”：如果总规地块画得过粗，则严格意义上讲控规编制都不得不违反总规，特别是如果“绿线”划定过于粗糙，将导致城乡规划督察过程中违规图斑“法不责众”；如果总规地块画得过细，则总规实际上已经替代了控规的功能，或者总规本身形成的过程就是现有控规的拼合，这也导致了总规“越俎代庖”，规划的层级分工名存实亡。

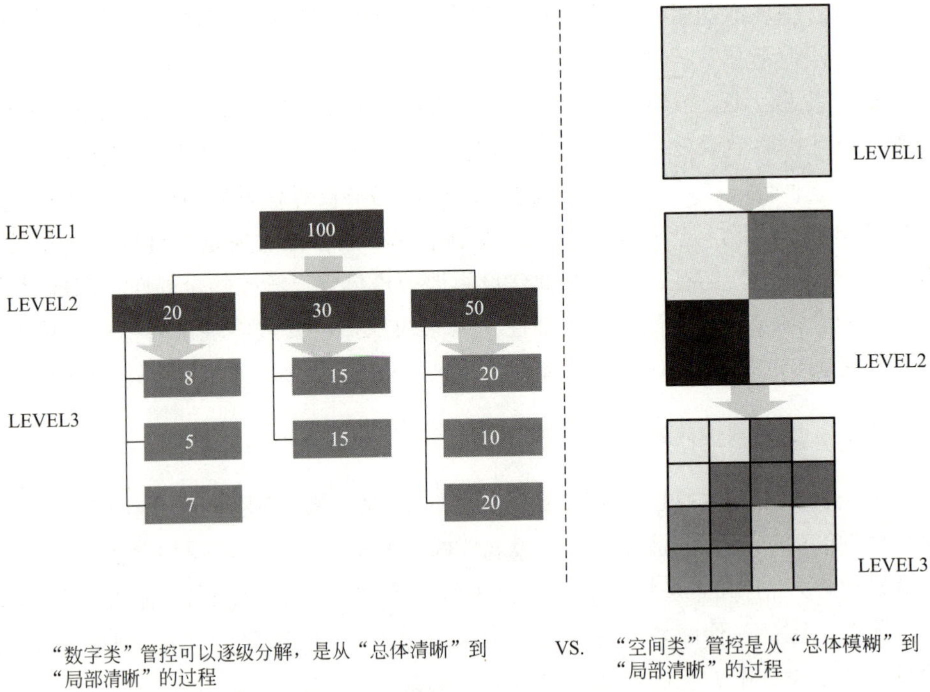

图 9　“数字类”管控和“空间类”管控“刚性传递”方式的对比

为了明晰总规和下位规划的事权分工。同时保障总规的“空间类”刚性内容能够传递到下位规划，建议总规和下位规划采用不同的功能属性分类方式，而上下位规划的“刚性传递”关系是功能属性的“混合配比”关系：总规的某个功能属性对应控规的一系列功能属性的比例关系。建议在总规层次采用“主导功能区”分类，将城市分为：居住、商贸、工业、生态、混合等若干“主导功能区”。从“刚性传递”的内容看，每个总规“主导功能区”对应控规中各类建设用地的比例。例如：总规中的居住主导功能区对应控规的建设用地比例要求是：居住用地不得少于 X%，配套的公共服务设施用地不得少于 Y%，配套的公共绿地不得少于 Z%等等。

（三）推进存量用地盘活

以城镇化水平超过 50%为分界点，当前我国已处于城镇化快速发展的中后阶段，发展方式将从数量增长为主转向质量提升和结构优化为主，城市规划建设的重心逐步从增量用地建设转向存量用地盘活。

在此背景下，应改进存量用地盘活的土地制度和规划技术方法。目前城市用地属性变更的制度成本过高，导致很多“合理”的改造更新并不“合法”。为促进城市发展方式的转变，应尽快研究制定用地属性变更（包括农地城地转换、公地私地转换、不同私地转换等）的优惠政策、简化程序，加强存量用地的立体、复合、集约利用，释放“制度红利”；在规划技术变革下，伴随城市建设用地从增量扩张阶段过渡到存量盘活阶段，总规要与时俱进地更新技术工具，从“宏大叙事”转向“累积渐进”，从“追求美学完型”转向“尊重既有物权”，从“精英规划”转向“众筹规划”，从规“划”走向规“则”。应充分预见“增量土地财政”失效对经营城市带来的颠覆性影响，尽快实现发展动力转换，通过科技创新和绿色生态实现社会经济发展与资源消耗脱钩；并通过以租代售等方式，实现城市财政从产权出让的一次性收入逐步过渡到产权出租的常年性收入，保证城市运营维护的资金来源。

五、总结

我国已进入社会主义建设的新时代，它赋予了城市总体规划新的使命。总规的战略性、全局性、综合性特征决定了它是落实“两个百年”中国梦的城市“空间顶层设计”，也决定了它是全要素、全空间、全过程的动态实施过程。对应国家、城市、各方主体和规划部门四类使用者，城市总体规划应发挥“落实中央精神的顶层设计、统筹全市工作的施政纲领、协同各方利益的沟通平台、实施建设、管控的法定文件”四大作用（图 10）。而唯有通过一系列法制、体制、机制的改革，通过规划技术理念、方法的创新，方能“改以致用、以用推改”。

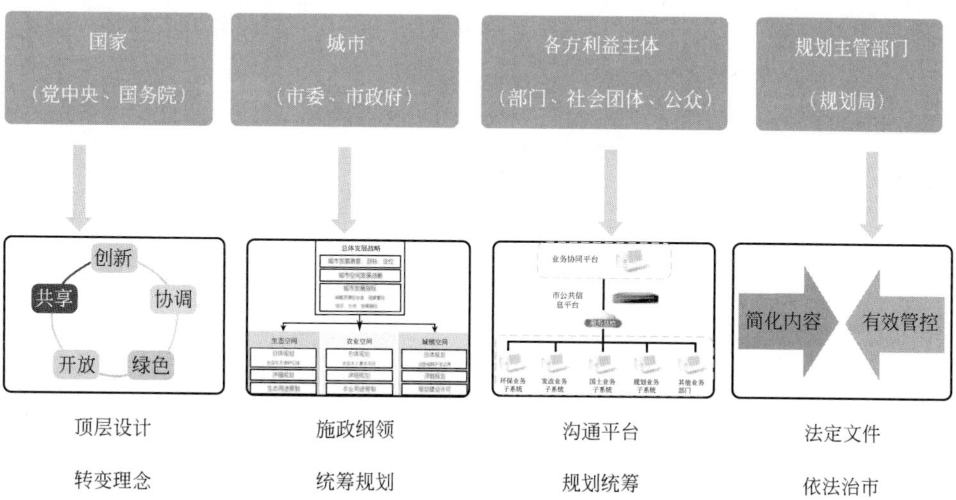

图 10　城市总体规划的作用：顶层设计、施政纲领、沟通平台、法定文件

（撰稿人：董珂，博士，教授级高级城市规划师，中国城市规划设计研究院绿色城市研究所所长，中国城市规划学会城市总体规划学委会秘书处成员；张菁，教授级高级城市规划师，中国城市规划设计研究院副总规划师，中国城市规划学会城市总体规划学委会副主任委员。）

注：摘自《城市规划》，2018（01）：50-57，参考文献见原文。

控制性详细规划实施三十年的反思与展望

——专家观点集萃

2016年9月26日，2016年中国城市规划年会自由论坛“控规三十年：得失与展望”顺利举行。此次论坛回顾与总结了控制性详细规划（以下简称控规）三十年来的发展得失，分析控规面临的挑战，探讨控规改革创新的方向和路径。与会专家分别针对控规的理论基础、发展历程与未来发展定位、控规编制与管理的科学性问题、规划管理如何适应市场不确定性及存量增长模式新变化、控规与城市设计一体化、城市规划与土地政策的融合、提高规划公众参与等方面进行了深入探讨。

控规发展进入反思转型阶段，需共同探讨改革创新的方向和路径

吕传廷——广州市城市规划编制研究中心主任，教授级高级工程师

过去30年，控规的发展大致经历了四个阶段：

（1）理论探索（1980～1990年）：借鉴香港法定图则与美国区划（zoning）的规划经验的基础上，形成了以土地开发指标控制为核心的控制性详细规划制度。先期探索包括广州的街区规划、上海虹桥开发区规划、桂林市中心区详细规划研究、温州的旧城改造等。

（2）制度确立（1991～2000年）：《城市规划编制办法》（已废止）、《城市国有土地使用权出让规划管理办法》、《城市规划编制办法实施细则》等部门规章的出台基本建立了控规的编制与规范管理的制度框架。

（3）全面发展（2001～2011年）：《国务院关于加强国有土地资产管理的通知》《招标拍卖挂牌出让国有土地使用权规定》《全国工业用地出让最低价标准》《中华人民共和国城乡规划法》等法律法规使控规作为土地出让条件和规划管理直接法定依据的法定地位不断加强，很多城市都推进了总体规划建设用地范围的控规全覆盖工作。

（4）反思转型（2012年至今）：“控规全覆盖”的规划实践为落实依法治国理念，实现城乡一体化发展做出了有益探索，也出现了制度性异化现象。理论

上，控规全覆盖加剧和暴露了城市发展的不确定性与法定控规确定性之间的内在矛盾；现实中，控制性详细规划的频繁修改又屡屡挑战控制性详细规划法律地位，反而与依法治国的理念背道而驰。

经过三十年的发展，控制性详细规划取得了巨大的成就，也面临着许多问题和挑战。既包括如何处理政府、市场和市民三者之间的利益关系，如何按照依法治国的要求推进其法制化和公众参与，如何推进土地制度的改革，也包括控规自身内部体系的科学性和价值观的选择、对市场变化的适应性、对多元化的建设实施主体如何实现有效管控等问题。

当前，中央城市工作会议和《中共中央国务院关于进一步加强城市规划建设管理工作的若干意见》提出，控制性详细规划是规划实施的基础，要统筹规划、建设、管理三大环节，增强规划的前瞻性、严肃性和连续性，实现一张蓝图干到底。为了加强城乡规划学科的建设，适应新的发展阶段的要求，需要我们共同努力去探讨控制性详细规划改革创新的方向和路径。一方面，应不断加强控规自身的学科建设，增强控规编制的科学性，提高控规对城市发展的适应性，完善其实施管理机制；同时，还需要不断探讨政府角色转变、土地制度改革等与控规密切相关的外部环境条件。

从利益调整的角度探索控规的指标和法理机制

孙施文——同济大学建筑城规学院教授

控规是我国的一种法定规划，是我国规划界的一个创设，在其他国家和地区并没有这样一种规划类型，尽管我们在创设的过程中借鉴了美国区划法规、香港法定图则的成分，但存在着本质的不同。

首先，控规是规划，在我国基本上是发展规划的组成部分，它不是法规。除了法律效力和制定程序之外，规划和法规的不同还体现在出发点和价值判断的不同。规划是谋求变化的，变化就要改变现有的利益格局，因此，我们的发展规划都是基于对未来发展的预测来对土地使用等进行安排，是建立在对未来愿景的基础上来改变现状的利益格局的；而法规是保护现有利益格局的，是在保护现有利益的基础上应对新的建设，即新的建设或改造不能损害到周边的利益，也就是不能导致周边土地、房产的贬值，这是美国城市区划法规形成的基础。就此而言，我们既然借鉴了美国的区划法规，那么就要鉴别清楚我们的控规究竟是什么性质的规划，对所涉及的空间和土地使用安排采取怎样的价值观、如何作出判断。此外，我们的控规和美国城市的区划法规之间的不同还有很多，比如通则式的管理和个案式的管理，我们的控规更多是通则式的形式但实质上是个案式的；美国的区划法规主要用于建成区，我们的控规也用于新区建设，美国新建设地区采用另外的规划手段；美国城市的区划法规只适用于私人土地的开发建设，公共用地以及公共事务则按综合规划进行管理，两者是分离的，学理基础也不同。

关于控规的进一步研究，应当针对当前控规实施中出现的问题来做进一步的探讨，国外经验可以提供一些借鉴，但在引入时一定要区分其实质意义上的差异。在未来探讨中，至少有两个前期性的或者可以称为预设性的问题要首先回答，第一是控制什么，如果我们还是秉持着建设规划的理念，按图实施，这可能对新区建设问题不大，但至少对于城市更新而言，在建成区里的再开发，可能就会涉及利益调整的问题，那么规划控制的价值标准是什么，规划调配社会利益的手段和工具是什么？这也是为什么我们在过去的旧城改造中只能采用整片地区拆除后重建模式的重要原因。第二是控规的机制，也就是其内在的法理机制。中国规划界一直有将控规向法规转化的欲望，并且现在也是规划实施管理的最重要的依据，但至少到现在为止，其内在的控制机制仍是不健全的，这在规划制定中，各项指标确定的依据是什么，如何解决其中的公平问题，它们之间的关系是建立在什么基础上的？我们应当从利益的角度来审视这些指标，而不仅仅只是空间秩序的问题。这也就是为什么我们现在老嫌控规刚性太强，也总想着要软化它的原因所在。为什么美国就没嫌区划法规太刚性呢？当然，这个问题还涉及控规与整个规划体系的关系，以及运作、操作和管理的方法和手段等方面的问题，这些问题都值得进一步地探讨。

明确责权边界，顺应时代需求改进和提升控规

王晓东——北京清华同衡规划设计研究院书记、副院长

当前，控规工作在实践层面出现了一些必须关注的非正常现象，具体包括：(1) 总体规划与控规脱节，职责权限边界不清，缺少管控职能上的理性传递；(2) 盲目的控规全覆盖，总体规划刚批准，就把地块层面的控规覆盖到总体规划确定的全部规划建设用地，很多指标定得过早，定得过死；(3) 在科学技术和公共政策间迷失，在技术逻辑的科学严谨与政策层面的公平、公正、公开间，没有找到稳定的平衡点；(4) 僵化的刚性和无原则的弹性，或者什么都可以改，或者什么都不能改；(5) 什么都要管与什么都管不住，核心管控职能被不断稀释、弱化、分散；(6) 理想与现实的反差，规划蓝图与城市现实脱节，方案不切实际；(7) 一个地块，规划多遍，各类规划形成“乌云压顶”之势。

这些非理性现象的存在，叠加城镇化和城乡发展建设的转型升级压力以及整个中国公共治理体系面临的困难局面，便显得更为艰难和严峻。包括控规在内的

城乡规划，如何顺应时代需求进行改进和提升？在此，有以下几点建议：

一是空间资源的规划调控，应坚持“一级政府、一级事权、一本规划”，基于本级政府的职责，在本级事权内管好本级的事，避免针对“同一调控事项”在纵向上形成“多级空间规划管同一块地的同一件事”。

二是不宜过度强调多规“合一”，更要清晰地在横向部门制定的规划间“分权责”，各类规划要守土有责，各司其职，避免管控职能往别人家的“规划”渗透，造成“多个类型规划管同样的事”。

三是控规要保持对总体规划的最基本尊重，该由总体规划定的，控规不能变相改变和突破，保证总体规划与控规调控职能的有效发挥，保证不同规划管控意图的切实落实。

四是让空间规划调控变得更直接、简单、易行、有效，在注重空间规划体系构建顶层设计的同时，更应突出针对实时问题的及时快速反应，更应关注小微式、渐进式、常态化的工作改进和完善，更应鼓励各地因地制宜的机动灵活应对和地方实践创新。

五是让控规在特定时代背景下发挥其应该且能够发挥的作用，与各方治理力量协同，发挥合力，不断提升对空间资源配置的主动性、科学性、有效性和公平、公正、公开。

六是借鉴武汉、上海、广州等地已有经验和工作基础，加大力度推进集成化城市规划信息管理平台的建设，以科技进步和工具平台的升级，推动城乡规划的实质性改革和创新。

在现实中国城乡发展建设转型，而整个公共治理体系改革又进入最艰难、最尖锐的时期，处于“空间资源配置”和“利益调节”旋涡中心的控规，责任重大。在推进包括控规在内的空间规划体系改革过程中，首先要在学术层面，解除各种显性和隐性的束缚，不断进行破界、跨界、融合、协同和创新，百花齐放，百家争鸣。唯有学术之花盛开，中国的城市规划改革创新才有取之不尽、用之不竭的源头活水。

控规发展需要科学确定指标、强化整体调控、完善动态管理

刘奇志——武汉国土资源与规划局副局长，教授级高级工程师

武汉市控制性详细规划发展经历了五个阶段：（1）1990~1998 年，主要为适应开发区大规模建设和农用地转化为城市建设用地的需要；（2）1999~2001 年，总规审批后 3 年实现了主城控规全覆盖，但同时也进入了控规的频繁调整期；（3）2002~2007 年，借鉴香港、深圳经验，进入编制法定图则的法制化探索期；

（4）2008～2014 年，根据《城乡规划法》要求，结合新一轮总规，开始面向管理实用期；（5）2015 年迄今，市政府审批通过都市发展区全覆盖的控规导则，正式进入依法操作期。

在此过程中，武汉在控规方面做了以下探索：（1）发挥“规土合一”的优势，借鉴土地利用规划中现状图和规划图具有同等法律地位的经验，以地籍权属信息作为控规现状图的用地界线，其土地使用用途作为参考，并将现状图作为控规指导文件的附件。（2）注重对非建区和历史保护地段的控制，开展《非建区用地分类及控制标准研究》，编制了《武汉市生态框架保护规划》，并根据历史保护地段的发展现实，组织开展了历史保护地段的控规细则，对历史保护地段尝试进行精细化管理。（3）融合专项规划、强化控制性详细规划，更加注重促进各行业专项规划相互融合的对接平台建设。在规划编制上，市国土规划局会同教育、园林、体育、公安消防等部门，开展了中小学、绿地系统、体育设施、消防设施等 30 余项专项规划的编制工作，明确各类、各层级公共服务设施和交通市政设施的规划布局和控制要求。在规划管理上，建立了多部门联合审查、审批的联动机制，对于需要审批的控规，必须通过相关专项规划部门参与的市规划委员会审议；对于需要修改已审批的控规，修改方案则应先征求专项规划行政主管部门的意见，再上市规划委员会审议，以确保各专项规划的融合与实施；规划管理则以控规为平台，将各类设施用地统筹落实到统一的空间布局中，作为强制性内容进行控制，以实现城乡规划与相关专项规划空间管理平台的统筹协调管理。

控规的应用和发展，促使我国城乡规划迈出了由定性到定量的一大步，但这还只是量变，如何由量变拓展到质变，结合武汉控规工作的实践，有四项建议：第一，控规的指标值，应从目前多依据经验推测发展到真正的科学确定；第二，控规的应用范围，应从目前多实用的局部控制发展到城市的整体调控；第三，控规的管理手段，应从目前多静态的固化控制发展到动态的规划导引；第四，控规的使用维护，应从目前仅靠规划部门的单打独斗发展到全体市民的集体把控。

在存量规划时代，控规的发展应符合城市更新的需要

赵燕菁——厦门大学教授

城市建设的条件会随着建设的进程不断改变，而规划又要强调刚性，这就是过去 30 年控规的困局。规划要做的，就是寻找变通的办法。厦门的做法就是把控规分成两个阶段：第一阶段，先把总体规划的意图大体落在控规大纲；第二阶段，进入调整阶段，项目确定再给出最终的规划控制指标。进入新时期后，建成区的控规要回答的不是如何建设，而是怎么分配既得利益。因此，刚性反而会成

为城市更新的阻力。

规划之初没有人能预知未来的所有变化。如果说上一个 30 年，坚持规划刚性还有一定的道理，那么下一个 30 年，不论刚性多么强，最后是拧不过市场的。城市更新就是随着市场的变化，不断根据市场需要改变土地用途和开发强度。在城市化 2.0 阶段，规划就不能“一张图管到底”。好的控规，应当能发现存量城市新用途、新价值，然后改变旧的规划用途，推动城市的更新——或至少，不要阻碍城市的更新。

在增量规划时代，规划的主要是建设问题。在存量规划时代，规划的主要问题是管理问题，涉及的主要是产权、用途改变等。中央国务院《关于进一步加强城市规划建设管理工作的若干意见》中提出“在有条件的城市探索城市规划管理和国土资源管理部门合一”的要求，非常有利于解决上述管理问题。

控规是与规划、建设、管理结合最密切的公共政策

李永洁——广东省住房和城乡建设厅总规划师

控规是跟土地结合最紧密的一个规划，所以我们编制控规的时候要考虑土地政策，我们过去考虑的并不是特别充分，需要检讨和重新认识。控规有三大功能：一是具有传导的功能，上承总规下导建设，是适应发展的政策的工具，跟总规有很好的结合；二是具有管控的职能，是国土部门进行土地出让的一个法定的依据，与土地关系密切；三是具有协调的功能，既面向发展，又面向保护，协调各方利益。

广东在控规的探索上，在全国走得比较早，1980 年代广州市就已经在借鉴英国的做法，提出了街区控制性规划，1990 年代深圳学香港的法定图则。2004 年出台了《广东省控制性详细规划管理条例》，这是全国第一部关于控规的法规，填补国家空白。2005 年出台了《广东控制性详细规划编制指引》，提出了法定文件、管理文件和技术文件的成果构成体系。2013 年出台了《广东城乡规划条例》，对控规的编制的制度、机制以及实施管理监控处罚等都提了比较严格的要求。

对于控规未来的改革有四点思考：一是要搭建好传导的路径，解决好总规与控规的逻辑性的承接，路径上要更好地把握刚性和弹性的需要。二是强化管控的作用，通则是一个很好的做法，可在控规的管控上进行探索，以底线思维建立审批清单，明确可以做什么和不可以做什么，在个性与共性、刚性与弹性中进行理性管控。三是建立更好的协调机制，保护各方的利益。现在走向存量规划的时代，怎么更好地保护各方的利益，协调要做得更加的充分。

总而言之，控规是一项公共的政策，尤其是跟规划、建设、管理结合最密切

的一项公共政策。城市工作会议召开之后，国家出台了《关于进一步加强城市规划建设管理工作的若干建议》，国家对城市管控的着力点落在规划建设管理，而控规就是融“规建管”于一体的规划，是非常有效的城市治理政策工具。所以未来控规的转型，要更加注重过程的科学性，要倡导结果的调和性，要兼顾社会的多元性，要注重将来规划实施的共同参与性。

将城市发展目标与规划指标之间的逻辑转化为规划编制的制度和规则

周剑云——华南理工大学建筑学院教授，博士生导师

控规频繁调整及指标不适应发展需求等现象不仅反映了控规制度本身的问题，也深刻揭示了规划体系的核心问题，即：城市发展的不确定性与规划确定性之间的矛盾。不确定性是市场经济下城市发展的基本特征；然而，城市发展作为决策的结果，发展的不确定性与投资的确定性要求产生内在的冲突；因此，作为城市发展的规定及投资决策信息的城市规划就成为管治城市发展的核心工具。规划的确定性是保证城市发展的内在需求，法规是规划确定性的外部形式，规划的确定性是控制性规划法定化的基本逻辑。

“城市发展的不确定性与规划确定性之间的矛盾”作为规划体系的基本问题，在不同的国家有不同的应对策略。英国是以开发控制为核心的规划体系，开发控制中的自由裁量权是英国规划体系的主要特征。美国管治城市发展的主要工具是区划。区划的目的是保护现状及其利益，或为保护不同的利益而达成某种共识。由于区划保护的目标比较具体以及达成的结果比较清晰，区划内容的确定性就得到根本的保证。

我国城市规划体系的基本特征是以城市总体规划为主导的发展规划体系，控制性详细规划是实施总体规划和管治城市发展的手段。简而言之，总体规划确定城市的“发展目标”，而控规确定“地块开发的指标”。但是，无论是规划编制的制度与技术层面，还是实践工作层面，总体规划的“目标”与控规的“指标”之间都缺乏基本的逻辑关系。控规地块指标既没有反映总体规划确定的目标，也没有体现现实的利益诉求，而沦为填图式的数字游戏。

城市发展的不确定性是基于城市整体发展特征而作出的一般性结论。不确定性不是对城市发展不能预测，而是不能充分预测，不能对城市发展的终极状态进行规定，可以对城市阶段性发展目标进行规定。因而，规划的确定性与城市地段的发展特征有关，以及与发展目标的特征及实施能力有关。对于历史与文化保护地段、良好的建成环境等空间发展目标比较确定的地段，适用以地块为确定性尺度的控规；而对于城市外围的扩展地区、新区等发展因素复杂的地区，总体规划确定的功能目标、经济和环境目标等是控规确定性的因素，空间目标允许有一定的弹性，那么，就可以依据城市功能的确定性或土地开发的经济目标所需要的空间尺度作为控规确定性的尺度，从而建立以城市功能单元或土地开发单元为确定性尺度的控制性规划。

依据城市发展目标的确定性来区别保护与发展的两类不同地段，并依据两类地段空间发展目标的确定性选择控制性详细规划确定性适用尺度，将发展目标与规划指标之间的逻辑转化为规划编制的制度和规则，从而实现规划对城市发展管治的有效性。

兼顾市场利益与公共利益是存量规划下控规变迁的核心问题

田莉——清华大学建筑学院教授，博士生导师

与增量规划的对象不同，存量规划面对的业主相当多元化，利益博弈复杂。在增量规划中，控规的制定往往基于土地出让和城市设计的相关要求，而在存量规划中，控规的制定程序复杂得多，编制单位必须充分掌握土地业主的权属和利益诉求，同时兼顾公共利益。为此，在编制过程中，设计单位需要与土地业主和参与改造的开发商多次沟通协商，并根据规划要求提供关于拆迁安置地块、融资地块和拆迁安置成本、收益估算等各种信息，与传统的控规编制内容和形式相比，发生了很大变化。

2009 年广东全面实施“三旧”改造以来，在加快城市更新步伐、激发市场活力上取得了显著成效。然而，改造呈现强烈的房地产开发为导向的特征。为追求利润最大化，高容积率和高强度开发成为平衡拆迁成本和推进改造的最主要手段。以深圳为例，现状建筑规模约 9 亿平方米，基于法定图则规划控制的建筑规模约 12 亿平方米，即规划期内约有 3 亿平方米的建筑增量。但是从实施情况来看，市场主导的城市更新单元规划往往突破法定图则的要求，大幅提升容积率，使增量建筑向城市更新项目集中，导致政府希望优先发展的地区实施难以推进，对公共利益带来巨大挑战。广州的“三旧”改造则呈现三个“80%”的特点：（1）约 80%的改造项目都是房地产开发；（2）实施的项目 80%左右为旧厂改造；（3）80%左右改造方式为拆除重建。改造后容积率比现状提升三四倍乃至更高的案例屡见不鲜，但相应的公共配套设施却无法匹配，带来交通拥挤、设施不足等一系列问题。

既兼顾市场利益同时又保证公众的基本利益，是控规必须承担的角色。存量规划中控规编制的导向上，应从房地产开发导向为特征向社会、经济和环境维度的综合导向转型，重视产业结构提升、社会公平等问题。针对城乡更新中公共利益开发无人问津的困境，有必要借鉴美国的开发权转移制度，建立区域性的容积率转移机制。对处于生态敏感区、历史文化保护地段等需要搬迁或降低容积率的区域，应允许其将不能建设的容积率转移至其他区位、基础设施容量许可的高强度开发区，同时获得开发权转移的补偿。此外，在单个地块的容积率管理上，必须兼顾个体与公共利益。这方面台湾的分级容积率管理方法可以提供有益的借鉴：其将容积率调整和公共利益、政府发展目标挂钩，依照分区居住密度确定基准容积率，在此基础上根据更新地块对公共利益的贡献，如配建公共设施、贡献公共用地、提升产业层次及提供公共空间等，给予不同程度的容积率奖励。此外，在容积率接收区的地块，还可根据相应的法规购买转移的容积率，实现开发强度的弹性管理。

随着未来我国可开发建设用地的资源日益紧缺，存量规划的份额将逐步超越增量规划，这对我国传统规划的编制和审批提出了新的要求。如何适应新型城镇化和包容性规划潮流下的要求，在兼顾市场利益的同时保证公共利益，避免走向“唯市场”导向的开发，是存量规划下的控规变迁需要考虑的核心问题。

提升控规地位、丰富编制内容、开展动态维护

王引——北京市城市规划设计研究院总规划师

控制性详细规划在我国城乡规划领域历经了 30 年的发展，2010 年代开始对控规进行反思。为什么要反思？因为控规的发展遇到了瓶颈，出现了问题。在城乡规划技术层面，控规的编制存在着划定空间、画出路网、提出控制指标的简单粗暴的工作现象，将城市设计的内容“拒”之门外，将城市功能的衍变“拒”之门外……如此规划，广受非议。在城乡规划实施管理层面，由于我国现阶段城镇化水平较低，城镇格局尚不稳定，加上国家层面的法制水平有待提高，城乡建设管理不太支撑对“法”的严谨处理，存在着严格“执法”与城乡规划技术性内容不匹配的现象，导致控规常常随着城镇建设活动的变化而调整；但此调整程序又相对复杂，致使城乡规划行政主管部门成为地方经济社会发展的“绊脚石”。长此以往，城乡规划行政主管部门堪忧，城乡规划堪忧。

有无破解之道？提几点建议。

第一，应该认清控规在城乡规划中的作用，提升控规的地位。如果说城乡规划是空间规划，那么总体规划是宏观层面的空间把握，控规是微观层面的空间落地（包括城市详细功能的确定、城市公共空间的营造、城市品质的细节处理、城

市整体及局部空间形态的感知，等等）。把握为虚，落地为实；虚则轻，实则重。因此，控规是城乡规划的核心。

第二，丰富控规的编制内容，融相关学科于其中。彻底改变目前控规“给指标”的工作状况，将城市设计、工程规划设计及相关学科的内容纳入控规，还控规本来面目。控规是技术文件，是依法行政的法律性技术文件。在深化总规方面要统筹城乡公共利益与单位及个人的“私权”利益，落实城乡三大设施；在细化城乡空间方面，要整合从城市设计到建筑设计的相关内容，以法律条文的形式保障城乡建设，实现真正的以人为本。

第三，尊重城乡经济社会发展的客观规律，对控规进行动态维护。在当地政府的领导下，城乡规划行政主管部门应明晰事权，积极协调相关部门，减少对城乡建设用地功能的排他性管理，适度增加弹性控制，提升城市活力；……制定便捷及严谨的管理程序，使控规更好地促进城乡经济社会发展，同时，增强城乡规划行政主管部门的话语权。

综上，控规是城乡规划的核心，是城乡规划学科的基础性内容，基础不牢则大厦不稳。

控规编制应以问题为导向，利用大数据等新技术手段，刚性与弹性结合

许骏——重庆市规划研究中心副主任，高级注册规划师

2002~2012 年重庆控规进入了快速覆盖阶段，为社会经济发展发挥了积极的作用，但其科学性存在一定的问题，在利益博弈的过程当中，控规作为法定的技术性文件往往很无力。控规的快速覆盖、频繁调整与国家的经济发展模式、土地财政等是密切相关的，新常态下，发展模式的转变给了规划部门更多的时间去思考其科学性问题。

控规是对空间资源进行管控统筹最核心的环节，上一个发展阶段，为了适应快速城镇化，控规的主要服务对象是政府，下一个阶段，控规应该更多地考虑老百姓，关注民生设施的落地问题；控规编制要以问题为导向，利用大数据等新技术手段，充分考虑刚性与弹性结合，便于后续的管理和建设，尽可能提升规划编制的科学性；对于已经覆盖的控规需要建立一个良好的机制，来使它更完善，比如重庆通过专业专项规划对控规进行修复和弥补，这也是机制的探索和实践；另外不同区域控规编制的技术方法应不同，旧城应该鼓励做大量的城市修补、品质提升。新区应结合地方实际，在规划单元内进行统筹，划定生态底线，保障基础

设施和公共服务设施等落地，具体地块规划应为千变万化的市场需求留足弹性；中国地大物博，区域差异大，在控规编制过程中很难搞一个标准管到底，应充分考虑国家标准的适度化问题，鼓励地方因地制宜地创新；最后是规划师的职责，规划师不应该高高在上制定蓝图，而应该更务实、更接地气，具有钉子精神和工匠精神，走进社区，服务大众。

（撰稿人：详见正文。排名以论坛发言先后为序。）

注：摘自《城市规划》，2017（03）：109-116，参考文献见原文。

技术篇

回答一个核心问题，把握十个关系

——《北京城市总体规划（2016年—2035年）》的转型探索

导语：分析了北京新版城市总体规划面临的转型发展时代背景，介绍了新版总体规划的编制重点是系统回答“建设一个什么样的首都，怎样建设首都”这个核心问题。结合新版总规编制实践，分析了北京在优化提升“都”与“城”关系、“舍”与“得”关系、“一核”与“两翼”关系、城市规模与资源环境承载力的关系等10个方面的规划转型探索。

一、面对关键历史时期的北京

（一）国家发展进程与奋斗目标

“十八大”以来，习近平总书记系列重要讲话精神和治国理政新理念新思想新战略，成为新时期中华民族伟大复兴的科学理论指导和行动指南。习总书记指出，实现中华民族伟大复兴是中华民族近代以来最伟大的梦想。为了实现中国梦，确立了“两个一百年”的奋斗目标。当前的城乡规划建设实践都应围绕这一崇高奋斗目标展开。

（二）我国的城市发展形势与超大城市命题

我国已进入城镇化较快发展的中后期，伴随着经济新常态，多数城市的发展从快速生长期进入稳定成熟期，发展目标从规模扩张转向内涵集约。城市发展转型是时代的大趋势。北京、上海等超大城市作为我国人口最密集、经济最发达、创新最活跃的地区，在转型时期承担着改革引领、探索创新的使命。对外来看，超大城市需要发挥中枢作用，促进城市群整体发展，进而推动我国新型城镇化进程；对内而言，着力解决自身“大城市病”，探索人口经济密集地区的优化开发模式，提升城市发展质量和竞争力，完善城市治理体系，已成为超大城市的共同命题。

（三）北京的成就、挑战与机遇

2005年1月27日，国务院正式批复了《北京城市总体规划（2004年—2020

年)》。10余年来，伴随着圆满举办2008年奥运会、成功应对国际金融危机、成功举办APEC峰会和“一带一路”峰会等，首都经济社会保持平稳较快发展，北京已经成为当今世界上最具活力和潜力的城市之一。作为社会主义中国的首都，北京在全球发挥着越来越大的影响力：当前北京拥有58个世界500强企业总部，居全球城市之首；首都国际机场旅客吞吐量排名全球第二；即将成为全球唯一一个同时举办过夏季奥运会和冬季奥运会的城市……

但另一方面，北京也积累了一些深层次矛盾和问题，特别是人口资源环境矛盾日益凸显，“大城市病”十分突出。2015年底，全市常住人口达到2170.5万，城乡建设用地2921km^2，平原地区开发强度达到46%。全市人均水资源量约176m^3，远低于国际上的500m^{3}极度缺水警戒线。尽管空气污染逐年好转，但2016年PM2.5年均浓度仍达到73微克/m^3，重污染天气39天。全市户均住房套数不足0.9套，与全体居民“住有所居”的愿景还有差距。这些问题都在倒逼城市发展的全面转型，需要从城市总体规划的战略性、全局性角度，寻求综合解决方略。

与此同时，首都发展也面临新的形势和重大机遇，包括京津冀协同发展战略的实施以及规划建设城市副中心、河北雄安新区等重大战略决策，也包括筹办2022年冬奥会、深入推进“一带一路”建设等，这些都将对首都未来产生重大而深远的影响，需要从长远发展角度进行统筹考虑。

二、一个核心问题的提出

（一）贯彻“2·26”讲话精神，对接京津冀协同发展国家战略

2014年2月26日，习近平总书记视察北京，对做好北京发展和管理工作作出5点指示：明确城市战略定位；调整疏解非首都核心功能；提升城市建设质量；提高城市管理水平；加大大气污染治理力度。

以习总书记“2·26”重要讲话精神为指导，北京正式启动了新一轮总体规划编制工作。规划编制采取“政府组织、专家领衔、部门合作、公众参与、科学决策”的工作模式，开展了38项重点专题研究，近200名专家学者参与了研究工作。

2015年6月，党中央、国务院批复《京津冀协同发展规划纲要》（以下简称《纲要》）。《纲要》明确了推动京津冀协同发展是重大国家战略，其核心是有序疏解北京非首都功能。这是历史上首次北京在编制城市总体规划时有了可依据和遵循的上位规划。《纲要》从功能定位、发展目标、重点工作等方面对北京提出了明确的指导。包括：京津冀区域整体要建设成为以首都为核心的世界级城市

群；到2020年，北京市常住人口力争控制在2300万人以内，其中城六区争取下降15个百分点左右。北京“大城市病”等突出问题要得到缓解等。北京市落实《纲要》要求对总体规划编制的前期研究成果进行了深化。

（二）优化完善总体规划，回答“2·24”讲话提出的核心问题

2017年2月24日，习近平总书记再次视察北京，对进一步做好北京城市规划建设作出了重要指示。习总书记指出，城市规划在城市发展中起着重要引领作用，北京城市规划要深入思考建设一个什么样的首都，怎样建设首都这个问题。这一核心问题为确立新时期北京城市发展的关键目标和奋斗方向提供了指引。

北京市以习总书记两次视察北京重要讲话精神为根本遵循，对已有的总体规划草案进行重新审视和深化完善，力图优化提升对这一重大问题的系统谋划和回答。2017年6月，新一轮北京城市总体规划正式交出了答卷。2017年9月，党中央、国务院批复了《北京城市总体规划（2016年—2035年）》（以下简称新版总规）。

三、《北京城市总体规划（2016年—2035年）》的转型探索

（一）把握“都”与“城”的关系

1. 规划期限与国家进程相结合

北京作为首都，城市发展进程与国家发展进程息息相关，在各个历史时期都尽全力为国家发展目标的实现做出应有贡献。本次北京总规将规划期限确立为2035年。近期到2020年，远景展望到2050年，与“两个一百年”奋斗目标进程相衔接，与“新两步走”的安排相一致。在为第一个“一百年”目标建设提出详细路线的同时，将2035年作为承上启下的节点，确保为第二个“一百年”目标的实现奠定下坚实基础。

2. 空间发展与首都战略定位相对接

北京作为首都，城市性质和功能定位始终将“都”的要求放在核心位置，从“三为”到“四项指示”到“四个服务”，始终坚定作为社会主义首都的核心责任和职能。新版总规紧紧围绕实现“都”的功能来谋划“城”的发展，努力以城的更高水平发展服务保障“都”的功能。规划通篇围绕落实全国政治中心文化中心、国际交往中心、科技创新中心的战略定位来展开，并着重对服务保障四个中心功能的空间布局作出了安排，为“都”的战略如何在“城”的空间上施展提出了明确的路径。

3. 发展目标与首善标准相契合

北京作为首都，城市发展要处处体现“都”的理念和标准，处处彰显国家

精神、国家形象。新版总规以首善标准来确定城市的发展目标，以更宽广的视野、更长远的眼光来谱写中国梦的北京篇章，努力建设一个伟大社会主义祖国的首都，一个迈向中华民族伟大复兴的大国首都，一个国际一流的和谐宜居之都。规划提出，立足北京实际，突出中国特色，按照国际一流标准，坚持以人民为中心，把北京建设成为在政治、科技、文化、社会、生态等方面具有广泛和重要国际影响力的城市，建设成为人民幸福安康的美好家园。

（二）把握“舍”与“得”的关系

1. 构建功能清晰、分工合理、主副结合的城市空间结构

新版总规紧紧抓住疏解非首都功能这个“牛鼻子”，在空间布局上着重突出首都功能、疏解导向与生态建设，提出在市域范围内形成“一核一主一副、两轴多点一区”的空间格局。规划通过大力调整空间结构，以不同的空间分区为抓手明确了核心区、中心城区、城市副中心，以及两轴、多点、一区的分区发展和管控的规划任务，并提出加强统筹协调，以实现非首都功能疏解的“舍”和城市整体功能优化的“得”。规划明确了核心区功能重组、中心城区疏解提升、北京城市副中心和河北雄安新区形成北京新的两翼、平原地区疏解承接、新城多点支撑山区生态涵养的规划任务。

2. 明确核心区、中心城区的疏解重点和提升方向

针对“一核”“一主”的非首都功能疏解重点地区，新版总规明确了疏解（“舍”）的重点对象和优化提升（“得”）的关键领域。

针对核心区，规划一方面提出疏解腾退区域性商品交易市场和大型医疗机构，调整优化传统商业区，推动传统平房区保护更新，另一方面确定了疏解腾退空间优先用于保障中央政务功能，用于补足绿地、水系及为本地居民服务的设施，同时加强环境整治，加强精细化管理，创建一流人居环境。

针对中心城区，规划提出疏解四类非首都功能[1]。降低人口密度，减少城乡建设用地规模，严控总建筑规模和建筑高度。在疏解腾退空间利用方面，确立了“五个优先”的原则：优先用于保障中央政务功能，预留重要国事活动空间；优先用于发展文化与科技创新功能；优先用于增加绿地和公共空间；优先用于补充公共服务设施增加公共租赁住房，改善居民生活条件；优先用于完善交通市政基础设施，保障城市安全高效运行。

---

[1] 2015 年 6 月，党中央、国务院批复的《京津冀协同发展规划纲要》提出，有序疏解北京非首都功能，重点是疏解一般性产业特别是高消耗产业；区域性物流基地、区域性专业市场等部分第三产业；部分教育、医疗、培训机构等社会公共服务功能；部分行政性、事业性服务机构和企业总部等 4 类非首都功能。

3. 腾笼换鸟，构建高精尖经济结构

过去10年里，北京的GDP增长依赖土地投放和人口增长的状况还没有根本性改变，发展仍然相对粗放。随着发展观的转变，未来在人口资源环境承载力的硬约束下，必须转向集约高效的产业发展模式，提高劳动生产率和地均产出率。因此，新版总规提出，大力疏解不符合城市战略定位的产业，压缩工业、仓储等用地比重，腾退低效集体产业用地，提高产业用地的利用效率。利用减量腾退释放出的空间，吸引和配置高精尖产业项目，为科技创新提供有力支撑，实现更高水平的发展。

（三）把握“一核”与“两翼”的关系

1. 系统阐述“一核”在城市群中的作用

北京历版总体规划均重视城市与区域的关系处理，例如1982版总体规划提出“首都圈”的概念，强调北京与周边地区融合发展的重要性，2004版总体规划提出特别要加强北京与京津城镇发展走廊及北京周边城市的协调，等等。历经长期探索，区域协同聚焦的地域空间最终扩展到京津冀整体，北京也相应确立了“一核”定位。新版总规对如何发挥“一核”的辐射带动作用进行了系统阐述，提出对接支持河北雄安新区规划建设，携手津冀两省市推进交通、生态、产业等重点领域率先突破，强化交界地区的规划建设管理，与河北共同筹办好冬奥会等有针对性的战略措施。

2. 推动同频共振的北京新“两翼”形成

作为示范带动北京非首都功能疏解的两大重点区域，北京城市副中心和河北雄安新区将共同构成北京新的“两翼”。新版总规单独用一节内容对支持雄安新区规划建设作了安排。规划将“一核”与“两翼”作为一个整体来看待，在“一核”的辐射作用下，强调“两翼”的互联互通、同频共振，形成北京中心城区、北京城市副中心与河北雄安新区功能分工、错位发展的新格局。规划率先在建立便捷高效的交通联系支持在京资源转移疏解，促进公共服务全方位合作等领域为雄安新区建设提供支持。

3. 构建以首都为核心的京津冀城市群体系

“一核”与“两翼”都是京津冀城市群空间体系的关键组成部分，“一核”长期稳定的高水平发展是城市群持续发展的原动力，“两翼”是引领区域发展的新增长极。“一核”与“两翼”的协同发力，旨在激活区域整体发展潜力，促进京津冀地区发育形成完善的城市群体系。新版总规提出，在半径50km的核心区、半径150km的辐射区、半径300km的城市群尺度上分别布局不同的首都功能，形成核心区功能优化、辐射区协同发展、梯度层次合理的城市群体系（图1）。

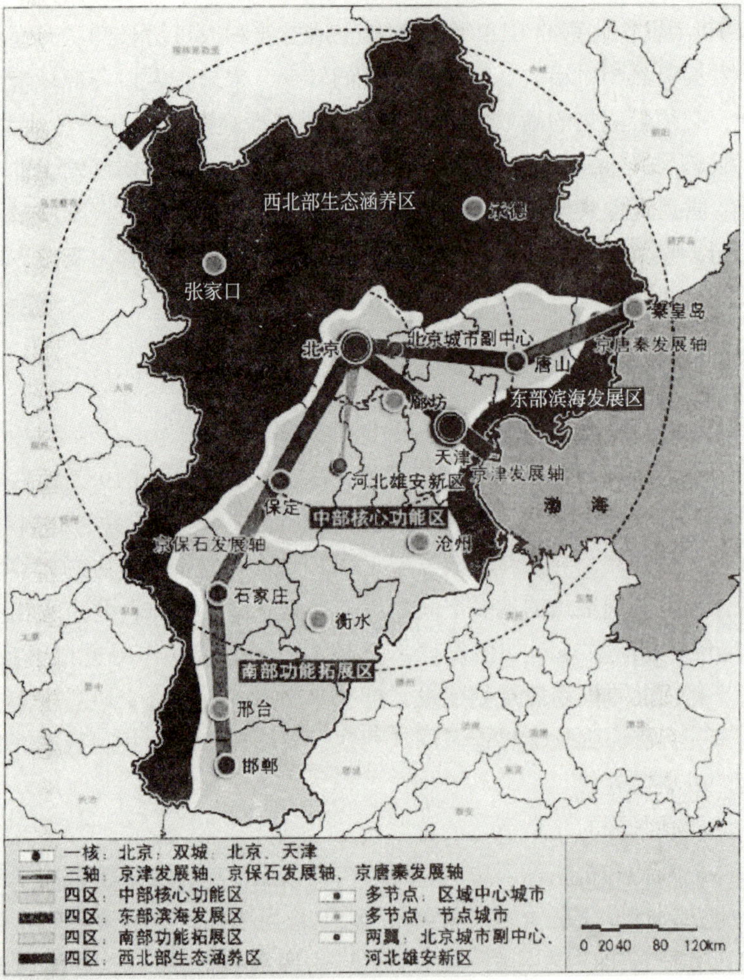

图 1　京津冀区域空间格局示意

（四）把握城市规模与资源环境承载力的关系

1. 以资源环境承载力为硬约束，确定城市规模“三条红线”

当前，超大城市人口过快增长与资源环境承载能力的矛盾日益凸显，北京最为突出的是以水资源为典型的资源支撑压力、大气污染物排放总量超过环境容量、生态用地不断被挤占和蚕食等问题。为保障首都可持续发展，需要以水资源、能源、生态空间等资源环境的承载能力为刚性约束条件，控制城市发展规模。新版总规提出，坚持集约发展，确定人口总量上限、生态控制线、城市开发边界这 3 条城市规模红线，以底线约束来倒逼发展方式转变。

2. 人口总量上限

水资源是当前北京人口承载的最大资源短板。按照以水定人的要求，根据可供水资源量和人均水资源量，确定北京市常住人口规模2020年控制在2300万人以内，2020年以后长期稳定在这一水平。《纲要》正是按照这一约束条件对北京的人口规模提出控制要求。在总量控制的前提下，规划提出调整人口空间布局优化人口结构，改善人口服务管理，保持人口的合理有序流动，使城市保持发展活力。公共服务设施、交通基础设施、市政基础设施分别按照1.2、1.5、1.3的保障系数配置，以满足城市实际服务人口的合理需求和安全保障。

3. 生态控制线及城市开发边界

北京城乡空间管理面临的最大挑战在于城市蔓延。新中国成立以来每一轮总体规划都强调控制规模，但现实是增长与突破成为常态。用地蔓延并不是因为缺乏边界设计，而是主体功能区规划、城乡规划、国土规划等确立的边界体系相互重叠、多头管理，过多的权力边界创造了破碎化地块上的投机和寻租空间。

新版总规基于对既有规划系统的全面梳理和对各类生态要素、建设要素的统筹，结合国土资源部、住房城乡建设部推动的城市开发边界划定工作，将北京市域空间由生态控制线和城市开发边界划分为3个政策区：集中建设区、限制建设区和生态控制区。2020年生态控制区面积约占市域面积的73%，集中建设区约占14%，限制建设区约占13%。通过集体建设用地减量腾退和绿化建设，将限制建设区用地逐步划入生态控制区和集中建设区。规划到2050年实现“两线合一”，生态控制区比例提高到80%以上（图2）。

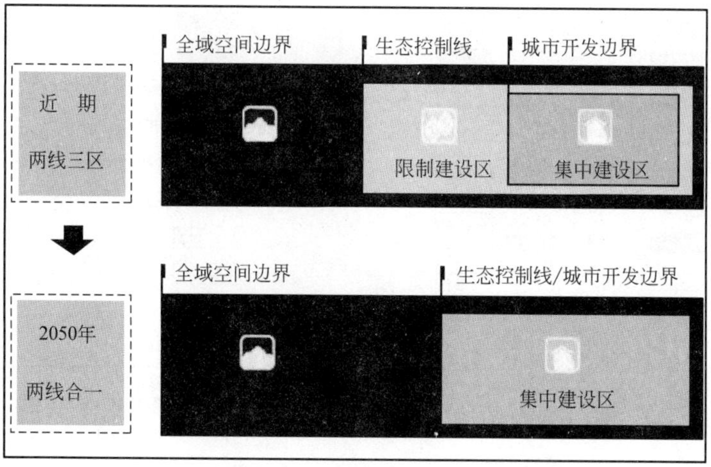

图2 “两线三区”与“一线两区”规划示意

“两线三区”确立了生态控制线和城市开发边界为北京城市开发不可逾越的

刚性边界，同时增设限建区作为动态管理实施的弹性范围，以克服单靠生态控制线或永久开发边界无法有效管控近期建设的问题，形成“两刚一弹”的全域空间管理格局。在开发边界锁定的前提下，首次提出城乡建设用地减量发展，规划到 2020 年全市城乡建设用地规模减少到 2860km^2，2035 年减到 2760km^2。

（五）把握生产、生活、生态空间的关系

1. 以“三生”空间统筹资源要素配置

在确定生态保护和开发建设的整体边界基础上，各边界内的空间资源分别怎样配置是城乡规划关注的核心问题。以往的总体规划强调通过用地性质管控来配置空间资源，但由于城乡用地类型较多，地块划分较细，总体规划层面确定的用地方案直接指导实践的意义有限。因此，新版总规力图强化宏观层面的统筹而放宽对具体用地性质的限定，以“三生”空间作为科学配置资源要素的抓手。生产、生活、生态空间分别表达了经济建设、社会发展以及生态活动在空间上的映射，三者构成一个整体。规划通过调整“三生”空间用地比例、优化“三生”空间布局、统筹把握“三生”空间的内在联系，提高城市的可持续发展能力。

新版总规的用地功能布局总图也作出了相应调整，重点表达生产空间（就业及综合服务用地）、生活空间（居住及配套服务用地）、生态空间要素的分布及结构关系，为功能混合、产业转型等空间资源创新利用预留空间（图 3）。

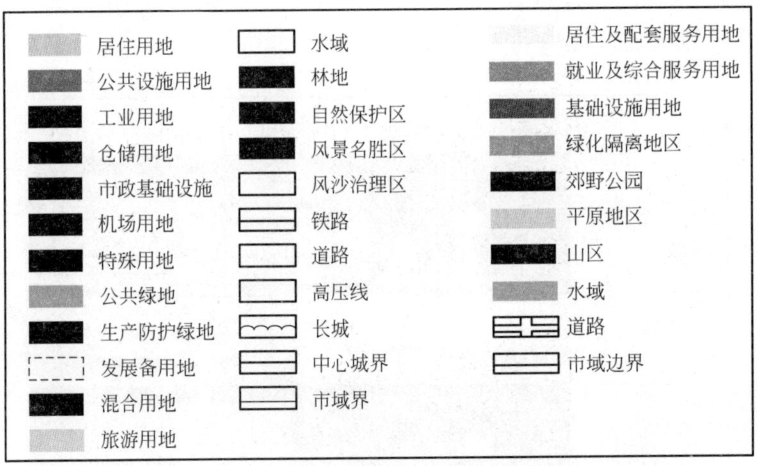

图 3　2004 版（左）和 2016 版（右）北京总规用地规划图图例对比

2.“三生”空间优化调整思路

北京现状生产就业空间过多，居住生活空间不足。在 GDP 导向下区县分散建设形成产业用地不集约、产业同质低效竞争，效益偏低的局面，市级以下开发

区及集体产业用地地均产值分别仅为国家级开发区的1/8和1/20左右。北京现状职住用地比例为1∶1.3，与东京、巴黎等大都市圈（1∶3~1∶4）相比，差距显著。居住用地紧张制约了住房供给总量。因此，新版总规提出压缩生产空间规模，适度提高居住及其配套用地比重，规划到2020年职住用地比例达到1∶1.5以上，到2035年达到1∶2以上。

同时，综合考虑城市环境容量和综合承载能力，为形成更健康安全的生态环境，规划提出大幅度提高生态规模与质量，健全市域绿色空间体系，重塑城市和自然的关系，实现森林覆盖率、建成区人均公园绿地面积、建成区公园绿地500m服务半径覆盖率的提升。

3. 基于城市特色的“三生”空间协调

在对“三生”空间分别优化的基础上，规划基于“三生”空间相互联系和动态耦合的视角，研判对北京城市发展有重要影响的资源要素统筹问题，提出促进水与城市协调发展，促进职住平衡发展，促进地上地下空间协调发展3项重点内容，为提高人居质量，促进资源永续利用提出因地制宜的优化措施。

（六）把握历史文化保护与传承发扬的关系

1. 贯通过去现在未来，提升文化的整体价值

北京的历史文化名城保护工作是长期坚持和一以贯之的，前几版总体规划着重强调对文物古迹、历史文化街区等文化要素的保护，新版总规进一步深化延展历史文化名城保护的内涵，从文化自觉、文化自信的高度，提出北京历史文化遗产既是中华文明源远流长的伟大见证，又是北京面向未来建设世界文化名城的根基。规划更加注重对历史文化的精心保护，提出从分散性的保护扩展到系统性的保护，从静态的保护扩展到动态的保护，从物质文化遗产的保护扩展到非物质文化遗产的保护。同时，规划从继承发展的眼光，提出从历史片区的保护拓展到城市风貌的整体协调，从历史文化资源的保护拓展到现代文化体系的培育创新，从物质空间的保护扩展到精神文明的传承弘扬，从文化底蕴的保护扩展到文化软实力和国际影响力的提升，以更好地发挥北京历史文化“金名片”的整体价值。

2. 构建全覆盖、更完善的历史文化名城保护体系

2004版总体规划提出3个层次（文物保护单位、历史文化保护区、历史文化名城）、一个重点（旧城整体保护）的名城保护体系。新版总规在此基础上拓展保护视野，丰富和完善结构，构建了涵盖4个层次、两大重点领域、3条文化带、9个方面的全覆盖、更完善的历史文化名城保护体系，实现点线面体结合的全方位保护。规划提出加强老城、中心城区、市域和京津冀4个层次的保护，以更大的格局来支撑历史文化的保护和弘扬。除老城整体保护外，首次提出“三山

五园”地区的整体保护，与老城交相辉映。为加强跨区域、跨部门的遗产保护与合理利用，恢复和展示重要历史文化景观，形成文化线路，规划提出推进长城文化带、运河文化带、西山永定河文化带的保护利用，传承空间辽阔、底蕴深厚的中华历史文脉。规划还将工业遗产、非物质文化遗产等纳入保护范畴，使名城保护的内涵不断发展延续。

3. 以城市设计为重点，统筹城市风貌景观塑造

塑造有特色、有韵味的城市风貌，是延续历史文脉、提升城市文化识别性的重要手段。新版总规首次就城市设计、城市风貌进行单独论述，提出首都风范、古都风韵、时代风貌的北京城市特色。规划以山水为主导，以历史传统为依托，构建“绿水青山、两轴十片多点”的整体景观格局，同时进行特色风貌分区，加强城市空间形态与自然景观的有机融合（图 4）。规划首次提出涵盖建筑高度、城市天际线、景观眺望视廊、城市第五立面与城市色彩等的风貌管控系统，加强了城市设计的精细化引导管控，同时强调了建筑与环境相协调的理念和公共空间品质提升的重要性。

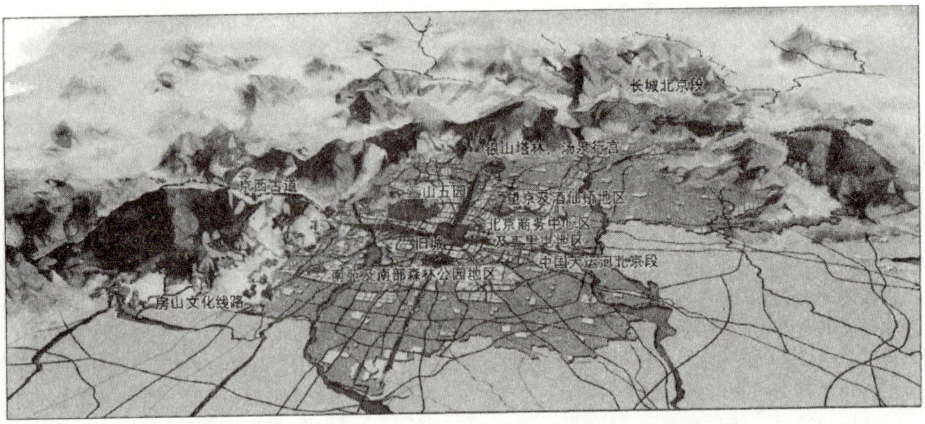

图 4　“绿水青山，两轴十片多点”的城市风貌景观格局

（七）把握城与乡的关系

1. 北京城乡关系的关键问题

新版总规认识到局部的、规划区内的规划已经无法满足城乡发展的新需求，必须推进全域规划，把城市和乡村作为有机整体统筹谋划，破解城乡二元结构，推进城乡要素平等交换、合理配置和基本公共服务均等化，推动城乡统筹协调发展。未来北京全面推进城乡发展一体化的目标以及关键路径在于 3 个方面：一是始终将“三农”问题作为城市发展和规划的基本着眼点，着力促进农民增收、

农业增效、农村增绿；二是充分挖掘和发挥城镇与农村、平原与山区各自优势与作用，优化完善功能互补、特色分明、融合发展的网络型城乡格局；三是加快人口城镇化和经济结构改善进程，构建和谐共生的城乡关系，成为现代化超大城市城乡治理的典范。

2. 重构“城—镇—村”空间体系

与以往就城市论城市的城镇体系思维不同，新版总规创新完善了“中心城区—城市副中心—新城—镇—新型农村社区”的现代城乡体系，着力形成大疏大密、和谐共融、相得益彰的城乡空间形态。未来的城乡格局将由集约紧凑的宜居城区、各具特色的小城镇和舒朗有致的美丽乡村相互支撑，景观优美、功能丰富的大尺度绿色空间穿插其中。为此，一方面要重点把握好新市镇、特色小镇、小城镇建设[1]，切实发挥镇在城发展一体化中承上启下的重要作用；另一方面要切实提升村庄规划建设水平，着力推进新型农村社区建设，传统村落保护以及完善美丽乡村规划建设管理机制。

3. 实现高水平的城乡发展一体化

新版总规从全面实现城乡规划、资源配置、基础设施、产业、公共服务、社会治理一体化来推动实现高水平的城乡发展一体化。其中，突出的改革创新在于城乡规划一体化、城乡产业一体化和城乡社会治理一体化。

城乡规划一体化的核心在于将农村集体建设用地规划纳入法定规划序列。未来将建立健全城乡一体的空间规划管制制度，以区为主体制定集体建设用地规划和实施计划，以乡镇为基本单元统筹规划实施，全面推动城乡建设用地减量提质。城乡产业一体化本质在于进一步突出城市功能和市民需求对村镇产业发展的引领作用。未来将积极发展都市型现代农业，鼓励集体经营性建设用地资源与产业功能区和产业园区对接，加强乡村观光休闲旅游设施建设。城乡社会治理一体化的根本在于以城市服务管理的标准治理农村，切实提高农村社区化管理水平。未来将建立城乡一体的新型社会管理体系，提升农村地区治安管理、实有人口管理、群众矛盾调解，环境卫生综合整治等社会治理能力。

（八）把握目标导向与问题导向的关系

1. 立足长远发展，确定城市分阶段发展目标

在“国际一流的和谐宜居之都”长远发展目标之下，新版总规从对接“两

---

[1] 新版总规提出重点把握好新型城镇建设的3种形态。新市镇指具有一定规模、功能相对独立、综合服务能力较强，辐射带动和服务周边乡镇地区发展，承接中心城区部分专项功能疏解转移，具有完备的公共服务设施和基础设施的新型城镇。特色小镇指依托于小城镇，具备一定投资强度、聚焦特色产业和新兴产业、集聚发展要素，不同于行政建制镇和产业园区的创新创业平台。前两类以外的为小城镇。

个一百年”和建设大国首都的高度，进一步深化研究了 2020 年、2035 年、2050 年的分阶段城市发展目标。2020 年发展目标主要围绕第一个“一百年”奋斗目标的实现，同时与“十三五”充分对接，紧紧围绕有序疏解非首都功能，治理“大城市病”、优化提升首都核心功能、推动京津冀协同发展来开展工作。2020~2035 年是实现第二个“一百年”奋斗目标的关键时期，也是北京“大城市病”得到缓解后，迈向国际一流和谐宜居之都的重要攻坚期，这一阶段以基本建成国际一流的和谐宜居之都为发展目标，并紧密对接《京津冀协同发展规划纲要》提出的远期目标（2030 年）。2050 年发展目标对实现第二个“一百年”的首都愿景进行了展望。

在分阶段目标的细化上，基于城市发展是一个有机整体的认识，新版总规遵循政治，经济、文化、社会和生态文明建设“五位一体”、协调发展的要求，从 5 个方面对实现建设国际一流的和谐宜居之都的目标进行了诠释（表 1）。

新版总规分阶段发展目标的“五位一体”表述 **表 1**

2020 年	中央政务、国际交往环境及配套服务水平得到全面提升
	初步建成具有全球影响力的科技创新中心
	全国文化中心地位进一步增强，市民素质和城市文明程度显著提高
	人民生活水平和质量普遍提高，公共服务体系更加健全，基本公共服务均等化水平稳步提升
	生态环境质量总体改善，生产方式和生活方式的绿色低碳水平进一步提升
2035 年	成为拥有优质政务保障能力和国际交往环境的大国首都
	成为全球创新网络的中坚力量和引领世界创新的新引擎
	成为彰显文化自信与多元包容魅力的世界文化名城
	成为生活更方便、更舒心、更美好的和谐宜居城市
	成为天蓝、水清、森林环绕的生态城市
2050 年	成为具有广泛和重要国际影响力的全球中心城市
	成为世界主要科学中心和科技创新高地
	成为弘扬中华文明和引领时代潮流的世界文脉标志
	成为富裕文明、安定和谐、充满活力的美丽家园
	全面实现超大城市治理体系和治理能力现代化

2. 着力治理大城市病，回应人民群众关切的热点难点

有效治理大城市病、构建现代化超大城市治理体系是高水平实现首都规划蓝图的基本要求和根本保障。新版总规强调目标导向与问题导向的兼顾与协同，主动回应人民群众关切，完善解决“大城市病”的综合方略，促进城市治理体系和治理能力的现代化。规划以广大市民最关心的问题为导向，针对用地蔓延、交通拥堵、房价高涨、大气污染、市政基础设施和公共安全保障能力不足等问题，分别进行了专项研究并提出系统性的解决方案，以引导城市朝着国际一流的和谐

宜居之都的总目标健康发展、优化发展。

（九）把握目标与指标的关系

1. 规划目标的传导机制

在规划目标的落实路径上，新版总规将城市发展目标的横向分解与纵向传递相结合，以标准化、定量化的指标为重要抓手，提出面向2020年、2035年的规划指标体系，包括作为城市体检评估关键内容的“建设国际一流的和谐宜居之都评价指标体系”、作为规划部门考核评价重点的“总体规划实施指标体系”以及文本中涉及的其他指标，共117项。在横向分解上，主要选取在相关领域具有代表性和明确体现长期发展导向的指标。在纵向传递上，明确了以全市各区为责任主体的逐级落实机制，将人口、建设用地等核心指标管控任务分到各区，确保总体规划刚性要求通过指标传导得到有效落实。

2. 建设国际一流的和谐宜居之都评价指标体系

新版总规按照创新、协调、绿色、开放、共享五大发展理念，突出可持续发展。参考国际宜居城市评价指标体系，强调人口、水资源、生态、能源等底线约束，充分考虑北京实际情况，提出“建设国际一流的和谐宜居之都评价指标体系”，共42项指标（表2）。该指标体系是新版总规实施落实的重要技术保障和动态跟踪平台。指标设计以贯彻新发展理念为原则，对传统总体规划指标进行了创新，例如不再以GDP作为直接的经济衡量指标，而是将经济预期涵盖在全社会R&D支出占GDP比重、居民收入弹性系数等多个指标中，更加突出经济发展的创新取向、均衡取向。

建设国际一流的和谐宜居之都评价指标体系　　表2

分项	指标	
坚持创新发展，在提高发展质量和效益方面达到国际一流水平	1	全社会研究与试验发展经费支出占地区生产总值的比重（%）
	2	基础研究经费占研究与试验发展经费比重（%）
	3	万人发明专利拥有量（件）
	4	全社会劳动生产率（万元/人）
坚持协调发展，在形成平衡发展结构方面达到国际一流水平	5	常住人口规模（万人）
	6	城六区常住人口规模（万人）
	7	居民收入弹性系数
	8	注册志愿者占本地区人口比重（%）
	9	城乡建设用地规模（km^2）
	10	平原地区开发强度（%）
	11	城乡职住用地比例

续表

<table>
<tr><th>分项</th><th colspan="3">指标</th></tr>
<tr><td rowspan="11">坚持绿色发展，在改善生态环境方面达到国际一流水平</td><td>12</td><td colspan="2">细颗粒物（PM2.5）年均浓度（微克/m^3）</td></tr>
<tr><td>13</td><td colspan="2">基本农田保护面积（万亩）</td></tr>
<tr><td>14</td><td colspan="2">生态控制区面积占市域面积的比例（%）</td></tr>
<tr><td>15</td><td colspan="2">单位地区生产总值水耗降低（比 2015 年）（%）</td></tr>
<tr><td>16</td><td colspan="2">单位地区生产总值能耗降低（比 2015 年）（%）</td></tr>
<tr><td>17</td><td colspan="2">万元地区生产总值二氧化碳排放下降率（%）</td></tr>
<tr><td>18</td><td colspan="2">城乡污水处理率（%）</td></tr>
<tr><td>19</td><td colspan="2">重要江河湖泊水功能区水质达标率（%）</td></tr>
<tr><td>20</td><td colspan="2">建成区人均公园绿地面积（m^2）</td></tr>
<tr><td>21</td><td colspan="2">建成区公园绿地 500m 服务半径覆盖率（%）</td></tr>
<tr><td>22</td><td colspan="2">森林覆盖率（%）</td></tr>
<tr><td rowspan="5">坚持开放发展，在实现合作共赢方面达到国际一流水平</td><td>23</td><td colspan="2">入境旅游人数（万人次）</td></tr>
<tr><td>24</td><td colspan="2">大型国际会议个数（个）</td></tr>
<tr><td>25</td><td colspan="2">大型国际展览个数（个）</td></tr>
<tr><td>26</td><td colspan="2">外资研发机构数量（个）</td></tr>
<tr><td>27</td><td colspan="2">引进海外高层次人才来京创新创业人数（个）</td></tr>
<tr><td rowspan="15">坚持共享发展，有增进人民福祉方面达到国际一流水平</td><td>28</td><td colspan="2">平均受教育年限（年）</td></tr>
<tr><td>29</td><td colspan="2">人均期望寿命（岁）</td></tr>
<tr><td>30</td><td colspan="2">千人医疗卫生机构床位数（张）</td></tr>
<tr><td>31</td><td colspan="2">千名老人养老机构床位数（张）</td></tr>
<tr><td>32</td><td colspan="2">人均公共文化服务设施建筑面积（m^2）</td></tr>
<tr><td>33</td><td colspan="2">人均公共体育用地（m^2）</td></tr>
<tr><td>34</td><td colspan="2">一刻钟社区服务圈覆盖率（%）</td></tr>
<tr><td>35</td><td colspan="2">集中建设区道路网密度（km/km^2）</td></tr>
<tr><td>36</td><td colspan="2">轨道交通里程（km）</td></tr>
<tr><td>37</td><td colspan="2">绿色出行比例（%）</td></tr>
<tr><td>38</td><td colspan="2">人均水资源量（m^3）（包括再生水量和南水北调等外调水量）</td></tr>
<tr><td>39</td><td colspan="2">人均紧急避难场所面积（m^2）</td></tr>
<tr><td>40</td><td rowspan="2">社会安全指数</td><td>社会治安：十万人刑事案件判决生效犯罪率（人/10 万人）</td></tr>
<tr><td>41</td><td>交通安全：万车死亡率（人/万车）</td></tr>
<tr><td>42</td><td colspan="2">重点食品安全检测抽检合格率（%）</td></tr>
</table>

（十）把握规划、实施、监督的关系

北京历版总体规划的实施措施大体经历了从“统一建设”到“政策引导”到“制度保障”的发展历程。2004 版总体规划实施以来，北京城乡规划部门滚动编制了近期建设规划和年度实施计划，建立了多规划协调统筹平台，引导城市发展较好地贯彻和落实了总体规划的精神和意图，但规划的整体性与实施的分散性之间的矛盾作为突出问题一直存在。实施的部门分散、行政单元分散、时序分散、短期利益分散、权责分散、建管分散等，制约了规划实施的有效性。

新版总规通过建立规划统筹实施机制，完善对规划实施全主体全过程的把握和调控，维护总体规划严肃性和权威性。建立多规合一的规划实施及管控体系，以城市总体规划为统领，统筹各级各项规划，坚持底图叠合、指标统合、政策整合；建立城市体检评估机制，通过“一年一体检、五年一评估”，对规划实施进行实时监测、定期评估、动态维护；建立规划实施监督问责制度，完善相关法律法规体，加强规划公开，健全监督考核问责机制，严肃查处违反规划和落实不力的行为。

同时，在组织领导上，未来将加强首都规划建设委员会的职能，发挥在规划执行过程中的组织协调作用，加强对重大问题的研究和审议。

四、结语

党中央、国务院对《北京城市总体规划（2016 年—2035 年）》的批复中表示，《总体规划》对于促进首都全面协调可持续发展具有重要意义，其理念、重点、方法都有新突破。在转变城市规划、建设和治理方式的改革之路上，北京有幸作为探路者迈出了先行性一步，同时也是履行首都职责的必然性一步。吴良镛在 2004 版北京总规编制完成时指出：“北京城市总体规划编制完成之日，也是新的问题开始之时”。这句话对于新版总规仍然适用。北京将在今后的总体规划实施及其他城市规划建设管理工作中继续求索，坚定地朝着国际一流的和谐宜居之都的美好愿景、朝着实现“中国梦”和“两个一百年”的奋斗目标，一往无前，不懈努力。

（撰稿人：王飞，原北京市规划和国土资源管理委员会副主任，现任北京市西城区委副书记，教授级高级工程师；石晓冬，北京市城市规划设计研究院副院长，教授级高级工程师，中国城市规划学会青年工作委员会副主任委员；郑皓，北京市规划和国土资源管理委员会总体规划处处长；伍毅敏，北京市城市规划设计研究院工程师，中国城市规划学会会员。）

注：摘自《城市规划》，2017（11）：09-16，参考文献见原文。

超大城市总体规划的转型与变革

——上海市新一轮城市总体规划的实践探索

导语：上海已进入后工业化发展阶段，作为资源环境紧约束下的超大型城市，面临着转型发展的需要。城市总体规划是重要的公共政策，对引领城市转型发展具有重要的作用。首先分析了当前城市总体规划中存在的问题，对上海历版总体规划特别是现行总体规划进行了分析和评价，认为现行总体规划对上海的城市发展发挥了重要的引领作用，但应对经济社会发展不确定性因素的能力相对较弱，缺乏实现规划目标的路径和政策，难以适应城市转型发展的新要求和新趋势，因此，需要开展新一轮城市总体规划的编制，以全面贯彻落实中央系列重要会议精神。随后详细介绍了上海新一轮城市总体规划在价值取向、思维方式、逻辑框架、规划视野、成果形式、组织方式、实施保障等方面做出的实践和探索。

地处中国“江海之汇，南北之中”的上海，其成长充满动感和魅力，伴随着开放和创造，历来都是海纳百川、经济繁荣之地。1843 年开埠通商后，上海逐步发展成为中国最大的城市，远东的商贸、金融和工业中心，中西文明交汇之地。新中国成立以后，上海逐渐转变为重工业主导的生产性中心城市，成为中国最大的工业基地。新世纪之交，上海提出了建设“四个中心”和现代化国际大都市的战略目标，经过十多年的发展，“四个中心”框架基本形成，经济社会发展和城市建设取得了巨大成就，国际地位进一步提升。2010 年上海世博会，开放的上海向全世界诠释了“城市，让生活更美好”这一共同的美好愿望❶。上海城市发展的历程与所取得的成就，与上海历版总体规划密不可分。新中国成立以来上海编制的历版城市总体规划❷，据上海

❶ 截至 2015 年，上海经济总量、进出口贸易总额、港口吞吐量位居全国第一，拥有全国最大的期货、债券市场以及汽车、大飞机、船舶、钢铁等国家战略产业基地。根据全球化和世界城市研究小组（GaWC）的排名，上海全球城市排名由 2000 年的第 30 位上升到 2012 年的第 6 位，位于中国大陆首位。

❷ 1953 年和 1959 年上海先后编制了两版上海城市总体规划，初步奠定了上海城市发展的格局，使上海逐渐转变为重工业主导的生产性中心城市，成为中国最大的工业基地。1980 年代，围绕“振兴上海”这一主题，上海在全国率先编制了改革开放以来的第一个城市总体规划，规划明确了中心城、卫星城、郊县小城镇、农村集镇四个层次构成的城镇体系。研究浦东浦西联动发展空间格局，为浦东开发开放奠定了规划基础。1990 年代，邓小平视察南方谈话之后，随着社会主义市场经济体制的建立以及浦东的开发开放，上海市着手开展了 1999 版城市总体规划的编制工作，规划明确了上海建设“四个中心”和现代化国际大都市的战略目标，成为指导新世纪上海城市建设的纲领性文件。

不同历史时期城市的发展特征，对城市发展定位和目标进行不断深化细化，始终坚持中心城功能优化和有机疏解的总体思路，坚持沿着区域发展基本轴线和区域节点，优化城市空间布局，对引领和指导上海不同历史时期的城市发展发挥了重要作用。2040 年，正值上海开埠 200 年、浦东开发开放 50 年、上海世博会 30 年之际，需要编制怎样的城市总体规划，来引领“领中国开放之先”的上海城市发展，值得思考和探索。

一、转型发展下的上海

（一）发展背景分析

近年来，我国经济社会发展步入“新常态”，呈现速度变化、结构优化、动力转换三大特点，经济增长速度从高速增长转为中高速增长，经济结构不断优化升级，第三产业消费需求逐步成为主体，城乡区域差距将逐步缩小，增长动力从要素驱动、投资驱动转向创新驱动。我国城市也将紧密承接“新常态”带来的变化，进行转型发展，以适应“新常态”、把握“新常态”、引领“新常态”。从全球视野范围来看，随着全球化、市场化、信息化的深度发展，全球城市向人文化、生态化和区域一体化的发展态势日趋明显。首先，人作为城市的主体，其发展已经超越了原来工业化时期对温饱生存的需求，在后工业化时期，怎么使“人”自身得到全面发展，体现最核心价值，是未来城市必须面对的一个趋势。其次，环境作为城市的生存客体，已经成为城市最基本、最重要的公共基础设施，未来的城市其环境的生态价值，要远远大于传统工业化时期作为生产资源的价值。第三，随着互联网和信息化时代的到来，城市将生存在一个全球化网络里，网络之间的节点关系将变得更加密切，城市群体的作用将比单个城市的作用大很多，城市之间不再是原来单一的相互竞争的生态，而是呈现一种竞合的关系。

（二）当前城市发展的阶段性特征

上海已进入后工业化发展阶段，随着国家综合实力以及上海在全球城市中地位的逐步提升❶，上海在建成“四个中”的目标基础上，将进一步肩负起国家和时代赋予的新的历史使命，通过“一带一路”倡议、中国（上海）自由贸易区

---

❶ 2008 年，卡内基国际和平基金会预测 2030 年中国将在经济规模方面超过美国，高盛预测，2040 年左右中国将成为全球最大经济体，牛津经济研究院的全球城市研究报告指出，2030 年上海 GDP 将上升至全球第 2 位，达到 4710 亿美元，仅次于纽约。

建设以及引领长江三角洲一体化发展，全面构建开放的新格局，并按照国家对上海提出的“改革开放排头兵，创新发展先行者”的要求，加快推进具有全球影响力的科技创新中心建设。

上海城市发展在面临重大机遇的同时，也存在诸多问题和挑战。全市陆域面积只有 6833km^2，但 2015 年全市建设用地规模已达到 3071km^2，占全市陆域面积达到 45%，远远超过了纽约、伦敦等全球对标城市的水平。2015 年底，全市常住人口达到 2415 万人，是全球人口最多、人口密度最高的城市之一。人口规模持续增长、资源环境紧约束的局面已经形成，对城市可持续发展带来了严峻挑战，土地与资本等传统动力增长模式已难以为继，城市创新能力、文化魅力、生态环境等软实力短板凸显。随着深度信息化带来的社会治理方式和理念转变，市民对社会治理的要求日益提高，城市应对高易感性、低适应性的压力也将愈加突出。上海迫切需要紧密承接国家经济和社会治理的变化，并根据自身的阶段性特征，寻求新的发展目标和路径，转变发展模式，提高城市治理水平，实现城市转型发展。

党的“十八大”提出要建设经济、政治、文化、社会与生态文明“五位一体”的科学发展体系，更加强调人的全面发展和社会的文明进步、区域治理体系和治理能力的建设以及生态文明建设的基础性，十八届五中全会确立了“创新、协调、绿色、开放、共享”的五大发展理念，中央时隔 30 年后再次召开城市工作会议，对城市规划和转型发展提出了“一个尊重、五个统筹”的总体要求，这些都为上海破解当前面临的发展难题、实现未来城市转型发展提出了总体要求和思路。

为全面落实国家战略要求，积极主动应对上海发展的现实问题和顺应新的发展形势环境，及时开展新一轮城市总体规划编制工作，对于上海城市未来健康可持续发展十分重要和紧迫。通过开展《上海市城市总体规划（2016—2040）》（以下简称“上海 2040”）的编制，来探索适合上海高密度超大型城市的城市总体规划，引领区域深度参与国际竞争、树立全球城市发展典范、实现城市成功转型。

二、对城市总体规划的重识

（一）总体规划的作用

计划经济时期，城市规划是国民经济计划的延续和具体化，是计划在空间上的落实。改革开放以后，规划开始从“计划”框框里头走出来，起到参与决策、综合指导的作用。进入 21 世纪，城乡规划的重要性更加强化，成为“城市建设和发展的蓝图，是建设和管理城市的基本依据，是政府重要公共政策之一”。2014 年，习近平总书记在视察北京城市规划时更是指出，“城市规划在城市发展中起着重要引领作用，考察一个城市首先看规划，规划科学是最大的效益，规划失误是最大的浪费，规划折腾是最大的忌讳”。从规划功能定位的演变来看，国家越来越重视规划的重要作用，社会也对规划寄予了很高期望。城市发展转型有赖于城市公共政策的统筹和引领，城市规划作为城市最重要的公共政策之一，是指导城市转型发展的重要纲领，可以预见的是，城市规划将在中国经济社会“新常态”以及城市转型发展的大背景下，发挥越来越重要的作用。

从伦敦、纽约等国际城市转型发展的经验来看，城市规划对于城市的转型发展也具有重要影响，合理的、前瞻性的城市规划能够有效应对城市发展面临的机遇和挑战，并促进城市的经济、社会和空间转型。在国外城市所编制的同类型规划中，也非常重视规划的公共政策属性，通过规划引领，来促进城市向人文化、生态化等方向转型发展。一是注重人居品质和城市安全。如“新加坡 2030”的目标就是“为全体新加坡公民提供优质的人居环境”，“东京 2020”在目标中重点提到了未来要“成为实现防灾能力极强的城市，向世界展示东京的安全性”。二是突出公共政策属性，更加强调空间、土地、财税等多种综合的政策工具在空间上的体现，更加重视政策制定、实施、评估、调整的全过程生命周期。如“伦敦 2030”围绕战略目标，制订了一系列城市政策，并通过政策分区将政策内容落实到地域单元，通过绩效指标量化发展目标，通过年度地区实施框架监测实施情况，保障规划的实施。三是引入更开放、更深入的公众参与，对标城市总体规划均向社会充分开放，十分重视全社会的深度参与，确保社会各阶层充分参与规划决策的全过程。

（二）当前总体规划存在的问题

由于“总规”制度的建立对应于高度集权的计划经济，其“蓝图式”的理念和方法，以及“集权式”的审批方式是与当时的经济社会体制相适应的，而过去的 30 年间，我国的经济社会体制已经发生了深刻的变化，城市处在快速城镇化发展时期，但是在此期间，“总体规划”的基本制度却基本没有做本质性的调整，就其编制模式而言基本是“以不变应万变”，呈现出明显的路径依赖（赵民，郝晋伟，2012）。在既定的外部环境及制度因素背景下，随着我国社会主义市场经济体制的不断完善，以及我国经济社会发展进入“新常态”，传统城市总体规划更多地关注和服务于经济发展的价值导向以及依靠土地扩张和要素投入的增量规划思维方式，与当前整个社会经济发展背景和城市发展实际需求渐行渐远、日趋偏离。国内许多学者也对当前城市总体规划存在的问题进行了探讨，认为规划的编制内容繁多，面面俱到，对影响城市发展的重大战略性问题研究不够深入，规划目标、指标和策略之间相互脱节，规划的空间政策属性没有充分体现，“管得太多太死”与“管不住”并存，缺乏“守底线”和“应变”能力，缺乏公众、同级人大、上级政府监督的路径和手段，导致城市总体规划的战略引领力、刚性管控力以及公众号召力不足，难以充分发挥引领城市发展和促进城市转型的作用。

2001 年 5 月，国务院批复同意《上海市城市总体规划（1999—2020）》（以下简称“2001 版总规”），2001 版总规是在上海城市快速发展的背景下编制，在规划引领下，城乡建设取得了巨大成就，主要表现在四个方面：一是城市经济总量和综合功能持续提升，经济结构不断优化，“四个中心”建设框架基本形成，现代化国际大都市的发展目标初步实现。二是虹桥商务区、世博园区、上海国际旅游度假区、临港地区、前滩地区、黄浦江两岸等重点地区建设取得重大进展，重点新城建设加速，城乡统筹的市域空间格局不断优化。三是以“三港三网”为重点的一系列枢纽型、功能性、网络化基础设施体系基本建成，城市运营支撑能力显著提高。四是各项民生工程切实推进，保障性住房建设和旧区改造力度加大，生态环境和公共设施建设成效显著。

但是，2001 版总体规划在本质上仍然属于城市扩张型规划，存在上述提及的普遍性问题，即：整个规划的基调是人口和城市用地快速增长的条件下，如何合理进行空间布局和引导，主要规划内容是描述确定城市空间形态的各类详细参数和要求，导致规划编制的时间相对较长，对经济社会发展不确定性因素的引导力相对较弱，缺乏实现规划目标的路径和政策。在新的发展形势和历史使命下，2001 版总体规划的相关内容已不能适应城市发展需求，上海当前正处于城市转型发展的关键期，城市总体规划必须应势而谋，在价值取向、思维方式、技术逻辑、规划视野、成果形式、组织方式以及规划体系等方面做出全面探索，通过城市总体规划的转型，来引领城市转型发展。

三、“上海 2040”的指导思想、总体定位和工作基础

（一）指导思想

落实中央系列会议精神，牢固树立和贯彻落实五大新发展理念，将其作为一根红线贯彻始终。注重创新发展，寻求新路径。统筹好改革、科技、文化三大动力，积极探索具有中国特色、时代特征、上海特点的超大城市睿智发展的创新转型新路径。注重协调发展，谋划新格局。统筹好空间、规模、产业三大结构和规划、建设、管理三大环节，统筹规划、整体优化适应超大城市发展的区域协同、城乡一体空间格局，提升城市发展硬实力和文化软实力。注重绿色发展，探索新模式。把保护城市生态环境放在优先位置，坚持走低碳绿色的可持续发展道路，

守住城市发展的底线，统筹好生产、生活、生态三大布局，着力推进人与自然和谐共生。注重开放发展，对标新目标。对照国际最高标准、全球领先城市，着力巩固提升上海面向国际、服务全国、引领长三角的门户枢纽地位和功能，不断提高城市的国际竞争力。注重共享发展，构建新机制。努力践行以人民为中心的发展思想，进一步突出多方参与、协同治理的规划实施机制，统筹好政府、社会、市民三大主体，建设更好城市，创造更好生活，推动城市共建共享。

（二）总体定位

2013 年 12 月，中央城镇化工作会议提出，要建立空间规划体系，推进规划体制改革，加快规划立法工作。2015 年 12 月，中央城市工作会议提出“五个统筹、一个尊重”的总体要求，并提到要在规划理念和方法上不断创新，增强规划科学性、指导性，促进“多规合一”。2016 年 9 月，住房城乡建设部在济南召开全国城乡规划改革工作座谈会，对总体规划的改革提出了总体要求，既要改革规划编制的理念、内容和方法，突出其战略引领、底线刚性约束作用，也要改革规划审批内容、程序和方法，清晰界定各级政府的规划事权，明确上级政府重点管控内容，提高审批效率。

“上海 2040”是中央城市工作会议召开后第一个展望至 2040 年并向国务院报批的超大城市总体规划，具有重大影响力和引领示范作用。在总体定位上，必须全面贯彻落实中央系列重要会议精神，按照国家对总体规划改革的要求，并充分借鉴国际城市在规划编制方面的经验，突出规划的引领力、管控力、号召力，使“上海 2040”成为城市规划、建设和管理的法定依据，引领上海未来城市发展的行动纲领，实现“城市，让生活更美好”的战略蓝图，统筹协调各专项规划、实现“多规合一”的政策平台。

（三）工作基础

1. 各方的高度共识，为规划编制统一了思想认识

在规划启动之前，形成了《关于上海新一轮城市总体规划编制的指导意见》，并在上海市第六次规划和土地工作会议上下发，作为指导新一轮城市总体规划编制和未来城市发展的纲领性文件❶。各方在编制过程中也达成了高度共

❶ 2014 年 2 月 13 日，上海市政府以“沪府发［2014］12 号文”印发《关于编制上海新一轮城市总体规划指导意见的通知》，并在 2014 年 5 月 6 日的全市第六次规划土地工作会议上印发给市政府各区人民政府以及市政各委、办、局，作为指导上海新一轮城市总体规划编制的纲领性文件，对于总体规划中的发展目标、城市规模、空间布局等关键性问题，在规划启动编制时已在全市范围内基本统一了思想认识，为规划编制工作的顺利推进提供了良好的基础。

识，住房城乡建设部、国土资源部等中央部委对规划编制的全程指导，市委市政府高度重视，总规办[1]各成员单位通力协作，市人大和市政协对规划的充分关心和支持，江浙两省规划部门和周边城市的主动融入和积极参与，各区在区总体规划重大战略问题上与全市总规作了充分衔接。

2.“两规合一”的体制优势和较为完善的规划土地管理体系，为规划编制提供了平台支撑

2008 年 10 月，上海市规划与国土资源管理局组建成立，在全国率先开展了“两规合一”的工作。经过多年的探索和实践，目前已形成市、区、镇三级“两规合一”的规划体系，并编制了大量涉及空间安排和土地使用的专项规划、郊野单元规划、村庄规划，建立了相对完整的规划和土地管理体系，为本轮规划编制提供了平台支撑。

3. 丰富的智力资源优势，为规划编制提供了技术保障

在规划编制过程中，充分利用上海丰富的智力资源优势，邀请相关研究团队和编制单位共同参与到“上海 2040”的研究之中。邀请 40 个国内外知名研究团队，开展战略研究工作，4 位核心专家全过程紧密参与规划，30 余位咨询专家参与总体规划成果和专题咨询，成立了由 4 家编制单位组成的联合编制团队，发挥各自优势和特长，共同开展规划编制工作。

四、“上海 2040”的转型与变革探索

（一）价值取向：由注重经济导向，转变为更加注重以人为本的价值导向

改革开放以来的经济发展，基本上追求的是效率优先，并以效率优先作为评判一切制度、政策等方面的准则，城市规划作为政府行为，必然会延续政府的主导意识形态，以发展的效率为其核心工作和任务。总体规划更多的是服务于地方政府经济发展和城市建设的需要，没有更多地突出城市规划保障社会公平的职能要求。城市规划要解决的核心问题并不在于加快发展的速度或者对发展速度的鼓动，更不是以是否有利于具体建设项目的开展作为评价的准则，而是在于发展的公平和公正方面。城市规划时协调社会不同利益的一种工具，城市规划的目标就在于实现公共利益的最大化，基于社会公平正义理念的包容性发展已经获得各级政府和社会各界的广泛认同。因此，城市规划应更加注重以人为本的价值导向，

---

[1] 称为上海市新一轮城市总体规划编制工作领导小组办公室，地点设在市规划和国土资源管理局。成员包括市发展改革委、市经济信息化委、市住房城乡建设管理委、市交通委、市环保局、市规划国土资源局、市政府研究室和市政府发展研究中心 8 个市政府相关部门以及秘书处战略研究小组专项规划小组、公众参与小组、数据技术小组、区县联络小组和后勤保障小组 6 个工作小组。

更加关注社会不同群体的多样性需求，将以人为本视作规划的灵魂，实现规划价值导向的回归。

1. 构建共同的目标愿景

“城市，让生活更美好”是全体市民的心声，人们建造城市、发展城市、居于城市，是为了向往更好的生活。我们建设卓越的全球城市，也是为了让所有生活、工作、游玩在上海的人们，都能感受到这座城市带给他们的安全感、归属感和幸福感。在“上海2040”规划中，通过开展公众愿景调查，覆盖不同国籍、不同职业类型、不同文化程度、不同年龄段的人群，将公众愿景调查的成果，反映到城市发展目标中，成为公众对于上海未来发展的共同的目标和愿景。

2. 提供公平多元的就业和创业机会

全球城市应成为人才汇聚的城市。规划在为市民提供基本公共服务的基础上，更加注重提升文化创意、体育休闲、健康养生、教育、旅游会展等服务业的能级，提供满足国际化、个性化需求的生产消费服务，进一步改善公共服务设施和服务环境，吸引世界各地的人士来创新创业、生活休闲。

3. 创造便捷舒适的居住环境

社区是城市最基本的单元，规划激活社区“细胞”，以社区营造为着力点，由下而上地激活城市生命力，打造“15分钟社区生活圈”，使其成为践行“五大理念”和实现“以人民为中心”规划目标的基本平台，满足居民多重需求，为城市持续发展提供“原动力”。

（二）思维方式：由外延式发展型规划思维，转变为内生增长型规划思维

在效率优先的价值导向下，通过增量扩张、外延发展来推动经济发展仍然是不少地方政府的主要思维方式，计划经济的思维方式在城市总体规划中的“烙印”也依旧明显，通过人口规模来确定用地规模，并进而形成的终极蓝图式规划，来应对市场经济条件下的城市发展，规划在面临重大事件影响时，往往更多的是被动适应和调整，而非主动引导和整合，缺乏“应变”之道。随着上海城市人口的快速增长，给公共管理与服务能力、社会安全稳定特别是资源环境方面带来了严峻挑战。为缓解人口快速增长与资源环境之间的矛盾，“上海2040”率先转变规划思维方式，在资源环境紧约束的背景下，提出由外延增长型向内生发展型转变，将底线牢守住，向存量要效益，给未来留空间，寻求未来上海实现开放式、多维度、高品质、可持续发展的路径和方式。

1. 守住“土地资源、人口规模、生态环境、安全保障”四条底线

土地资源方面，规划锁定全市规划建设用地规模不大于3200km^2，实现规划

建设用地总规模负增长，优化用地结构，减少工业用地比重，增加绿地、公共服务设施等用地的比例。人口规模方面，至 2020 年将常住人口控制在 2500 万人以内，并作为至 2040 年人口调控目标。同时，更加强调开放协同和弹性应对未来人口区域流动性增强以及老龄化、少子化、国际化等趋势，对水资源、能源、交通、信息、生态绿地等公共服务设施和基础设施供给及就业岗位等要素资源的配置作一定的弹性预留，以应对不同情景下城市实际服务人口（包括常住人口、半年以下暂住人口、跨市域通勤人口、短期游客等）的合理需求。生态环境方面，锚固城市生态基底，确保生态用地只增不减，加强生态空间的保育、修复和拓展。城市安全方面，加强基础设施支撑保障，提升生命线安全运行能力，强化防灾减灾救灾体系建设，提高应急响应和恢复能力。

2. 提升存量土地资源效益

聚焦“存量时代”的发展特点，以创新驱动为主动力，以提高城市活力和品质为目标，积极探索渐进式、可持续的有机更新模式，加强存量用地的立体、复合、集约利用。强化广域空间统筹利用，加强陆海统筹和地下空间功能拓展，挖掘上海发展新的空间资源，将耕地等传统农业要素纳入全市大生态结构，推进农村土地数量、质量、生态、文化“四位一体”的保护和利用。优化土地集约节约标准，提升土地要素的广义空间价值和品质。

3. 留足城市未来发展空间

为应对经济发展、科技创新、社会变化、体制变化的快速变化给城市未来发展带来的不确定性，本次规划，研究建立留白机制，既立足当前，满足近期发展的实际需要，又坚持远近结合，前瞻把握，为超大城市未来发展留足稀缺资源和战略空间，这既是城市发展的规律性要求，也是上海从长期发展实践中得出的科学认识。留白类型分为三类：一是预留机动指标，重点保障区域性重要通道、重大基础设施用地。二是结合市域功能布局调整，进行战略空间留白，明确对留白空间的规划引导和落地。三是针对人口变化的不同情境，加强时序计划调控，通过土地供应计划调控土地使用供需关系。

（三）逻辑框架：由条线并列、内容独立的逻辑框架，转变为由“目标（指标）—策略—机制”逻辑串联组成的有机整体

传统城市总体规划，提出的城市发展目标、指标以及规划策略之间的联系不够紧密，城市发展目标难以通过策略去落实，并“投影”到城市空间格局上，难以通过指标来衡量和监测规划目标的实现程度。加之公共政策供给的力度不足，进一步加深了规划调控目标与现实发展之间的“鸿沟”，使实现规划既定目标缺乏政策操作性（徐毅松，石崧，范宇，2009）。

本次规划，重点突出目标对总体规划架构的组织作用，以目标为基础，按照“目标（指标）—策略—实施机制”的逻辑框架（图 1），建立起与发展目标相对应的各类空间发展策略（表 1、表 2），同时，通过指标体系衔接目标、策略和实施机制，有效保障城市总体规划的实施和各类空间发展战略目标的实现。

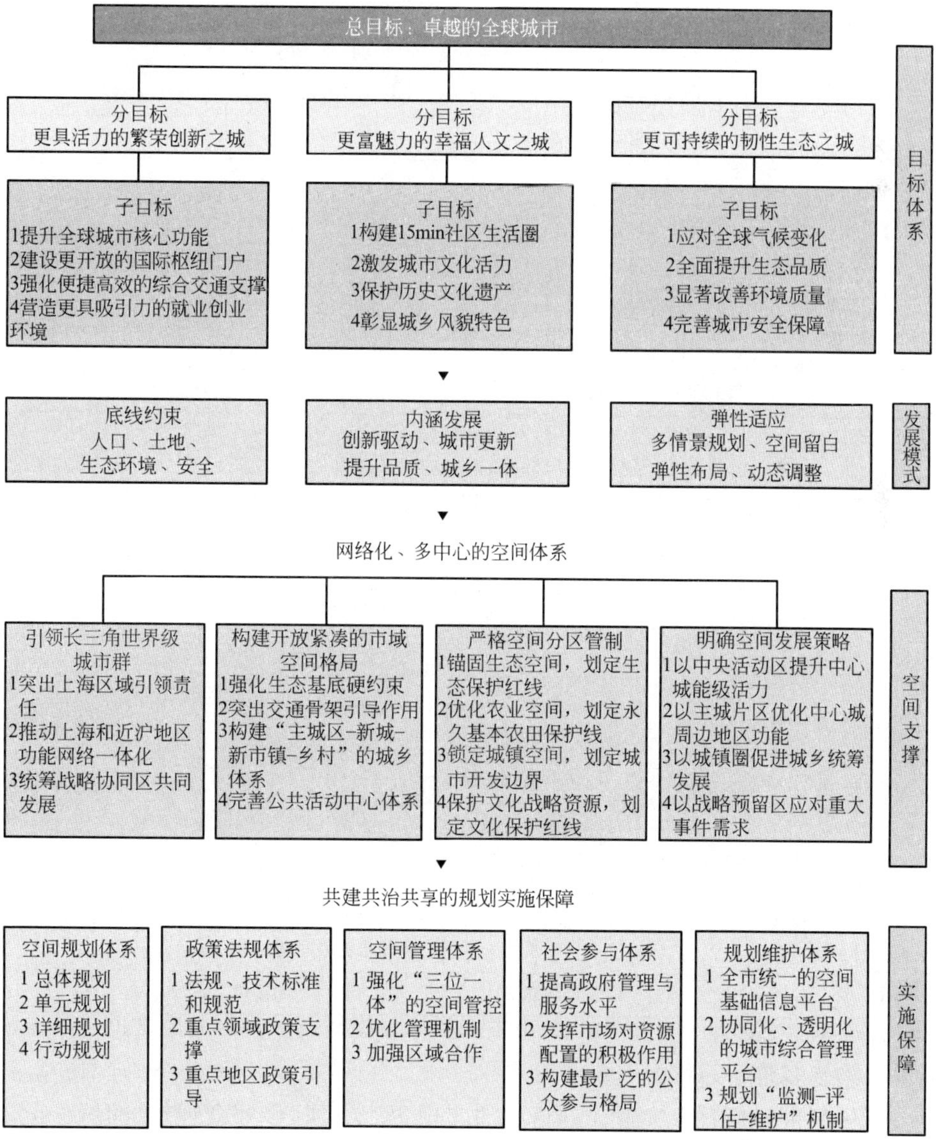

图 1　“上海 2040”逻辑框架图

"目标—策略—指标"对应表一 **表 1**

总目标	分目标	策略	核心指标
卓越的全球城市	更具活力的繁荣创新之城	提升全球城市核心功能	R&D 经费支出占全市地区生产总值的比例(%)
		建设更开放的国际枢纽门户	航空旅客中转率(%)
		强化便捷高效的综合交通支撑	全市平均通勤时间(min)
		营造更具吸引力的就业创业环境	新建住房中政府、机构和企业持有的租赁性住房比重(%)
	更富魅力的幸福人文之城	构建 15min 生活圈	社区公共设施 15min 步行可达率(%)
		保护历史文化遗产	历史文化风貌区面积(km^2)
		彰显城乡风貌特色	骨干绿道总长度(km)
		激发全社会文化活力	文化类从业人员占就业总人口比重(%)
	更可持续的韧性生态之城	应对全球气候变化	碳排放总量较 2025 年峰值降低率(%)
		全面提升生态品质	人均公园绿地面积(人/m^2)
		显著改善环境质量	$PM_{2.5}$ 年均浓度(微克/m^3)
		完善城市安全保障	应急避难场所人均避难面积(m^2)

"目标—策略—指标"对应表二 **表 2**

总目标	策略		核心指标
卓越的全球城市	紧约束下的睿智发展	发展模式转型	
		人口综合调控	常住人口规模(万人) 常住人口密度(万人/km^2)
		国土资源利用	生态用地占市域陆域面积比例(%) 建设用地总规模(km^2)
	网络化、多中心的空间体系	引领长三角迈向世界级城市群	
		构建开放紧凑的上海市域空间格局	对镇区 10 万人以上新市镇轨道交通站点的覆盖率(%)
		严格空间分区管制	基本农田保护面积(万亩) 城市开发边界面积(km^2)
		明确空间发展策略	战略留白空间规模(km^2)

1. 构建多维度的目标体系

从体现世界格局新地位、国家战略新要求以及融合公众理想的角度出发，"上海 2040"提出了"迈向卓越的全球城市"的总目标。在全球城市的总愿景下，进一步通过"令人向往的创新之城、生态之城、人文之城"三个分目标，深化全球城市内涵，细化目标要点，体现创新对未来城市竞争力的核心引领，突显对绿色可持续发展的核心支撑，彰显以人为本理念和城市特色魅力，形成“上海 2040”的多维度目标体系。

2. 形成与目标愿景相契合的指标体系

指标体系是落实规划目标、确保规划实施的重要手段，在目标体系建立的基础上，参照纽约、伦敦、东京、首尔等国际大都市规划指标体系，重点突出全球视野和战略高度，全面体现转型创新的发展理念，构建了 4 类共 29 项核心指标体系，实现与整个目标体系的耦合，将定性描述的目标愿景转化为可感知、可测度、易比较的量化指标。同时，根据上海实际情况，进一步细化明确 2020 年、2040 年等重要时点的指标数值，全面对接“十三五”规划、中长期发展规划以及城市长远发展目标，通过同步建构上海城市发展战略数据库（SDD），实现定期监测评估，对城市总体规划进行动态维护。

3. 建立与规划策略之间的逻辑关系，并在空间上形成响应

在空间规划中，提出了与目标相对应的空间支撑，突出对创新、人文、生态等目标的核心应对。例如，“创新之城”目标下，提出了全市科技创新空间的布局与模式。在“人文之城”目标下，强调中心城“15 分钟生活圈”和外围“城镇圈”建设，体现对不同区位生活的人文关怀。在“生态之城”目标下，进一步明确全市生态空间格局，通过重点区域、生态环廊、公园体系等多类型空间应对，突显对生态目标的空间支撑。

（四）规划视野：由立足市域的内生型发展视野，转变为开放式的全球互联、区域协同发展视野

传统总体规划中，在区域层面，提出要加强区域产业、生态、基础设施、交通等方面协同发展的规划策略，但由于缺乏推进区域协同发展的体制机制，使得很难实质性的推进区域之间的协同发展。在市域层面，由于城乡统筹理念的缺位，也往往导致规划深度上呈现出不平衡。区域协作和一体化发展是国际大都市发展的必然规律，也是国家战略的要求，当前上海城市空间已呈现出明显的城市区域化基本特征，与周边地区城镇一体化发展的趋势已日益突出，为此，“上海 2040”以“开放市域、服务全国、面向国际”的规划视野，从国家使命、全球定位、区域协调来研究上海未来城市发展的战略框架，谋划“网络化、多中心、组团式、集约型”的区域空间格局，积极推动形成三个特点鲜明的空间层次：90min 通勤范围具有同城效应的“都市圈”、30～40min 出行时间范围产城融合的“城镇圈”、15min 步行时间范围的基本组团单元“社区生活圈”。

1. 面向区域，以都市圈全面承载国家重要战略和要求

将交通通勤、产业分工、文化认同等方面与上海关系更加紧密的近沪地区，形成 90min 交通出行圈，突出同城效应。开展多维度区域协同治理，推进区域功能网络一体化、交通设施互联互通、基础设施共建共享、生态环境共保共治、文化共融共通，创新区域治理机制（图 2）。

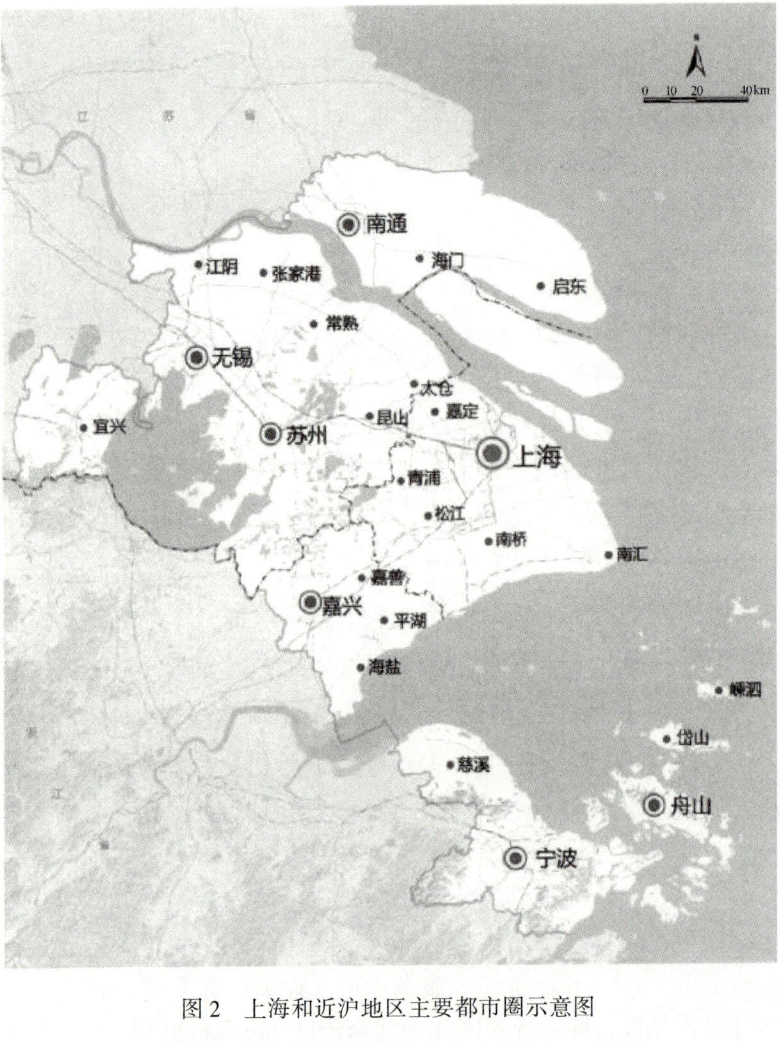

图 2　上海和近沪地区主要都市圈示意图

2. 立足市域，以城镇圈作为空间组织和资源配置的基本单元

规划形成三大类共 24 个城镇圈。城镇圈内重点统筹新市镇、集镇、乡村地区的公共服务配置，集生活、就业、服务为一体，促进城镇圈内产城融合、职住平衡、资源互补、服务共享。临近上海市域边界的城镇圈，进一步加强基础设施

对接，促进规划共同研究编制，实质性的推动上海和近沪地区一体化发展（图 3）❶。

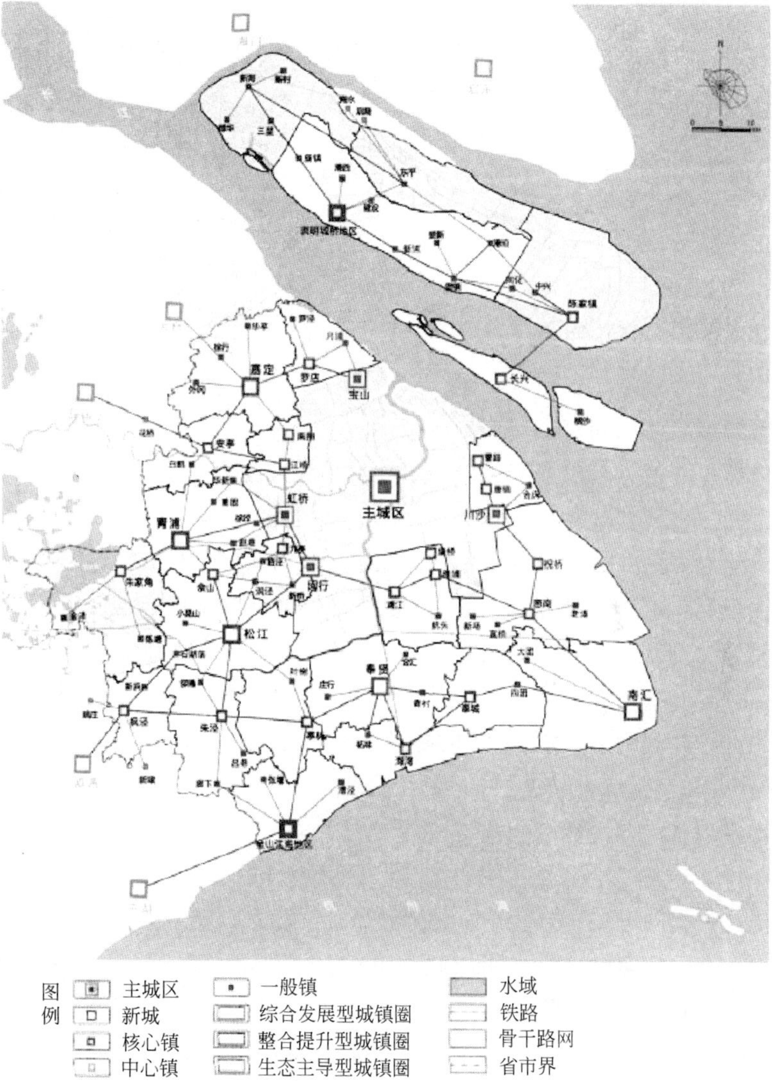

图 3　上海市域城镇圈规划图

3. 关注社区，以 15min 生活圈作为社会治理和社区公共资源配置的基本单元

在网络化的后工业时代，社区不仅是生活空间，也应作为工作、学习、创造

---

❶ 优化郊区空间结构，促进城乡一体化发展，规划共形成 24 个城镇圈，包括 16 个综合发展型城镇圈、4 个整合提升型城镇圈和 4 个生态主导型城镇圈。

基本场所，城市生活方式的改变乃至于城市生产方式、发展方式和治理方式的改变，都应从社区开始。“上海 2040”以 15min 社区生活圈为平台，进一步优化公共服务资源配置，构建网络化、无障碍、功能复合的公共活动网络，提升城市微观层面的空间品质，进而提升城市的空间治理水平（图 4）。

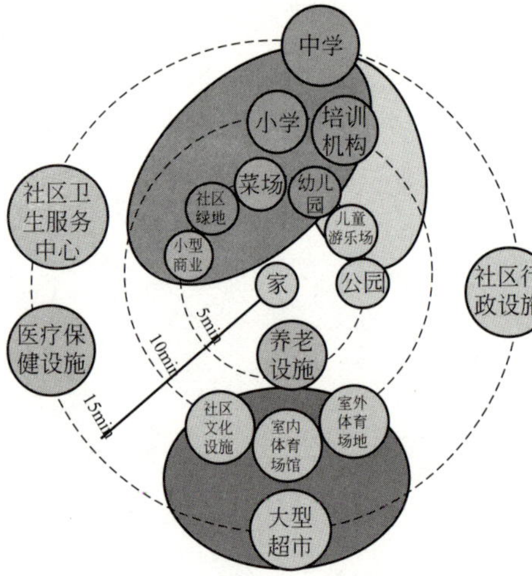

图 4　15 分钟社区生活圈示意图

（五）成果内容：由规定性技术文件，转变为战略性空间政策

传统城市总体规划，内容面面俱到，中央事权和地方事权划分边界不清晰，导致报国务院审批的城市总体规划周期较长，往往是规划刚批复，就重新启动规划的评估和修改，规划难以发挥引领城市发展的作用。漫长的审批周期催生了事实上的规划“违法”，许多城市不得不边上报规划、边实施规划，普遍出现了总体规划尚未获批准就已经“全面实施”的情况，甚至于总体规划批准之日就是新一版总体规划修编之时。针对上述问题，“上海 2040”按照国家对总规成果改革创新的工作要求，在充分借鉴国际大都市先进经验基础上，对成果体系上进行了创新，使“上海 2040”兼具城市发展战略引领、功能结构控制和城市治理的特征。

1. 以“目标导向、问题导向、实施导向”创新成果框架

坚持目标导向，全面落实中央要求、强化规划引领，面向 2040 年做好空间战略安排；突出问题导向，充分衔接上海“十三五”规划，全面落实近期补短板各项工作；强化实施导向，对应政府事权，聚焦上海需求，并体现上海特色，构建新总规“1+3”的成果框架：“1”为“规划报告”，是在战略性层面上，指导城市空间发展的纲领性文件，包括六大部分、八个章节。“3”包括分区指引、专项规划大纲、行动规划大纲，是在实施性层面上，从分区、系统、时序维度构建总体规划的管控体系，是全市总规向下落实的重要内容。其中，分区指引，对应指导区县规划事权，以行政区为对象，从战略引导、底线控制、系统指引等方面指导区县规划编制。专项规划大纲，对应各部门事权，分版块和系统明确规划目标、指标、技术指引、发展策略与空间布局等内容，指导各专项系统按照总体发展目标和战略导向进行落实。行动规划大纲是从时间维度上，建立部门间规划实施和多规统筹的协调机制，保障规划在实施操作层面的动态调整与落实。

同时，按照国务院办公厅和住房城乡建设部提出城市总规审批改革的内容精简和“条文式”要求，在“1+3”成果基础上，进一步精简和提炼形成“规划文本图集”，突出需报请中央政府确认事项，具体包括城市性质、人口和用地规模、区域发展、市域空间格局、历史文化保护和城市风貌、重大市政基础设施布局等，作为国务院重点审查的内容。“上海 2040”规划文本图集以及规划报告将作为上报成果报国务院审批，“3”作为上报成果的附件（图 5）。

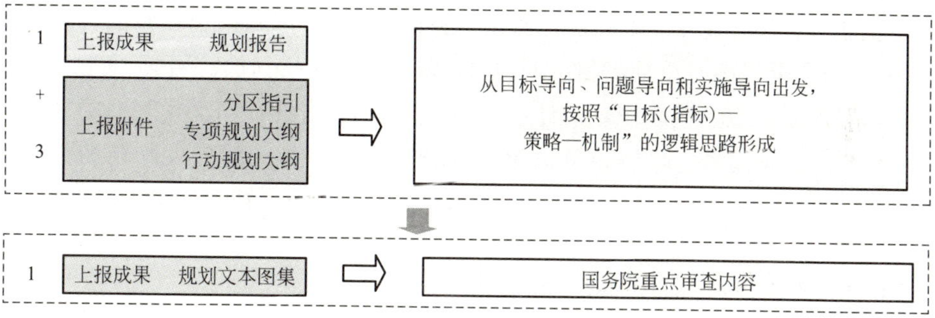

图 5　“1+3+1”规划成果体系构成

2. 以“方便公众为导向”转变成果表达形式

规划报告的成果表达更加突出方便普通市民理解，在学习借鉴国外城市总体规划成果基础上，体现中国和上海特点，进一步完善最终成果的表达方式。一是简化成果，将文本、说明、图集、表格合一，采取图文混排，用一个本子将现状问题、规划思路和最终方案连贯表述清楚。二是转变文风，做到简明扼要、通俗易懂，去除繁杂的描述性、研究性、过程性内容，将专业技术内容转变为政策性文件表达。三是优化界面，对封面形式、图纸图例、文字排版和新媒体界面等进行优化，实现界面友好。

（六）组织方式：由规划部门主导，转变为开门做规划、全社会共同参与

城市总体规划往往由规划部门一家主导，公众参与上则偏向于自上而下的规划公众宣传，无论是参与形式、广度和深度上都显不足，部门合作上仅停留在政府行政部门之间，鲜见城市间和跨领域的部门合作，缺乏全社会的共识和共同参与，规划缺乏号召力。本次规划坚持开门办规划，改变传统组织方式，更好地发现问题、解决问题，并凝聚全社会共识，将“上海 2040”的编制作为全面探索城市治理模式的过程。

1. 形成高效的组织架构

成立了由市委主要领导担任组长、市政府主要领导担任第一副组长、市政府

相关分管领导担任副组长的上海市城市总体规划编制工作领导小组，成员单位包括各区政府以及40个市政府相关部门，同时，在市规划和国土资源局下设办公室，负责具体组织和协调新一轮城市总体规划编制的各项工作。

2. 邀请多方参与规划编制和宣传

市政府22个委办局、16个区及40个研究团队共同参与，开展了规划实施评估、18项战略专题研究、28项专项规划研究、总规定位和成果研究等工作。传统媒体和新媒体平台，对“上海2040”进行了深入报道，上海发布微信公众号上发布的《上海市城市总体规划（2016—2040）（草案）》两篇文章阅读量超过120万。公众全程参与总规编制，召开11场战略专题研讨会，开展“上海，我的2040”愿景调查、概念规划设计竞赛等。邀请15位具有广泛代表性的社会知名人士（市人大代表、政协委员）全过程、全方位参与，对重大问题和关键成果提供咨询，充分发挥桥梁纽带作用，引导带动市民形成最广泛的公众参与格局。

3. 建立专家决策咨询机制

邀请4位核心专家作为甲方技术代表，全过程紧密参与，对总规编制中重大问题进行技术把关，对事关城市发展的战略议题决策提出意见和建议。来自不同行业的30余位咨询专家作为技术第三方，参与总体规划成果和专题咨询，并提供相应咨询意见。

4. 成立联合编制团队

在总规办秘书处的技术引导下，利用上海丰富的智力资源优势，成立由中国城市规划设计研究院、上海市城市规划设计研究院、上海同济城市规划设计研究院以及上海市地调院组成的联合编制团队，充分发挥联合编制团队各自的特点和优势，如，同济规划院擅长空间方案研究与成果创新，上规院现状基础好，专项规划有积累，中规院熟悉国家战略和区域协同发展，市地调院国土空间规划经验丰富。

（七）实施保障：由理想蓝图，转变为多元利益主体共同行动的纲领

传统总体规划多为规划部门的政策和机制，区域之间、部门之间、市区之间、社会各主体之间缺乏统筹协调的机制。此外，终极蓝图式规划仍然倾向于城市远景的宏伟描述，而缺乏对实现过程、步骤、制约条件和措施的研究，难以真正引导城市发展的具体建设行为。此外，总体规划的实施也缺乏规划体系的支撑来落实，城市规划与土地利用总体规划、国民经济和社会发展五年规划、专项系统规划缺乏相互衔接的具体措施和手段，无形中也增大了规划实施的难度。理想需要照进现实，规划应当付诸行动。“上海2040”针对传统总规存在的问题，注

重利用市场机制，对规划实施各利益主体的引导和约束，使利益相关方成为城市健康发展的利益共同体，并构建起“五位一体”的实施机制，从提高治理能力的角度出发，建立由“空间规划体系、政策法规体系、空间管理体系、社会参与体系、监测维护体系”构成的规划实施保障框架。

1. 构建空间规划体系

健全行动规划机制，构建定期评估、动态维护机制，做到“空间合一、时间合拍”。空间维度上，以主体功能区规划为基础，以城市总体规划和土地利用总体规划为主体，结合人口分布、经济布局、环境保护、国土利用、基础设施等因素，优化统一衔接、功能互补、相互协调的空间规划体系。时间维度上，建立行动规划编制机制，并通过“年度监测—重点领域专项评估—全面评估”的定期评估机制，将实施评估结论及时反馈至各层次规划、行动规划中，对规划内容或者规划实施时序、实施步骤、实施措施进行动态维护，达到校核规划、加快规划实施的目的，并做好和国民经济与社会发展规划的衔接（图6）。

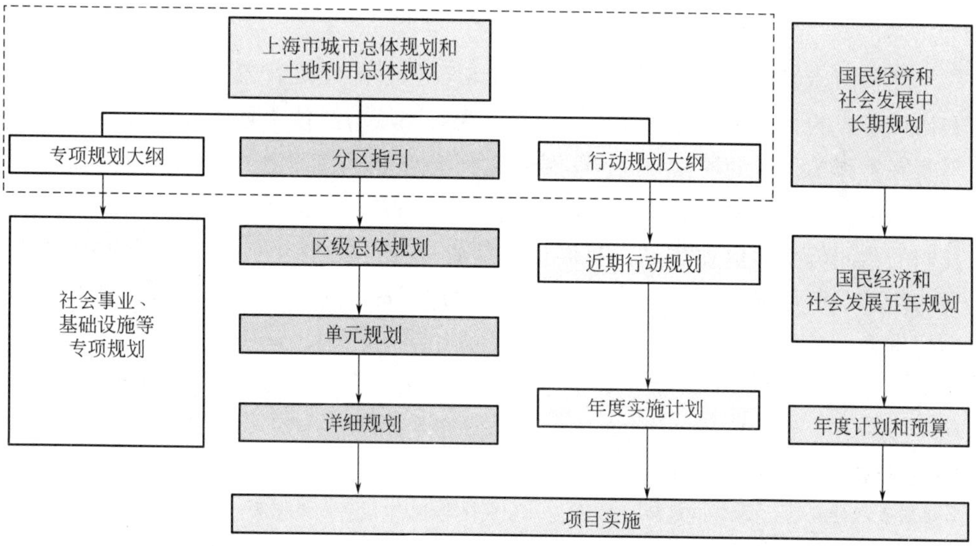

图6　“空间合一、时间合拍”的空间规划体系

2. 完善政策法规体系

修订《上海市城乡规划条例》等城市规划、建设、管理相关法规，确保空间规划管理全面纳入法制轨道。制定重点领域政策法规，完善引导和促进重点地区发展的政策机制，保障城市发展战略意图的实现。

3. 优化空间管理体系

以空间规划体系为基础，划定“生态保护红线、永久基本农田控制线、城市开发边界、文化保护控制线”，纳入各级城乡规划和土地利用总体规划的重要法定内容，作为空间管控的底线，创新土地利用管理制度，优化管理机制。建立上海和近沪地区规划协调机制。

4. 健全社会参与体系

利用网络等平台拓展更加多样的公众参与渠道和载体，构建常态化公众参与社会协同平台，形成更加开放的公众参与格局，在政府与市场（企业）、社会民众之间建立协作伙伴意识和命运共同体意识，促进城市共治共管、共建共享。

5. 建设监测维护体系

充分考虑以互联网为代表的新一代信息技术对城市生活、生产、发展和治理方式产生的深刻影响，加强互联感知、大数据分析和智能决策技术应用，实现规划理念转变和技术方法升级，建设上海城市发展战略数据库（SDD）平台，形成规划实施年度动态评估和报告制度。

五、结语

潮平两岸阔，风正一帆悬。“上海 2040”是新的发展背景下对城市发展方式和治理方式的一次深刻思考和创新探索，为我国城市总体规划工作的改革创新和不断完善开拓了新的探索空间。虽然规划还有许多不完美之处，需要通过我们在今后的工作中，根据实际情况，进行不断优化和完善。但我们相信，城市终将因我们的共同努力而更加美好，我们也有信心期待，2040 年的上海将成为令更多人向往的、更加绿色、更加开放、更加美好的全球城市，成为实现“中国梦”的先行者！

（撰稿人：庄少勤，国土资源部规划司司长，原上海市规划和国土资源管理局党组书记、局长；徐毅松，上海市规划和国土资源管理局副局长；熊健，上海市规划和国土资源管理局总体规划管理处处长，高级工程师；刘晨，上海市规划和国土资潘管理局总体规划管理处，注册城市规划师。）

注：摘自《城市规划学刊》，2017（02）：10-19，参考文献见原文。

规划改革背景下城市总体规划实施评估的认识与思考

导语：城市总体规划实施评估（以下简称“总规评估”）工作全面开展已经8年。在对该期间总规评估工作的反思中，发现总规评估一度成为地方政府启动总体规划修编的程序式工具，从而偏离了监测规划实施、纠偏空间政策的初始目的。在总体规划全面改革的背景下，总规评估的地位和作用均得到了进一步的提高，北京、上海等城市也开展了积极探索，总规评估工作表现出兼顾定期评估和城市体检双重目标。基于对案例城市创新实践的总结和分析，从制度上和技术上对新时期总规评估进行了展望与思考，对评估的价值与意义、机制与框架、方法与内容等方面提出了优化建议。

从事权法理层面来看，总规评估是我国总规法定化流程中的重要环节，《城乡规划法》第四十六条明确指出要“定期对规划实施情况进行评估”。从公共政策逻辑层面来看，随着总体规划从蓝图式静态型到政策式动态型的理念转变，评估提出的反馈修订促进了“设计—决策—实施—评估—反馈”这一完整的公共政策链的闭合，成为体现总规公共政策属性的关键环节。但目前对总规评估的价值定位与重点内容并没有明确的统一共识，大多城市仍将评估视为修编总体规划的附属性技术论证工作，导致评估对城市发展的指导作用也相对有限。随着住房城乡建设部总规改革要求的深化，如何在新一轮城市总体规划修编过程中，明确评估的定位、重点与方法，显得尤为重要。

一、对我国总体规划评估的回顾与反思

（一）我国总规评估工作呈现三大阶段

1. 早期探索中“力有未逮”

早在1984年国务院颁布的《城市规划条例》就要求“城市人民政府定期检查总体规划的实施情况，每五年向城市人大和总体规划批准机关作出报告”。虽然没有明确提出“总规评估”的概念，但很准确地点名了这项工作的本质与目的——检查总规实施情况，作出报告以备后续调整。但直至20世纪末的十余年间，我国处于城镇化加速起飞阶段，“重编制轻管理”的现实情况致使这一期间

的总规评估工作未能充分展开。囿于城市发展阶段和评估技术方法的历史局限，早期的总规评估工作无法得到充分贯彻，评估内容通常不会作为独立成果出现，而是在总体规划编制的说明书或专题中有所涉及，以规划回顾或总结的方式对实施结果进行简要对比与评价，在技术深度和工作意义上都有较大的不足。

2. 先锋城市的“百花齐放”

进入 21 世纪以来，学界业界通过相关研究对国外规划评估进行了引入与介绍，指出了总规评估的重要性。一些建设基础好、技术实力强的大城市为了应对发展需要，开始探索总规评估工作。例如深圳在 2001 年通过《深圳市城市总体规划检讨与对策》开展了对 1996 版总规的检讨与调整工作，其后广州、上海、杭州、天津等城市均各自结合自身特点与需要，进行了总规评估工作（表 1）。但该时期多为各个城市自下而上的尝试，因此整体呈现出多元多样的局面。各个城市从自身评估的意义和内涵入手，对评估形式、内容和技术方法进行了有益的探索，逐渐形成了初步的技术共识，2008 年出台的《广东省城市规划实施评估技术要点》就是其中的典型代表。这一时期的探索工作为后续总规评估工作的法定化、系统化做了较好的铺垫。

典型城市开展的总规评估探索 **表 1**

城市	年份	文件名称	城市	年份	文件名称
南京	2000	南京城市总体规划实施回顾与评价	深圳	2001	深圳市城市总体规划检讨与对策
广州	2003	广州市城市总体发展的回顾与展望	天津	2004	天津城市总体规划实施评估
上海	2005	上海市城市总体规划实施评估	长沙	2006	长沙市城市总体规划实效性评价研究

资料来源：根据各评估文件整理。

3. 法定要求下“蓬勃发展”

2008 年《城乡规划法》明确对总规评估提出了要求，其后 2009 年《规划实施评估办法（试行）》（以下简称《办法》）出台，总规评估被正式纳入城乡规划法定工作的序列之中，在全国范围内全面展开。一方面，吉林、黑龙江、重庆等多个省（市）下发了关于总规评估的地方性指导意见，对所辖城市的总规评估工作提出要求；另一方面，各级城市开始按照法律规定相继开展总规评估工作。在评估实践工作的推动下，期间对总规评估的理论和研究也迅速增多，不仅在系统上进一步突出了总规评估的价值与意义，更在评估方法、评估机制、年度评估、评估指标等领域进行了重点创新。

总体上，三大阶段不断推进与完善的过程，勾勒出我国城市总规评估从条例性规定到法定化制度、从试点探索到全面推广、从理论介绍到实践创新的发展轨迹（表 2）。

我国总规评估工作的三大阶段　　表 2

	第一阶段(2000 年之前)	第二阶段(2001~2008 年)	第三阶段(2009 年之前)
评估管理	条例规定性工作	技术手段强化监管	法律框架下统一指导
评估形式	非独立的专题或章节	先锋城市的独立报告	全面推广的省、市实践
评估重心	聚焦国外介绍和价值建构	技术方法的初步探索	系统总结与重点创新

（二）当前总规评估中广泛存在“实用主义”主导的程序性评估现象

1. 不修不改不评估？评估缺乏常态化机制

从各个城市开展总规评估的时间来看，可以大致总结为两种情形。一种是自上而下的行政命令，例如甘肃省住建厅在 2013 年发布通知，要求“现行总体规划获批时间超过 2 年的城市和县城”开展总规评估工作，并在 2013 年 6 月统一提交上报省厅，类似一种“运动式”的推进方式。另一种则是自下而上的城市自主行为，通过列表可以发现多数城市的总规评估时间与批复时间之间缺乏规律，既不符合《办法》中“两年一次”的规定，也未和国民经济社会规划保持一致，基本上都是在总规修改启动之前进行的“规定性动作”（表 3）。“不修改不评估”，成为总规评估的普遍现象。无论是“运动式”推进，还是总规修改前的“必选动作”，都说明目前仍未形成常态化的总规评估机制，总规评估工作的随意性较大、严肃性不足。

典型城市的总规评估时间比较　　表 3

城市	上轮总规批复时间	评估启动时间	总规修改启动时间	城市	上轮总规批复时间	评估启动时间	总规修改启动时间
镇江	2005	2011	2012	宁波	2006	2009	2013
大同	2006	2010	2010	株洲	2006	2010	2010
贵阳	2013	2013	2015	天津	2006	2009	2010
鹤岗	2006	2012	2012	马鞍山	2011	2013	2013
西安	2008	2013	2014	南昌	2012	2013	2016
温州	2005	2011	2013	哈尔滨	2011	2011	2012
杭州	2007	2010	2013	徐州	2007	2012	2014
嘉兴	2004	2011	2012	舟山	2001	2011	2012

资料来源：根据上报住房城乡建设部各城市评估文件整理。

2. 一评估必滞后？评估沦为修改论证报告

综合分析上述城市的总规评估报告，14 个城市中有 10 个在评估的“问题分析”大量论述“规划滞后”，在修改建议中出现“扩大城市规模”。需要指出的是，在快速城镇化阶段，确实有一些城市存在行政区划调整、规划预期不足的情况，但并不是所有城市都适合用“规划滞后”来解释实施与规划不符的问题，也不是所有城市都适合用“扩大城市规模”来解决这一问题。显然，某些城市的评估报告先入为主地确立了论证总规修改必要性的目标导向。

3. 评估动机陷怪圈？外部动力驱动评估工作

结合住房城乡建设部《总体规划实施评估执行情况与修订研究》课题组的调研，就评估动机的问卷调研，90%的城市都认为“应对总规修编”是开展评估工作的主要目的，而极少数城市选择将城市内生的实施管理需求作为评估目的。可见外源性原因成为评估的主要动机，而过于功利的评估动机也解释了“不修编不评估”和“一评估必滞后”的原因。

显而易见，上述评估实践中发生的情况，评估的组织、内容和动机都在一定程度上偏离了检查实施情况并调整规划实施策略的初衷。事实上，这些为了修改而评估的报告，功利性太明显，难以真正监测城市发展动态，难以真正引导规划的科学实施和完善，对城市发展的指导性偏弱。这一类并不是真正监测城市发展情况和规划真实实施情况，而仅是为了启动总规修编，侧重于论证规划滞后而编制的评估，称之为“实用主义”主导下的程序式评估。

二、对“实用主义”主导的程序性评估现象与机制的思考

（一）制度设计导致“实用主义式”评估

1.“土地财政”制度加速总规修改诉求

城镇化的过程需要有巨大的资本投入和充裕的空间载体。在分税制、住房改革等一系列改革过程中，土地财政制度逐渐形成。地方政府为了获取源源不断的土地融资，必然选择扩张型的增量规划，保证获取土地信用和建设空间，建立起“规划修编—用地扩大—出让土地—获得资本—加速建设”的发展循环。得益于这一过程中人口红利和土地红利的同步释放，我国上个阶段的快速城镇化进展顺利。20 余年的“土地财政”与“扩张规划”伴生伴行，直接推动我国城镇化成为“影响人类 21 世纪的两件大事之一”[1]。

在政绩考核和财政压力面前，城市政府只能不断透支土地财政来支撑经济运行；为了合法推动土地入市，只能不断拓展规划用地。这样的发展模式在中小城市尤其突出，中小城市本身缺乏强有力的区位优势和战略资源，就动力而言，急需大

[1] 诺贝尔经济学奖获得者 Joseph EugeneStiglitz 于 2000 年 7 月在世界银行中国代表处发言指出，中国的城镇化，将同美国的高技术革命一起，成为深刻影响 21 世纪人类发展的两件大事。

量土地招商引资；就压力而言，急需土地出让收入用于财政支出。基于上述逻辑，为了按照法定程序修编规划，只能更多寄希望于总规评估，总规评估成为启动“扩张规划”的关键环节（图1）。因此城市总是力图将评估结论导向“规划滞后于城市发展、需要扩大城市规模”这一基本结论，从而实现修改总规的目的。

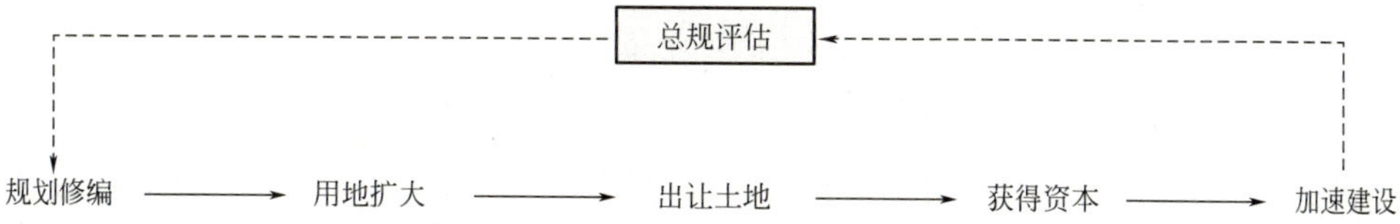

图1　总规评估在“扩张规划”循环中的地位

2. 评估是启动总规修改的理想路径

2008年《城乡规划法》的出台大大提升了总规评估的地位。其第47条明确提出了启动规划修编程序的5项前提，其中总规评估是唯一一个本级城市政府可以相对拥有主动权提出总体规划修改的路径，由本级政府组织评估，评估成果经上级主管部门认定通过后可以启动总体规划修改。其他4项都是由上级部门或上位规划所决定（图2）。这样的制度设计在提高规划修改门槛的同时，也使总规评估成为地方政府实现总规修改的重要抓手，在程序上启动总体规划修改就需要开展评估工作，因此总规评估成为炙手可热的重要工作，也产生了一系列为了修改总体规划而启动的“程序性评估”。

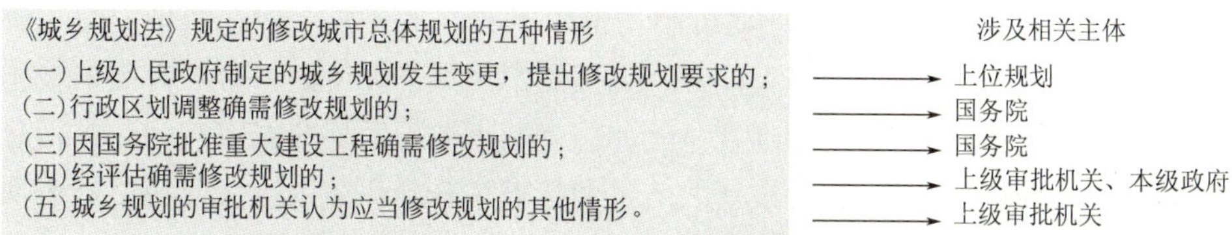

图2　《城乡规划法》中规定的启动总规修改程序的5条路径

3.“裁判员也是运动员”，评价主体不愿直面问题

国外城市总规评估的设计动机，是希望在分权制政府下检验政府的执政情况，因此在具体操作过程中多是由政府之外的第三方独立完成的。在后期的不断发展中，城市政府认识到评估的重要性和必要性，也开始组织评估工作，为修正自身施政纲领提供依据和支撑。

由于我国国情不同于欧美国家，2010年之前的城市规划基本还是以政府主导的系统性工作——政府组织编制、政府负责实施、政府自我评估，颇有“自说自话”的色彩。从编制到实施，总体规划成为城市政府配置发展资源的最有力工具，随着经济社会快速发展和不确定性的增加，城市政府也希望能够在资源配置方面保持相对宽松和弹性的自我裁量权。因此在评估过程常常出现刻意掩盖真正的实施问题，转而论证当前部分不合规现实的“合理性”，进而将问题归结于规划本身的“不合理”，以期修改规划。

（二）技术难度助长“实用主义式”评估

1. 总体规划编审周期长、实施滞后，导致评估难度大

国内总体规划“大而全”的规划内容，使得规划任务巨大，难以在一定时间内完成编制任务，进而拉长了规划编制的周期，甚至出现总体规划在近 10 年后才通过批复的情况。超长的总规编审周期使得规划本身具有一定的滞后性，延伸到规划实施的过程中，往往导致实施与总规要求难以一致。相应总规评估也无法保持较高的客观性和有效性。

城市总规评估的核心任务既包括监测规划实施情况，也包括检讨规划自身是否科学合理，还包括对城市发展本身情况的评价检视。因此，评估结论并不能以空间发展是否符合原有规划作为唯一标准。当规划与实施之间存在偏差的时候，既可能是实施过程出现问题，偏离了规划要求；也有可能是规划本身存在缺陷，脱离客观实际；还有可能是发展理念与模式发生了新变化等。因此对总体规划实施做出科学评估和客观论断已经超出了传统工程技术评价的范畴，需要考虑多种现实因素，难度较大。

2. 规划空间数据积累薄弱，难以满足评估需求

《办法》中对评估方法和评估机制均提出了较高的要求。但现实情况是，不同城市之间的技术力量存在较大差异，尤其是中小城市在编制、管理方面的技术短板，加大了总规评估工作的难度。例如许多城市缺乏系统的城市空间数据信息平台和即时遥感影像，很难将最新的信息和技术在总规评估中进行应用，这些现实问题使得总规评估的编制周期被拉长，甚至一些城市的总规评估工作要持续 2~3 年，这就造成“每 2 年进行一次”的评估周期无法实现。因此从某种意义上讲，技术难度也使得评估工作流于形式，削弱了自身的价值与意义。

上述制度上和技术上的多重因素，催生“程序性”评估不断出现，在一定程度上影响了城市规划的权威性、严肃性和科学性。

三、总体规划改革背景下的评估要求与创新

（一）评估地位得到新的确立与提升

1. 国家在战略高度明确评估目的

在加强现代化空间治理能力的总体要求下，中央城市工作会议明确提出要

“统筹规划、建设、管理大环节”，说明党中央将规划实施与管理工作的重要性一并提到了新的高度。尤其是针对总规评估提出了更加明确的要求，要求“加强规划监督管理”“建立城市体检评估机制”“通过定期评估，不断发现城市发展建设和规划实施中存在的问题，依法完善规划，动态维护规划，确保实现‘一茬接着一茬干，一张蓝图干到底’”[1]。上述转变一方面强化了规划实施的严肃性，要求避免“规划折腾”，切实做好规划实施工作；另一方面，突出了总规评估的重要性，要求充分发挥动态维护的作用，进而及时纠正“规划失误”。从战略高度和制度设计的层面凸显了总规评估的重要地位，明确了评估“发现问题、维护规划”的核心目的。

2. 住房城乡建设部从技术层面提高评估地位

在探索总规改革的过程中，住房城乡建设部从技术层面提出了总规评估工作的新导向，重点体现在总体规划工作制度的改革上。2016 年 9 月，全国城乡规划改革工作座谈会提出“五个一”的总体规划制度改革方案，其中“一报告、一公开”分别指城市总体规划实施情况报告和定期对社会公布城市总体规划的实施情况，和“一张图、一张表，一督查”共同构成规划编制、实施评估、批后监管三个环节，实现城市总体规划的闭合运行与自我完善。这一要求将总规评估提升到与规划编制、规划督查同等的地位，改变了原有总规评估被边缘的尴尬地位。

（二）总规评估的创新实践经验

在此期间，结合住房城乡建设部的新要求和自身总体规划编制工作，以北京、上海为代表的部分城市已经开展了总规评估的新尝试，主要体现以下几个方面。

1. 评估重点体现实施性与前瞻性的结合

评估重点上，除了对传统总体规划条文要求的实施情况评价之外。对于城市发展面临的宏观背景、未来的发展趋势，以及基于此对当下城市发展情况的评价也成为新时期总规评估的重点。例如北京总体规划评估中，就重点强化了对“后奥运”时期城市发展趋势的前瞻性评价，并相应提出总体规划应对方向，以实施性评估检验规划绩效、以前瞻性评估体现对城市发展的战略引领。

2. 评估内容更加关注“人的获得感”

在评估内容上，除了对定位、规模、空间结构、重要设施等物质空间规划重点进行评估外，更加突出对住房、绿地、教育、医疗、养老等民生服务设施的评

---

[1] 见《关于贯彻习近平总书记在北京考察时重要讲话精神进一步加强城市规划工作的通知》第四条。

价，体现对人的关注，例如上海总规评估中，不仅仅对住房、公共服务设施、轨道交通等方面进行了专题评估，还通过大数据，分析居住和轨道关系，轨道站点覆盖率、绿地可达性和设施的人群覆盖率等，充分体现评价内容的群众相关性和可感知性。

3. 评估导向兼顾“规划检视”与“城市体检”

在评估导向上，定期评估框架更加突出系统性，也强调实用性。一方面结合规划周期对规划实施情况开展详细全面的系统式“定期评估”，在保证全面评估的基础上，选择自身最为关切的若干系统或问题进行专题阐述和评估。例如上海总规就从 11 个方面全面分析了人口、用地、空间、交通等系统，突出对规划的评价。另一方面，明确各系统的关键考量指标，形成核心指标的年度监测表，实现规划的可监测，可考核。

4. 评估成果与数据平台充分结合

除了常规的总规评估报告之外，新一轮大城市总体规划实施评估的另一项重要成果，就是通过总规评估建立或完善了体系完整、内容全面的城市空间数据平台，大大推动了城市规划的信息化管理和日常化监测。例如，北京通过对产业经济、就业、人口、土地、房屋、行政审批 6 类数据的集成整理，形成 GIS 数据库；上海则构建了包含规划数据层、规划分析层、指标检测层和综合决策层的战略平台，将人口、房屋、经济、交通等 8 类信息与空间耦合，为重大政策制定与重大项目规划提供决策参考，为城市运行与发展提供监测依据。

四、对新时期总体规划实施评估的展望与思考

（一）制度层面的展望与设想

1. 新背景：理念更新，支撑评估转型

随着中国特色社会主义新时代的到来，党中央对治国理念和发展模式的认识也在不断变化。对战略引领的强调，对生态保育的重视，对存量更新的提倡，对人民获得感的关注等，正在成为新一轮中央对城乡建设的指导思想与核心精神。城乡规划越来越呈现由扩张为主导的蓝图式技术工作转向内涵发展为主导的过程式公共政策。相应地，总规评估也不再作为支撑扩张型规划的技术工具，而应当转型成为衡量城市发展状态和反馈并提升人民获得感的重要政策工作。

2. 新定位：重塑价值，明确评估目的

上述背景正在重塑总规评估在规划体系中的定位，一个“理想”的评估其价值不仅仅止于总规修编，更是对于城市发展的全面检视。城市总规评估是总体规划引领城市发展过程中的重要一环，它的作用应当更多体现为“优化”，而不

是“否定”。因此，总规评估的价值应当更加多元，既是对总规实施的全面检验，也能够为充实完善总体规划、启动新一轮规划编制提供较好的建议，并对及时掌握城市实际发展情况发挥重要作用。

3. 新要求：定期评估，建立常态机制

参照国外大城市的经验做法，通常采用“年度监测（monitoring）+定期评价（evaluation）”的方式来对城市规划的实施情况进行评估。例如纽约在每年出版年度进展报告（progress report）的基础上，将定期评估和规划修改同市长任期结合起来，对一年来目标的进展情况、指标的变化情况，以及具体目标的实施明细与计划进展进行评估；然后每四年进行一轮综合回顾和反馈，为下一任市长进行全市战略调整提供依据（图 3）。

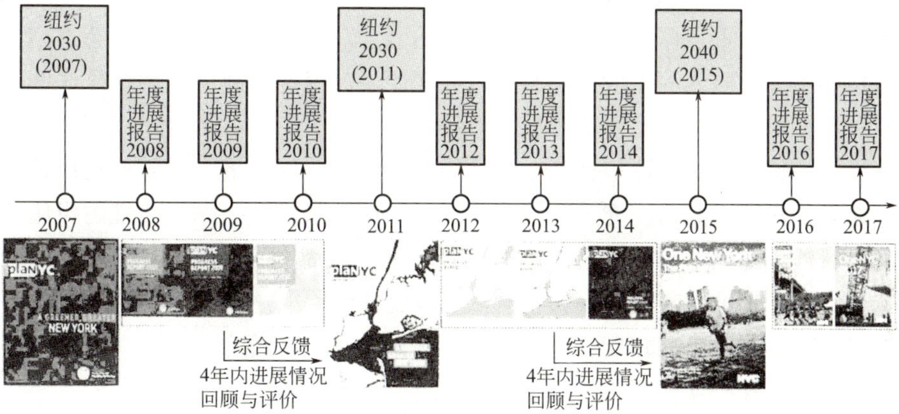

图 3　纽约历年评估与历版规划关系

新一轮总体规划编制周期的到来为建立稳定的常态化评估机制带来非常好的机遇。建议将城市总规评估的周期调整为 5 年一次，使其能够与经济社会发展规划、近期建设规划等政府行动保持一致，满足多规合一的发展理念。此外，建议有足够技术实力且城市发展迅速的大城市，在定期评估的基础上建立年度监测制度，既可以及时响应外部环境变化，更好地指导年度建设计划的制定；也可以实时监测城市发展情况，适时调整公共政策。对于技术实力有限、发展相对稳定的中小城市，可适时逐步完善年度监测，在出现特殊情况或事件的年份可以依需要自主组织评估。

（二）技术层面的思考与建议

1. 内容：战略评估、底线评估和设施评估并重

作为城市发展的综合纲领，城市总体规划包含纷繁复杂的规划内容。但从评

价实施情况的视角来看，最核心的问题在于回答是否按照规划设定方向稳步发展，规划提出的空间管制与生态保育要求是否落实，以及涉及国计民生的重大设施是否落地实施等，因此战略评估、底线评估和设施评估将构成总规评估的核心内容，并建议通过专题研究的形式加以突出，系统深入展开评估。

战略评估重点关注现行总体规划中影响城市发展战略的相关内容，如目标定位、人地规模、产业发展等方面。尽管上述内容并不全是强制性内容，但却反映出城市发展的速度和质量。评估发展趋势评估的重心既要强调对规划实施情况的比较分析，也要突出对城市发展情况的评析，突出对规划实施本身和对城市发展情况两条线主导的评估技术路线，综合定性、定量、定位的全面比较和模拟，提出重点对策与建议。

底线评估应针对总体规划中提出的空间管制、生态保育、环境保护、土地整治等核心内容，重点评估城市可持续发展的能力。通过建设空间与生态空间的比对，核心指标的监测等手段，明确城市底线要素的保护情况，准确评价底线是否突破、质量是否恶化、管制是否失效等敏感问题。

设施评估则更多地评估交通、公共服务、市政工程等重大设施的建设落实情况，尤其是从民生的角度充分反映广大市民的体验与感知。除了常规的设施建成情况比对外，在评估中倾向选择更加贴合老百姓日常生活的指标，例如公共交通出行分担率、轨道站的覆盖率、公共服务设施的步行可达率、市政工程的运行稳定度等，从服务民生的角度进行评估。

2. 方法：开放互动，市民、专家、政府多方参与

随着信息化管理和数据采集方式的完善与成熟，总规评估的技术问题不断得到突破，评估方法愈加开放多元、科学有效，有力推动各个主体共同参与。除了政府部门的工作和专家学者的评价，最典型的是市民的参与度大大提高，“开门办规划”已经成为社会共识，各类问卷、测评、互动调研等方式方法在虚拟平台、线下工坊、社区活动等多个场合得到推广，规划从业者的专业性和广大市民的积极性相得益彰，使得总规评估的技术力法摆脱传统的定量校核和简单比较，而是通过与社会学、行为学的交叉与渗透，使总规评估更加贴近“人的获得感”。

3. 平台：构建平台，夯实评估应用基础

为保证评估数据的准确性与时效性、横向可比性与纵向延续性，各城市应当将空间数据平台作为总规评估成果的重要组成部分，将人口、用地、经济、设施等数据类、地理类信息落实到空间上，并提出核心监测指标库，通过年度动态更新，长期监测城市运行状态，也为城市各类规划研究提供良好的技术支撑。同时应当充分引入大数据、遥感影像等新的技术手段作为支撑，能够更加形象地描述城市运行情况，促进总规评估的开展。

总体来说，总规实施评估显示出我国城市规划工作的进步，对于总体规划政策机制的完善起到了一定的推动作用。但受制于现行的规划组织机制，政府作为规划的编制、实施和评估主体，真正全面的客观评价与监测仍有难度。在当前总体规划改革创新背景下，评估的价值和地位被重新认识，评估的内涵也有了新的理解。未来应结合具体的制度设计、组织方法和技术创新，不断改进评估实践，使其真正成为城市总体规划修编中的常态化、动态性工作，以扎实的空间数据平台作为支撑，以详实的系统专题作为基础，以针对性的结论建议为导向，来指导城市的可持续发展，保证规划编制的弹性适应和政策制定的精准性。

（撰稿人：马璇，中国城市规划设计研究院上海分院规划研究室主任，城市规划师；郑德高，中国城市规划设计研究院副总规划师，上海分院院长，教授级高级城市规划师；孙娟，中国城市规划设计研究院上海分院副院长，高级城市规划师，通讯作者；张一凡，中国城市规划设计研究院上海分院规划研究室，城市规划师。）

注：摘自《城市规划学刊》，2017（06）：62-67，参考文献见原文。

构建我国空间规划体系的总体思路和主要任务

导语：构建国家空间规划体系是我国实现国家治理体系和治理能力现代化的重要路径，近年来受到中央的高度重视。当前，我国正积极推动国家空间规划体系的构建工作。基于此，文章从梳理空间规划体系的概念、内涵与演变入手，在客观评价我国现有各类空间规划体系现状与问题的基础上，借鉴国外空间规划体系的经验，结合当前国家空间规划（“多规合一”）改革试点工作的进展情况，合理设定目标，提出构建我国空间规划体系的总体思路及主要任务，以期为推进国家治理体系和治理能力现代化提供参考。

构建国家空间规划体系是我国推进生态文明建设的客观要求，是关系到国民经济与社会能否长期、持续、健康发展的重要工作，是国家推进生态文明建设、全面统筹经济社会发展、合理高效配置资源、协调发展与保护及解决规划“打架”问题的重要手段，也是实现国家治理体系和治理能力现代化的重要路径，近年来受到中央的高度重视。2013 年十八届三中全会要求“建立空间规划体系，划定生产、生活、生态空间开发管制界限，落实用途管制”，中央城镇化工作会议要求“建立空间规划体系，推进规划体制改革，加快规划立法工作”；2015 年《生态文明体制改革总体方案》提出要“构建以空间治理和空间结构优化为主要内容，全国统一、相互衔接、分级管理的空间规划体系，着力解决空间规划重叠冲突、部门职责交叉重复、地方规划朝令夕改等问题”；此外，在《关于开展市县“多规合一”试点工作的通知》（发改规划［2014］1971 号）、《中共中央关于制定国民经济和社会发展第十三个五年规划的建议》（2015 年）和《省级空间规划试点方案》（2017 年）等文件中，均将构建空间规划体系工作作为一项重点改革任务加以强调。地方政府受困于规划体系混乱导致的规划“打架”乱象，也对空间规划体系变革寄予厚望。

一、空间规划体系的概念、内涵与演变

“空间规划（Spatial Planning）”的概念在 20 世纪 80 年代开始大量出现，以 1999 年欧盟的《欧洲空间发展展望（ESDP）》的正式出版为标志，空间规划

的规划理念与实践在欧洲得到快速发展，并在全球空间规划领域产生了巨大影响。

对于空间规划的概念，各类机构基于不同视角给出了不同定义：欧洲理事会（COE）认为“区域空间规划是经济、社会、文化和生态政策在空间上的体现，目标是为了实现区域的平衡发展以及空间安排，是一种跨领域的、综合性的规划方法”；英国首相办公室（ODPM）认为“空间规划超越了传统的用地规划，致力于通过用地空间来影响空间功能和性质的政策及项目的协调与整合”；欧共体委员会（CEC）等机构也对空间规划进行了各种定义，其共通之处在于将空间规划看成是协调空间发展、整合目标、对空间要素进行综合或专项安排的技术手段和政策方法，空间规划的职能不再局限于用地空间的安排，而被视为整合各类政策的重要空间手段。

按照空间尺度，空间规划可分为国际、国家、省（州）和市县等不同空间尺度的规划。按照法定程度和实施力度等，空间规划可分为指引性空间规划和控制性空间规划，其中指引性空间规划为非规范性的规划，包括战略、愿景、前景和研究报告等，这类规划只是建立共识，约束力弱；控制性空间规划是规范性的、法定的规划，或有其他强制性实施机制，约束力强。此外，空间规划又可分为综合性空间规划和专项性空间规划，除综合性空间规划外，以协调为原则的土地利用、地域经济空间规划也是建立在综合性地域分析基础上的，与综合性空间规划有很大的重叠部分，但落脚点不同。

空间规划体系是一个国家工业化和城镇化发展到一定阶段，为协调原有各类、各级空间性规划和理顺部门规划的关系，实现国家和地区竞争力提升、可持续发展等目标而建立的，由国家、省（州）、市县等各级空间规划构成的空间规划系统。为了避免各国规划体系称谓的不同，欧盟基于具有整合和协调功能的空间规划（Spatial Planning），逐步将各国对原有不同地域层次的规划体系整合统称为空间规划体系。

二、我国空间规划体系的现状及问题

我国迄今尚未建立严格意义上的国家空间规划体系，现有的空间规划体系庞杂且不健全，众多空间性规划自成体系，部门规划之间缺乏衔接与协调。随着经济社会的发展，我国空间规划体系存在的问题越来越显性化，不仅规划自身的科学性、严肃性受到公众质疑，还导致了诸多矛盾与问题的出现，制约了国民经济的健康、可持续发展。

（一）横向：各类规划数量众多、衔接不够

针对不同的问题和空间领域，各级政府和职能部门分别制定了诸多不同层级、不同内容的规划，从经济、社会和生态等多元角度进行规划表达，进而组成了一个复杂的体系。在这个体系中，起到较为重要作用的规划主要包括经济社会发展规划、主体功能区规划、城乡规划、土地利用规划和环境保护规划，以及交通、林业和水利等专项规划。

从横向上看，各部门、各行业的规划数量众多，一定程度上存在着规划供应过剩的现象。据统计，我国经法律法规授权编制的规划至少有 83 种。行业和专项规划名目繁多，“十五”期间，国务院有关部门编制审定了 156 个行业规划，省、地（市）及县级地方政府编制了 7300 多个各类地方性规划（图 1）。

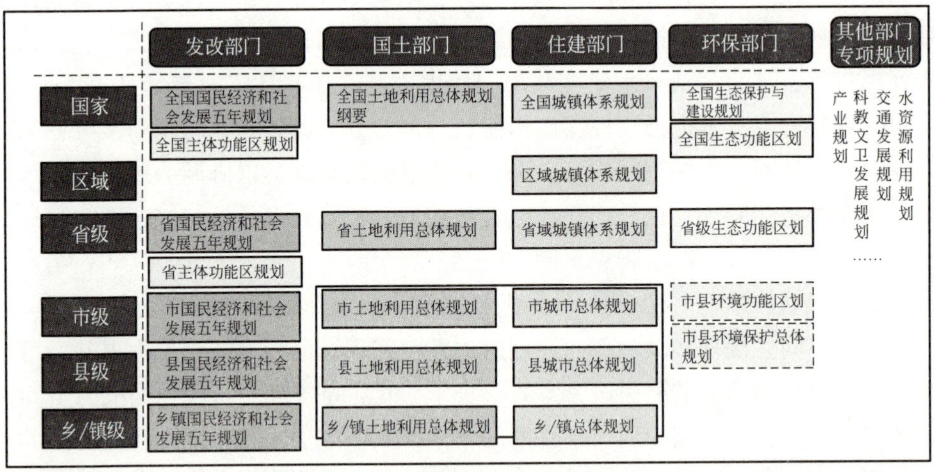

图 1　我国现状规划体系框架

数量如此之多的规划之间却常常缺乏有效的衔接与协调，这在各个层次的规划中均有所反映。例如，在国家层面，发改部门牵头编制的《全国主体功能区规划》（2010 年）确定了以“两横、三纵”为主体的城镇化战略格局，而住建部门牵头编制的《全国城镇体系规划纲要（2005—2020）》确定的是“一带、七轴、多通道”的空间结构，提出培育五个核心地区和三个门户城市，构建沿海城镇带和六条城镇发展轴，二者之间差异明显。在省级层面，各类规划间往往也缺乏足够的衔接，如《江苏省主体功能区规划》（2014 年）确定了全省“三轴、一群”的城镇化空间格局，而《江苏省城镇体系规划（2012—2030）》确定的是“一带两轴、三圈一极”的城镇空间结构。市县层面在规划“打架”方面更是“重

灾区”，城乡、土地利用、环境保护和林地保护利用等规划在技术标准、空间管制、用地规模及用地布局等方面存在诸多矛盾冲突。

（二）纵向：部门规划自成体系、不断扩张

1978 年以后，改革开放政策的实施加速了我国经济社会的发展。基于经济、城市建设、土地和环境等政府事权分立的制度框架，我国的规划者开始学习、运用西方国家的规划理论和方法，试图激发资本、土地、劳动力、技术和政策等要素对经济与社会发展的拉动作用。但是，事权分立所导致的分头规划和分散规划与西方综合规划的结构存在着内在的矛盾，于是各个规划都采取了超出事权的规划延展这一方法作为应对。也就是说，规划编制与规划管理出现了不同构的现象，规划的编制倾向于综合性与全局性，而规划的管理（即核心内容）则基于事权来界定。然而，经济社会发展的复杂性和不确定性及分析工具的不同，又导致不同规划在同一问题判断上的差异。这种差异在事权分立的背景下又导致各部门对规划空间权力的争夺，如发改部门主导的区域规划与住建部门主导的城镇群规划在内容上时有重叠与冲突。住建部门的城乡规划处于一种持续膨胀与扩张的态势，从传统的偏重城镇规划向全域管控转变，与其他部门的事权交叉屡见不鲜（图 2）。国土部门主导的土地利用规划从早期侧重耕地保护向注重与经济发展和生态建设的协调统一转变，对建设用地的管控不断加强，与城乡规划的交叉与矛盾不断显现（图 3）。此外，林业、水利、国土和海洋等部门在林地、泄洪区、耕地与滩涂等空间的归属划定与管理上存在诸多交叉与矛盾，规划事权边界极不清晰。

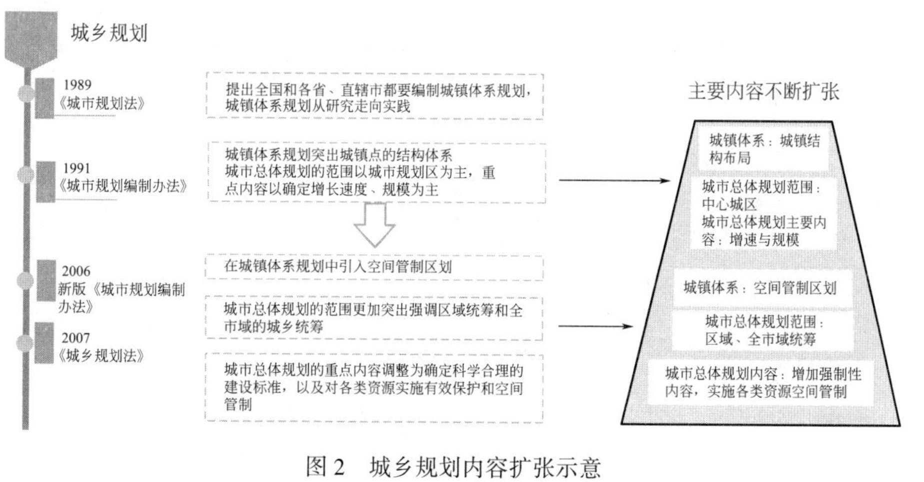

图 2　城乡规划内容扩张示意

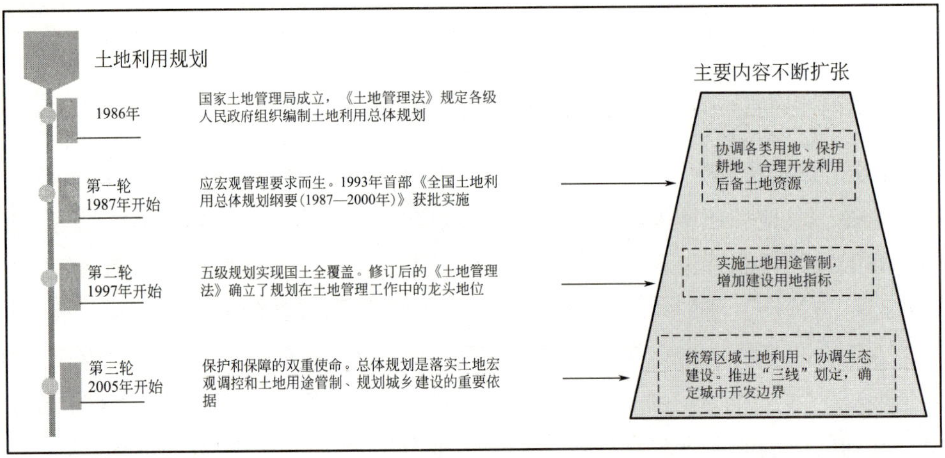

图 3　土地利用规划内容扩张示意

（三）缺乏能有效全面统筹国土空间全局的顶层设计

规划“打架”现象如此突出，部门规划内容的交叉重叠与部门规划事权的矛盾是重要根源，各类部门规划平行衔接的模式已显现出其局限性。由于在现行规划体系中缺少法定的龙头规划与综合协调部门，缺乏能有效全面统筹国土空间全局的顶层设计，规划“打架”现象难以从根本上得到解决，国家、省、市县层面的各类空间性规划处于群龙无首的局面。2000 年之后，虽然不同部门相继出台了国家层面的空间性规划，但是迄今为止仍没有一部严格意义上统领全局的国家空间规划。虽然全国主体功能区规划已经逐步体现出其战略性、基础性和约束性作用，但是受到现行规划体系的制约，尚难以称之为严格意义上的国家空间规划。从市县层面看，目前的市县城市总体规划、市县土地利用总体规划和市县环境保护规划等空间性规划都无法真正起到统筹国土空间全局的龙头规划作用（图 4）。

（四）发展规划与空间规划割裂，部门规划话语体系各异，多规难对接

发展规划与空间规划割裂，造成地方发展在战略层面缺乏明确的定位目标，影响资源的合理配置。由于事权分工定位不明确，不同规划体系出于自身利益对同一空间进行重复规划，造成各种规划资源及行政资源的浪费，不仅难以对城市的发展进行有效的统筹调控，还导致了基层在规划实施上的无所适从。而脱离了发展规划统筹的空间规划，还存在规划可操作性低、推动执行难的弊端。这类规划往往从局部出发，侧重城市物质环境的建设，忽视城市发展的研究，如缺乏对

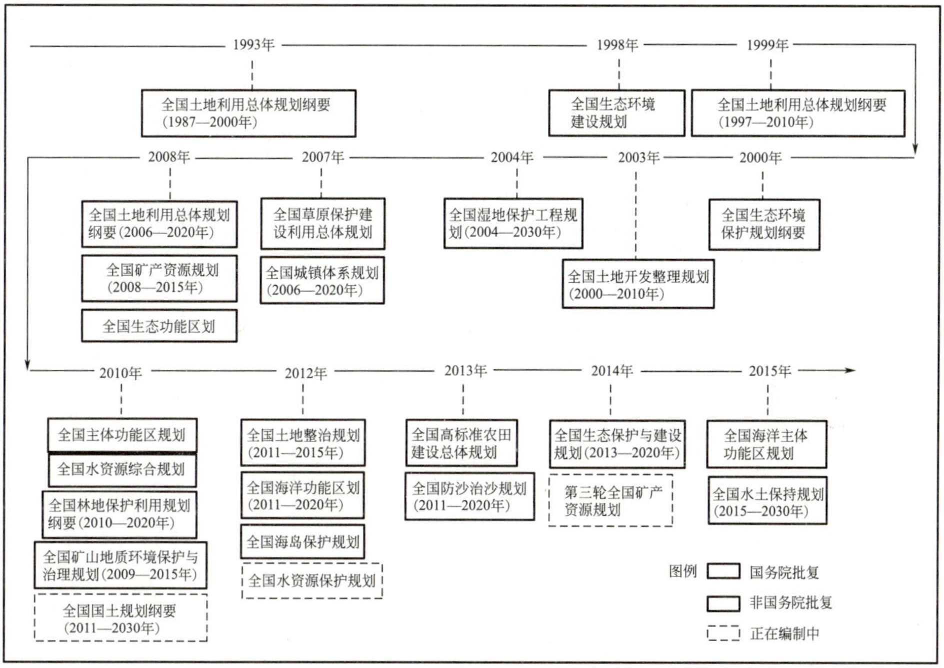

图 4　20 世纪 90 年代以来国家层面的空间性规划时间轴

市场和行政管理、社会资源等方面的研究，导致规划不接地气，在实际操作中易遇到强大阻力，甚至长期得不到完善。反之，发展规划若离开空间布局的落实和约束，也造成一些影响地方经济社会长远、全局发展的重大项目越来越难以落地，往往出现规划跟着项目走、频繁调整的局面，规划空间管控的约束性受到较大影响。而重大项目的落地又往往与土地利用总体规划的基本农田保护区、生态环境保护规划的生态红线区有较大冲突，使得城市的发展与布局、开发与保护在实际工作中被割裂，难以进行统筹协调。

此外，部门空间性规划话语体系各异，多规难对接。各部门规划在基础数据的采集与统计、用地分类标准及空间管制分区标准等技术方面的差异，是造成地方层面多规合一、规划统筹难度大的重要原因之一。

三、国外空间规划体系的经验借鉴

着眼于我国空间规划体系的构建，对国外空间规划体系经验的借鉴应特别注重其内在形成机制，而国外空间规划体系的形成和演变过程往往与该国的政治经济体制、经济发展阶段、历史文化传统等因素密切相关。

Alterman 认为，有些国家或因受传统文化影响（如日本和韩国等），或因受外部威胁影响（如荷兰受水灾影响，以色列受军事威胁影响），或因受人均资源短缺影响（如荷兰、日本和韩国的人均土地资源短缺，以色列的人均水资源短缺）等，在体制上有中央集权的发展趋向。也有国家属于联邦制，中央对地方的管理权限小。还有国家介于集权体制和分权体制之间。根据中央集权程度，本文把国外空间规划体系分为以下三种类型。

（一）集权体制下的空间规划体系

苏联和前东欧的社会主义国家，以及资本主义国家中的法国、荷兰、希腊、日本和新加坡等均拥有中央集权传统，社会主流价值相对倾向于国家主义，土地多归国家所有，即使土地私有，国家也有开发控制权，这些国家多拥有相对完整的空间规划体系。

日本就是一个有集权传统的国家。在中央政府、都道府县和区市町村三级政府中，中央政府的权限大且拥有法律支持，中央政府财政占总财政收入的70%以上。日本于1950年制定的《国土综合开发法》奠定了其自上而下的综合开发规划架构。全国综合开发规划为最高层级，大都市圈建设规划、大地区开发规划、特殊地区规划为次层级，都道府县综合发展规划和市村町综合发展规划分别居第三、第四层级，下一层规划必须服从上一层规划。除了综合开发规划体系外，日本还于1974年颁布了《国土利用规划法》，规定了全国、都道府县和市村町三级政府同样需要自上而下地受到约束的国土利用规划体系。在两种空间规划体系中，国土综合开发规划由国土厅组织有关部门进行编制，是以空间规划为载体综合考虑社会、经济和文化发展战略问题，更具权威性。国土利用规划的编制由土地署负责，更强调通过制定各种土地利用标准进行分区管控，需以国土综合开发规划为基础。2001年后国土厅被撤销，与建设省和交通省等部门组成国土交通省，各类规划的运作整合在该部门内，实际增强了内阁在空间规划中的主导地位。之后随着《国土综合开发法》修订为《国土形成计划法》，规划层级由三级简化为两级。

（二）分权体制下的空间规划体系

分权制国家对空间规划通常不作统一管理，也不强调区域统筹，各种规划多由地方自主编制。国家层面大多没有对宏观规划进行统筹管理的机构，国家层面的区域政策要在地方层面落实也需要依靠立法和财政补助。

美国是最典型的分权体制国家。由于实行联邦制，联邦政府对各州的管理权限小，且多将规划权力下放到州政府，州政府又将规划权力下放到地方。因此，政府对规划的控制缺乏自上而下的统筹协调机制，联邦政府要想影响地方的规划事务，多要借助联邦基金的分配来引导地方政府的政策。可见，美国并没有真正意义上统管各州和地方政府规划的国家规划与宏观区域规划，现有的《美国2050空间战略》所展现的未来空间方案在内容广度、分析深度和实施力度上都十分有限，仅作为未来愿景。

（三）折中型体制下的空间规划体系

介于上述集权和分权体制之间的为折中型体制。英国、德国、丹麦和意大利等实行了这种体制。这些国家既有控制力较强的中央政府，又有较高自治度的地方政府。中央政府多设有主管规划的机构，并在议会设有立法检查机构，分别负责规划的编制和审批。中央政府通过法律和经济等多种手段对地方规划进行干预，地方规划多按照中央政府主管部门的程序来部署、分级编制和实施。

德国虽是联邦制国家，具有分权化特点，其规划体系也缺乏国家级空间规划，但仍然有层级分明、程序井然的规划体系。德国在联邦一级设置有国土整治法则，以指导联邦的空间规划和空间政策，促进各州协作。德国联邦层面的规划主管部门是联邦区域规划、建筑和城市发展部，该部门通过编制综合性区域规划，试图寻找有效路径来协调联邦和州及各州之间的矛盾，为此设立的空间规划部长会议具有咨询、协调职能。州级政府有绝对的自主权来编制和实施国土规划，但要参考联邦制定的空间发展理念和原则（法定）及联邦空间发展方针政策（多由联邦与州联合制定）。简而言之，德国空间规划体系的主要构成是：法定的联邦空间发展理念和原则、联邦空间发展政策大纲和基本方针、州发展规划、区域规划、市镇村规划。

四、构建我国空间规划体系的总体思路与任务

我国空间规划体系的构建工作较为复杂，难度大且牵涉利益主体众多，新体系的构建既要考虑到对现行体系的合理沿承，又要将其放在新的时代背景下大胆改革创新；既要追求体系构建的技术理性，又要考虑当前改革落地的可操作性；既要站在国家和区域整体利益的高度保证上级政府对地方发展具有必要的规划引导与调控能力，又要充分尊重地方政府的主动性与自主性，合理划分上下级政府之间的规划事权；既要积极借鉴国外经验，又要充分结合国情和制度特点，理性地构建我国空间规划体系。在问题与目标双导向的前提下，处理好以上关系，有助于探索构建适合我国国情的空间规划体系。

（一）总体思路

1. 确定发展规划与空间规划两大体系的关系

在中国特色社会主义制度下，如何界定发展规划与空间规划之间的关系，对于空间规划体系的构建显得尤为重要。从历史看，城市规划等空间性规划在计划经济时代一度被视为发展规划在空间上的延伸与落实，发展规划处于主导地位。从现状和趋势看，发展规划的计划经济色彩在不断弱化，更加体现市场经济环境下其对经济社会发展的引导作用，对融合空间规划内容的要求愈发强烈；各类空间规划也早已不是简单地对发展规划的空间落实，而是不断融入发展规划的相关内容。从规划的作用看，虽然计划并非社会主义国家所独有，但毫无疑问的，国民经济和社会发展规划不仅是宪法规定要求编制的规划，还是中国特色社会主义制度的重要组成部分，我国能从新中国成立之初积贫积弱（长期积累的贫困衰弱）的农业国发展成为今天的世界第二大经济体，五年规划功不可没，其作用难以被其他规划所替代，且在可预见的较长时期内仍将作为一个体系独立完整地发挥作用。

市县“多规合一”试点工作也是一个认识我国发展规划与空间规划关系的过程。《关于开展市县“多规合一”试点工作的通知》（发改规划［2014］1971号）要求推动经济社会发展规划、城乡规划、土地利用规划和生态环境保护规划等规划的“多规合一”，其中“合一”的对象既包括发展类规划，又包括空间类规划。但随着试点实践和理论探索的深入，各方面都逐渐倾向于先推进空间类规划的“多规合一”，再整合发展类规划和空间类规划。此后发布的中央文件也对这一问题进行了明确，党的十八届五中全会提出“以主体功能区规划为基础统筹各类空间性规划，推进‘多规合一’”；《生态文明体制改革总体方案》提出“整合目前各部门分头编制的各类空间性规划，编制统一的空间规划，实现规划全覆盖”。可见，试点工作所凝聚的共识之一就是当前“多规合一”的对象是各类空间性规划，而不是急于把发展规划也“合”进来。

因此，今后一段时期我国的发展规划与空间规划两大体系是并行的，发展规划与空间规划将各司其职、自成体系，但不是割裂开来的两个体系。空间规划要以发展规划为依据，空间规划要实现发展规划所确定的目标任务与相关要求，合理确定国土空间的开发与保护格局；发展规划的制定要结合空间规划所确定的资源环境承载力、空间开发适宜性、目标指标、“三区三线”及空间要素配置等内容，科学合理地确定经济社会发展目标与任务。

2. 问题导向的空间规划体系构建

在明确发展规划与空间规划相互关系的前提下，空间规划体系的构建首先要从解决目前体系存在的问题入手。对此，应立足于相关部门机构整合撤并、规划体制机制完善等配套改革，从体系框架构建的角度，加强顶层设计，整合相关空间性规划，尤其要注重整合各个层级的各类总体性规划，削减规划数量，实现从多个总体性规划并存向“一本规划”的转变；同时，在将目前各部门自成体系的空间性规划整合成为一个空间规划体系后，原本不断自我强化、不断扩张的问题将得到有效解决。

3. 目标导向的空间规划体系构建

如果只是满足于解决眼下的规划“打架”问题而忽视长远目标，那么空间规划体系的建构将成为“头痛医头、脚痛医脚”的急诊药方。事实上，国家层面对构建空间规划体系已经有了清晰的目标导向，就是要“构建全国统一、相互衔接、分级管理的空间规划体系”。具体而言，“全国统一”符合我国的国情与治理传统，而美国各州的空间规划体系就有很多不同，德国、荷兰和日本等国家则是全国统一的空间规划体系。“相互衔接”是针对性地解决目前规划体系缺乏衔接问题的一种路径，也是多年来未能真正实现的一个目标，知易而行难。“分级管理”体现了一级政府、一级事权、一级规划的原则，下一级空间规划不得违反上一级空间规划；而《生态文明体制改革总体方案》提出“空间规划分为国家、省、市县（设区的市空间规划范围为市辖区）三级”，这与目前城乡规划、土地利用规划分为五级的传统要求是明显不同的。

4. 建议采用垂直型空间规划体系

按照中央相关要求，着眼于解决当前我国规划体系存在的主要问题，从我国的政治经济体制、经济发展阶段和历史文化传统等方面入手，围绕“全国统一、相互衔接、分级管理”的空间规划体系构建目标，充分借鉴国外空间规划体系构建的经验，建议我国采用垂直型空间规划体系，即在国家、省、市县三级均以主体功能区规划为基础统筹各类空间性规划，编制形成统一的空间规划作为法定的龙头规划，统领本层级的其他专项规划、部门政策、实施性方案或行动计划，形成三级上下关联的垂直型空间规划体系（图5）。

国家层面的空间规划以宏观性、战略性及指导性为主，同时具有一定的约束力，是各部门编制相关专项规划与制定政策文件的重要依据。省级空间规划要依据国家空间规划来编制，它是落实国家空间战略与目标任务、统筹省级宏观管理和市县微观管控需求的规划平台，具有承上启下的作用，同时省级部门的相关专项规划编制与政策文件制定也要以省级空间规划为重要依据。市县空间规划是市县空间发展的指南、可持续发展的空间蓝图，是统筹国土空间开发与保护的战略性、约束性和指导性的空间规划，是市县人民政府进行空间规划管理的基本依据，其编制要以省级空间规划为主要依据。林业、交通和水利等专业部门规划主

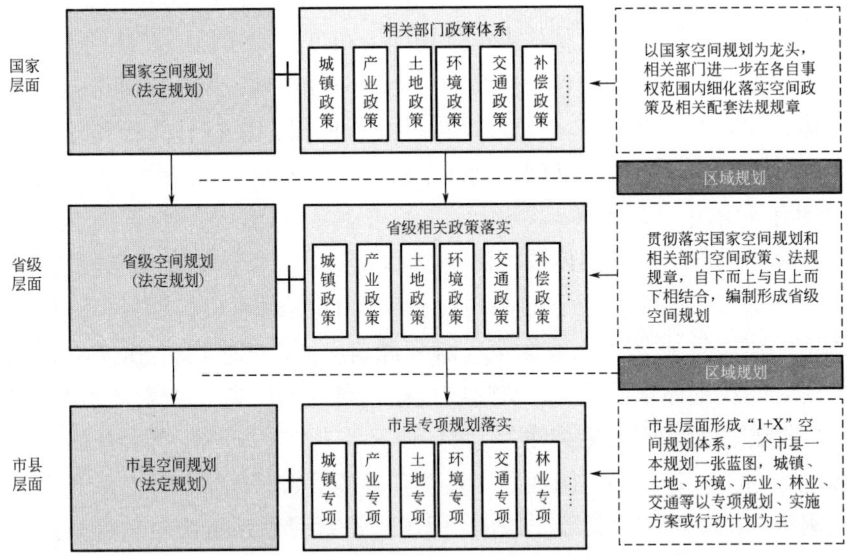

图 5　我国空间规划体系建议方案

要是从技术角度出发，针对某一个或多个领域而制定的规划，贯穿于空间规划的三个层级。区域规划是跨省或省内跨市的规划，不局限于行政区划，是三级空间规划之间的桥梁。为促进空间规划的落实，在法定规划体系之外，还允许编制必要的非法定规划。

（二）主要任务

1. 加快空间规划编制改革

三级空间规划是构建我国空间规划体系的基石，要加快空间规划编制改革，逐步编制完成全国各地的空间规划及相关专项规划与实施方案等成果。在市县“多规合一”试点和省级空间规划试点工作的基础上，及时总结形成可操作、能监管、可复制、能推广的经验做法，研究制定全国统一的省级空间规划编制办法、市县空间规划编制办法，统一编制空间规划，先布棋盘再落棋子，形成“一本规划”“一张蓝图”全覆盖的国土空间格局。

2. 推进规划体制机制改革

构建国家空间规划体系，要对现行规划体制机制中不适应时代发展要求的部分予以变革，必须及时推进体制机制的改革。一是整合空间规划职能，对相关部门进行撤并整合，明确整合后各相关部门的规划权力边界，消除此前各部门规划管理职能交叉重叠的弊端。二是统一空间规划的管理方式，要形成自上而下与自下而上有机结合、上下联动的规划编制管理方式，也要形成近远结合、计划与市场手段相结合的空间规划管理方式。三是建立空间规划定期评估机制，统一规划编制与评估调整机制，与经济社会发展规划的编制与评估调整周期相协调，从过去各类规划“乱步走”变为“齐步走”。四是合理调整各级政府的规划事权，放管结合，在坚持规划科学性与严肃性的前提下，给予地方政府更大的弹性空间。

3. 推动相关法律法规的制定、修改与废止

构建国家空间规划体系，需要制定、修改甚至废止相关的空间规划法律法规，赋予各层级空间规划相应的法定规划地位，而西方国家在其空间规划体系构建过程中无不重视立法修法工作。因此，我国应加快研究制定《空间规划法》及相关法规规章，修改或部分废止《城乡规划法》《土地管理法》《环境保护法》《森林法》等相关法律法规，逐步完善地方行政法规、部门规章及相关审批、监督法规，保障空间规划法规的有效执行。

五、结语

构建我国空间规划体系将是一个不断“破与立”的过程，现行体系的沿承与打破、新体系的创新与确立，将在规划领域产生重要而深远的影响，对推进国家治理体系和治理能力的现代化具有积极意义。基于此，本文按照国家“构建全国统一、相互衔接、分级管理”的空间规划体系的顶层设计要求，综合考虑现状存在问题、趋势与目标等，建议我国采用国家、省、市县三级上下关联、以各级空间规划为核心的垂直型空间规划体系。同时，提出加快空间规划编制改革、推进规划体制机制改革及推动相关法律法规的立、改、废是当前构建我国空间规划体系的重要任务。

（撰稿人：许景权，高级规划师，中国城市和小城镇改革发展中心规划院发展所所长；沈迟，教授级高级规划师，中国城市和小城镇改革发展中心副主任；胡天新，高级规划师，中国城市和小城镇改革发展中心规划院副总规划师；杜澍，高级规划师，中国城市和小城镇改革发展中心规划院战略所所长；张晓明，助理研究员，中国城市和小城镇改革发展中心规划院发展所副所长。）

注：摘自《规划师》，2017（02）：5-11，参考文献见原文。

规划体制改革背景下的城市开发边界划定研究

导语：城市开发边界划定试点工作是住房城乡建设部和国土资源部联合开展的一项重要工作，也是国家空间规划体制改革的重要组成部分。试点城市探索实践表明，城市开发边界划定的重点不在于增加一条规划界线，而在于整合和完善现有规划体系；不在于研究如何划定边界，而在于通过划定边界的过程探索如何完善规划管理制度。本文重点研究分析试点工作中形成的可推广经验与存在的问题，涉及城市开发边界的基本定义、划定范围、划定方法、管理要求等方面，并为今后进一步完善城市开发边界制度提出具体建议。

自 2013 年中央城镇化工作会议提出“科学设置开发强度，尽快把每个城市特别是特大城市开发边界划定，把城市放在大自然中，把绿水青山保留给城市居民”的要求以来，划定与实施城市开发边界（urban development boundary）成为规划体制改革的重要工作内容之一。2014 年 5 月，住房城乡建设部与国土资源部按照中央推进新型城镇化的工作部署，在全国选取了北京、沈阳、上海、南京、苏州、杭州、厦门、郑州、武汉、广州、深圳、成都、贵阳、西安 14 个城市，联合开展城市开发边界划定试点工作。目前，两部委已组织对试点城市划定成果进行专家论证，并总结经验形成《城市开发边界划定技术要点》[1]。

一、城市开发边界的国内外文献综述

城市开发边界并不是一个新事物。从霍华德的“田园城市”，大伦敦规划的绿环，到 1970 年代美国城市增长边界（urban growth boundary，以下简称 UGB）等都试图通过空间界线和规模管控对城市用地扩张做出控制和引导。其中，根据 1900 年代霍华德的理论，“田园城市”是有适宜规模的，而城市规模需通过城市外围的绿带进行限制，这种绿带就是针对城市开发边界的最早设想。1938 年，《大伦敦绿带规划法案》颁布，在伦敦周边确定了环城绿带用地，此后 1944 年的

[1] 2015 年底，各试点城市提交边界划定的初步成果；2016 年，两部委对试点城市提交的划定成果组织专家分批进行论证验收。课题组在各试点城市工作的基础上，总结经验形成《城市开发边界划定技术要点》。

《大伦敦规划》正式划定绿带环，以限制城市无序扩张。20 世纪 60 年代以来，美国面对城市蔓延带来的系列问题，先后出现了增长管理、精明增长等理论思潮，并进行了城市增长管理和土地利用管制政策改革的实证探索。UGB 便是在这种背景下，在美国塞勒姆市被首次提出，通过划定城市与农村地区之间的界线，以限制城市地区的增长。其更多体现为多方利益综合博弈的边界，用于协调政府与市场、不同利益集团之间的关系，划定目的主要是控制城市蔓延、提高城市基础设施及公共服务设施供应效率、协调区域的发展冲突。边界管理手段多采取法律法规、行政与经济手段相结合，包括不同层级的规划实施平台和综合的政策管理工具。

国内关于城市开发边界的相关概念多产生于近 10 年，是伴随城乡建设高潮、规划立法管制和中央政策调控而产生的。早在 2006 年施行的《城市规划编制办法》第四章第二十九条、第三十一条中分别提出城市总体规划纲要及中心城区规划中需“研究中心城区空间增长边界……”。2008 年施行的《城乡规划法》的第一章第二条中对规划区和第二章第十七条中也有“禁止、限制和适宜建设的地域范围”的表述，体现出我国城市规划工作对城市用地扩张的界线管控要求。

国内学术界对城市开发边界也给予广泛关注，其内容主要涉及三类：第一类着重于理论，即开发边界概念内涵和管理体系；第二类着重开发边界划定的技术方法探讨；第三类是对于国内开发边界划定实践的总结。就理论角度而言，城市开发边界并不是一条“技术线”，而是一条“政策线”，是以生态、经济与社会效益的综合最大化为目标的城市空间控制规划工具。就技术角度而言，城市开发边界的确定既可正向预测城市增长态势，也可圈定各类保护资源范围以反向倒绘城市建设区域，还可两者综合，是为城市划定出既留有未来空间发展余地，又能够合理约束城市无节制增长与肆意占地的合理边界线。

二、城市开发边界划定的价值与目的

（一）遏制部分城市的无序蔓延是划定边界的直接原因

2000 年以来，年均 3.52%的城镇人口增速，促使中国一跃从“农业社会”进入到“城市社会”。但从 2000 年到 2011 年，全国城镇建成区面积增长 76.4%，远高于城镇人口 50.5%的增长速度。“鬼城”频频曝光的同时，各类新区新城建设的速度并没有放缓。城市群核心地区的城镇发展连片，部分城市的开发强度（建设用地面积占行政辖区面积比例）超过 30%，区域生态环境面临极大的压力。遏制城市无序蔓延，控制特大城市人口增长成为区域和城市空间治理的重要目标，划定城市开发边界由此成为国家政策取向。

（二）完善城市规划编制和管理体制是划定边界的根本目的

在现行的城市规划体制中，已有规划区、三区（适建区、限建区、禁建区）、四线（绿线、蓝线、黄线、紫线）等“工具”去管控和引导城市的用地扩张，但“规划的失灵”始终是城乡规划业界讨论的热点。一方面城市规划被越来越多的相关部门专业规划肢解，规划管理权力不断被分散，导致城市规划管控能力不断被削弱；另一方面各城市总体规划中确定的规划区内普遍存在大量开发建设用地没有纳入到城市总体规划中统一管理，导致规划监督困难。这些现象的背后，实质是规划事权在中央与地方，部门与部门间的界线模糊不清。这不禁要让人怀疑再增加一条管控界线能否遏制住城市的无序蔓延。因此，划定城市开发边界不仅是编制城市规划的过程，更要通过划定过程去缓解甚至消除当前规划编制和管理体制中的一些突出矛盾。边界划定的结果“并不重要”，重要的是通过划定过程去积累共识，探索完善城市规划编制和管理工作的方向。

三、试点城市开发边界划定的主要做法与经验

首批试点城市的选择主要考虑 500 万人口以上的特大城市和目前正在开展总规修编的城市，以东部沿海为主，兼顾不同地域、不同类型，特别是三大城市群的核心城市。2014 年 5 月，工作组初步确定了开发边界划定的技术要点，鼓励各个城市以技术要点为基础，结合本地实际情况开展边界划定工作，从而为推进“多规合一”、构建统一空间规划体系做出有益探索。

（一）概念界定：定义、内涵、时效性

从试点工作来看，各城市开发边界的内涵界定和划定期限存在差别。对于发展空间逐步饱和的城市，开发边界划定后将基本界定城市发展的“终极蓝图”。如厦门市将城市开发边界明确为城市永久开发边界，即城镇建设区扩展的极限范围，边界外即为生态控制区，城市开发边界与生态控制线二者重合；上海市认为城市开发边界是市域范围内城市（镇）建成区扩展的极限范围，是规模锁定前提下集中建设区形态变化的边界和“天花板”；深圳市利用全市基本生态控制线划定的基础，叠合各类限制性要素，划定城市建设用地扩展的终极范围。对于仍处于快速发展阶段且受环境资源约束较小的平原城市（如沈阳、郑州），其开发边界的划定主要是引导城市在规划期内的开发建设，因此起到阶段性的约束作用。对于未来用地拓展需求较大且资源环境面临瓶颈的城市，多划定混合型边

界，如贵阳在划定基本生态控制线的基础上，结合城市发展规模预测，划定了“两规”❶ 合一的城市开发边界。

对于城市开发边界内应包含的用地类型，不同城市的理解也存在差异。如广州将城市开发边界界定为建设用地与非建设用地边界，是区分生态空间和农业空间的边界，并对村庄进行分类，将城镇型、郊区型村庄划入城市开发边界，远郊型村庄划入农业空间，划定村庄规划区并核发乡村建设规划许可证；成都、西安等城市认为城市开发边界是城市辖区范围内区分可进行城镇开发建设的用地空间和不可进行城镇开发建设的其他各类功能空间的界线。

在各试点城市工作的基础上，课题组提出城市开发边界是指一定时期内可以进行城镇开发和集中建设的地域空间边界。城市开发边界范围内的土地，主要用于城镇生活、生产、生态用途。这一提法也与当前城市总体规划改革相衔接，即明确将各类城镇建设以及各类开发区、产业园区等城镇以外的集中建设地区统一纳入到开发边界内实现统一的规划管理。结合城市总体规划及土地利用总体规划编制期限，本轮试点工作划定 2020 年城市开发边界，对于已经开展 2030 年城市总体规划编制的城市，可探索开展 2030 年城市开发边界划定。此外，规划城市人口规模在 500 万以上的特大城市，或现状开发强度（建设用地面积占行政辖区面积的比例）超过 20%的城市，应划定永久城市开发边界。

（二）工作范围：开发边界划定的工作范围原则上以市辖区为主

明确划定开发边界的工作范围，重点应理清中心城区、市辖区和城市规划区的空间关系。若选择的空间尺度过大，如将市辖区外空间纳入开发边界划定工作范围，造成开发边界内难以做到本级行政机构完全管辖或管辖权不明晰，开发边界的约束性不足；若选择的尺度过小，如仅将本就几近饱和的中心城区纳入，则开发边界将失去管控开发建设的实际意义。

根据《城乡规划法》，规划区是当前城乡规划部门依法制定城市规划，对各类建设活动实施行政许可的权利范围❷。从《城乡规划法》实施以来的城市总体规划编制情况来看，城市规划区普遍等于或者大于城市市辖区范围（图 1）；在“一级政府、一级规划、一级事权”的目标下，“城市规划行政主管部门要依法对城市规划区范围内（包括各类开发区）的一切建设用地与建设活动实行统一、

❶ “两规”指城市总体规划和土地利用总体规划。

❷ 《城乡规划法》第二条“制定和实施城乡规划，在规划区内进行建设活动，必须遵守本法”和第三条“城市、镇规划区内的建设活动应当符合规划要求”。

严格的规划管理，市级城市规划管理权不得下放，切实保障规划的实施”的要求也越来越明晰。

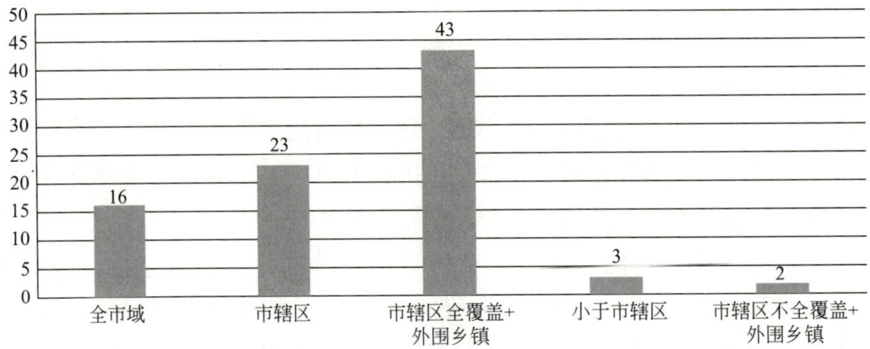

图 1　统计到的 87 个国务院审批城市总体规划的城市规划区范围

同时，在一些实行省直管县体制的省份，原先由地级市政府负责审批的下辖县城市总体规划已经由省人民政府负责审批。此时，地级市总体规划确定的规划区如果超出地级市行政辖区范围，将面临规划编制、审批和管理事权的交叉冲突。2015 年《生态文明体制改革总体方案》又明确“空间规划分为国家、省、市县（设区的市空间规划范围为市辖区）三级。”

在此背景下，划定试点工作提出开发边界划定应在城市市辖区范围内开展，要实现对辖区范围内的各类集中建设活动全覆盖。如果现行城市总体规划确定的城市规划区范围超出城市市辖区范围，超出部分内的集中建设活动应纳入其所在行政单元划定的城市开发边界内，在编制规划时实现对各项建设活动的全覆盖。从试点城市的工作推进来看，各城市普遍按照这一要求开展划定工作（表 1），而现阶段划定重点主要集中在中心城区等“两规”衔接基础较好的区域。

14 个试点城市开发边界划定范围与城市规划区关系　　**表 1**

试点城市	城市开发边界划定范围	城市规划区范围
厦门	市辖区	市辖区
武汉	市辖区	市辖区
贵阳	与规划区一致	市辖区+清镇市青龙办事处、红枫湖镇、百花湖乡和修文县龙场镇、扎佐镇
西安	与规划区一致	市辖区+蓝田县、周至县、户县
郑州	与规划区一致	市辖区+中牟县、巩义市、荥阳市、新密市、新郑市、登封市

续表

试点城市	城市开发边界划定范围	城市规划区范围
沈阳	市辖区	市辖区
苏州	市辖区、重点在中心城区	市辖区+昆山市巴城、张浦、锦溪、周庄镇、常熟市辛庄镇
北京	市辖区	市辖区
上海	市辖区	市辖区
成都	中心城区+天府新区规划范围	市辖区+双流县、郫县、新津县普兴镇、金华镇
广州	市辖区	市辖区
杭州	与规划区一致	市辖区(不含富阳区)
深圳	市辖区	市辖区
南京	市辖区	市辖区

（三）工作基础：梳理整合“两规”现有边界，以“两图合一”为工作基础

城市总体规划和土地利用总体规划在发展过程中，都形成了自成体系的空间边界管理体系，这是当前“两规”和“两图”矛盾冲突不断的根本原因。基于住房城乡建设部和国土资源部联合开展城市开发边界划定试点的有利条件，课题组明确提出：通过边界划定工作，梳理整合现有各类规划边界，探索统一“两规”既有工作方法及管控要求，在强调尊重既有法定规划权威性和严肃性的基础上，将“两图合一”作为边界划定的前提性工作。在试点工作中明确要求将2020年城市总体规划和2020年土地利用总体规划作为开发边界划定的工作基础。通过借鉴开展“多规合一”试点的广州、厦门等城市积累的经验，要求在行政辖区内实现“两规”和“两图”在城镇建设用地规模和形态的统一。从试点城市的工作推进来看，各城市推进总体较好，广州、厦门、上海、武汉等“规土合一”的城市都基本实现了规划建设一张蓝图的要求。

针对在城市总体规划确定的中心城区规划建设用地范围外仍有大量通过地方政府审批的各类开发区、工业园区等开发建设规划的实际情况，试点工作提出按照实事求是、逐一核对的原则，在不突破城市总体规划中确定的空间管制强制性内容，不突破国土部门确认的建设用地总规模的前提下，进行规范和清理，并统一纳入到开发边界范围内。在规划区范围内形成“两规”一致的2020年规划城镇建设用地规模和空间形态边界，在此基础上安排一定规模的规划建设备用地，两部分叠加作为2020年城市开发边界范围（图2）。

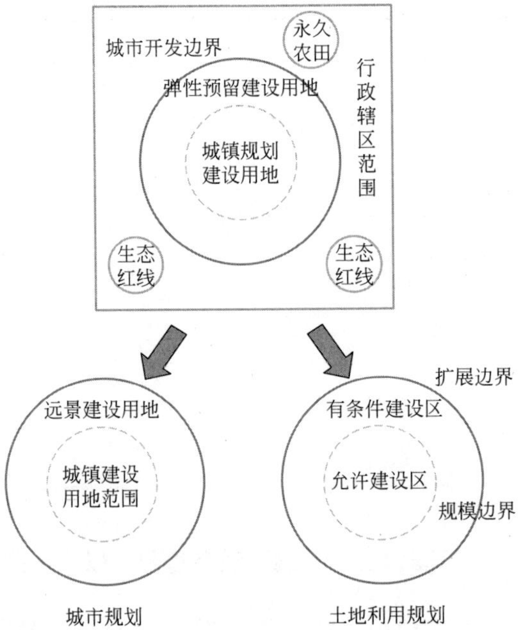

图 2　城市开发边界和“两规”的关系示意

（四）边界管理：开发边界内外分区分类差异化管理，实现规划管理全覆盖

尽管试点城市开发边界的内涵与划定技术方法不尽相同，总的来看，将开发边界作为一条管理或者政策边界，对边界内外实施差别化的规划管理是各试点城市普遍考虑的方法。开发边界内的规划建设用地应符合现行“两规”。规划期内，在不违反城市总体规划强制性内容和不突破城镇规划建设用地规模的前提下，城市开发边界内的规划建设用地可与备用地进行等量置换。开发边界外，不得编制控制性详细规划，不允许大规模的集中开发建设；各类交通工程、防护绿带、管道运输、水利疏浚等线性工程用地，机场、港口、停车场、电力设施（变电站、塔基等）、通信设施（基站等）、地下管线井、污水处理厂、雨污水泵站、加油站等点状设施项目，监教设施、特殊医疗、军事及宗教、城镇防灾等特殊用地可进行单独选址。用地规模与布局应参照相关标准规范，符合城乡规划部门出具的选址意见要求。城市开发边界外的农村集体建设用地上的建设活动应符合乡（镇）土地利用总体规划、村庄规划和农民建房的相关规定。开发边界外需要进行腾退调整的用地应明确给予表达，并制定相应的管理政策。各试点城市在这一原则基础上，根据地方的实际情况，对开发边界外的各类规划建设活动提出了差别化的管理要求，为实现规划管理全覆盖做出有益探索（表 2）。

试点城市开发边界外建设活动管理要求　　表 2

试点城市	开发边界外管理要求
深圳	对城市开发边界外用地实行分类管理,明确各类用地的管理主体和空间范围,实施精细化管理,完善生态功能,提升城市生态质量
上海	城市开发边界外以郊野单元规划(村庄规划)为主,并针对边界外的现状低效城镇建设用地研究制定减量化机制;以财政、产业、生态和规土等综合配套政策来保障和推进边界外低效建设用地减量化的落地实施
杭州	对城市开发边界外实施分级分区差异化管理,用多种管制措施和行政手段,保证城市发展用地与城市生态安全底线
成都	在城市开发边界外以生态保护为主,但仍应保障符合土地利用总体规划的独立,零星建设用地,基本的交通市政和农村建设用地需求
厦门	城市开发边界外的各类土地在保护其生态功能的基础上,允许进行适度利用,包括开展风景游览、观光农业、休闲农业活动,建设游览步道、休憩设施、服务设施等少量低强度、低容量的配套设施。对开发边界外既有建设的管控原则上用地应尽可能恢复生态功能,但属于合法建设的项目,在土地使用期限内予以保留,但不得扩建

（五）配套政策：划管结合，探索地方管理制度的创新

城市开发边界作为一项“新事物”，制度的建立需要不断的创新和探索，落实的关键在于构建长效管理制度，包括相关法律法规政策和统一的管理平台。正如美国波特兰的城市增长边界（UGB）不仅是空间界线，更是政策边界，即边界内外实行差别化的公共财政支出和私人部门税收。发挥地方的主动性，为规划体制改革和管理制度创新积累实践经验，这是城市开发边界划定试点工作最为重要的意义。

试点工作鼓励各城市探索建立以开发边界为核心的规划管理制度。如北京市开展《细化划定城市开发边界，制定管理机制》研究工作，进一步衔接城市开发边界、实施单元、生态红线、集体建设用地，初步拟定《北京市城市开发边界划定与管理办法》；针对边界内外地区，分类别研究提出不同的空间管制要求、监管考核和配套政策，提出相应的实施机制和政策框架。厦门市研究制定《厦门市城市开发边界管理实施细则》，进一步明确划定方法、审批程序、调整的原则与程序，各类用地空间管理控制要求以及与规划编制、规划管理的协调方式及程序。杭州市以现状调查为基础，依据相关法律法规的空间管制要求，细化开发边界外的空间分区，制定实施方案，明确管理要求。

四、城市开发边界推广的挑战与应对

（一）推进边界划定工作要循序渐进

划定城市开发边界的初衷是要遏制当前城市发展无序蔓延，这是我国在快速城镇化进程中面临的阶段性矛盾，也决定了国内外开发边界划定在工作思路和方法上有本质区别。全面推进城市开发边界划定要认识到我国区域发展差异巨大这一基本国情，要分清轻重缓急，循序渐进地开展工作。总的来看，鼓励特大城市或现状开发强度较高的城市率先划定永久性开发边界；对于仍处于快速发展阶段且资源环境承载力强的城市，可与规划期限结合，分期划定开发边界。这是基于我国仍处于城镇化快速发展中后期，未来城市发展仍有较大空间这一基本国情的必然选择。此外，本次试点重点考虑的是地级市的开发边界划定，下一步还应研究制定县级市、镇、村的开发边界划定工作要求，逐步完善开发边界制度。

（二）建立并完善边界内外差别化的开发许可制度

划定开发边界是“两规”甚至“多规”规划编制合一的过程，但边界真正要发挥作用离不开规划管理的合一。国家“十三五”规划提出要建立国土空间开发许可制度，最为迫切的是要建立覆盖所有规划建设活动的开发许可管理制度，涉及住建、国土和其他实际上行使开发许可的部门。城市开发边界可以为相关部门提供对各类建设用地与建设活动实施差别化规划管理的依据。未来应重点对边界内外“一书三证”为核心的城乡规划许可制度做出针对性完善。边界内重在统一各类用地的规划管理事权，加快建立针对存量更新的开发许可制度；边界外重在完善各类基础设施的规划选址意见书制度，建立针对集体建设用地尤其是集体经营性用地的规划许可制度、旅游休闲等分散经营性用地的规划许可制度和各类现状腾退用地的退出机制，真正实现对各类建设活动的开发许可全覆盖。

（三）结合开发边界划定推进城市规划体制改革

将法定规划作为划定依据，意味着开发边界不是凭空划定，而将“继承”法定规划的各种要素。在编制城市总体规划时，应更加强调以资源环境承载力为基础，坚守生态红线、永久基本农田等底线为前提，科学规划城市空间形态。同时要认识到作为一条区分土地开发权益的界线，开发边界的确定必然也是统筹协调各方利益的结果。城市规划不仅要避免当前机械地用数理模型计算代替规划编制过程的“认知倒退”倾向，更要意识到城市规划要从单纯的技术工作向承载公共政策、明确市场预期、协调利益关系转变的重要意义。

开发边界的权威性不仅来自于科学的确定过程，也来自于修改边界的高门槛和边界内外差别化管理，涉及城市规划管理制度、边界相关的城市发展、公共财政支出、市场资源配置引导等一系列的公共政策。城市开发边界划定是一项长期而持续的工作，当前的工作重点是解决规划冲突、规划管理失控的现实矛盾。随着城市发展框架不断明晰，城市开发边界也应不断充实和完善，引导城市规划实现从单纯的“技术工作”向综合的“公共政策”转变。

五、结语

从第一批试点城市的划定情况来看，两部及相关技术部门现有规划技术能够支撑划定出一条科学的、相对客观的城市开发边界。但是，划定城市开发边界的意义不仅在于形成一条边界，而在于划定过程中对规划建设管理过往积累的矛盾和问题进行全面的清理和规范；不仅要创新规划编制办法，更要通过完善规划建设管理制度倒逼科学编制规划。要关注开发边界划定对城市规划改革的正向推动作用，将边界划定过程作为进一步提高城市规划编制和管理水平的重要契机。

城市开发边界是城市规划融入空间规划体系的重要抓手。当前城市规划被相关部门的专业规划不断肢解，从实际工作上看的确降低了规划管理和执行效率。但也要看到在过去十多年间，由于相关部门专业规划的内容层次不断加深，管理制度不断完善，城市规划已经很难在现有的总体规划框架中包含所有的专项内容。在空间规划体制改革中，已经很难用城市规划体系去“整合”或者“替代”其他所有规划，这是城市工作日益复杂的结果，更是行政管理日益精细化的需要。建立和充实城市开发边界制度无疑是城市规划对全空间规划体系的重要贡献。

作为一项改革任务，如何完善空间规划体系仍没有定论。但要真正实现改革目的，新的空间规划体系必须要完成对国土空间的三个全覆盖：规划编制体系的全覆盖、规划管控要求的全覆盖和规划管理手段的全覆盖。开发边界、生态红线和永久基本农田保护线是当前有“普遍共识”的三条管控边界。从事权划分看，仅有开发边界是城市规划部门真正能够具有“发言权”的界线。围绕开发边界调整和优化城市规划体系，明晰部门事权边界，整合开发许可手段是城市规划参与空间规划体制改革的基础。在地方探索的基础上，应围绕开发边界对城市规划的各类规范标准，相关法律法规做出主动调整。引导规划体制改革从“怎么编规划”向“怎么管规划”转变，明确提出需要从体制机制层面开展的工作，这是推进改革最有效，也最可行的路径。

（撰稿人:殷会良，中国城市规划设计研究院规划研究中心副主任，中国土地学会常务理事，高级城市规划师；李枫，住房城乡建设部城乡规划司城市规划处处长；王玉虎，中国城市规划设计研究院规划研究中心，城市规划师；王颖，中国城市规划设计研究院规划研究中心，城市规划师。）

注：摘自《城市规划》，2017（03）：9-14，参考文献见原文。

城市开发边界的“划”与“用”

——我国14个大城市开发边界划定试点进展分析与思考

导语：针对住房城乡建设部、国土资源部联合部署的北京、上海等14个城市开发边界划定试点成果，从城市开发边界的内涵认知、模式设计、划界做法、实施管理等角度进行对比研究，发现存在内涵认知多样化、模式设计差别化、应用途径模糊化等问题。建议要为“用”而“划”，从实施应用的角度出发，进一步统一城市开发边界内涵和模式，推进与永久基本农田保护红线、生态保护红线协同划定，强化与城乡规划、土地利用规划已有实施管控手段的衔接。

改革开放以来，我国城镇化发展不断推进，城市建设用地规模急剧扩张，一些城市“摊大饼”式蔓延，带来了环境污染、交通拥堵等一系列问题，引发了“大城市病”。2013年的中央城镇化工作会议明确要求：“尽快把每个城市特别是特大城市开发边界划定”。《国家新型城镇化规划（2014—2020年）》《生态文明体制改革总体方案》和中央城市工作会议等一系列重要文件和会议都强调，科学划定城市开发边界，限制城市无序蔓延和低效扩张，推动城市发展由外延扩张式向内涵提升式转变。为此，住房城乡建设部、国土资源部于2014年7月，共同选择了北京、上海等14个试点城市，探索城市开发边界划定工作。

我国城市开发边界的国家政策介入，始于2006年原建设部颁布的《城市规划编制办法》，该办法首次提出“研究中心城区空间增长边界”，2008年国务院批准的《全国土地利用总体规划纲要》也要求“实施城乡建设用地扩展边界控制”。围绕城市开发边界、城市增长边界、城乡建设用地扩展边界等的实践和理论探讨非常活跃。基本的认识是：城市开发边界是国土空间管制、城乡建设管理以及粮食安全和生态安全保障的政策工具，划定目的是控规模、调结构、优布局，促进城市转型发展，可以构建“控制-引导”双轨思维的城市开发边界体系，应该加强存量规划背景下城市开发边界控制方法研究。

本文试图结合14个试点城市开发边界划定的工作成果，从城市开发边界的内涵理解、模式设计、划界做法和管控措施等方面，分析试点的主要特色，探讨我国城市开发边界的“划”和“用”。

一、内涵认知

城市开发边界思想起源于19世纪霍华德的田园城市理论，在中心城外围设立用于限制城市扩张的永久性绿带。此后，面对城市用地蔓延、生态破坏等问题，伦敦、纽约、东京、巴黎等城市都开始从区域整体视角思考城市的发展，采取了限制城市空间扩张的政策手段。城市开发边界的实施最早是在美国的塞勒姆市，以“城市增长边界”之名出现，被定义为城市土地和农村土地的分界线，到20世纪末，美国已有超过100个地区划定。从实践经验看，城市开发边界可以分成城市建设底线、城乡地域分界线、城市形态控制线和城市发展弹性边界四种类型。

14个试点对“城市开发边界”内涵和功能作用的理解，可从四个维度解析（表1）：①从建设与非建设以及空间形态管控的角度看，北京、上海、南京都认为，城市开发边界是城市集中建设区范围的边界；②从对接现有管控体系的角度看，南京市认为，城市开发边界是优先保护生态和农业、协调土地利用总体规划和城市总体规划供需关系，实现城市整体效率最高、结构最优的目标所划定的集中连片的城市建设用地边界；③从管控的刚性程度看，深圳、厦门都强调开发边界的刚性管控作用，认为它是一条永久开发边界，即城镇建设区扩展的极限范围；郑州市则认为，城市开发边界可随着城市发展阶段的不同而进行动态调整，是一条相对具有弹性的管控线；④从公共政策角度看，广州市认为，城市开发边界划定了城镇空间，是区分城镇空间和生态空间、农业空间的边界，具有界定城市空间增长是否合法的公共政策属性；杭州市认为，城市开发边界以依法行政为目标，实现空间上的多规融合，是引导城市空间转型发展的重要治理工具。

全国14个大城市试点对开发边界内涵和功能认知对比　　表1

城市	内涵理解	功能意义
北京	城市开发边界是适宜进行城市开发和建设用地选址的空间边界，边界内是城市集中连片开发建设的主体区域，包含一定数量耕地、林地等非建设用地	①战略性：与城市总体规划“控规模、控强度、控增量、用存量、促减量”思路紧密结合；②基础性：是开展多规合一、集体建设用地、城乡接合部、区县功能定位、实施单元等专题的前提性内容
上海	城市开发边界是指为保护耕地、生态环境，控制建设用地蔓延，促进城市空间集约高效、紧凑布局而划定的城市集中建设区范围的边界，包括范围内的已建区和拟拓展的建设用地范围	①建设宜居宜业城市，推进生态文明建设的重要举措；②实现转型发展，优化城乡空间结构的必然选择；③落实最严格的耕地保护制度和节约用地制度的重要手段；④是现代空间规划管制，创新完善规划土地管理的重要内容

续表

城市	内涵理解	功能意义
南京	城市开发边界即为优先保护生态、保护农业，协调土地利用总体规划、城市总体规划供需关系，实现城市整体效率最高、结构最优的目标，所划定的集中连片的城市建设用地边界。边界内的区域即城市集中建设区	①进一步强化并落实城市总体规划意图，有效引导城市合理有序发展；②优化城市结构、提高用地效率、控制城镇规模的需求；③有利于进一步保护生态环境、保障粮食安全；④为多规合一划定积累基础
苏州	—	①具备示范与借鉴意义；②城市保持健康良性发展的需要；③划定永久基本农田的重要依据
杭州	将城乡空间分为“严格保护区”、“控制发展区”和“空间拓展区”，其中“严格保护区”和“控制发展区”的分界线作为开发边界	①划定生态底线，保护生态格局；②调控用地总量与空间形态，提高边界内土地绩效，促进空间永续利用；③引导资源配置，优化城市治理；④形成管理合力，推动多规融合，探索空间一张图管理
广州	城镇开发边界(城镇空间)是区分生态空间(生态控制线、生态保护红线)、农业空间(永久基本农田)的边界，具有界定城市空间增长是否合法的公共政策属性	避免城市无序蔓延，即引导城市形态与结构、保障生态底线、预留城市发展弹性
深圳	—	①防止大城市盲目扩张和建设用地无序蔓延，提高土地利用集约化水平；②逐步优化城市布局和形态，提高土地利用效率，促进城市的经济社会集约转型发展；③扭转城市特别是大城市“摊大饼”扩张、扭转外延粗放的土地利用方式，促进存量建设用地的盘活；④空间管制和引导
厦门	城市开发边界是永久开发边界，即城镇建设区扩展的极限范围，边界外围即为生态控制区，城市开发边界与生态控制线二者重合	①是落实中央一系列战略部署的重要实践；②解决当前城市转型发展过程中所面临的城市空间蔓延、生态用地被蚕食、土地资源利用较低效等问题的现实需要
沈阳	—	①严格控制城市建设用地规模和空间布局，促进城市紧凑布局、集聚发展，切实提高土地集约利用水平；②突出城市周边优质耕地的永久保护和生态敏感及脆弱区的有效管护；③推进两规融合，健全城市空间规划体系；④搭建“多规”统一的信息化数据平台，加强规划动态更新和管理，推进规划管理体制和机制创新；⑤为划定新城及城镇开发边界划定奠定基础
郑州	城市开发边界是以城市总体规划、土地利用总体规划为依据，在规划期限内划定的城镇集中建设区的增长边界，可随着城市发展阶段的不同而进行动态调整，是一条相对具有弹性的管控线	引导和控制城乡建设活动，有效保护城市生态资源和生态格局，防止城市建设的无序蔓延，促进土地资源的优化配置和空间结构的整合，实现城乡可持续发展

续表

城市	内涵理解	功能意义
武汉	—	①优化城市空间布局;②严格控制城市规模
西安	城市开发边界是城市行政辖区内划分可进行城市开发建设和不可进行城市开发建设的空间界限	"多规融合"的现势需求,是实现"两规合一"的有效途径
成都	—	①转型升级对规划前瞻性、科学性和操作性的要求;②遏制城市蔓延、维护生态格局的必然选择
贵阳	城市开发边界是城乡规划和土地利用规划中确定的一定时期内可以进行城市开发和集中建设的地域空间边界,是城市建设可以扩张的界限	①保护生态环境、节约集约用地、优化空间结构;②推进"两规"的修改和完善工作;③规范城乡规划建设和管理工作

资料来源：根据 14 个试点城市成果汇报材料整理。

因此，各试点对城市开发边界概念表述有所差异，但基本共识依存，即聚焦建设与非建设的管理边界、兼具保护和引导功能。城市开发边界是控制城市空间蔓延、提高土地集约利用水平、保护资源生态环境、引导城市合理有序发展的公共政策工具，是城市建设与非建设的重要控制性界线。城市开发边界既要大力保护城市周边优质耕地和生态敏感及脆弱区域，守住地区生态安全底线，又要引导城市紧凑开发，防止无序蔓延，推动城市内部结构与外部形态的优化。

二、模式设计

（一）开发边界管控对象：城市开发边界、城镇开发边界、城乡开发边界

针对城市开发边界的管控对象，14 个试点划定的开发边界可以分成三种称谓：①城市开发边界。主要划定中心城区及组团的开发边界，如：苏州、杭州、沈阳、郑州、西安；②城镇开发边界。包括中心城、新城、镇（街道）以及独立建设用地的开发边界，如：北京、上海、南京等 8 个城市，是数量最多的类型；③城乡开发边界。包括城市、城镇和村庄等建设用地边界，如：广州。

（二）开发边界涉及内容：三线型、双线型、单线型

结合规划管理实践，14 个试点进行了三种边界内容和体系的探索（图 1）：①三线型：涉及建设用地增长边界控制线、建设用地规模控制线、产业区块控制

线，如：广州；②双线型：涉及城市开发边界、建设用地规模边界[1]，如：南京、厦门、苏州、沈阳、西安、贵阳，建设用地规模边界内的面积通常按照土地利用总体规划2020年目标进行控制，两线之间的地域视为弹性建设区，相当于土地利用总体规划的有条件建设区；③单线型：仅划一条线（城市开发边界），往往和集中建设区相对应，如北京、上海、杭州、深圳、郑州、武汉、成都，单线型并不意味城市开发边界内土地都可以用于建设，各城市都留有绿地、耕地等限制开发的空间，部分城市还划定了一些永久基本农田。双线型也有类似情况，如：贵阳、南京、苏州在城市开发边界和建设用地规模边界之间存有少量永久基本农田。此外，上海也在集中建设区内划出工业区块线。从试点情况看，基本共识是：城市开发边界内的空间不可能完全成为规划的建设用地空间，开发边界控制面积大于规划建设用地面积。

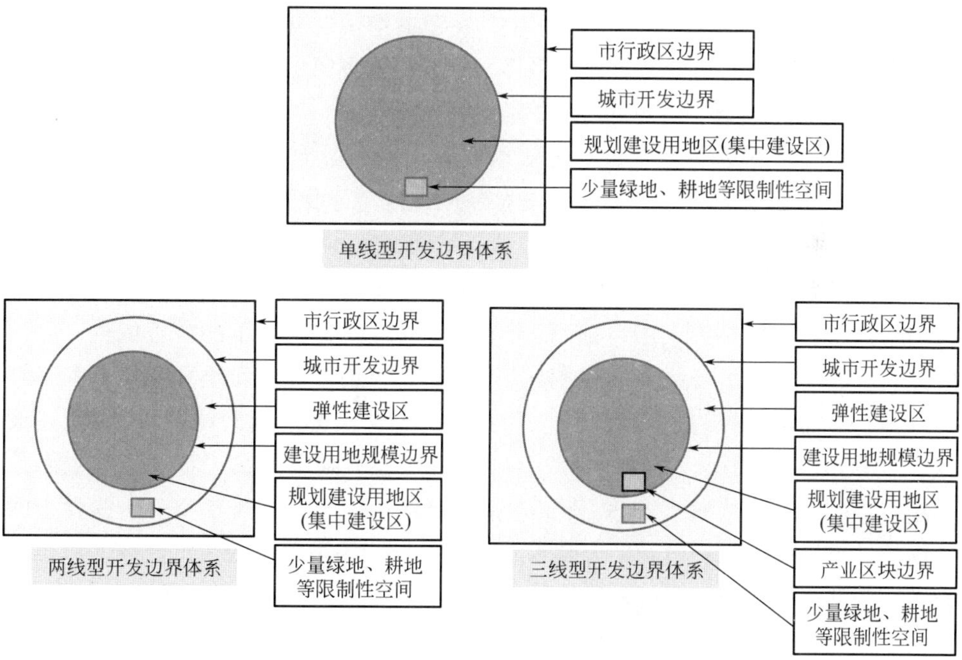

图1　三类城市开发边界体系示意

[1] 采用“双线型”的城市对两条控制线的称谓不同，有的将城市开发边界称为范围线（南京），有的将建设用地规模边界称为规模线（广州）、建设用地边界（苏州、西安）、城市建设用地规模边界（沈阳）。

（三）划界期限表达方式：一期边界、两期边界、三期边界

14 个试点城市结合自身需求，在开发边界的作用时限表达上做了不同的尝试：①只划一期边界。分成三类情形：深圳、厦门、杭州划定永久性开发边界，上海结合城市总体规划和土地利用总体规划的编制，划定了 2040 年开发边界，苏州、沈阳、西安、郑州、南京、贵阳按照试点要求，只划定 2020 年开发边界；②划定两期边界。北京、武汉、成都都分别划定了 2020 年和 2030 年的开发边界；③划定三期边界。广州划定了 2020 年、2030 年和永久性三种开发边界，并将其命名为管制型、“弹性”型、极限型开发边界。从上述实践看，开发边界的划定时限存在永久性和非永久性的争议，非永久性边界又存在划到什么时限的困惑。

（四）与基本农田、生态红线的关系：两线合一、两线并立、三线并立、四线并立

伴随全面深化改革的推进，探索中国特色的空间规划体系和空间治理体系成为各界高度关注的议题，城市开发边界、永久基本农田保护红线、生态保护红线的“三线”划定成为空间规划改革试验的重要内容。

围绕协调城市开发边界和永久基本农田、生态保护红线等保护性空间的关系，14 个试点城市做了形式多样的探索（图 2）：①两线合一。城市开发边界和基本生态控制线合二为一，如深圳、厦门，而杭州从“多规融合”视角出发，设想将城乡空间分为“严格保护区”“控制发展区”和“空间拓展区”，其中“严格保护区”和“控制发展区”的分界线作为开发边界划定的核心依据；②两线并立。北京、郑州按照“两线三区”的方式，建立了城市开发边界、生态红线（或称生态底线）、集中建设区、生态红线区（或称生态底线区）、限制建设区（或称弹性控制区）的体系，武汉、苏州划定了城市开发边界、基本生态控制线（或称生态红线），南京探索了包括范围线、规模线、规模空间、弹性空间在内的城市开发边界，以及融合基本农田保护区、环保部门的生态红线、城乡规划部门的基本生态控制线的刚性管控区“一线一区”体系；③三线并立。上海、广州、沈阳、成都、贵阳划定城市开发边界、生态保护红线（或称基本生态控制线、生态底线、禁建区）、永久基本农田保护红线（或称基本农田控制线）；④四线并立。西安除划定“三线”外，还明确了遗址保护区边界。其中，两线合一、两线并立模式，都将永久基本农田归入生态红线或基本生态控制线范畴考虑。

上述分析表明，城市开发边界划定遇到重大的挑战是：与什么“红线”对接？特别是生态红线的称谓、内涵和外延差异极大，城市规划管理部门多采用基本生态控制线的说法，环境保护部门则依《环境保护法》采用生态保护红线的

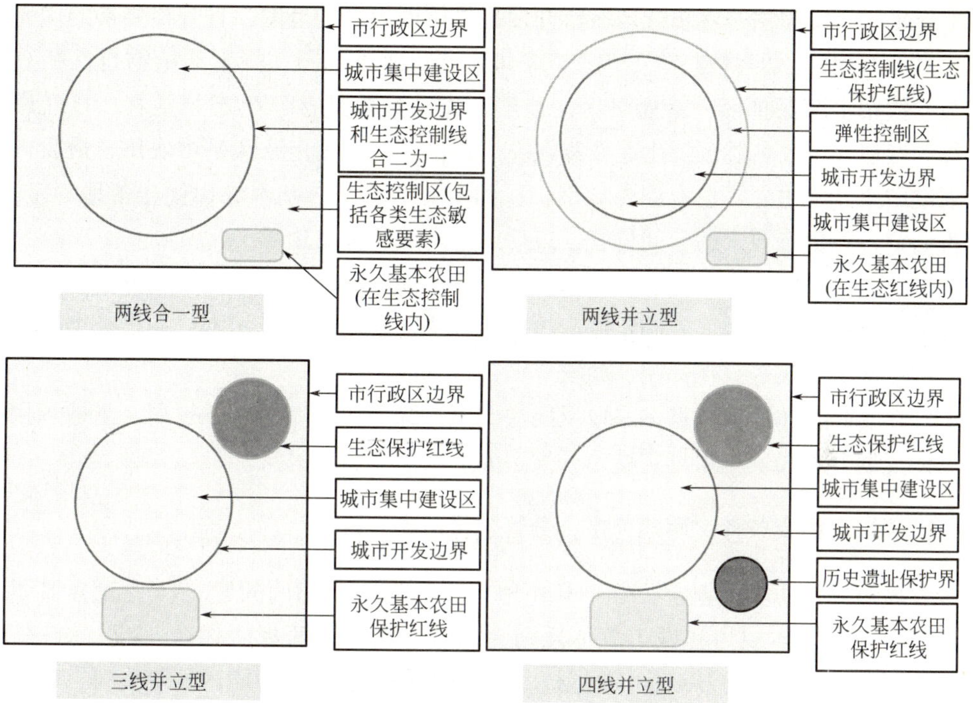

图 2　三类城市开发边界与保护性空间的关系示意

称谓，还有生态红线、生态底线等林林总总叫法，从而出现南京“无奈”采用“刚性管控区”的处理方式。

（五）划界覆盖的工作地域：全市域、中心城区、中心城区连同重点片区

城市开发边界划定的工作地域范围存在一定差别。北京、上海、广州、深圳、武汉、南京、厦门开展全市域划界；苏州、沈阳、郑州、贵阳、杭州在中心城区涉及的规划区内划线；西安、成都采取中心城区和重点规划控制片区划界的做法。

三、划界做法

（一）技术方法：先底后图，综合协调平衡

城市开发边界的划定方法主要有反向法和正向法。反向法的基本思路是“先底后图”，以自然限制要素的充分保护为着眼点，由非建设性要素倒逼框定城市开发边界划定范围，具体方法有：城市生态基础设施构建法、最小阻力模型、农产品质量安全导向法、生态安全格局分析、土地生态适宜性评价等。试点城市基

本都采取了反向法来逐步选定城市开发边界可以划定的范围，且管控要素的优先次序大体相同，即将自然保护区、森林公园、地质公园、野生动植物自然栖息地、饮用水源保护区、蓄滞洪区、地质灾害高危险地区、生态公益林、自然岸线、湿地、风景名胜区等生态要素在空间落位，然后划定永久基本农田，最后再划定城市开发边界。也有例外城市，比如上海市将永久基本农田优先落地锁定，再划定各类生态要素的空间位置，最后倒逼出城市开发边界。

正向法是以城市为着眼点，通过对城市扩展的驱动机制进行模拟分析，并充分考虑自然限制性因素来确定城市边界的方法，常用技术有元胞自动机模型、人工神经网络方法等，在郑州、西安等城市得到应用。

在实际工作中，试点多采取反向法倒逼，综合协调城市总体规划、土地利用总体规划等布局安排来划定城市开发边界。

（二）约束条件：两规为主，分管规模形态

城市开发边界的划定，绕不开用地规模和城市形态的问题。14 个试点基本以土地利用总体规划和城市总体规划为基础，在尝试两规“融合”或“合一”的情况下，兼顾生态环境保护规划、林业发展规划、海洋功能区划等安排，协调经济社会发展规划的重大项目落地需求。按照规划的功能作用分工，存在“土规管规模，城规管形态”的说法。但是，在实际操作中，由于 2020 年的建设用地规模等已经自上而下逐级下达，城市开发边界方案较为明确，而其他更长时段的城市开边界因用地规模不明确带来了较大的不确定性。

（三）协同关系：适应改革，联动多规合一

在两部联合推进 14 个大城市开发边界划定探索的同时，国家正大力推动“多规合一”试点，改革空间规划体系。北京、南京、杭州、沈阳、西安等城市都提出，划定城市开发边界是“多规合一”的前提，或是推动“两规融合”的手段，或是“多规合一”的重要内容（参见表 1），与国家的空间规划改革紧密衔接。

四、实施管理

（一）管控措施：分区细化落实方案

随着城市开发边界的划定方案形成，部分城市探索了实施措施。上海提出边界内外差别化管控思路，要求界内以严控增量、盘活存量、集约复合、弹性适应为主，建设用地管理应符合城市“三区四线”的规划用途管制要求，现状集体

建设用地应尽快完善建设用地规划许可制度，推进整单元控制性详细规划全覆盖；界外通常不得组织开展城市市政基础设施和公共服务设施建设，以郊野单元规划（村庄规划）为主，推动低效建设用地减量化。郑州市则是以集中建设区、生态底线区、弹性控制区分别制定管控策略。南京除制定分区管控制度外，还对生态红线、基本农田以及现状建设用地制定具体管理方法。北京在研究《北京市生态红线和城市开发边界管理办法》，杭州系统地探索了开发边界外的空间管理和部分建设用地减量的思路和方法。

（二）调整评估：多数希望机动灵活

由于试点城市的开发边界作用时限，允许评估调整的设想也有所不同。主要分为四种情况：①设想将划定的城市开发边界认定为永久红线，一经划定不得随意修改，杭州、深圳等提出通过立法的形式确立开发边界的法律效力与地位；②设定一定期限开展评估调整，如广州设定了年度更新和评估机制、西安每 2 年开展一次评估、苏州建议每 5 年调整一次等；③与“两规”同步修编调整，上海要求将城市开发边界作为“两规”共同遵守的界线，分别在各自规划中作为强制性内容得到落实；④无固定期限的“弹性”调整，如郑州、武汉等提出建立城市开发弹性调整机制，允许根据实际需要，在满足土地指标的前提下，做边界形态调整等。

（三）配套政策：总体设想大同小异

各试点城市都设想制定一系列城市开发边界实施保障措施，基本上都涉及：以“多规合一”为平台，建立规划实施的组织领导机制；协同推进永久基本农田划定；明确开发边界的法律地位、效力及修改调整程序；建设“一张图”数据信息平台；将城市开发边界落实工作纳入政府绩效考核；鼓励公众参与、公众监督等。因此，真正具有明确、具体、可实施、可推广的配套措施并不清晰，如何将城市开发边界管起来、把这一政策工具用起来成为亟待探讨的议题。

五、思考与讨论

从前文分析的 14 个试点城市开发边界划定情况看，存在内涵认知多样化、模式设计差别化、应用途径模糊化等情况。划定城市开发边界是促进新型城镇化的有效措施，是落实最严格耕地保护制度和最严格节约集约用地制度的重要手段，是现代空间规划管制的重要内容，是推动生态文明建设的重要手段和保障。因此，必须呼吁为“用”而“划”，从“用”的角度统一城市开发边界内涵、模式、实施措施等。

（一）内涵：重点平衡建与非建管理，注意协调刚性管控和弹性管理的关系

城市开发边界是城市建设与非建设的重要分界线，界内地区属于城镇空间，是实施城市规划、建设和管理的主要地域。试点城市达成的基本共识是：城市开发边界具有政策控制线的功能。

城市开发边界的政策控制线属性随之带来的难题：如何妥善处理刚性管控和弹性管理的关系？如何在不越位的情况下赋予开发边界的“弹性”功能？此处的“弹性”可理解为对预设“规矩”及其相应规则的可调整性，涉及时间弹性、空间弹性和指标弹性。“时间弹性”指边界作用期限安排是否灵活、划定边界后是否有明确工作周期允许按需调整；“空间弹性”指边界的可调整性和边界内空间管理的灵活性；“指标弹性”指边界控制地域面积以及边界内允许用于开发建设土地面积的可调整性。

从 14 个城市的试点经验看，呼唤“弹性管理”是另一个基本共识，只是针对哪种弹性存在一些差别。空间规划和城市开发边界都是为未来而做、为未来而划。就城市发展客观规律而言，城市的未来充满着不确定性，基于现阶段编制的空间规划或是划定的城市开发边界，不可能穷尽对未来的所有认识。因此，在强化开发边界的刚性管控之时，必须从时间弹性、空间弹性、指标弹性上做文章，形成有“弹性”的边界体系、模式和实施方法。

（二）模式：全域划定城镇开发边界，建议实行三线型、两期边界的体系

试点城市工作地域范围有别，这既与城市行政区面积大小有关，也与对规划区认识、自身规划管理可实施能力等关联。但是，从推进空间规划改革，尤其是落实中央城市工作会议进一步要求的“城市总体规划和土地利用总体规划两图合一”的方向看，全域统筹管理是一个方向性选项，市域土地利用总体规划的规划范围就是行政区整体，因此，城市开发边界宜在整个行政区范围内划定。

从全域划定角度出发，城市开发边界应以城镇开发边界的概念予以明确，重点划定中心城、区（市、县）政府驻地、新城、镇以及独立建设用地等开发边界。

城市开发边界内容和体系的选择应提倡“三线型”做法，即划定城市开发边界、建设用地规模边界、产业区边界。之所以城市开发边界不是一条线，而是一组线，这与弹性管理、依法管理、国家政策推进等密切相关。从弹性管理角度看，建设用地规模边界所围合的地域与规划城市建设用地范围相当，但由于城市发展的不确定性，几乎所有城市的规划建设实践都证明，这条界线在规划期内无

法做到完全不变动、不变形；因此，城市开发边界和建设用地规模边界之间应该留出弹性建设区，允许地方政府在规划建设用地总规模不突破的前提下，在建设用地规模边界内区域和弹性建设区之间，依法、依规、依程序地进行地块的等面积空间置换，并接受地方人大监督和上级政府监管，真正实现用地规模刚性管控和空间形态弹性管理的有机结合。从落实和实施《城乡规划法》的角度看，开发区等产业区本应不得在规划城市建设用地范围外设立，但现实的场景是不少开发区、工业集中区等因以独立的建设用地形式漂浮在规划城市建设用地之外，得不到有效管理，划定产业区边界有利于扭转这一局面。从促进产业用地节约集约利用的角度看，我国工业用地利用粗放是一大顽疾，产业区边界的明确设立，有利于促使工业项目向产业区集中，推动调控工业用地规模的国家战略实施。

虽然部分试点城市划定了永久性的开发边界，似乎达成最大限度地响应国家号召的效果，但仍值得商榷。一是新技术、新发明、新发现的产生，将改变人类对事物的认知，甚至可能完全改变今天用于划定城市开发边界的正向法或反向法的认识乃至应用，事实上，部分城市在开发边界划定过程中，"先底后图"的"底"受基础资料、基本方法、基本认知、基本需求等因素影响，就有过多次的调整；二是未来城市发展存在极大的变数，政策调控变动、突发事件影响等层出不穷，划定永久性开发边界有可能出现作茧自缚、难以应对的局面，这样例子在试点城市中已经出现；三是即便提倡建设用地减量化、负增长的城市，对于"减多少""减在哪"的问题，不经由城市和乡村建设用地之间的协调平衡，实际上对"城市开发边界划多大、边界内建设用地占多少"仍然是心中无数，若一味采用"城进乡退"的理念却没有实质性的办法实施，结果可想而知。因此，建议按照两期边界、近远结合的原则，首先统一划定 2020 年和另一更长时限（2030 年或 2040 年）的城市开发边界，是否划定永久性开发边界视具体城市情况而定。

（三）协同：适应空间规划改革需求，与永久基本农田、生态红线联动划定

划定城市开发边界、永久基本农田保护红线、生态保护红线是空间规划改革的共识，也是空间治理"落地"的前提和重头戏。从 14 个试点的城市开发边界和相关保护空间关系看，有三种做法和情形值得思考。

一是将永久基本农田归入生态保护红线（或基本生态控制线）范畴。这种做法忽视了永久基本农田首要的农业生产功能，弱化了最严格的耕地保护制度的实施落实，和国家坚守"粮食安全"底线的战略部署不完全吻合。尤其是在国

家三令五申强调耕地保护、要求全面完成永久基本农田划定的现实背景下[1]，必须进一步慎重处理永久基本农田和生态保护红线之间的关系，这二者不宜成为单纯的包含关系。

二是城市开发边界、生态保护红线划定形态的碎片化。部分城市为了便于管理，把城市开发边界、生态保护红线划小、划碎，似乎达成刚性管理的效果。但是，其最大的矛盾在于不论城市，还是生态系统，都强调系统性、整体性、协同性。一方面，城市内部不但有生活空间、生产空间，也不可或缺绿地、水体等生态空间。另一方面，生态系统是“山水林田湖”的生命共同体，自然无法完全割舍“田”这样的农业生产空间。为此，有必要进一步明晰城市开发边界、生态保护红线的基本特性。此两者与永久基本农田、基本草原、生态公益林等斑块状空间不一样，都具有政策控制线、形态控制线的特征，讲求功能主导性、布局合理性、形态规整性和管控简明性，其所控制的地域是由各类用地组合而成，只是主导性功能用地占多数而已，故试点在划定的城市开发边界、生态保护红线中出现少量基本农田等不足为奇。

三是对生态保护红线的称谓和理解不统一。受部门分割等因素影响，生态保护红线、生态红线、基本生态控制线、生态底线等叫法众多，内涵理解又不一致，导致和城市规划建设管理、耕地保护等难以协同、矛盾重重。

因此，需要进一步明确生态红线的内涵和外延，协同划定城市开发边界、永久基本农田保护红线、生态保护红线，并要依照“山水林田湖”生命共同体理念，允许在城市开发边界、生态保护红线内存在少量永久基本农田、生态公益林等，并明确它们占城市开发边界或生态保护红线控制区域的面积比例上限。

（四）应用：充分衔接“两规”管控手段，强化界内规划许可、界外用途管制

城市开发边界的划定并非一项独立的探索，不应该“另起炉灶”，而是要充分衔接现有空间管控手段，特别是城乡规划和土地利用规划。从“划”和“用”角度看，“两规”要首先统一土地分类。从界内管理看，一方面，城市开发边界内是以推进城市化为主要功能，应该强化绿线、蓝线、紫线、黄线“四线”管控，城市开发边界对控制性详细规划编制的刚性控制作用必须体现，真正做到“四线界内全落实、界内控规全覆盖、界外控规不许编”，使“一书两证”制度作为主要管理手段得以落实实施。另一方面，城市开发边界有着土地利用总体规划的规模边界、扩展边界的影子，界内管理应充分吸取土地利用规划管理的经验

[1] 2017 年 1 月 9 日，党中央、国务院颁布了《关于加强耕地保护和改进占补平衡的意见》，要求严格永久基本农田划定和保护。

和手段，如：土地利用年度计划管理、允许建设区和有条件建设区的用地空间置换、非农建设转用审批、“一张图”监测监管等。从界外管理看，在全面划定城市开发边界、永久基本农田保护红线和生态保护红线之后，应加快推进村庄建设边界的划定和落实，使土地用途管制落到实处，使乡村建设规划许可制度逐步得到全面实施。

城市开发边界划定只是国家推进新型城镇化、生态文明建设和空间治理体系现代化建设的一个环节，它需要和其他配套改革联动进行，如：空间规划改革、自然资源资产统一确权登记、自然资源监管体制改革、农村集体建设用地制度改革等。因此，如何使城市开发边界内外空间管理做到科学、合理、有章法，特别是基于我国城市和乡村“双轨”属性的土地制度背景下，诸如城市开边界内和外的农村集体建设用地如何差别化管控等问题，都是划好、用好城市开发边界这一政策工具必须进一步思考的议题。

（撰稿人：林坚，北京大学城市与环境学院城市与区域规划系主任，教授，博导，北京大学未来城市实验室副主任，国土资源部国土规划与开发重点实验室研究员；乔治洋，北京大学城市与环境学院博士研究生；叶子君，北京大学城市与环境学院博士研究生。）

注：摘自《城市规划学刊》，2017（02）：37-43，参考文献见原文。

从价值理念到实施路径的系统设计

——生态城市规划技术导则编制的思考

导语：为贯彻落实党的十八届三中全会、中央城镇化工作会议等对改革创新城市规划、转变城市发展建设模式的要求，推进城市绿色、循环、低碳发展，完善和规范生态城市规划技术体系，住房城乡建设部组织多家单位编制了《生态城市规划技术导则》，提出了一整套生态城市规划系统方法。本文从内涵认识、适用范围、编制原则、技术框架以及与法定规划关系等方面阐述了导则的关键要点，简要介绍了导则的指标体系和技术内容等主要成果。

一、编制背景

（一）生态城市发展成为国际社会普遍共识

自工业革命取得巨大成功后，城市在为人类积聚财富、实现梦想的同时，也占用着地球85%的资源能源消耗总量，排放着同等规模的温室气体，并由此引发了气候变暖、海平面上升、碳平衡失调、生物多样性丧失等一系列生态环境问题。面对前所未有的生态挑战，生态城市作为当代探索人与自然和谐相处、社会和谐进步、经济持续发展的实践，是人类实现可持续发展的必然选择。生态城市建设实践在全球方兴未艾，在中国发展如火如荼。

（二）我国生态城市规划理论体系有待完善

生态城市的内涵尚无定论。目前学术界尚未对生态城市有一个公认的定义和理解，生态城市规划的地位、编制方法和体系等尚未明确，缺乏科学的规范和标准，一定程度上影响了生态城市规划理论和实践研究的深度和广度。各地的生态城市规划均处在探索阶段，对于编制内容缺乏统一、明确的要求，无法对规划编制后的建设实施起到良好的保障和引导作用。

生态城市的发展定位和目标不明确。对全国23个省、4个直辖市以及5个少数民族自治区以“生态/绿色示范区”为关键词进行检索，共有31个省/直辖市/自治区发布了关于生态城市的政策要求、相关意见以及指导文件。据不完全统计，97.6%的地级（含）以上城市和80%的县级城市提出以“生态”或“低碳”作为城市发展目标，但不乏有城市打生态旗号行反生态之实，甚至将建设地点选在生态敏感区，主要原因是没有正确的城市定位和目标。由于目前尚未出台全国性的生态城市指标体系，缺乏宏观层面的目标引导性，导致地方在制定指标体系的过程中存在导向不明、目的不清等问题。

生态城市的技术体系缺乏深入研究。一方面，生态城市的规划内容和规划技术尚不完善，规划编制程序倒错，生态城市规划的技术体系如何与传统规划进行衔接也缺乏相关研究。另一方面，目前进行的生态城市建设实践强调技术全面，缺乏适用分析，部分技术未考虑地区气候、经济等条件限制，未能体现因地制宜的针对性；规划技术等硬件设施较为齐备，但人文建设匮乏。

（三）我国生态城市规划配套政策体系有待完善

政府层面尚未形成有效协调的政策体系。在国家层面，发展改革委、住房城乡建设部、环境保护部、科技部等部委纷纷出台政策指导生态城市的规划建设；地方层面也是不同部门各自行使职权。这种政策体系一方面反映了从中央到地方参与生态城市规划建设的主动性和积极性；另一方面也给部门间的协调管理带来困难，造成责任不清、重复建设等问题。

生态城市规划缺乏系统化的制度支撑和保障。生态城市的发展需要政府、企业、社会组织及公民个人的参与，其中政府主导十分关键，目前普遍缺少系统开展相关政策研究和法规制定。同时，由于建设主体多为政府单一主导，传统生活观念根深蒂固，生态城市规划建设欠缺社会市场和公众资源支撑。

综上所述，完善生态城市规划理论体系，确立生态城市规划的编制方法和技术体系已经成为现阶段中国生态城市发展亟待解决的重要工作。为推进城市低碳、生态、绿色发展，完善和规范生态城市规划技术体系，指导和引领我国生态城市规划工作，提高生态城市规划的科学性和可操作性，由住房城乡建设部城乡规划司组织多个单位共同研究制定《生态城市规划技术导则》（下文简称《导则》）。《导则》通过理顺现有规划方法、法律法规与生态规划工作环节的相互关系，对现有城市规划如何应用生态技术提出要求；正确引导生态城市规划与建设，为我国全面推进生态城市规划建设提供有益的技术支撑。

二、编制目标

《导则》旨在建立生态城市规划框架体系，从基础调研、规划目标、生态规划、规划实施等方面提出较为合理的技术策略，构建一套兼顾生态城市规划技术方法以及规划编制程序、内容和深度的技术导则，完善生态城市规划的目标体系和标准。

三、关键要点

（一）内涵认识

生态城市的内涵尚无定论，《导则》对生态城市追本溯源。生态城市（Eco-City）最早出现在 1971 年联合国教科文组织（UNESCO）“人与生物圈（MBA）”计划中，该计划明确提出要从生态学角度用综合生态方法研究城市，生态城市是基于生态学原理建立起来的社会、经济、自然协调发展的新型社会关系。

中国自古便有生态概念的雏形，传统词义中，“生态”代表：（1）美好的姿态；（2）生动的意态；（3）生物的生理特性和生活习性。在现代词义中，“生态”指生物在一定的自然环境下生存和发展的状态，也指生物的生理特性和生活习性。生态（Eco-）一词源于古希腊字，指一切生物的生存状态以及它们之间和它与环境之间环环相扣的关系。生态学（Ecology）的产生最早也是从研究生物个体开始。如今，生态学已渗透到各个领域，“生态”一词涉及的范畴也越来越广。究其本质，生态的内涵与共生、循环和自然密不可分。共生：不同生物之间所形成的紧密互利关系。循环：往复回旋，事物周而复始的运动或变化。自然：大自然中各事物的总体。

“生态城市”中的“生态”已发展成为人们认识和改造自然的一种系统方法论；“生态城市”中的“城市”可以看作是人类住区发展高级阶段的城—乡复合共生系统。生态城市是有效运用具有生态特征的技术手段和文化模式，是实现人工—自然生态复合系统良性运转、人与自然、人与社会可持续发展的城市。基于共生、循环和自然的原则，生态城市的理念目标需要进一步深化。生态城市的目标应从资源、环境、经济和社会等维度构建，最终通过生态城市的规划建设实现资源节约、环境友好、经济持续和社会和谐的总体目标，实现城市让生活更美好的愿望。

城市规划的目标从侧重物质空间和资源环境的“绿色”转向更加注重培育生态文明来获得物质和精神空间的双重改善；生态文明从侧重资源、环境的传统生态规划层面进行提升和完善，转向为更加注重社会公平与和谐发展。在生态城市规划中，以民为本的思想正逐步显现。一些城市的保障性住房建设在生态规划中占有重要地位，体现了政府对社会公平的关注。一些城市投入大量资金改造棚户区、修复生态脆弱地区，是实实在在的“民心工程”。有些地方强调公众参与，通过群众的意识培养和具体行动支持城市生态建设。

基于此，生态视角下的城市规划是进行生态城市建设的纲领性文件，是引导城市发展的基本依据和手段。生态视角下的城市规划要以其高度的综合性、战略性和政策性，在优化城市资源要素配置、调整城市空间布局、协调各项事业建设、完善城市功能、建设优质人居环境、维护公共利益等方面发挥关键作用，由以往片面重视城市规模和增长速度的思维模式，转向对城市增长容量和生态承载力的重视，同时关注提升居民生活质量、提高城市可持续发展水平。在此背景下，《导则》通过对传统空间规划设计方法和技术体系进行总结和提升，明确生态理念植入城市规划的可行方法和途径，明确不同尺度生态城市规划编制的目标、原则和方法，从而实现生态理念从理论到实践的转变，达到整体提高我国城市规划设计技术水平的综合目标。

（二）适用范围

《导则》适用于按国家行政建制设立的市、县人民政府所在地的镇，全国范围内的新建城区和旧城更新或改造区域（图 1）。当城市发展目标中有建设生态城市的要求时，其总体规划、城市专项规划和控制性详细规划的编制可依据本导则。

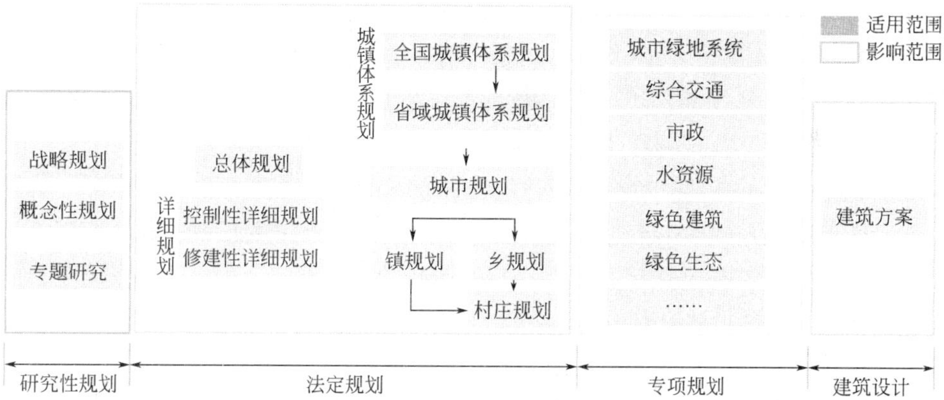

图 1 《导则》适用范围关系

《导则》的主要使用对象为生态城市建设发展相关领域的组织管理和技术研究部门，包括政府规划管理部门、规划编制与研究部门、城市开发建设主体。《导则》的编制将为规划管理者在行政管理过程中提供行动纲领和行动依据，为规划设计人员编制生态城市规划提供技术指导，为政府部门审批、评估生态城市建设提供评价依据。

（三）编制原则

生态视角下城市规划的创新和完善主要体现在指导思想、规划目标、规划内容、规划流程、控制形式及保障体系等方面，代表着更新更合理的城市发展方向。《导则》编制原则主要为系统性原则、可操作性原则、先进性原则、兼容性原则以及问题导向原则。

（四）技术框架

生态城市技术体系有了更全面的发展，生态城市技术涉及城市规划与设计、生态环境保护规划设计、绿色交通规划与管理、绿色建筑规划设计、产业发展选择、能源生产与利用、水资源保护与利用、废弃物处理与管理、数字信息技术等方面。当前对于技术体系的应用和实践多数为单项技术的尝试，迫切需要对各项生态技术开展系统性的尝试与整合，形成从单一到集成的生态城市技术体系。

指标体系作为若干相互联系的统计指标组成的有机体系，对于引导、规范、监控、评价和考核生态城市规划建设具有十分重要的意义。中新天津生态城、曹妃甸国际生态城分别建立了指标体系，并对指标体系不断细化，用于指导具体地块的建设实践，对国内其他城市具有借鉴意义。

目前生态城市建设还处在探索阶段，规划方法的研究和适宜技术的研发显得尤为重要。开展生态城市规划建设，不但应集中力量研究土地利用、生态环境、绿色交通、绿色建筑、绿色产业、能源利用、水系统、垃圾处理系统和智能信息化等生态城市规划技术，还应大力普及推广低成本、高回报的生态适宜建设技术，如深圳目前已有 60 多栋绿色建筑实现了 CO_2 排放动态监测，为碳审计工作和节能减排打下了基础。针对生态适宜建设技术的适用范围，生态城市可分为新建生态城市和既有城市生态改造两种类型。在我国，天津生态城、曹妃甸生态城和深圳光明新区等属于前者，而唐山南湖公园改造、淮南瓦斯利用、东莞生态园区建设和北方地区供热计量改造等则为后者的实践。在选用具体生态适宜建设技术时应根据生态城市类型结合实际情况适时选用。

低碳社区是生态城市的构成单元和细胞，低碳社区规划目前在全世界还处在探索中，它通过能源、资源、用地、交通、建筑等综合手段，减少社区规划建设和使用管理过程中的温室气体排放。北京市于 2009 年完成了首个低碳社区规划——《北京长辛店低碳社区概念规划》，对我国低碳社区的规划设计方法、实施机制进行了创新性的探索和尝试。在此基础上，考虑生态社区的外延不局限于低碳社区，《导则》将生态社区作为生态城市的重要子系统，从系统性出发，研究了其在总体规划、专项规划和控制性详细规划层面的规划技术（图 2）。

综上所述，通过参考有关标准和规范、对具体内容多次论证、并广泛征求各有关方面意见，《导则》主要包括：总则、术语、基础调研、规划目标、绿色空间、绿色设施、绿色人文及规划实施八个部分。其中绿色空间包括土地利用、生态环境、绿色交通、绿色建筑以及绿色产业等内容；绿色设施包括能源利用、城市水系统、城市垃圾处理系统以及智能信息化等内容；绿色人文包括生态社区、历史文化遗产保护和人文环境等内容；规划实施包括与法定规划衔接、建设实施和监管评估等内容。

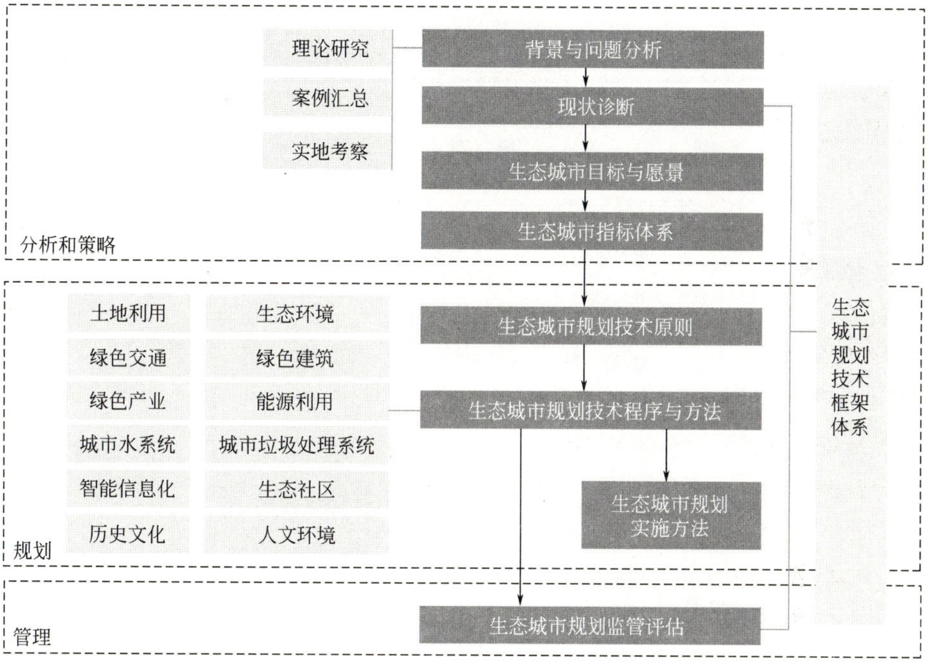

图 2　生态城市规划技术路线

（五）与法定规划关系

《导则》与传统规划密切衔接，是构建生态城市规划建设实践的具有科学性及可操作性的支撑文件（图 3）。生态规划非取代于现有规划，也非独立于现有规划，而是以法定规划为基础，在不同层面融入生态理念，以法定规划的模式推行生态城市建设。在前期研究阶段，判断城市问题时关注自然资源条件诊断、发展条件评估等生态环境现状评价。在确定规划目标阶段，将生态城市指标体系、生态目标的制定融入城市目标和规划指标体系中。在规划布局阶段，关注人口容量和城市规模的同时强调生态资源承载力和环境容量测算，由此进行城市发展规模生态限制；在确定城市结构与空间格局以及四区划定的同时注重生态适宜性评价和生态敏感性分析，从而构建生态空间格局。在规划专项阶段，将开发边界、生态修复、低影响开发、分布式能源、中水回用、城市矿山、被动式设计等生态规划适用技术纳入到传统规划内容中。

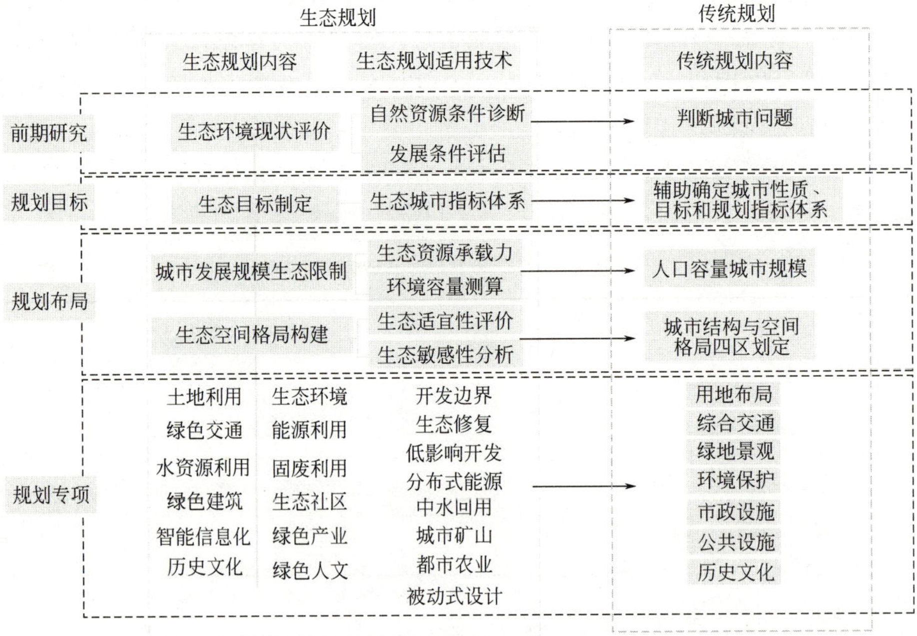

图 3　生态规划与现行规划有机衔接关系

四、主要成果

（一）指标体系

1. 指标体系构建

生态城市需要一套符合客观的指标体系衡量城市发展水平和指导城市规划建设，指标体系不仅有助于准确把握生态城市的发展方向，引导城市向生态城市的目标迈进，而且可用于考核和检查城市在规划、建设、运营等各环节中是否落实生态理念。

生态城市的发展目标应当涵盖资源节约、环境友好、经济持续、社会和谐等多个方面，相应的城市发展指标体系也应涵盖这些内容。应结合本地气候条件、资源禀赋及文化特色，因地制宜的构建指标体系，使指标体系更具有针对性，并尝试结合自身特色进行指标的分解和落实。曹妃甸国际生态城面向不同受众群体分别制定了政府版、企业版和公众版三套生态城市指标体系，并将指标的分解应用与规划建设相结合，细化到不同阶段。指标体系还应与规划相结合落实到空间层面，如北京长辛店生态城尝试将绿色建筑、可再生能源利用、绿色交通等指标作为强制性指标纳入控规，将生态理念体现在规划管理中。

《导则》遵循坚持科学性与可操作性相结合、定量与定性相结合、特色与共性相结合等原则，基于生态城市的发展目标，借鉴国内外相关指标体系的分类框架，参考我国已经制定的权威指标体系分类和当前在建生态城市的指标体系划分方法，确定生态城市指标体系的分类框架；参考典型权威的指标体系，确定潜在指标库；基于指标选取标准，遴选指标，构建指标体系；并且通过区分控制性指标和引导性指标指导城市规划建设，详见表 1。

生态城市规划指标体系参考示例表❶　　表 1

<table>
<tr><th rowspan="2">目标层</th><th rowspan="2">路径层</th><th rowspan="2" colspan="2">指标名称</th><th colspan="3">适用范围</th><th rowspan="2">控制项</th><th rowspan="2">引导项</th></tr>
<tr><th>总规</th><th>专项</th><th>控规</th></tr>
<tr><td rowspan="20">绿色空间</td><td rowspan="4">土地利用</td><td colspan="2">城市新区的职住平衡率(就业岗位/在业居住人口)(%)</td><td></td><td>•</td><td></td><td></td><td>•</td></tr>
<tr><td colspan="2">小地块面积比例(2hm^2 或以下)(%)</td><td></td><td></td><td>•</td><td></td><td>•</td></tr>
<tr><td colspan="2">大中运量公共交通站点周边 500m 服务范围内地块(商业、住宅类用地)容积率与基准容积率的比值</td><td></td><td></td><td>•</td><td></td><td>•</td></tr>
<tr><td colspan="2">混合用地地块数量占居住、商办和混合用地地块总量的比例(%)</td><td></td><td></td><td>•</td><td></td><td>•</td></tr>
<tr><td rowspan="5">生态环境</td><td colspan="2">建成区人均公园绿地面积(m^2)</td><td>•</td><td>•</td><td></td><td>•</td><td></td></tr>
<tr><td colspan="2">公园绿地服务半径覆盖率(%)</td><td>•</td><td>•</td><td></td><td>•</td><td></td></tr>
<tr><td colspan="2">环境空气质量</td><td></td><td>•</td><td></td><td>•</td><td></td></tr>
<tr><td colspan="2">水功能区水质达标率(%)</td><td></td><td>•</td><td></td><td>•</td><td></td></tr>
<tr><td colspan="2">噪声达标区覆盖率(%)</td><td></td><td>•</td><td></td><td>•</td><td></td></tr>
<tr><td rowspan="11">绿色交通</td><td colspan="2">本地物种受保护程度(%)</td><td></td><td>•</td><td></td><td></td><td>•</td></tr>
<tr><td rowspan="2">绿色出行占全部出行方式的百分比(%)</td><td>中等及以上城市</td><td></td><td>•</td><td></td><td>•</td><td></td></tr>
<tr><td>小城市</td><td rowspan="2"></td><td rowspan="2">•</td><td rowspan="2"></td><td rowspan="2">•</td><td rowspan="2"></td></tr>
<tr><td colspan="2">公共交通站点 500 米半径覆盖率(%)</td></tr>
<tr><td rowspan="3">自行车道密度(km/km^2)</td><td>重点区域</td><td></td><td>•</td><td></td><td></td><td>•</td></tr>
<tr><td>优先区域</td><td></td><td>•</td><td></td><td></td><td>•</td></tr>
<tr><td>一般区域</td><td></td><td>•</td><td></td><td></td><td>•</td></tr>
<tr><td rowspan="3">步行道密度(km/km^2)</td><td>重点区域</td><td></td><td>•</td><td></td><td></td><td>•</td></tr>
<tr><td>优先区域</td><td></td><td>•</td><td></td><td></td><td>•</td></tr>
<tr><td>一般区域</td><td></td><td>•</td><td></td><td></td><td>•</td></tr>
<tr><td colspan="2">道路网密度(km/km^2)</td><td></td><td></td><td>•</td><td>•</td><td></td></tr>
</table>

❶ 课题组向中国城市科学研究会生态城市研究专业委员会专家发出填写问卷的邀请，并在生态委微信公众平台推送，经过两轮专家意见反馈，初步建立了生态城市规划指标体系参考示例表，各地应根据自身条件及特点，因地制宜进行指标选取及赋值。

续表

目标层	路径层	指标名称	适用范围			控制项	引导项
			总规	专项	控规		
绿色空间	绿色建筑	清洁能源车辆占机动车数量的比例(%)		•			•
		新建绿色建筑比例(%)		•		•	
		既有建筑绿色化改造比例(%)	•				•
		绿色建筑运营认证比例(%)		•			•
	绿色产业	装配式建筑比例(%)		•	•	•	
		单位GDP碳排放量(吨CO_2/万元)	•			•	
		绿色产业增加值占GDP比重(%)		•		•	
		三废综合利用率(%)	•			•	
绿色设施	能源利用	单位GDP能耗(吨标煤/万元)	•			•	
		非化石能源利用比重(%)	•			•	
		清洁能源比重(%)	•			•	
		人均碳排放(吨CO_2/人)		•			•
		建筑能耗强度		•			•
	城市水系统	城市居民家庭人均生活用水(L/日)		•			•
		非传统水源利用率(%)	•				•
		城市污水集中收集处理率(%)	•			•	
		年径流总量控制率(%)	•	•	•	•	
	生活垃圾处理系统智能信息化	生活垃圾分类回收利用率(%)		•			•
		生活垃圾无害化处理率(%)		•		•	
		智慧平台建设(包括能源、交通、环境质量监测、园林、水务、市容卫生等)		•		•	
		能耗监测覆盖率(%)		•			•
绿色人文	生态社区	公共服务设施500m可达性(%)			•	•	
		社区开放度(%)		•			•
		社区空间多样化(包括户型设置、居住模式、建筑产品、使用功能多样化等)		•			•
	历史文化遗产保护	文化交流推广活动(次/年)		•		•	
		历史文化保护规划的制定与实施		•		•	
	人文环境	全过程的公众参与与互动机制	•				•
		开展绿色教育和实践,构建低碳教育宣传平台	•			•	

资料来源：生态城市规划技术导则课题组。

2. 指标体系实施

指标体系应设定城市管理创新机制，将工作分解到各部分规划、建设和管理实践中，在审批环节中加以控制。指标体系的分解实施宜从实施主体、阶段和途径三方面进行细化分解，详见图4。在规划阶段，将生态城市指标体系纳入控制性详细规划（表2），使生态指标与控规指标相结合。

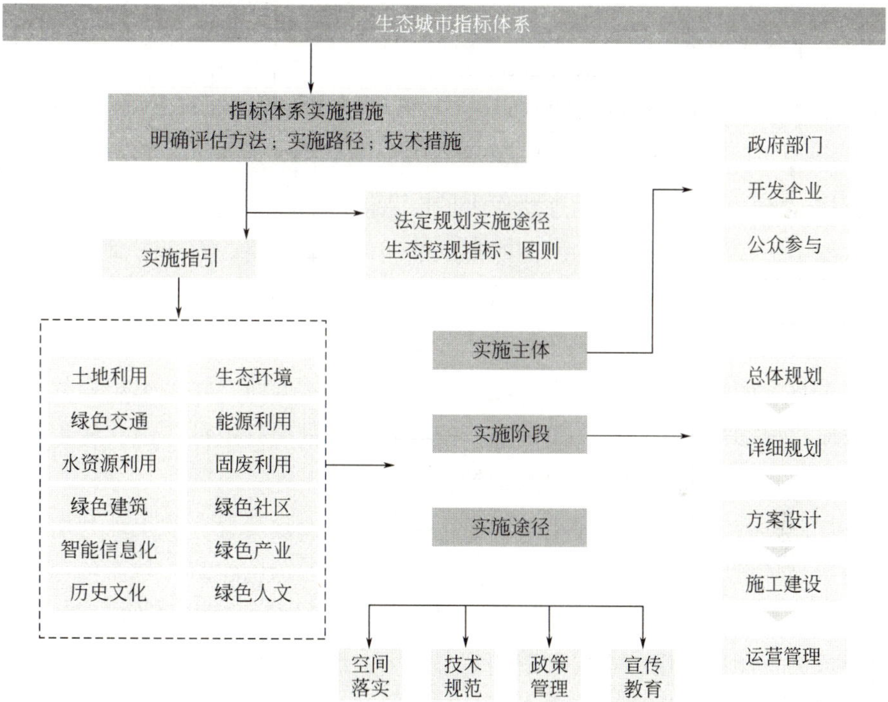

图4　生态城市指标体系实施路线

传统控制性详细规划指标与常用生态指标的对比　　**表2**

类型	传统控制指标	常用生态指标
土地利用	用地性质，用地面积，容积率	混合地块开发比例，地下容积率
建筑	建筑密度，建筑控制高度，建筑红线退后距离，建筑形式、体量、色彩、风格要求	建筑贴线率❶，单位面积的建筑能耗，绿色建筑星级比例
绿地	绿地率	集水性绿地率，绿色屋顶比例
交通	交通出入口方位，停车泊位及其他需要配置的公共设施	公交站点500m覆盖率

❶　建筑贴线率指由多个建筑的立面构成的街墙立面至少应该跨及所在街区长度的百分比，即临路建筑物的连续及底层建筑物的退让程度，是建筑物的长度和临街红线长度的比值。

续表

类型	传统控制指标	常用生态指标
其他	人口容量	地块年径流总量控制率,微风通道,平均日用水定额,雨水回用设施,可再生能源/清洁能源需求比例

资料来源：生态城市规划技术导则课题组。

（二）技术内容

1. 技术体系构建

《导则》对生态规划与法定规划如何衔接进行了探索性研究。在与城市总体规划衔接方面，将生态规划的理念作为城市总体规划的原则与方向，并纳入总体规划文本中。按照生态优先的原则对规划范围内土地使用、空间布局、能源资源及各项建设进行综合部署，在保障区域生态安全的前提下指导空间管制区划。同时遵循可持续发展原则，合理进行城市用地布局，并明确下位规划建设的要求，保障生态理念能够逐级落实。在与城市详细规划衔接方面，将生态规划的具体要求纳入城市详细规划的通则与图则中，按照规划审批流程报批实施，将生态指标纳入土地出让条件和规划设计要点指导实施。

在规划内容方面，生态城市一般包括但不限于：紧凑混合的土地利用、和谐宜人的生态环境、安全高效的绿色交通、低碳舒适的绿色建筑、创新包容的绿色产业、低耗清洁的能源利用、循环再生的水系统、减量再生的固体废弃物资源、综合集成的智能信息化、宜居和谐的生态社区、历史文化遗产保护以及绿色人文等领域，与法定规划衔接详见表 3。

与法定规划衔接内容　　表 3

	衔接的规划	融入的生态理念	纳入的生态规划内容
土地利用	总体规划	划定城市开发边界	划定城市开发边界和三区四线
		布局集约紧凑	控制人均城市建设用地指标,划定城市密度分区及公交先导区,提出地下空间开发利用总体策略
		功能混合	提倡用地功能混合,控制职住平衡率
		有机更新	旧城改造统筹考虑交通、市政等因素,尊重延续历史文脉
	控制性详细规划	小尺度街区	控制商业办公性质/居住性质主导地块的尺度
		容积率差异化分布	居住用地/商业用地容积率在基准容积率基础上修正
		用地功能混合	控制功能混合地块比例
		公共服务设施配置	设施功能类别、兼容性、可达性及建设标准

续表

	衔接的规划	融入的生态理念	纳入的生态规划内容
生态环境	总体规划	生态安全格局构建	生态敏感性评价，生态服务功能重要性评价、宏观生态安全格局构建、蓝线绿线划定
生态环境	总体规划	生态保护红线划定	综合考虑法定生态控制要素，确定分级分类管理标准方法，完善生态补偿机制
生态环境	总体规划	绿地系统规划	合理布局城市绿色空间，确定绿地规模、功能、提出整体植物比例要求
生态环境	控制性详细规划	绿地控制指标	提出总量控制指标；功能单元生态用地总量，各管理单元分项总量指标等；提出地块控制指标；绿地率、硬化地表比例等
生态环境	控制性详细规划	开敞空间控制	道路遮阴率控制，绿地开放空间结合通风廊道设计
生态环境	控制性详细规划	社区公园绿地	社区公园绿地可达性、植被配置方式
绿色交通	总体规划	交通预测	构建绿色出行比例目标，预测交通需求，维护综合交通模型
绿色交通	总体规划	交通分区	分区域、差异化控制交通设施布局
绿色交通	控制性详细规划	交通调查	通过居民出行调查，分析绿色交通供需特征
绿色交通	控制性详细规划	公共交通系统	落实骨干公共交通系统，常规公交网络实现 100% 站点 500m 半径覆盖，设置公交专用道
绿色建筑	总体规划	绿色建筑规模化发展	确定城市绿色建筑发展总体目标，提出绿色建筑整体发展战略，明确重点推广发展区域
绿色建筑	控制性详细规划	地块控制指标	确定地块绿色建筑星级目标及重点技术指标，如装配式建筑比例、建筑节能率、可再生能源利用率、非传统水源利用率等
绿色产业	总体规划	绿色产业发展目标	分析绿色产业发展潜力，设定绿色产业发展目标
绿色产业	总体规划	制定产业引进计划	编制产业发展指导目录，设立产业引入与企业准入标准
绿色产业	总体规划	构建实施保险机制	制定绿色评估制度，提出政策激励和科技创新激励措施，制定投融资模式创新激励办法
能源利用	总体规则	能源需求供应分析	对能源需求进行分析预测，进行碳排放核算和情景分析，确定能源总量控制指标和供应方案
能源利用	总体规则	可再生能源利用	评估分析可再生能源资源潜力，重点太阳能、风电、垃圾发电等开发利用
能源利用	总体规则	城市减碳路线图	提出碳排放总量和强度控制目标，提出城市碳排放控制技术选择的优先序

续表

	衔接的规划	融入的生态理念	纳入的生态规划内容
城市水系统	总体规划	水资源承载力	科学确定水资源承载能力,明确水源保护要求、保护范围
		水环境保护	划定保护水体的控制地域界线,明确岸线保护和控制要求
	控制性详细规划	低影响开发	制定城市低影响开发雨水系统的实施策略、原则和重点实施区域
		水资源控制指标	明确约束性指标,设定技术要求,如年径流总量控制率、地面渗透率、水面率、节水指标、配建雨水调控设施要求等
		低影响开发	明确各地块低影响开发主要控制指标,如下沉式绿地率、透水铺装率等,确定地块内低影响开发设施类型及其规模
固定废弃物资源	总体规划	垃圾减量化	预测垃圾产生量、制定垃圾减量目标、再利用和回收及处理方案
		分类收运	优化垃圾分类收运系统,减少垃圾收运成本;合理设置垃圾转运站
		无害化、资源化	选择低排放、高效能的垃圾无害化处理方式,注重能源资源的回收再利用
	控制性详细规划	分类收运	确定垃圾分类收集点、垃圾收集转运站、社区厨余垃圾处理站的位置和要求
智能信息化	总体规划	城市信息通信服务设施	提出通信基础设施的发展目标与建设需求,合理确定相关通信基础设施的布局规划
		城市绿色生态公众信息平台	建立城市绿色生态公众信息平台,为市政综合管理中心调度管理各相关系统提供基础
生态社区	总体规划	总体发展目标	创新规划理念与方法,明确生态社区的创建目标及发展策略
		生态社区选址布局	综合考虑城市发展方向,市政、公共基础设施建设等情况进行选址和布局
		生态社区功能	倡导产城融合、多元复合的社区开发理念,打造多功能复合社区
	控制性详细规划	土地开发利用效率	提高生态社区土地与基础设施利用效率,混合使用功能,合理控制人口规模及开发强度,完善公共服务设施布局
		控制指标	土地使用、绿色交通、绿地景观、能源资源利用和公共设施分布等内容的生态设计要求
历史文化遗产保护	总体规划	保护内容	自然环境要素、物质文化遗产和非物质文化遗产,确定保护内容与重点
		保护方法	传统与现代空间协调发展,基础设施控制与建立,景观风貌协调控制,建立历史文化展示体系
	控制性详细规划	保护范围	划定城市紫线
		分区控制	分区分级管控,明确建设控制要求,强化空间管制保护模式

续表

	衔接的规划	融入的生态理念	纳入的生态规划内容
绿色人文	总体规划	公众参与制度	建立多渠道信息发布机制、公众会议机制、公众观点调查机制、全程协同工作机制、实时反馈机制和公众决策机制
		绿色生活	制定居民节能、节水、绿色出行、生活垃圾分类减量等激励措施，建立绿色生活动态评价体系
		多样化居住空间	提出多类型住宅结合开发机制，建立多样化混合居住模式，制定周期性住房开发计划
		绿色宣传教育	制定绿色生活和消费准则及准则宣传计划，规划绿色生活体验场所和展示平台，建立政府部门和企业绿色公报制度

资料来源：生态城市规划技术导则课题组。

2. 规划技术创新

随着近年绿色生态关键技术来有了较大进展，原来停留在概念层面的技术越来越多的被应用到规划和建设中。目前，各种低碳生态规划技术正呈现出由单一功能向集成综合发展的过渡趋势，其中应用推广较为广泛的技术一般包括但不限于：生态诊断技术、基于 GIS 的用地适宜性分析、碳审计、多元混合、中水回用、源分离、城市矿山、低影响开发、生态修复、绿色建筑被动式设计以及生态评价等技术，详见图 5。但部分技术在全国范围内市场化、规模化的应用与推广还尚待时日。

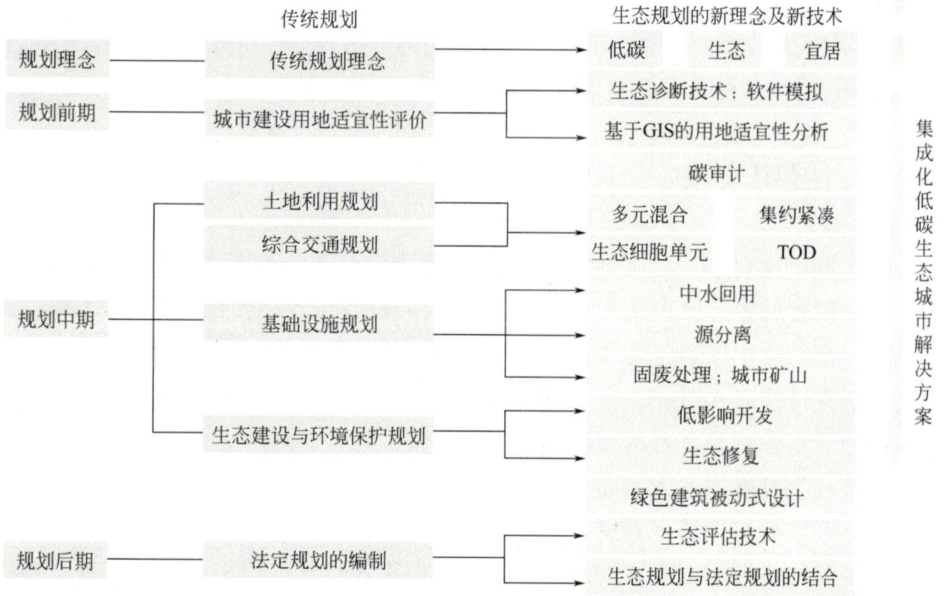

图 5　生态城市新理念及新技术应用

3. 规划政策衔接

当前对生态城市规划实施起促进和保障作用的法规政策体系尚不完善，生态城市规划建设涉及的土地、环境保护、能源、资源、水、经济等法律法规还需要进一步衔接。《导则》提出健全地方有关法规与政策规章、建立生态城市建设目标责任制、建立自然资源使用权管理制度、建立生态补偿制度以及设立生态城市建设基金等一系列能力建设相关政策，从宏观上保障生态规划的实施效能。

五、留存问题

《导则》对国际经验的总结和借鉴尚显不足。《导则》注重国内规划体系的研究，但对中外生态城市规划建设的对比研究略显欠缺。在充分借鉴国内研究成果的基础上，也需要认识到国内外生态城市在建设时间、建设规模以及经济发展水平等方面的差别，应审慎严谨地吸收借鉴国外案例的经验教训。

《导则》对生态城市的类型细分尚欠深入。相对于新建，既有改造的实践需要结合城市更新进行，相对见效缓慢，不易大规模的开展，除北京、上海、深圳等少数土地供需矛盾突出地区，这类实践活动在全国开展较少。但随着城镇化进程，城市增量发展空间会逐步减少，届时针对既有地区的生态城市改造将成为主流，应在实践方法和适用技术等方面进行积极探索。

《导则》尚需更广泛的实践检验。生态城市的理念构建、目标确立等都需要通过城市规划设计落实到空间层面，从而完成生态城市从理论到实践的路径过程。鉴于课题的研究周期及目标系统的复杂特性，目前成果只是初步成果，还需要针对中国实际情况进一步深入完善和改进，也有待于得到更多更广泛的实践与检验。

六、展望未来

生态城市规划是一项系统工程，具有复杂性和艰巨性等特征。开展科学合理、因地制宜的生态城市规划与建设是一项涉及面广、综合性强的系统工程，需要开展广泛的理论探索与实践检验。一方面，目前进行的生态城市建设实践缺乏对技术适宜性作深入研究，摒弃了一些传统的低成本、高效益手段，热衷于追求技术的新、奇、特，盲目将高投入与高回报画上等号。另一方面，生态城市规划涉及经济社会发展的方方面面，不可避免地与各类规划紧密相关，生态城市规划的技术体系如何与传统规划进行衔接也亟待实践检验。生态城市规划应当成为编制、实施其他规划的重要依据之一，生态城市规划与其他相关规划的关系需要进一步处理好。

生态城市需要系统化的制度支撑，需要全社会参与共建。生态城市规划离不开城市公共政策保障和支持，应建立适合生态城市规划建设的政策法规体系，制定促进城市发展的有关财税、产业政策，以城市公共政策的形式从制度上引导和保障生态城市发展；加强体制创新，为规划建设生态城市提供基础支撑。巴西库里蒂巴政府将公共运输、道路建设和土地利用相结合，强调大规模交通系统建设，运用经济杠杆调节交通节点周边地土地价格，通过公共财政对公共交通大力支持，运用技术革新提升公交效率，包括统一管理网络、单一交通路线和快车道、网站接驳便捷、单一票价等措施，以此实现"胶轮地铁"的普及化。库里蒂巴市政府还采用以垃圾换食品等人性化方式推行环保活动。天津滨海新区作为国家综合配套改革示范区，提出建立"统一规划、合作开发、政府服务、公司建设"的合作机制，全面推进低碳生态城规划建设，包括制定有力的经济和环境政策，从制度设立和运行机制上对低碳生态城的建设管理活动给予保障。生态城市还需要社会市场和公众资源支撑，应通过开展系列宣传教育、示范评选等多种方式培养企业和公众的环境素质、环保意识和绿色消费意识，转变生产生活方式，在衣、食、住、行、用各方面体现绿色生活理念，从而达到全社会的生态运行。

生态城市需要适时评估，以免得不偿失、事与愿违。推进生态城市发展是城市规划建设领域落实国家生态文明战略的重要抓手，中国正是世界上开展生态城市建设的核心地区之一。生态城市的规划体系已在实践探索过程中取得了一定的成效，但评估机制和体系的建立尚显不足，发展过程中有必要通过建立和完善监管评估，引入信息监测、公众监督以及评估与反馈等技术手段来辅助规划管理，及时发现问题，并进行总结推广。

（《生态城市规划技术导则》由住房城乡建设部城乡规划司负责管理，参编单位包括中国城市规划设计研究院、中国城市科学研究会低碳生态城市研究中心、中国生态城市研究院有限公司、北京市城市规划设计研究院、深圳市建筑科学研究院股份有限公司以及宇恒可持续交通研究中心。2016 年 4 月，《导则》（征求意见稿）向各地住房城乡建设主管部门、规划设计研究院等单位以及相关领域的专家、学者广泛征求意见。截至 2016 年 8 月，编写组共收到 214 条反馈意见。项目组对 214 条意见逐一梳理，给出每条意见的处理方案，完成了《导则》（报批稿）。2016 年 10 月，《导则》（报批稿）根据住房城乡建设部各司局意见完成了进一步的修改、补充。）

（撰稿人：李迅，教授级高级城市规划师，中国城市规划设计研究院副院长兼党委副书记；李冰，中国生态城市研究院有限公司；石悦，中国生态城市研究院有限公司）

注：摘自《城市发展研究》，2017（10）：94-103，参考文献见原文。

“生态修复、城市修补”的思辨与三亚实践

导语：“生态修复、城市修补”是一项有关城市规划、建设、管理的综合性工作，是为应对中国城市转型的阶段要求和“城市病”高发的现实问题而提出来的，拥有更具深度和广度的视角，以及更为综合、全面、系统的手段。笔者尝试分析“生态修复、城市修补”概念提出的时期背景和阶段特征，与国内外类似概念进行初步辨析，认识“生态修复、城市修补”的内涵、意义与工作要点，并结合三亚的试点，对“生态修复、城市修补”实践的总体思路和工作经验进行梳理。

一、“生态修复、城市修补”提出的背景

伴随着全球化的不断推进、新技术的推陈出新，全球资源环境日益变化，城市发展快速变革。自改革开放以来，中国城镇化率以年均近一个百分点的速率提高，至 2015 年中国城镇化率已达到 56.1%，进入了城市社会；随着党的“十八大”的召开，中国社会经济的发展方式发生了转变，中央提出“五位一体”建设思路和“五大发展理念”，召开了中央城镇化工作会议和中央城市工作会议。这些均表明，中国城市发展进入了重大转型时期。

（一）中国城市发展进入转型新阶段

美国经济学家、诺贝尔奖获得者斯蒂格利茨曾表示：“21 世纪影响世界经济的有两件事，一是美国的新技术革命，二是中国的城镇化。”当今中国城镇化发展模式正在发生变革，“新型城镇化”将成为下一阶段中国城市发展的主要方向。“新型城镇化”着力解决以人为核心的城镇化问题，促进包括城乡人口在内的所有人能够公平享受工业化、城市化、农业现代化和信息化带来的发展机会与社会福利，城市由注重“物”的合理转向注重“人”的需求。在这一核心理念的指引下，城市发展表现出以下四个阶段特征。

（1）城市的空间增长从增量扩张转向存量优化。2000~2014 年中国城镇建成区面积增长约 100%，同期城镇人口只增长了 63.2%，多数城市的扩张速度已经超过人口城镇化的速度，失去大规模扩张的需求。城市对土地资源的消耗过快，

不断侵蚀自然底线，建设用地管理日趋严格，城市土地资源愈发紧缺，“追速度、拼规模、耗资源、求扩张”的老路已走不通。在此背景下，深圳于2007年，在城市总体规划中第一次提出了空间发展从“增量为主”转向“存量为主”的观点。

（2）城市的空间使用模式从粗放式的规模追求转向精细化的品质提升，资源消耗型、投资导向型的发展方式将逐渐弱化。未来的5~15年，中国的经济增长将“更多地依靠消费、更多地依靠服务业、更多地依靠技术进步”。完善的城市功能、高水平的城市服务、高品质的公共空间和精细化的城市治理将成为下一轮城市间竞争的资本。

（3）城市的发展目标从单一目标转向多元、平衡、包容与可持续的综合目标。城市建设长期重视经济效益，容易忽视生态、社会和文化等方面，导致城市问题的增加和城市欠账的积累。按照世界发达地区的发展经验，城市发展到一定水平后，追求的目标更加多元、综合，不仅仅关注某一方面，中国应跳出生产主导、唯GDP论的怪圈。

（4）城市的经营模式从城市管理转向城市治理。传统的城市管理由政府主导，以行政命令的方式维护城市的运营，具有单向性和强制性；而城市治理则由政府、市场和社会等多元主体参与，通过协作共同管理城市公共事务，体现出开发性与互动性。

（二）中国城市进入“城市病”高发时期

结合城镇化的生命周期规律和西方城市发展经验，一般认为城镇化率为30%~50%时“城市病”进入显性发展阶段，城镇化率达到50%~70%时“城市病”进入集中发作阶段。1850年，英国成为世界上第一个城镇化率超过50%的国家，卫生恶化和住房拥挤等问题引发了政府对“城市病”的重视和治理；20世纪60~70年代，日本城镇化率从60%向70%快速提升，而此时正是东京“城市病”最为严重的时期。

自2011年城镇化率突破50%，中国已经进入了“城市病”的高发阶段。同时，中国用改革开放以来的30多年时间，历经了西方发达国家几百年的城镇化历程，显性发展阶段更短，发病的过程大大压缩，“城市病”积累多，矛盾剧烈，爆发更为集中，对城市的环境资源、功能配置、形象品质、社会民生、支撑体系及城市管理等带来了极大的挑战。城市快速扩张侵蚀生态空间，高耗能、高污染产业使得城市资源枯竭，空气、水体污染愈演愈烈；粗放的城市空间增长模式一味追求规模，忽视功能和系统的逻辑；城市发展以经济为优先，牺牲文化遗存，忽视空间品质，追求新奇特的建筑外观；城市公共产品与支撑设施在以经济效益为先的市场原则下投入不足，交通拥堵、下雨内涝等现象不断出现；城市经营重建设轻管理，违法违章和无序建设大量出现。

“城市病”是因社会经济的发展和城镇化进程的加快，城市系统存在缺陷而影响城市系统整体性运动所导致的对社会经济的负面效应。由此可见，“城市病”不是某一个或几个城市的问题，而是中国城市发展阶段的普遍性问题；也不是在城市的某个局部出现的问题，而是城市的系统性问题。

2015 年底，时隔 37 年的中央城市工作会议再次召开，会议提出：“统筹规划、建设、管理三大环节，提高城市工作的系统性。……要加强城市设计，提倡城市修补。”“统筹生产、生活、生态三大布局，提高城市发展的宜居性。……要大力开展生态修复，让城市再现绿水青山。”这是“生态修复、城市修补”概念第一次在中央层面被正式提出，正是针对“城市病”高发的现实问题而提出来的策略，对转型时期的中国城市发展有着关键性的指导意义。

二、“生态修复、城市修补”类似概念辨析

对城市存量空间进行改造、优化和提升是城市发展过程中一直存在的阶段，规划学术界和城市实践中已经有了很多类似的概念、词汇。西方国家自第二次世界大战之后就有了“重建”（Reconstruction）、“复兴”（Revitalization）、“翻新”（Renewal）和“再生”（Regeneration）等概念；中国近年来也开展了一些实践工作，如旧城更新、综合环境整治等。

当前提出的“生态修复、城市修补”是否是常说的“城市更新”的一种方式？与西方城市发展历程和中国过去几十年的已有实践有何不同？有必要从国外、国内两个方面辨析相关概念。

（一）国外城市更新发展历程

西方最早的城市更新运动起源于第二次世界大战之后的 20 世纪 50 年代，面对当时残破的居住环境，政府以公共资金为主体，以推倒重建的方式大规模清除贫民窟。20 世纪 60 年代，西方国家经济快速发展，贫穷、居住分化等社会问题越发显现，政府以带有福利色彩的改造手段实施城市复兴运动。20 世纪 80 年代，大城市中心区人口和工业出现了向郊区迁移的趋势，原有中心区开始“衰落”，以地产开发商为代表的市场力量开始主导大规模的旧城开发与更新，直至今日这仍然是大多数城市广泛采用的更新模式。进入 21 世纪后，以美国为代表的西方国家已经停止大规模城市更新，总体上进入了谨慎的、渐进的、以社区邻里更新为主要形式的小规模再开发阶段（表 1）。

西方城市更新的发展历程 表 1

相关要素	20 世纪 50 年代	20 世纪 60 年代	20 世纪 70 年代	20 世纪 80 年代	20 世纪 90 年代	21 世纪
主要导向	Reconstruction（重建）	Revitalization（复兴）	Renewal（翻新）	Redevelopment（再开发）	Regenerction（再生）	Regenerationin Recession（衰退下的再生）
主要战略和导向	按照郊区增长总体规划重建和扩张城镇老区	20 世纪 50 年代方向的延续，郊区和边缘地区的增长；开始了一些恢复式更新城市老区的实践	集中就地更新和街区更新项目；继续延续对边缘地区的开发	大量大规模开发和再开发项目；示范项目；城镇之外的项目	政策和实践趋向于采用比较综合的形式，强调全方位处理城市问题	整体收缩开发行为，在局部地区放松限制
关键行动者和参与者	国家、地方政府；私人部门开发商和合同承包人	向公共和私人部门之间协调方向发展	私人部门功能增加，地方政府公权	强调私人部门和专门政府机构的作用；发展合作	合作成为支配性方式	更强调私人基金和公益角色
空间层次	重点在地方和场地	区域层次的活动出现	区域和地方并举，后期强调地方	早期强调场地，以后强调地方	重新引入战略规划，区域活动增加	早期以地方为主，带有部分次区域层次开发
资金	公共部门投资以及一定程度的私人参与	私人投资影响继续增长	公共部门资源约束，私人投资增加	私人部门支配了一些公共基金	公共、私人部门和社会组织相对平衡	政府选择性资助下，由私人部门主导
社会	改善住宅和生活标准	改善社会福利	开始社区行动和提高社区能力	社区自助，国家支持相当有限	强调社区作用	强调地方举措和鼓励第三方参与
建筑空间	内城地区拆除重建和开发边缘地区	继续 20 世纪 50 年代的做法，同时开始现存地区的恢复建设	老城区的大规模翻新	大规模拆除重建，新开发示范项目	相比 20 世纪 80 年代，规模适度；历史遗产保护	一般方案的规模小但回报大
环境	景观和公园	有选择地改善	改善环境和进行一定程度的更新	关注大范围环境	引入环境可持续发展观念	普遍接受可持续发展模式

资料来源：彼得·罗伯茨，休·塞克斯. 城市更新手册［M］. 叶齐茂，倪晓晖，译. 北京：中国建筑工业出版社，2009；Roberts P，Sykes H，Granger R. Urbon Regeneration［M］. London：SAGE，2016.

从国外城市更新的发展历程看，主要是针对城市发展成熟后面临的“衰落”问题进行的更新改造。在不同时期针对特定阶段、区域出现的特定问题有不同的策略手段。国外更新实践早，历时长，历程连续，体现出较为清晰的发展趋势：逐渐脱离单纯的物质环境改造，更加重视社会意义；可持续发展思想成为更新参与各方的共识；更新方式从以开发商为主导的大规模剧烈推倒重建方式，转向以小规模、分阶段、社区自组织、第三方参与为主的谨慎渐进式；更加体现人本主义思想，注重人的尺度、人的需要和人的参与；通过局部小微更新带来更大回报，提升城市形象品质，增强城市综合实力。

（二）国内城市更新实践历程

国内城市更新的发展历程总体上经历了四个阶段（图 1）：①20 世纪 90 年代前，主要为个别城市政府对中心区破旧房屋进行整治。②20 世纪 90 年代后期，一线城市的城镇化开始提速，随着房改政策的施行，城市更新正式发端，在地产商的主导下带有明显的市场倾向，被学界称为“房地产开发导向的城市更新”。③2000 年以后，城镇化快速推进，随着国有企业的改革，部分工厂衰败，城市扩张催生城中村，与城市发展需要产生矛盾，城市政府通过功能调整和物质改造促其转型。④2010 年以后，城镇化中高速推进，在以人为本、新型城镇化和生态文明等新理念的指引下，形成了一批追求综合效益，突出多元、公平、可持续的更新实践。

图 1 中国城市更新的时间与空间演化

从空间上看，中国城市更新实践从一线城市逐步发展到二线城市，2010 年之后扩展到全国大多数城市。城市更新从过去的非主流规划，变为当前中国规划实践的重点。从时间上看，中国城市更新实践依次经历了开发导向的保护更新、局部地块的功能更新、城市空间的改善更新，表现为伴随着宏观背景的变化而演化的特点。与西方国家的经验相比，国内城市更新实践演化朝向一个相似的方向：以公共利益为重，维护社会公平；以提高城市的综合效益，寻求经济、物质环境、社会及自然环境的可持续发展为目标；更新方式强调主体的多元性（包括政府、地产商、公众等）和改造手段的多样性（如保护、整治与拆建等）。

（三）“生态修复、城市修补”与已有城市更新的异同

“生态修复、城市修补”与已有的城市更新方法类似，都是以改善亟待发展的城市旧区的经济、物质、社会和环境条件为目的，运用于城市存量空间的技术手段。同时，也有一些不同之处。

与西方国家的经历相比，“生态修复、城市修补”针对的发展阶段和核心问题不同。西方国家很早就进入了城镇化成熟阶段，城乡人口转移达到动态平衡，城镇化进程趋于停滞甚至出现逆城镇化状态。伴随老城环境、交通、住房和卫生等条件的恶化，郊区、边缘区的兴起以及小汽车交通的普及，中心城区出现了“衰落”现象。有西方学者特别强调，对于城市更新的认识，重点是要“很好地理解衰退的过程”。反观中国，国内大多城市尚处在城镇化中期阶段，未来依然有大量人口持续进入城市，推动城市发展。这些城市的老城区、中心城区并未发生人口减少并“衰落”的现象；相反，源源不断的人口集聚，推动着地区的活力增长。只是因为城市原有的空间、设施和服务能力不能适应新的人口膨胀而产生了城市问题。“生态修复、城市修补”正是针对这些“成长的烦恼”和“发展的瓶颈”而提出的（图2）。

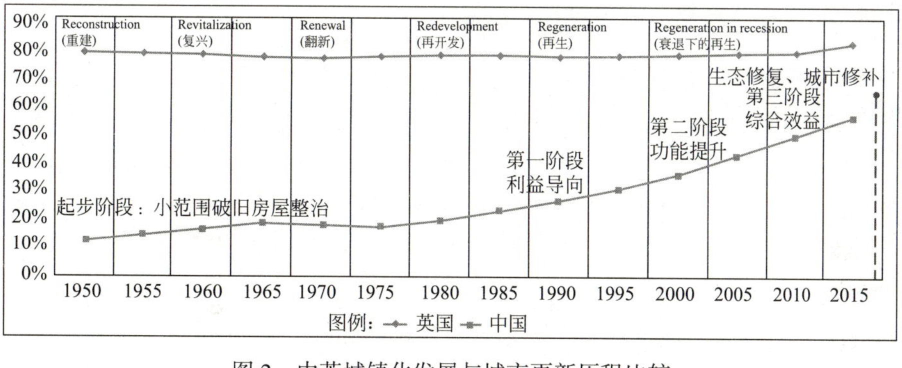

图 2 中英城镇化发展与城市更新历程比较

与中国过去的城市更新实践相比，“生态修复、城市修补”的视野高度和覆盖广度不同。“生态修复、城市修补”不同于旧城、城中村、旧工业区改造和环

境治理等局部工作，而是站在时代视角，契合城市发展转型阶段的要求，充分体现多元、平衡、包容与可持续发展理念；也不仅仅是拆除重建、综合整治等方式手段的简单应用，而是在国内过去的实践经验基础上，联动城市规划、建设和管理多方面，采用更为综合、全面的手段治理城市系统性问题。

因此，“生态修复、城市修补”可以说是当前中国特色的存量优化综合技术手段，针对与西方不同的发展背景和城市问题，是中国过去存量更新手段的进化。

三、“生态修复、城市修补”的定义、意义和工作要点

（一）“生态修复、城市修补”的定义

“生态修复”，就是把“创造优良人居环境”作为中心目标，使城市生态系统的结构和功能恢复到受干扰前的自然状态，一方面将城市开发对生态系统的干扰降到最低；另一方面通过一系列手段恢复城市生态系统的自我调节能力，使其逐步具备克服和消除外部干扰的能力，促进生态系统在动态过程中不断调整而趋于平衡。

“城市修补”，就是围绕着“让人民群众在城市生活得更方便、更舒心、更美好”的目标，采用科学的规划设计方法，以系统的、渐进的、有针对性的方式，不断改善城市公共服务质量，不断改进市政基础设施条件，大力发掘、保护、传承城市历史文化，维系社会网络，使城市功能体系及其承载的空间场所得到全面系统的修复、弥补和完善，使城市更加宜居、更具活力、更有特色。

（二）“生态修复、城市修补”的意义

“生态修复、城市修补”对城市的意义，体现在从硬件到软件，从宏观到微观，从显性到隐性的各个方面：①从生态要素局部入手，恢复生态网络系统，重塑已被打破的人工环境与自然环境之间的平衡，并结合城市公共空间，营造绿色健康的活动场所，实现“人工自然，和谐共生”。②催化调整城市产业、人口和空间结构，转变城市增长模式，优化空间资源配置，完善城市功能，提升城市服务水平，使城市“功能完善，富有活力”。③尊重、保护、传承城市历史文化，强化城市内涵，彰显城市精神，优化城市空间和风貌，突出城市“文化内涵，品质特色”。④遵循“以人为本、公众参与、民生优先、为民所需”的原则，完善法律法规，强化监督机制，依据规划实施，提升公共服务和基础设施水平，重视“社会治理，民生保障”。

（三）“生态修复、城市修补”的工作要点

1. 目标导向与问题导向相结合

如上所述，“生态修复、城市修补”是针对转型时期产生的各种“城市病”和城市问题而提出的，问题导向是“生态修复、城市修补”工作的基本思路。而且，“生态修复、城市修补”并不独立于其他城市工作，而是共同推动城市在既有方向上健康有序地发展，其工作成效也需要以实现城市发展目标为衡量标准。因此，“生态修复、城市修补”是一个着眼现在、实现未来的工作，既要综合分析现有城市问题，以有针对性和可操作性的手段，按轻重缓急予以解决，又要服务于既定的城市发展目标，带来城市生态环境、综合品质、服务能力三方面的提升。

2. 规划引导与行动实施相结合

“生态修复、城市修补”工作首先覆盖面广，包含了规划设计编制、政策法规制定和项目实施管理等多个系统，规划、建筑、交通和景观等多个专业；其次，工作层次深，包含了宏观城市、中观片区和微观节点各个深度；最后，工作周期长，推进工作一环扣一环，近、中、远期逐步见效。因此，“生态修复、城市修补”项目应以总体规划为引领，整合资源，统筹全局，再分解任务逐类逐项编制专项规划，制定实施框架，有周期、按步骤、持续渐进地实施落实，从而保证目标的正确实现和问题的有效解决。

3. 整体系统与局部重点相结合

城市具有系统性、开放性和复杂性的特征。“城市病”的出现不是城市局部出现问题，而是源自城市整体系统的落后；“城市病”也不是各个独立的问题，而是由多个问题互相关联、互相叠加产生的。为了维持既有城市系统的高效运转和空间品质，城市问题的解决不允许“全面开花”“大拆大建”。因此，“生态修复、城市修补”工作一方面要求“着眼全局”，系统性、整体性地理清城市问题的产生原因、程度、重点、难点和相互关系，以保证“对症下药”；另一方面又要“突出重点”，简化思路，提高效率，集关键之力突破重点问题，以小博大，发挥示范和催化效用，最终“以点带面，盘活全局”。

4. 政府统筹与社会参与相结合

治理城市问题，促进城市发展，是城市政府的本职工作，也是需要发动各种力量、联动各种资源进行的系统性工作；“生态修复、城市修补”搭建的工作框架在未来也可能成为政府的常态化工作，可见政府的统筹是工作开展的根本前提。同时，城市问题的解决和城市的发展与全体市民息息相关，“生态修复、城市修补”实施过程需要全体市民的共同参与，实施效果也需要全体市民的共同检验，此外“新型城镇化”的过程也要求“以人为本”。因此，“生态修复、城市

修补”工作既要城市政府发挥自上而下的统筹作用，又要求呼应自下而上的民生需求，听取公众声音，带动社会参与，优先解决公众急需解决的问题，改善与公众生活息息相关的物质环境与服务水平，获得社会的广泛支持和认可。

5. 技术支撑与行政法规相结合

以科学的方法对城市转型进行设计，“方法”是科学的核心所在。“生态修复、城市修补”是一种针对新时期城市转型发展的重要科学方法，“技术支撑”是保证其过程科学、成果有效的前提，尤其是在不同层面运用城市设计的思路与手段，落实城市规划，指导建筑设计，塑造城市风貌，营造空间环境品质；建立对城市生态过程的科学认识，以低扰动、近自然的修复方式，保护自然生态空间，修复生态网络，恢复城市生态系统的自我调节能力。同时，“生态修复、城市修补”又是一项城市治理工作，全面联动的行政组织体系、明晰的责权划分、详细的工作方案、长效的监督机制、法律法规的支撑是保障“生态修复、城市修补”工作有效实施的关键。

四、三亚“生态修复、城市修补”试点工作

（一）试点背景

三亚从一个边陲渔村快速发展为国内外知名的热带滨海度假旅游城市，形成了一定的社会影响力。三亚在实现飞速发展的同时，城镇化率也达到了较高的水平，但“城市病”也越来越突出。三亚作为一座规模适中、尺度适宜的城市，其发展转型的经验也具有一定的借鉴意义。

2015 年 4 月，住房城乡建设部部长陈政高到三亚调研时，针对三亚城市转型的特点和城市发展建设中存在的问题，首次提出在三亚开展“生态修复、城市修补”工作。2015 年 6 月，住房城乡建设部复函同意将三亚列为“生态修复、城市修补”试点城市，三亚也由此成为中国首个“生态修复、城市修补”试点城市，历经一年多的工作，初见成效。

（二）主要内容

1. 组织框架

在“生态修复、城市修补”的实践中，三亚建立了“政府统筹负责、技术协同对接”的工作组织框架。其中，以书记、市长为主要领导的工作领导小组负责整体部署和统筹；由技术单位牵头相关各局技术部门成立技术工作组，负责统筹规划设计、提供项目建议、服务项目建设和跟踪项目实施，同时对工作领导小组办公室提供技术支持，并协同对接有关实施操作方面的工作。双方密切沟通，

协同对接，共同推进“生态修复、城市修补”试点（图 3）。

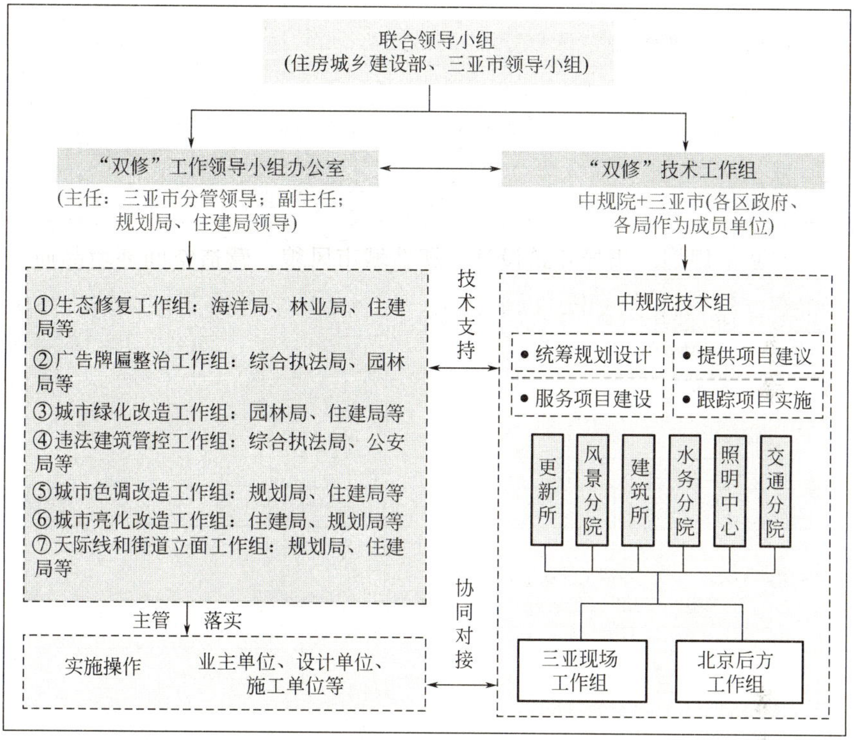

图 3　三亚“生态修复、城市修补”组织工作框架

2. 技术思路

三亚在“生态修复、城市修补”实践中采用了城市设计的思路和方法（图 4），遵循“总体把握，系统梳理，突出重点”的原则。

（1）在“生态修复”方面，结合对区域生态要素的解析，确定区域生态格局和重要的生态敏感区域，并通过对历年来生态环境演变情况的分析，确定“生态修复”的重点内容。三亚“生态修复”以山体、河流廊道和海岸带等为重点工作对象，分别提出了修复的策略和措施。

在山的修复中，项目组针对现状山体被破坏的情况，分别提出生态恢复、基质改良、植被修复和景观美化等山体修复策略；在河的修复中，通过清污除塞、水系贯通解决河道淤塞问题，通过分类分段的修复策略解决岸线硬质化、污水直排等现状问题；在海的修复中，对海水水质进行了综合治理，对岸线植被、岸滩沙滩及海底珊瑚进行了修复。

（2）在“城市修补”方面，项目组以总体城市设计方法为技术主线，通过对城市空间格局中的各类要素进行系统梳理，确定三亚的总体空间结构，以及

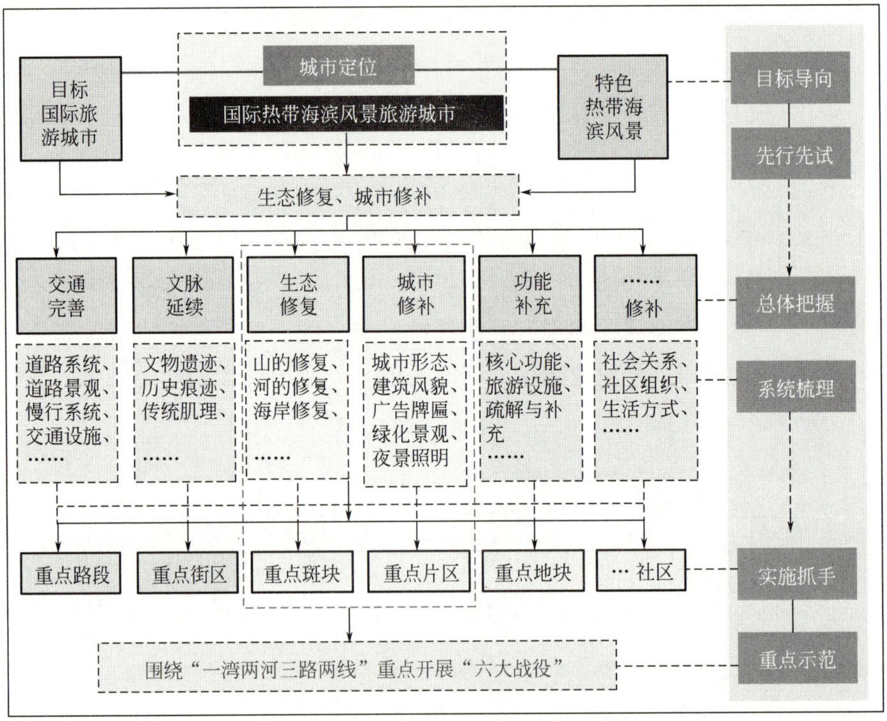

图 4　三亚“生态修复、城市修补”技术工作框架

山、河、城、海相融合的形态特征，在此基础上确定城市高度形态、色彩风貌，以及城市绿地景观、公共空间和视线视廊等系统的总体要求。三亚“城市修补”以城市空间形态、城市色彩及立面、广告牌匾、绿地景观、夜景照明、违建拆除六大方面为修补工作重点（图 5）。

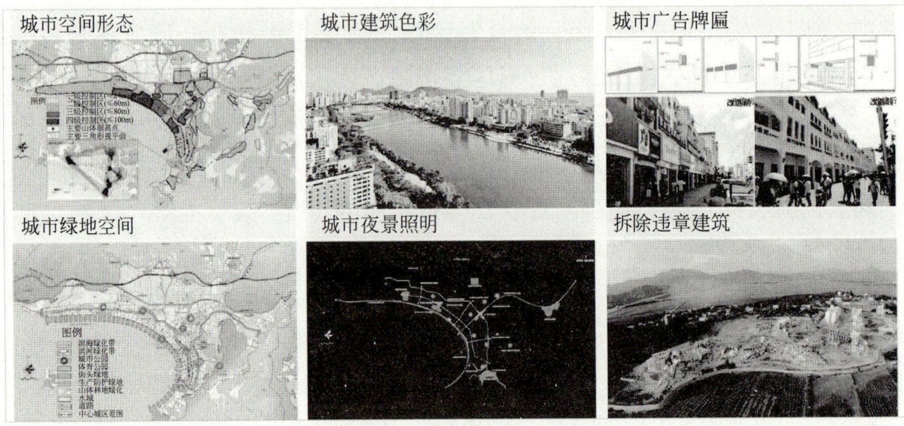

图 5　“城市修补”中的“六大战役”

城市空间形态方面，从总体上强化建筑高度管控，设定四级控制区，从人的尺度上强化重要区域的建筑界面、空间形态的管控和指引；在城市色彩风貌方面，以自然景观、历史人文、现状建筑色彩调查为基础，确定城市色彩总体指引和色彩修补的操作措施；在广告牌匾设置方面，结合存在问题，明确禁止、允许设置广告牌匾的位置，以及相应位置广告牌匾的尺度、材质和色彩等要求；在绿地景观方面，完善“山海相连、绿廊贯穿”的整体格局，针对现状绿地问题，从生态性、开放性、系统性的角度分类提出清退、增绿和置换等修补措施；在夜景照明规划方面，梳理问题和现有照明系统，点、线、面结合提出分类指引，重点关注沿海、沿河和重要商业街等地区。另外，三亚通过大力推进违章建筑的拆除工作，修复城市空间，还利给公众。

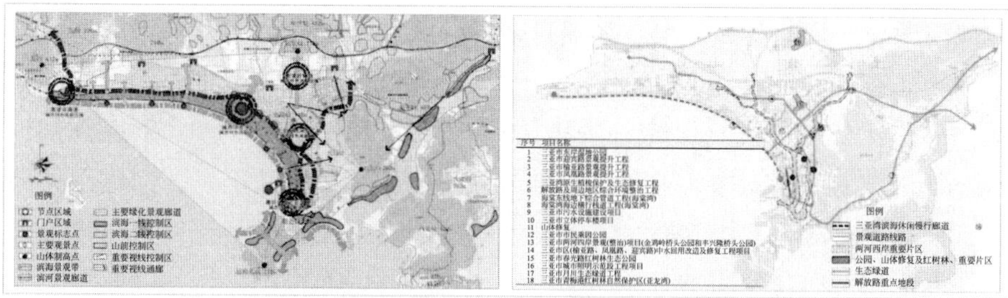

图6 中心城区总体城市设计结构（左）和“城市修补、生态修复”重点项目分布（右）

3. 实施工作

三亚在“生态修复、城市修补”的推进中，结合当前的突出问题和目标导向，将短期改善与长期管控相结合，综合考虑时效性、民生性、系统性等因素，统筹确定近期工作重点——围绕“一湾、两河、三路、两线”开展工作（图6）。在“山、海、河”与“六大战役”框架下，通过近期18项重点实施性项目来落实和示范“生态修复、城市修补”工作的综合要求，涉及绿化景观、河岸、道路和综合环境等多个方面，包括解放路（示范段）项目、东西河景观提升和迎宾路景观改造工程设计等。这对城市价值提升、功能转型发展起到了积极的作用，产生了综合的效益。

（三）工作经验

三亚“生态修复、城市修补”项目实践可总结出以下四方面的工作经验：

（1）规划引领，技术支撑。“生态修复、城市修补”工作涉及方方面面，都需要规划做引领。三亚通过编制《三亚市生态修复城市修补总体规划》等6项专项规划，从整体上对试点工作进行布局引导，协调规划目标、制定实施方案和年度计划，建立项目库和建设时序等。“生态修复、城市修补”作为未来城市特别是老城区规划、建设、管理工作的重点之一，在宏观、中观、微观层面都应鼓励运用城市设计的方法，落实城市规划，指导建筑设计，塑造特色风貌，提升空间品质。三亚专门拟定了《“生态修复、城市修补”规划设计工作指引》，将城市设计手段贯穿整个规划和实施过程。

（2）政府统筹，任务成库。政府的统筹是工作开展的基础，任务的分解是工作推进的前提。三亚建立的“行政统筹负责、技术协同对接”框架发挥了政府自上而下的统筹作用，加强了综合协调能力，结合技术工作组的技术支持，有效地推进了工作。完善的项目计划和责任分工保证了试点工作的实施性与时效性。三亚在“生态修复、城市修补”总体规划引导下，形成作为实施抓手的工作清单，将具体任务分解到与城市建设相关的各局、各单位，分项落实责任，保证各部门共同参与、共同分担，各项目随时跟踪、及时对接，提升了城市的管理水平和治理能力。

（3）依法依规，机制保障。法律法规、相关管理规定等是“生态修复、城市修补”工作的重要支撑。三亚结合地方立法，保障了绿地广场、河道山体等底线性、核心性要素的工作成果。三亚制定的首部地方性法规《三亚市白鹭公园保护管理规定》对白鹭公园的性质、功能、用地和保护等均提出了法规约束。另外，三亚结合不同工作层面，完善各部门相关管理规定，制定技术标准和指引导则，包括《三亚市“生态修复、城市修补”建设标准指引》《三亚市建筑风貌管理办法》《三亚市建筑风貌技术标准》《三亚市户外广告设计技术标准等》等，作为相应工作实施的管控依据和建设标准。

（4）社会动员，市民觉悟。“生态修复、城市修补”既是一项与市民利益息息相关的过程型工作，也是一个多方互动的工作平台，“关注民生”“以人为本”的理念贯彻始终。三亚通过网络媒体等渠道发放调研问卷，并通过驻场工作、实地探勘、走访座谈，始终保持与公众的交流互动，主动调动市民参与，了解市民需求；通过宣传会、研讨会、电视媒体、平面媒介和网络平台等向公众推广“生态修复、城市修补”的理念，发挥社会效应，形成社会共识，凝聚社会力量，努力扩大影响。“生态修复、城市修补”是全体三亚市民的共同工作，其成果也是全体三亚市民的共享成果。

五、结语

“生态修复、城市修补”是一项有关城市规划、建设和管理的综合性工作，拥有更具深和更广的视角，以及更为综合、全面、系统的手段，是为应对中国城市转型的阶段要求和“城市病”高发的现实问题而提出来的具有中国特色的城市工作与综合举措。“生态修复、城市修补”既是物质空间环境的修复修补，也是城市社会、文化和行政等软环境的修补；是实现城市品质提升、风貌形象优化、由量向质转变的过程，也是改善城市管理水平、提升政府治理能力和促进城市文明进步的动力。“生态修复、城市修补”的工作要始终贯彻“以人为本”的理念，既要注重技术方法，又要关注实施策略和机制保障，更要结合法规的完善和城市治理能力的提升。

城市发展路漫漫，城市转型也不是一蹴而就的，要认识到“生态修复、城市修补”既是一项长期性工作，也是一项全景式工作，它为现有的城市发展理念、规划编制方法和建设管理方式等指明了新的发展方向，提出了更高的要求。三亚通过试点，走出了自己的转型之路，生态环境与城市面貌得到了明显的改善，为国内其他城市探索出了一些值得借鉴的经验。

（撰稿人：李晓晖，规划师，现任职于中国城市规划设计研究院；黄海雄，三亚市规划局局长；范嗣斌，教授级高级规划师，中国城市规划设计研究院城市更新研究所副所长；缪杨兵，规划师，中国城市规划设计研究院。）

注：摘自《规划师》， 2017（03）： 11-18，参考文献见原文。

如何使海绵城市更具“弹性”

弹性海绵城市概念，即：城市主要功能和生命线在内涝和外涝的干扰下，能保持、恢复正常运行的能力。城市系统在软、硬件方面具有足够的适应能力，抗洪水、内涝、极端气候的冲击能力和自我调整恢复能力。从长期来说，城市系统在应对各种干扰（洪涝）的过程中，与干扰共同进化，改善自身的脆弱性。

一、当前海绵城市试点情况

弹性城市（Resilience City），也称韧性城市、包容城市或活力城市。弹性城市的理念，最早由加拿大知名生态学家 Holling 于 1973 年提出，指出弹性是系统能够较快恢复到原有状态，且保持系统结构和功能的能力。弹性城市被认为是一种新的规划理论，也是最近 20 年兴起的一个热门领域。国际弹性城市联盟（International Union of Resilience City）把弹性城市定义为能够消化并吸收外界干扰和灾害，并保持原有的特征结构和主要功能的能力。具体又可分为技术弹性、组织弹性、社会弹性、经济弹性。其中很重要的是技术弹性，它包括城市所有的基础设施和以海绵城市为主导的排水污水处理的弹性，这是非常重要的城市生命线性状。观察各地正在实施的海绵城市工程，还有些工程设计不由自主地照搬了一些工业文明的传统思路和做法，使海绵城市的弹性度下降，应予以纠正。

当前海绵城市试点中，30 个试点城市的区域总面积达 919.7km^2，截至 2016 年第三季度，已有 117.95km^2 达到海绵城市建设目标要求，实现年径流总量控制率不低于 70%。试点城市完工项目数 480 个，在建项目数 1052 个，累计已完成投资额 368.76 亿元。消除了 107 个内涝点，另有 101 个得到缓解。另外，有 23 个省（区、市）以省政府办公厅文件印发了指导意见，有 15 个省（区、市）确定了近 90 个省级试点城市（区、县）。这近 100 个第一批国家和省级海绵城市试点，将在全国作为先头部队，实践海绵城市的新技术。

从广州经验来看，供水一共有四个非常可靠的水源，使供水的弹性度有比较好的改善，但还有许多城市仅有一个供水点，供水安全显得非常脆弱。弹性城市非常强调城市的功能和生命线在内涝和外涝的干扰下保持正常的运行能力，城市系统在软件硬件方面有足够的适应能力，抗洪水能力以及灾后自我调整修复能力，这三大能力是城市技术弹性的重要表现。

二、如何让海绵城市更具有弹性

（一）拓展"系统性"

第一，把流域和城市结合起来，城市的问题解决要从流域着手；第二，把地表水与地下水治理进行系统整合；第三，正常降雨与极端气候要统筹考虑；第四，滞洪、分洪、排洪统筹起来，把更多的洪水渗透到地下贮存起来；第五，发挥和提高传统排水系统功效。把灰色系统排水能力提高和实施绿色海绵城市建设统一起来，大大提高海绵城市防洪排涝能力；第六，在城市规划和建设各个方面全面贯彻海绵城市的原理，把海绵城市的创新理念从建筑、小区、城市规划层层进行渗透；第七，统筹海绵城市的硬件和软件，各项水务管理应该通过信息化统一协调，发挥协同效应。这点非常重要，且成本非常低，只要对城市进行轻度改造就能奏效；第八，通过智慧城市建设使海绵城市更加智慧化，城市的防洪排涝设施建设与政府社会动员应对能力结合并统筹。这八个方面要系统性地进行拓展协调。

比如，从北京全域生态设施建设的规划可知，系统治理由横向和纵向策略组成。横向："山水林田湖城"生命共同体；可用水资源，既取决于降水多寡，也取决于盛水的"盆"大小。自然山体、绿地、农田、自然水体、湿地等是天然的"盆"，也是巨大的"海绵体"，要严加保护和修复。纵向：把一条河流域的上下游、整个区域、城市、社区与建筑这五个层次，都要与自然水"盆"相衔接、相互配套协同的海绵体建设，使大海绵体可以受益于小海绵体，小海绵体可以联通大海绵体。在各方面建设中，从小区建筑的小池到分区中池，能够保留的大小海绵体都应该通过规划的手段进行逐步地保留修复。

（二）提高海绵城市"适应性"

弹性海绵城市建设贵在问题导向为主兼顾经验、目标导向，活用六字方针（渗、滞、蓄、净、用、排）。弹性原则是提高适应性，优化复杂系统的抗灾害能力。如把目标导向看成是一艘船的方向舵，问题导向和经验导向就是提供动力的双桨，这就能使复杂问题的驾驭和解决变得非常顺利。要活用六字方针，即"渗、滞、蓄、净、用、排"。对不同流域、不同气候条件下应该用不同的适用海绵城市技术方法，切忌一刀切。

如：干寒地区，如新疆、宁夏、内蒙古，年降雨量 400mm 以下的应以"蓄、净、渗"为主。干暖地区，如京津冀地区，年降雨量 400~800mm，以"蓄、渗、用"为主。温湿地区，如长三角地区，年降雨量 1000~1600mm，以"蓄、滞、净、排”为主。亚热带地区，珠三角、广西等地，年降雨量 1500 ~ 2000mm，以“蓄、滞、净、排”为主。同时还要考虑地下水位的高低，综合把六字方针用好用活，海绵城市建设就是要因地制宜。

（三）落实“多样化”

弹性海绵城市本质是多模式、分布式、自组织、微循环的复杂系统。迄今，人类已经沿用了数千年的自然河流系统，在我国许多城市还在使用。许多新建的城市把古代遗留的建筑和工程智慧与现代技术很好地进行了结合，创造出各种各样适应本地区情况的海绵城市技术。实践也证明，海绵城市建设过程中参加的社区、层次、单元、技术、途径越丰富，海绵弹性就越好。由此可见，要落实海绵城市的多样化。弹性的海绵城市本质上就是多模式，分布式、自组织为循环特征的。

当前存在的主要问题在于：各种海绵城市模式、单元、技术的行业标准编制严重滞后于基层的需求，应抓紧完善（图 1）。

实践证明：面对极端气候频发所带来的洪涝灾害。城市抗洪排涝应采用多样化的洪水出路，除了在城市外围设立足量的滞洪区和修缮防洪堤之外，必须将海绵城市“六字方针”通过多样化的技术和设施全面运用。如果能活用多样化的海绵技术，从建筑顶部滞水，再到雨水管末端贮水，停车场、小区、道路边排水管贮渗水；最后再将富余的水通过传统排水网排出，就可将内涝的威胁减少到最低程度。

（四）推广“模块化”

城市本身是层层套嵌“模块”构成的大系统，模块化也有利于标准化。各种模块组成一个动态的复杂海绵系统。海绵城市采用高质量的装配式模块来构筑，可保证工厂化生产、现场装配、损坏快速更换，能够使海绵城市的弹性有质量保证。这些模块是多种类型，有渗水、地下水箱模块、去污染模块、净化模块、人工信息模块等。国外多采用多种模块交叉化应用并使其景观化，水景观中的人工瀑水和跌水能使水的含氧量大幅度提高。水体接触空气表面大大增加以后，水体含氧量会成倍提高，污染物的消解净化就有了保障。高质量的配装式模块能保证海绵城市的“弹性”和“可靠性”。

（五）加深“冗余度”

要使城市每个“单元细胞”都有一定的海绵冗余，城市在应对洪涝时就能“游刃有余”。加深“冗余度”指的是每个城市的单位细胞必须采用有充足的海绵

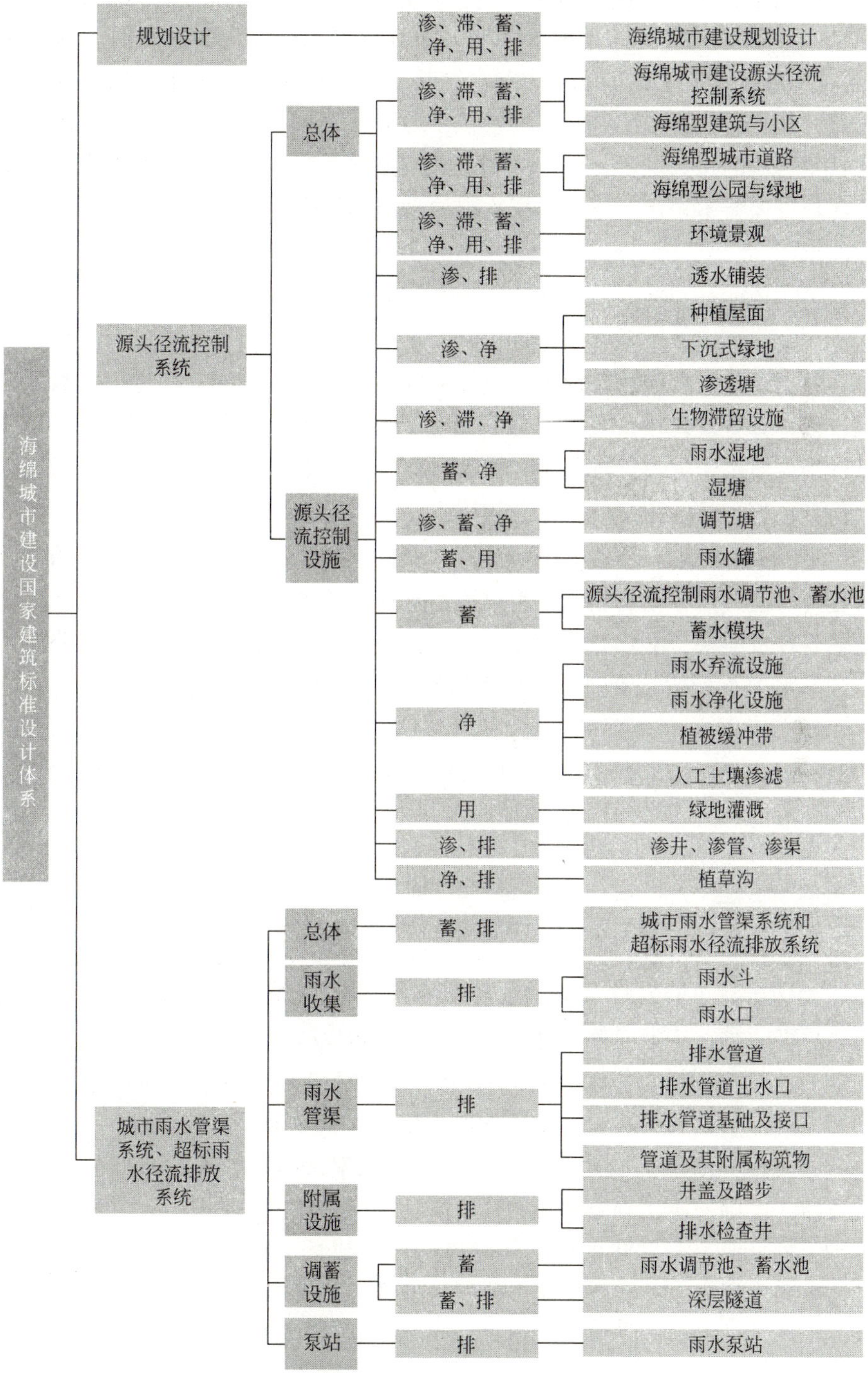

图 1　海绵城市建设国家建筑标准设计体系框架

冗余的设计建造模式，这样的系统构成的海绵城市应对洪涝的时候就会更加有“弹性”。一般的降雨量保持地表湿润，大量地表水完全由土壤吸收。如果遇到10年一遇的降雨量，局部地方地下水箱起到了贮存雨水的作用，地下水箱平时可以供应就地绿化、消防用水，而且位于地下、表面不占地，边纳水边渗水；当遇到百年一遇的特大洪水，整个广场就因汇流雨水变成一个巨大的纳水池，使城市其他地方保持不积水。这种多层次滞渗功能的结合，使社区整体海绵冗余度有很大的保障。

（六）普及“智慧化”

任何智慧技术的应用都离不开具体的问题和社会气候环境，运用大数据、物联网、云计算等现代信息技术手段及时主动发现城市积水地段和排洪障碍问题、预见性地应对洪涝灾难，能做到“多用信息，少用能源、少用泵”。与此同时，建立信息预警，就能得出一个最佳洪涝灾害解决方案。任何智慧化方案都离不开“监测问题、收集信息”“传输、运算”“指挥、执行”“反馈、修正”四个环节闭合循环。通过网格化、精细化将城市管理涉及的事、部件归类、系统标准化等使现场管理反应快、准、好。例如，公共建筑水耗实施在线监测、排名公布，就可达到节水15%功效。管网堵塞在线监测，可实时反应管网堵塞率，使排水能力提高；城市地表水污染也可实时监测（遥感）。暴雨预警与排水系统智慧反应（分路段积水、径流量监测和快速反应），可以智慧地进行排水、雨水收集，将集中与分散的排洪防涝相结合。

三、结语

（1）海绵城市的韧性规划不仅涉及城市本身，还必须从流域整体排洪防涝来统筹抗洪防涝，从山河林湖城一体化来提高城市防灾韧性。

（2）不同气候区、地下水位的城市，其弹性海绵设计要点都有所区别。应以问题导向为主，经验和目标导向为辅，来进行海绵城市统筹规划。

（3）增强城市抗洪防涝韧性要义之一，是要充分发挥小型化、分散化、建筑、道路、广场一体化等海绵体的冗余度。

（4）将小型、分散化的海绵体尽可能设计成标准模块，这不仅能提高海绵体的质量和降低成本，而且也能多快好省地进行更新维护。

（5）每个海绵体都应兼顾一般降雨与极端气候条件。将绿色基础设施与传统灰色排水系统效用协同起来，会达到相得益彰的效果。

（6）气候降雨量的预测与各海绵体储水量的预调度密切结合起来；让民众

预知暴雨来临时的积水点等智慧方法，能显著增强城市的韧性和提升城市抗洪防涝和水循环利用的能力。

（7）海绵城市并非“一朝一夕”可建成，不能“一劳永逸”获成效，需要“一以贯之”。在扩展“系统性”、提高“适应性”、落实“多样化”、推广“模块化”、加深“冗余度”、普及“智慧化”六个方面不断磨合修正才能取得成功。

（本文根据仇保兴博士在“第十一届中国城镇水务发展国际研讨会”开幕式暨综合论坛所做的主题报告《如何使海绵城市更具“弹性”》整理成稿。）

注：摘自《建设科技》，2017（01）：14-16，参考文献见原文。

基于“大小海绵”共存模式的体系化海绵城市绩效评估

导语：海绵城市绩效评估是海绵城市建设亟待解决的问题。由于各地海绵城市实现方式的多样性，目前该问题缺乏体系化的实施方案。总结了不同海绵城市建设方案，并将其归类为“小海绵”和“大海绵”模式，分析了这两类模式对城市“弹性”构建的贡献及功能，论证了城市海绵建设应采取“大小海绵”共存模式，并基于共存模式给出了体系化的海绵城市绩效评估方案。

在国务院、住房城乡建设部相关文件的指导下，我国海绵城市建设形成了以两批次海绵试点城市为核心的重要成果，各地海绵城市建设呈现蓬勃发展的局面。但由于城市基础设施条件不均衡，地形与降水差异，技术实施路线不同等因素，形成了多样化的海绵城市建设体系。随着海绵建设工作的不断开展，如何对各海绵试点城市的建设方案及实施效果进行绩效评估，不仅关系着如何定位及总结我国海绵城市阶段性成果，也将通过示范带动作用影响各地海绵城市的建设，对未来海绵城市建设的战略调整与实施策略影响深远。

基于上述原因，结合现阶段各城市采用的海绵建设模式，将其归纳和总结为“大海绵”与“小海绵”两类模式，并从这两类模式的形成原因与内在关系进行切入，分析得到我国海绵城市建设应采取的“大小海绵”共存的建设模式，并基于共存模式的特点提出海绵城市建设绩效评估方案，以期为我国海绵城市建设提供参考。

一、“小海绵”与“大海绵”

“小海绵”模式是以地块“年总径流控制率”这一定量化指标为建设核心，同时也强调在径流控制过程中的“额外”效益，如（雨）面源污染控制率提升、城市内涝频次削减等的建设模式。“小海绵”立足于雨水年径流控制率达标，凸显出海绵城市作为新型城市建设模式与传统模式的基本立足点不同、根本出发点不同和生态环境导向不同。可以说，“小海绵”模式是准确评估城市海绵建设是否符合海绵城市“弹性”及“吸纳”等内在要求的基本出发点之一。

与“小海绵”模式不同，“大海绵”模式则是在海绵城市建设中积极统筹并规划整合了一系列相关工程举措，形成的广泛而丰富的城市建设体系。“大海绵”建设模式，延伸扩展了基于“雨水径流控制率”为核心的“小海绵”构建形式。结合各地海绵建设模式，“大海绵”工程主要有三类，第一类从城市水循环系统出发，简称“涉水”工程，如城市防涝系统建设、城市黑臭水体消除、地表水环境质量改善、地下水质量提升、城镇污水厂提标改造、综合管廊建设等；第二类结合城市景观绿化系统，简称“涉绿”工程，如城市生态廊道建设、河道水系生态修复工程、城市绿地系统建设等；第三类则指在海绵构建中发生的城区更新及城市扩张等，包括新区建设，即耕地和村落转变为城市，以及旧城改造，如城中村消减、城乡结合区域改造提升等，简称“涉改”工程。

二、“大海绵”模式必要性

虽然“大海绵”模式并不能直接反映地块的“年总径流控制率”这类小海绵指标，但“大海绵”建设模式的出现是顺应城市发展的必要性要求，是构建兼备“面子”与“里子”的海绵城市的必行途径，主要因素有：

（1）构建城市适应灾变的“弹性力”需要。“弹性”是指城市对环境变化和雨水引发的自然灾害等的承受及恢复能力。适应城市发展的弹性，不仅囊括“小海绵”模式消纳的降雨类型（中小型为主），也包括发生频次小但对城市正常运行影响剧烈的大型降雨及其他灾害性天气。而城市构建应对大型降雨及极端天气的“弹性”，则必须串联作为径流源头的“小海绵”、输送脉络的管网明渠及受纳河湖水系等诸多系统，才能共同发挥作用，得以打造适应城市需求的“弹性”。“大海绵”模式在“小海绵”基础上，遵从城市雨水径流产生规律，对相关工程措施统筹兼顾，是切实打造城市“弹性内涵”的必行措施。

（2）附加效益最大化利用的需求。“小海绵”模式主要针对城市径流控制率的不足，对城市发展水平提高有积极作用，但城市发展过程也存在其他不足，城市发展水平整体提升需协调相关的城市基础设施体系。例如，“小海绵”模式可大幅削减城市水体受纳的面源污染物，有效减轻水环境污染，但“小海绵”带来的污染削减能不能最终转化为城市水环境质量提升、城市水生态系统恢复、居民生活环境优化等，仍受城市整体基础设施条件的限制，要达到城市“水体无黑臭”这一目标，仍需结合其他相关措施；不同的城市其点源/面源污染占比不同，对于点源污染占比高的城市，需配合市政设施完善、污水厂提标或河道生态修复等策略，才能切实削减城市水体污染，达到消除城市黑臭水体的目标。

可以说，“大海绵”模式对“小海绵”的功能进行了有益补充及延伸，丰富及完善了海绵城市的“弹性”功能，对兼备形象与内涵的海绵城市建设有积极作用。合理把握“大海绵”模式的作用，其关键因素有：①立足于海绵城市的核心诉求，即构建符合城市发展的“弹性”系统，合理分析适宜本城市地域特点及基础条件的弹性系统构建策略。对于兴建“小海绵”模式条件优越的区域，形成以“小海绵”为主，“大海绵”为辅，“大小海绵”同时推进，以绿色基础设施为核心，灰色基础设施为补充的功能体系；对兴建“小海绵”模式条件欠缺的区域，则以“大海绵”模式为先导，形成满足城市“弹性”基础需求的功能体系，积极推广“小海绵”模式，积极配合“涉改”工程，如社区改造、都市更新、老旧城区拆迁等相关举措，对欠缺条件区域进行合理有序的“新陈代谢”，最终形成绿色基础设施与灰色基础设施共存的气候变化及灾害应变系统。②立足于海绵效益最优化，使海绵城市建设成为既有“表面”又有“实质”的惠民工程。“小雨不积水、大雨不内涝、水体不黑臭、热岛有缓解”这一系列建设目标，同时也是解决我国城市水环境问题的必由之路。实现上述目标，必须对“大海绵”与“小海绵”系统兼容并举，优势互补，强强联合，实现“大小海绵”互存的海绵建设模式。

三、“大小海绵”模式的绩效评估

总结前述内容，“小海绵”模式集中体现了海绵模式的战略创新性，“大海绵”模式融入海绵城市建设则是功能完善及最优化的必然要求，由此形成的“大小海绵”共存体系是满足海绵城市建设“弹性”诉求的根本途径，为城市发展兼备形象与内涵提供重要支持。但这种共存体系也使针对各地海绵城市建设成果的绩效评估工作难度大大增加。针对该难题，提出了一类绩效评估策略，其核心目标为评估海绵建设是否符合城市地域特色。

（一）城市发展问题的总结与凝练

由于我国幅员辽阔，广袤国土上形成了各具特色的大中小型城市，不同的自然气候、经济、人文条件，决定了不同城市千差万别的发展历程，多年发展过程中利弊沉积所形成的症结也不尽相同。海绵城市建设核心目标在于构建适合城市的“弹性”，而在城市差异化的条件下，不同城市所构建的“弹性”也需因应城市问题，最终呈现“整体相似、导向不同、细节相异”的多样化“弹性”诉求。故针对不同城市的海绵城市建设绩效考核，首要关键点在于评估各城市是否对本城市发展所积累的问题做到合理的系统总结和精确凝练。

从考核目标上来说，“小雨不积水、大雨不内涝、水体不黑臭、热岛有缓解”四项考核指标，应根据城市存在的问题进行实地分析论证，进而形成侧重不同的建设体系。以水资源、水生态、水环境、水安全、水文化五项目标为出发点，根据城市条件进行整合，将其有机地融入城市规划建设中，形成符合城市特色的“水论述”“水价值观”以及“水规划建设体系”。对于山地城市，顺应其地形特色，打造山河相间、谷底流溪的原自然景观，从而涵养水资源，保障水安全；对于水资源紧缺的城市，应提升非传统水资源利用率，提高水资源利用率，突破水资源限制瓶颈；对于河网密集水系丰沛的城市，应保障城市水环境质量，恢复及保育水生态系统，打造舒适宜居的滨水空间，为居民提供健康的生活舒适条件；有丰富水文化的城市，应注重对相关物质遗存及非物质文化的保护、传承及创新等。

（二）“小海绵”模式本地化

“小海绵”模式主要针对“年总径流控制率”这一指标，目前该指标是通过分析我国主要城市的多年降雨统计资料、综合比较各地降雨情况而得到的推荐性指标。该指标的最大优点在于能根据过往气象资料，简易直观地得到各地海绵城市建设标准。但在实践“小海绵”模式时，应细化“小海绵”模式的本地实效，统合宏观控制指标与地域特点条件进行考虑，进行本地化吸纳及改进。“小海绵”模式本地化的评估方法，可着力于以下两方面：

（1）“小海绵”指标的本地核准与影响因子分析。“技术指南”所采用的年总径流控制率确定方法是依据近几十年的降雨数据排序而得到，同时考虑了不同区域的降雨强度及季节性因素，保障地块建设前后水文条件不变，该方法可有效用于制定管理指标。但该指标在落实到各城市/各地块时，应分析区域影响因子对“年总径流控制率”的影响。较典型的地域性影响因子有降雨连续性情况、原始土壤渗透性、地下水深度、地形坡度、原状植被覆盖状况等。以长江下游地区为例，降雨主要集中于梅雨季及台风季，梅雨季为长时间连续性降雨，台风季则以短时大规模降雨为主，同时该地区地下水水位高，土壤渗水及蓄水能力低，上述因子共同影响了降雨转化为径流的实际比例。制定“年径流总量控制率”标准时，应认真考虑这类本地因子的影响，避免“硬套用”，实现相关指标的“软着陆”，降低“指标虚高”或“指标不足”两类风险，打造适宜本城市需求的“弹性”系统。这类校核方式可结合实测法及模型推算法等展开。

（2）“小海绵”技术的本地实践及示范效应评估。由于不同城市条件差异，“小海绵”技术在具体实践过程中需根据各地特色条件进行调整，例如干旱缺水地区应考虑削减积蓄雨水蒸发的策略，严寒地区则考虑设施应对冬季降雪春季冻融的能力，面源污染严重区域则需提高设施对污染物的截留去除能力等。“小海绵”技术的本地化程度是衡量海绵建设是否适应本城市发展的重点之一，这是由于“小海绵”技术对于我国城市建设而言，仍算是一类较新的技术。自海绵城市理念提出以来，我国海绵城市建设呈现了高速增长态势，但技术由理论倡导到实践运用直至成熟化运营，需要客观的工程实践周期，故我国现阶段各地的海绵城市建设成果，包括规划、建设及运营过程，都不可避免地面临着“成果少、经验少、考验少”的问题。基于这种客观局面，需要各地认真汲取在建/已建的海绵城市项目的正反两方面经验，深挖、深思、深省已实施的“小海绵”项目，最大化已建/在建项目对本区域的示范效应，最大化示范区对本城市的示范效应，最大化海绵试点城市对全国海绵建设的示范效应，为海绵城市的持久推进构建坚强的技术基础。

（三）城市“弹性”构建的区块策略评估

对不同区块而言，受基础条件和发展历程影响，需重构或扩增的“弹性”不尽相同，这使不同区块的“弹性”构建策略在空间格局上有所差别，需进行合理的空间布局，如各级各类规划对海绵建设指标予以明确。对空间分布进行评估，应集中于“小海绵”指标及相应措施在不同区块“弹性”构建的定位及作用。首先是明确不同区块所需的“弹性”要求，这需要结合对城市发展问题的总结与凝练成果，并结合区块基础条件进行；其次是明确“小海绵”模式对不同地块所需“弹性”的贡献率，这需要准确把握“小海绵”所构建“弹性”的属性，侧重于“小海绵”起端控制/源头控制这类特点；最后是明确目标“弹性”仍存在的欠缺与不足，为其他措施如“大海绵”模式的接入提供基础。

（四）“大海绵”统筹与构建

结合前述的区块策略，需采用“大海绵”措施完善“弹性”构建，考核内容为以下三方面：首先是“大海绵”补强“小海绵”的欠缺。对于部分城市区块，受制于建设现状等因素，在较长的时间周期内可采用及实施的“小海绵”构建措施较少，且设施整体效果受限，对于这部分地块可采用“大海绵”措施，使其达到相应的“小海绵”指标，主要措施为过程控制及末端控制措施，如市政雨水调蓄池、末端截污设施等。其次是“大海绵”完善区块“弹性”构建。“小海绵”模式集中于还原地块开发前的水文状态，属于区块“弹性”构建的重要环节，但该模式不足以全面覆盖城市的“弹性”需求，在此条件下需要采用“大海绵”措施以完善地块弹性。最后是“大海绵”对整个“弹性”体系的串联。各地块的海绵设施需进行合理贯通连接，避免出现空间上“碎片化”发展，功能连接上呈现“绿洲式”孤立。

（五）经济拉动效果评估

海绵城市对我国城镇化进程的另一项重要作用，在于基础设施建设过程对我国基础设施建设融资市场的巨大拉动作用。可以说，海绵城市不只是建设适应城市发展需求的实体“弹性”，也需要建立适应新型城镇化模式富有弹性的“金融弹性”。对经济拉动效果的评估，是海绵工程实施效果的另一重要侧面，是评估海绵城市建设的重要环节。评估应结合不同城市融资策略进行，如开展 PPP 模式等。

四、结语

我国各地海绵城市建设方案可以归纳为“小海绵”和“大海绵”模式，“小海绵”以定量化指标为核心，“大海绵”则强调兼容各类相关技术措施，“大小海绵”共存体系是实现城市“弹性”诉求的根本途径。基于“大小海绵”共存模式，海绵城市绩效评估的体系化方法应该考虑地域性条件影响、“小海绵”模式本地化、城市“弹性”构建的区块策略、“大海绵”统筹与构建和经济拉动效果。

（撰稿人：任南琪，教授，博士生导师，中国工程院院士，哈尔滨工业大学副校长；王谦，哈尔滨工业大学环境学院，环境保护部污染防治司；黄鸿，哈尔滨工业大学环境学院；王秀蘅，哈尔滨工业大学环境学院。）

注：摘自《中国给水排水》，2017（14）：01-04，参考文献见原文。

基于空间途径的城市防灾减灾方法体系建构研究

导语：通过对城市灾害作用过程阶段的分解以及对灾害不同途径的破坏强度进行比较分析，发现了城市灾害造成人员伤亡和财产损失的主要途径，建立起“灾害作用—空间破坏—人员伤亡”的灾害过程认识，结合国内外研究判断，提出以“规划干预—空间手段—灾害防治”的思路逻辑，建立以城市空间为着力点的空间途径应对灾害的框架，并从城市外围环境、城市内部空间和空间形态三个方面阐释了与灾害的联系，形成了动态适应灾害变化的规划干预方法框架体系。

城市灾害的发生从未间断，人类在应对灾害方面已经积累了丰富的经验和教训，但在灾害面前，人类还是显得那么无助。灾害给城市造成重大破坏和损失，主要原因之一是由于灾害破坏城市空间，并产生次生灾害而间接导致的。很显然，从形成结果看，是否发生次生灾害直接影响灾害损失大小和破坏程度；从形成原因看，次生灾害的危害大小与城市空间的承灾性有很大关联。城市空间作为城市灾害的作用对象，具有很大的灾害相关性。城市空间是城市规划领域研究的重点和核心，从城市空间视角研究防灾减灾具有重要的学科意义。

一、灾害作用的城市空间途径认识

城市灾害发生时往往会产生巨大的财产损失和人员伤亡，以地震灾害、地质灾害、城市火灾、洪涝灾害最为明显，且这些灾害具有突发性、随机性。但从灾害发生阶段和作用机制分析，其发生并产生破坏，进而导致财产损失和人员伤亡也有规律可循。灾害发生并产生破坏，按其发展过程可以分成几个阶段。

（1）灾害能量释放阶段（图 1 中 $T_0 \sim T_1$ 时间段）。是灾害能量积蓄完成达到发生灾害的临界条件，能量直接释放阶段，这个时间段一般较短，不同的灾害类型有不同的释放时间。如地震灾害在数秒内就能释放完所有能量。这个阶段内，灾害能量主要直接作用于城市空间。

（2）产生破坏阶段（图 1 中 T_1 时间临界点）。灾害从开始释放能量就一直作用于城市空间并产生破坏，当到达 T_1 时间点，能量释放完毕，产生破坏最严重。

（3）人员伤亡阶段（图 1 中 $T_1 \sim T_2$ 时间段）。该时间段内空间受到破坏，并开始产生次生灾害，从而导致人员伤亡。从各类次生灾害导致人员伤亡的途径分析，有多种产生破坏和人员伤亡的途径，一般灾害损失可归纳为 A、B、C 三种途径（图 1）。据观察，途径 A 是空间破坏而导致的人员伤亡，损失最为严重；途径 B 是灾害直接导致的人员伤亡，损失相对较低；途径 C 是其他途径导致的人员伤亡，损失最小。

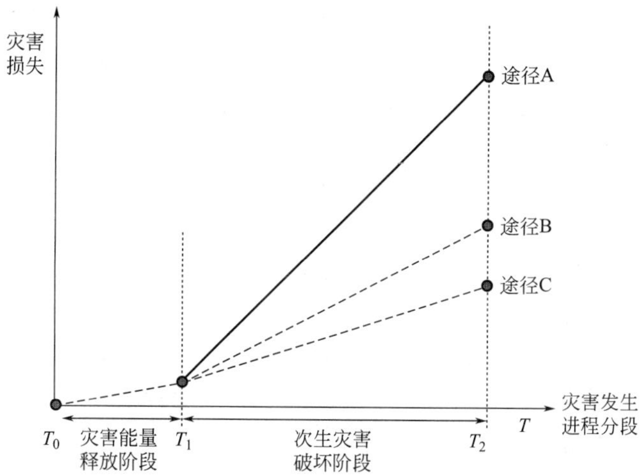

图 1　灾害发生进程分段

从图 2 对各类次生灾害导致人员伤亡的途径分析可以看出，灾害导致人员伤亡的程度，应是途径 A>途径 B>途径 C，空间途径 A 造成的损失最大，这与历次灾害产生的破坏和人员伤亡情况比较吻合。由此可以初步判断，由灾害导致的城市空间破坏是引发人员伤亡的主要原因。

综上分析，“灾害作用—空间破坏—人员伤亡”是灾害作用的关键过程，这一过程的核心是城市空间抵抗灾害破坏的能力。抵抗能力越强则城市空间越不易被破坏，灾害造成的损失就越小，反之则越大。大多数城市灾害是目前的科技水平无法阻止的，但可以通过破坏这一关键过程，使灾害的破坏作用减到最小以至于无，这是从空间途径探索研究城市防灾减灾方法的关键。

二、城市空间途径防灾减灾研究的阶段总结

国外城市防灾减灾研究与实践开始较早，从城市空间方面的研究已有涉及。《环境也是灾害》（The Environment as Hazard）一书中详细论述了城市外部环境与城市灾害形成的关系；《风险：自然灾害，人的脆弱性和灾害》（At Risk：

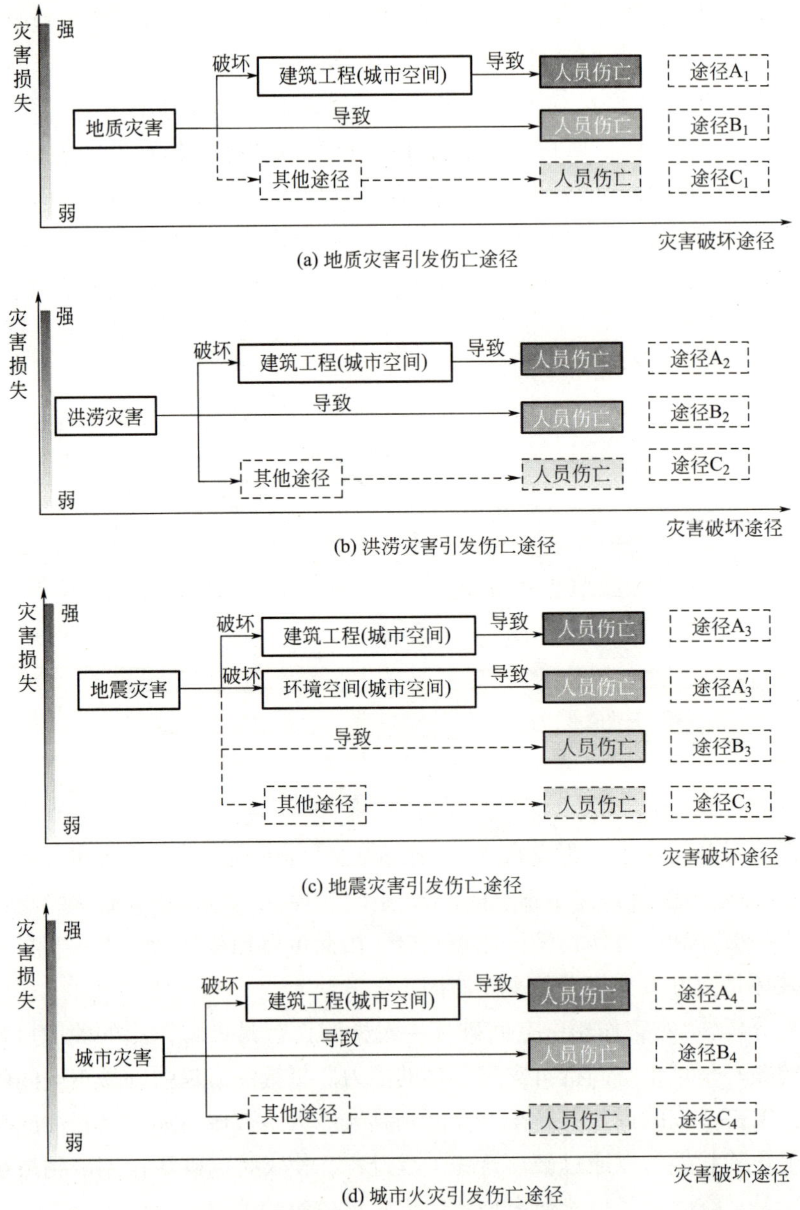

(a) 地质灾害引发伤亡途径

(b) 洪涝灾害引发伤亡途径

(c) 地震灾害引发伤亡途径

(d) 城市火灾引发伤亡途径

图 2　灾害引发人员伤亡途径分析

Natural Hazards，People's Vulnerability and Disasters）系统总结了区域环境与自然灾害的关系；《环境灾害：评估风险和减少灾害》（Environmental Hazards: Assessing Risk and Reducing Disaster）从不同灾害产生作用出发，阐述了城市宏观、中观不同层面的应对措施。针对空间抗灾能力，研究视角已经从灾害转变到城市空间，探讨如何提高城市空间应灾能力。

在国内，面对城市灾害的多发性，已经开始在区域（外部）环境的生态性、城市环境减灾防灾、城市空间防灾的实践、城市灾害承载力、城市空间的防灾机能、防灾减灾模型方面进行了研究。近年来，在经历了多次重大灾害后，城市防灾减灾更引起了国内学术界的关注，对地震灾后重建进行了大讨论，在城市空间减灾防灾方面，宏观层面主要是讨论灾后重建的体制和模式、地震次生灾害防治、灾后环境影响等；在中观层面主要讨论灾后重建思路；在微观层面主要讨论建筑布局与抗震的问题。总体说来汶川、雅安等地震后，灾害研究已开始关注城市所处的宏观环境、城市空间及形态等，但相关研究还处于对某个灾害要素的应灾分析上，缺乏从整个城市空间进行系统的研究。

综上，国内外已经从空间视角开展了防灾减灾的研究，但都侧重于单个灾害或单个空间要素应灾作用的研究，从整体城市空间途径研究防灾减灾的还相对较少，不成体系。城市空间本身就具有一定的防灾效能，能够应对一定程度的灾害威胁。但随着城市规模的扩大，相应的城市问题相继出现，灾害威胁越来越大，针对城市空间防灾减灾的研究却没有跟上，因此亟需从空间视角建立防灾减灾的理论与方法。

三、基于城市空间途径的城市防灾减灾思路框架

当前城市出现的诸多灾害问题，其本质还是空间承载灾害能力偏弱而导致的灾害对于空间的破坏。显然，城市空间与灾害具有密切关联性，而传统的城市防灾减灾只关注灾害本身的思路存在明显不足，需要建立从城市空间途径探索防灾减灾的新思路。

灾害引发人员伤亡是“灾害作用—空间破坏—人员伤亡”递进作用的一个关联过程。灾害发生是否引起次生灾害，与城市空间的承灾能力有很大关系，城市空间承灾能力弱的城市，一旦发生灾害则必然导致城市空间的严重破坏，引发次生灾害，造成人员伤亡（图 3 下部分循环途径）。反之，城市空间承灾能力好的城市在很大程度上可以降低城市次生灾害的发生几率，减少城市空间的破坏，减轻或避免人员伤亡。如我国古代城市建设中对于防火山墙、防火巷的运用，强化了城市空间承灾效能，是防止火灾扩大的最好例证。城市空间承灾能力好的城市甚至可以避免或减少灾害的发生几率，从源头上避免灾害的发生（图 3 上部分循环途径）。从灾害破坏产生的过程来看，以城市常见的灾害为例，如地质灾害、地震灾害、洪涝灾害和城市火灾等，其发生灾害时间接作用导致的人员伤亡和损失要远远大于灾害直接作用（图 4）。

事实上，现在的科技手段不能完全杜绝城市灾害的发生。因此，从灾害作用

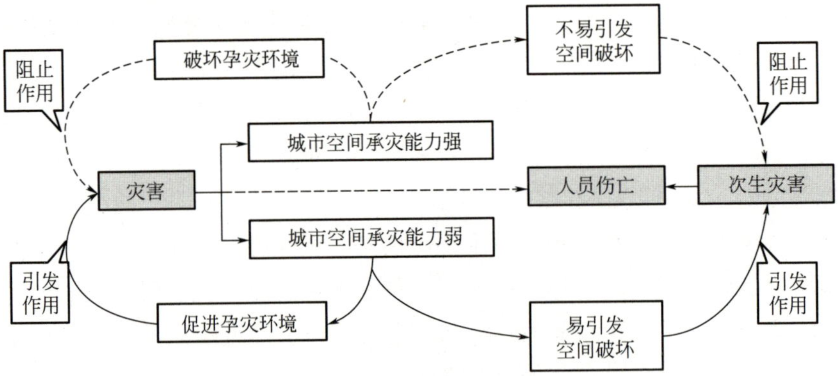

图 3　“灾害-空间-破坏”相互作用示意

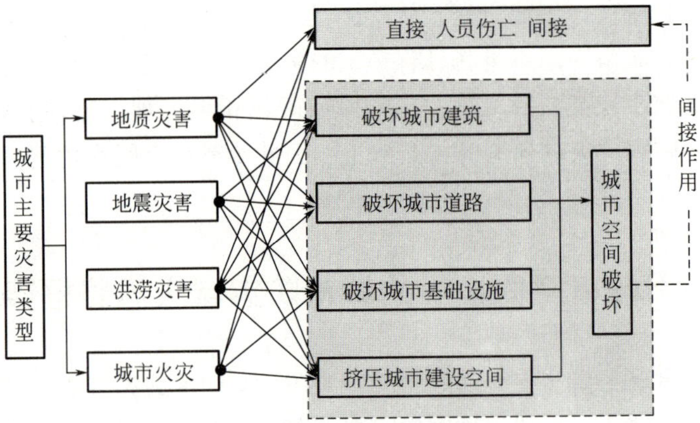

图 4　城市灾害破坏空间示意

的城市空间对象出发，研究城市空间对于灾害的承载作用就显得很重要。阻止灾害发生时的空间破坏，就可以大大降低灾害造成的伤亡和损失。从空间途径研究城市防灾减灾，具有方法论上的创新性意义，对我国城市多灾的情况具有重大现实意义。

四、基于空间途径的城市防灾减灾方法体系主要研究内容

城市灾害的形成、发展以及消亡与城市空间品质具有密切联系。对城市主要灾害的破坏作用进行剖析，可以发现各类灾害过程对城市的影响在于宏观破坏外部环境、中观破坏城市结构形态、微观破坏城市内部空间要素。借用洛斯乌姆区域结构图对于城市空间的划分，可将城市空间划分为外部环境、空间形态以及内部空间三个主要方面（图 5）。因此，研究空间的承灾能力，即是从城市所处的外部环境、城市所固有的空间形态以及构成城市的内部空间三个相互关联的方面

展开（图6），围绕灾害形成、发展及消亡三个阶段，从宏观、中观、微观三个层面，借助形态学理论，建立起基于空间途径的城市防灾减灾方法体系，形成在灾害发生前、发生时、发生后的防灾、避灾以及救灾的循环体系（图7）。

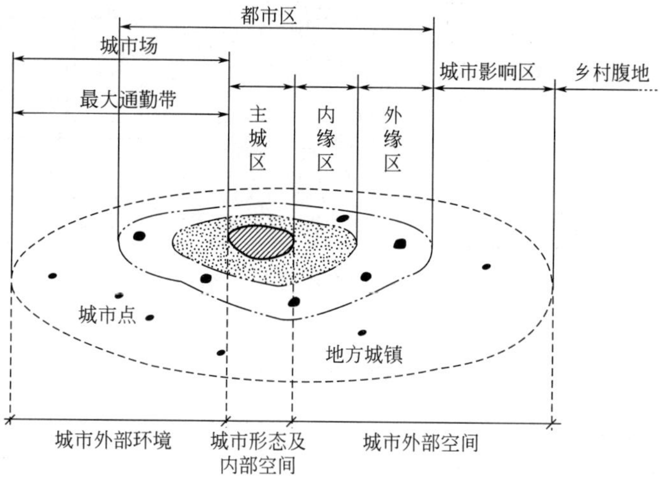

图5　城市内外空间划分

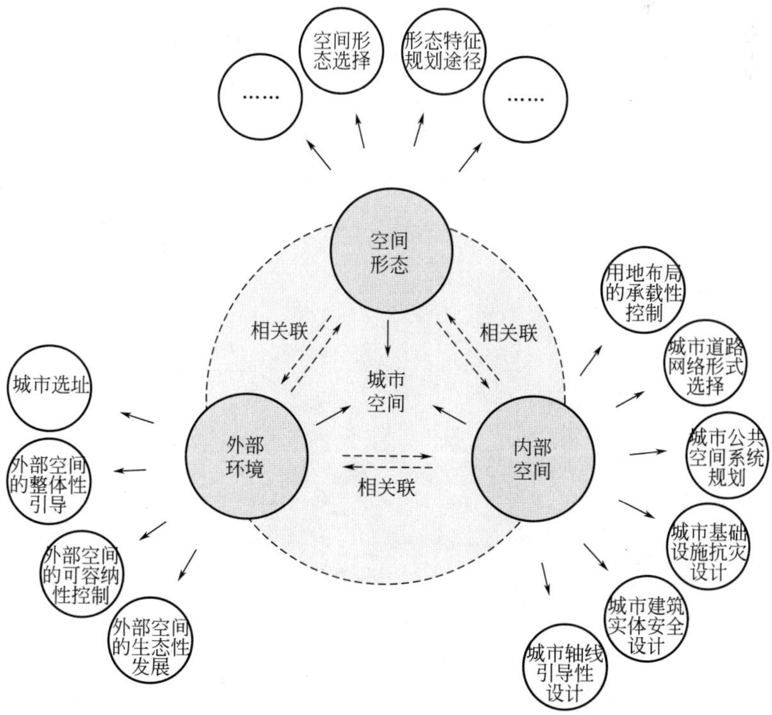

图6　城市空间构成体系

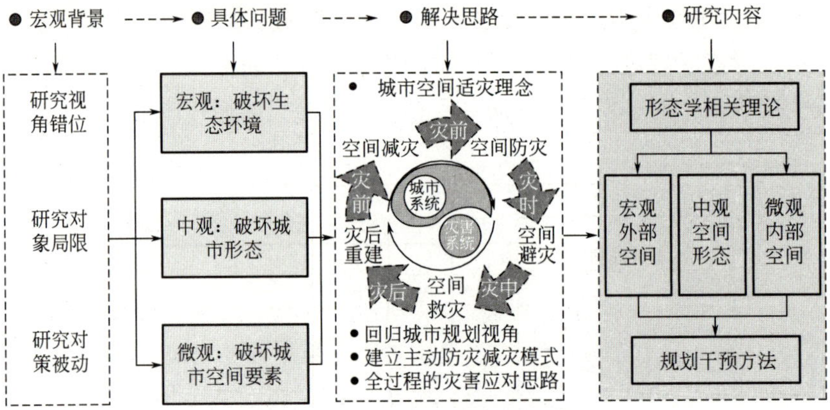

图 7　城市空间途径研究思路框架

（一）城市外部环境与防灾减灾

城市外部环境是城市存在的外部条件。外部空间质量的优劣，直接关系到城市整体空间品质的优劣，并影响城市的发展与安全。城市选址时对于外部环境的考虑，总结起来即是城市和外部环境的内在关系：首先，科学合理的选址要求外部环境能够承载支撑城市安全发展，而不能成为制约发展的因素；其次，外部环境可以作为城市发生紧急情况时的避灾空间；第三，外部环境广阔的生态空间具有良好的自净能力，可以稀释、缓解城市产生的各种有害物质；第四，外部环境的整体性可控制城市无序蔓延，引导城市安全发展。如外部环境中的整片森林、河流、农田、公园等等，可以阻止城市继续往该方向无序蔓延，引导城市合理发展（图 6 左下外部环境、图 8）。

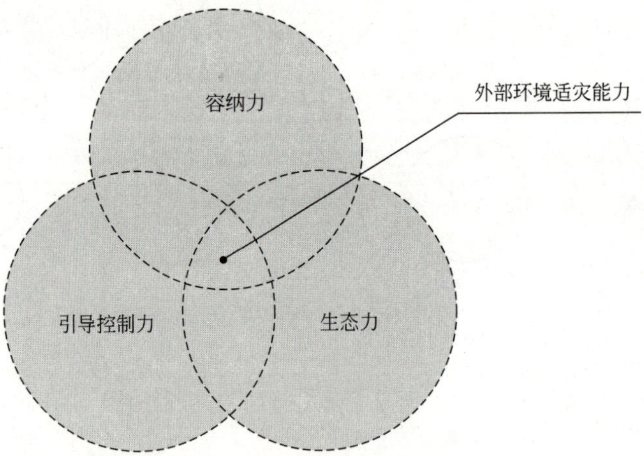

图 8　外部环境适灾能力示意

（二）城市空间形态与防灾减灾

城市空间形态本质上是城市与环境相适应过程中达到平衡的一种状态，即城市不对环境造成破坏，环境也不对城市进行“灾害报复”，这种状态表现在城市安全建设上是空间具有防灾、避难、救灾等作用，也可以形象地理解为城市与环境之间博弈形成的一种平衡状态。城市空间形态在一定程度上影响着城市的安全，国内外相关学者对城市空间形态已经有了较多的研究，虽然其视角并非站在城市防灾减灾的角度，但结果却反映了空间形态与城市空间承载灾害的能力有着内在的联系。以山地区域城市为例，由于自然地貌划分了城市组团，自然环境作为组团的绿化分隔，既控制了城市组团规模，又达到了城市与自然共生的目的。这种分散式的城市形态带来了城市环境的改善，提高了城市空间的承载力，降低了城市灾害的发生几率（图6上部分空间形态）。

城市空间形态可以理解为城市空间在城市所处大环境中的分布状态，不同城市的空间形态形成的过程不一样，所产生的城市安全状态也不一样。所以，不同的城市空间形态具有不同的承灾能力。

（三）城市内部空间与防灾减灾

城市内部空间是指城市物质要素的有机组合❶，这些组合具有“有机秩序”，是一个整体，也是自组织系统，这种自组织关系使得城市空间具有自我调节能力❷，这种调节能力可以提升城市整体应对灾害的能力。沙里宁（E. Saarinen）在其著作《城市：它的发展、衰败与未来》（The City：Its Growth，Its Decay，Its Future）中指出城市的“有机秩序”（organic order）是城市健康发展的关键因素，这种“有机秩序”是自组织性的体现，城市空间可通过外部“刺激”不断调节自身功能，这种调节有一定的导向性，正向的刺激可以优化城市空间环境，

---

❶ 城市（内部）空间是一系列空间要素按一定规律形成的，是城市形成、发展的物质载体。城市空间组织模式本质上取决于城市物质空间环境与在该环境中的人的社会、经济、文化活动的相互作用，城市空间包括物质、社会、生态、认知和感知等多重属性。对于城市空间要素的研究与分析包含了不同的角度，本文从城市物质空间角度对西南山地城市空间的适灾要素展开剖析，探讨影响城市灾害形成的各空间要素。

❷ 德国著名科学家哈肯（H. Haken）在为《城市和自组织》（Self-Organization and the City）一书作序时指出：“城市是自组织系统”，是一种包含革命概念的新思想。自组织城市研究可以追溯到艾伦（P. M. Allen）早年的工作及其与耗散结构理论创始人普里戈金（I. Prigogine）的合作成果。早在1970年代中期，艾伦就曾基于耗散结构的模拟分析证明：城市是突现（emerge）于局部行为的自组织结构的深刻范例。从耗散城市（dissipative cities）到协同城市（synergetic cities）、混沌城市（chaotic cities）、分形城市（fractal cities）、细胞城市（celluar cities，或译“元胞城市”）、沙堆城市（sandpile cities）等，自组织城市（self-organizing cities）思想和理论自始至终沿着科学演进的方向逐步成长，而有关成果在理论发展的同时也向传统城市规划与管理的思想提出了严峻的挑战。

负向的刺激则使城市空间环境越来越差。在控制好刺激的“力度”和“精度”的前提下，通过“刺激”某个城市空间要素，迫使城市做出反应以应对刺激，可以引导城市往空间环境最优化方向调整。这在城市防灾减灾方面表现为通过空间要素的改变以应对灾害的生成、发展和衰减。

根据相关空间分析理论❶以及城市的空间特征，与灾害相关的城市内部空间要素可以初步归纳为6个主要方面，即用地功能布局要素、道路系统要素、公共空间要素、建筑要素、基础设施要素和轴线要素（图6右下部分内部空间）。这6个方面分别从不同的层面影响城市空间对于灾害的承载能力，这6个要素的状态及其相互关系与城市是否发生灾害密切相关，任何一个要素的规划建设不合理都会导致城市灾害的发生；而科学合理的规划建设可以破坏城市孕灾环境的形成，阻止灾害的发生（图9）。

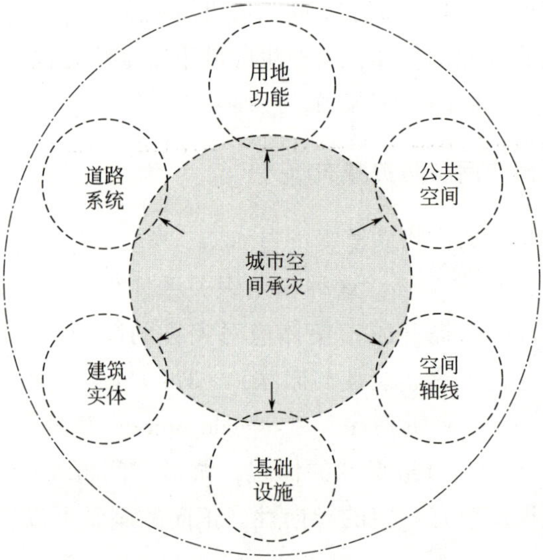

图9　城市空间承灾作用的6个方面

（四）城市规划动态干预

灾害的承载体是城市空间，城市空间是城市规划实现的主要途径，规划对灾害的干预需要通过空间途径来实现。本研究建立起了“规划干预—空间手段—灾害防治”的逻辑路线，以空间作为联系规划干预与灾害防治的纽带，从空间途径建立规划干预方法。

---

❶ 从城市空间途径研究空间要素的主要人物有林奇（K. Lynch）、舒尔茨（N. Schulz）、克里尔（R. Krier）、希尔瓦尼（H. Shirvani）等。

灾害发生是一个不断变化和能量转换的过程，规划干预也应是一个动态适应的过程，不断作用于灾害发生前、发生时、发生后三个阶段，且不断转变和调整，以应对灾情的变化。规划干预需强调规划有联系地全过程参与，不是等到灾害发生后才进行干预，也不是各个阶段的干预相互割裂、毫无关系，而是一个连续的过程。且每个阶段各有重点，灾前应突出“控制”，即控制灾害形成的环境状态，阻止灾害的发生。以城市滑坡地质灾害为例，在还没有形成滑坡灾害之前，就应破坏引发其发生的要素因子（图 10 的灾前因子），如过量的雨水会导致滑坡，就须在滑坡易发地段建立排水沟，疏排水流，避免水量积蓄；再如高切坡容易引发滑坡灾害，则须在工程处理时避免形成高切坡的地形，控制引致灾害发生的要素因子。灾中应突出“稳定”，即灾害一旦发生，就应把灾害稳定在一定范围内，减小其对于城市的进一步危害，首先是稳定灾源，避免其扩大；其次是避免引发次生灾害，据统计，大部分灾害的人员伤亡都是由于次生灾害造成的。如 2013 年发生的芦山地震，造成伤亡的主要原因是地震引发的次生灾害造成的空间破坏。避免次生灾害是防灾减灾的重点，规划所做的事情就是控制能引发次生灾害的潜在城市空间要素因子（图 10 的灾中因子）。灾后应突出“提升”，即灾后重建或恢复应总结之前城市发生灾害的规律特点等，发掘影响城市空间的要素因子，有针对地进行城市空间优化或改造，提高城市空间承灾能力（图 10 的灾后因子）。

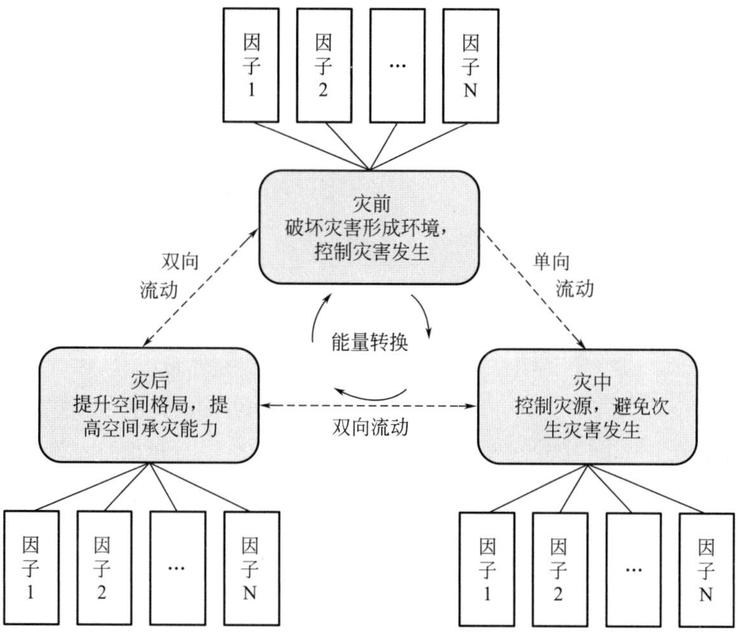

图 10　规划动态干预模式

五、结语

从空间途径研究城市防灾减灾，是整体性思维的体现，是传统研究视角的转变。整体性体现全面性，以整体思维研究防灾减灾，避免了目前防灾减灾工作各自为政的盲区。季羡林先生说："东方哲学思想重综合，就是'整体概念'和'普遍联系'，即要求全面考虑问题。"说明了整体思维对研究的积极作用；吴良镛院士也指出："研究建筑、城市以至区域等的人居环境科学，也应当被视为一种关于整体与整体性的科学"，更进一步说明了本研究中采用整体思维的必要性。从灾害固有的特征看，其发生具有随机性，任何城市都不能完全避免灾害的发生；另外，还有些灾害目前是"防不住"的，也是避免不了的，比如地震等重大自然灾害。既然避免不了灾害的发生，那么就应从承载灾害的城市空间寻找应对方法，建立起从城市空间途径"应对"灾害的防灾减灾思路。从灾害作用的对象"城市空间"入手来研究其承受灾害的能力，能够拓展灾害研究的视角，引导更多学者以更多创新性思想参与到防灾减灾研究工作中来。

（撰稿人：李云燕，重庆大学建筑城规学院、山地城镇建设与新技术教育部重点实验室城乡规划学博士后，讲师；赵万民，重庆大学建筑城规学院、山地城镇建设与新技术教育部重点实验室教授，博士生导师。）

注：摘自《城市规划》，2017（04）：62-68，参考文献见原文。

社会资本视角下的城市规划社会过程研究

导语：在快速建设的大背景下，我国城市规划的社会过程被长期忽视，来自社会学理论下的审视更是稀缺。引入社会资本视角，讨论社会主体及其社会资本在城市规划社会过程中的重要性，根据“信任—网络—规范”结构对社会资本进行分类，发现我国传统型社会资本存量丰富，现代公民型社会资本缺乏。通过构建社会资本、社会过程、城市规划三者的逻辑关系组织，进而提出了“社会过程预测—社会资本需求与存量分析—社会过程重塑”的分析框架。基于此框架，对我国城市总体规划进行了简要分析，认为针对社会资本需求的特殊性，需要引入社会资本分析框架对不同类型的具体规划行动进行分析，提升社会资本的使用率，完善规划的社会过程并营造公民型社会资本，为我国城市规划社会过程的改进提供参考。

城市作为一个客体，具备物质与社会双重属性。在我国快速建设的大背景下，城市在空间上不断扩张，城市规划也更多的是以物质空间改造为目标，却忽略了其中蕴含的各种社会关系，这些关系在城市建设中一旦产生矛盾，则会成为城市进一步发展的阻碍。传统物质空间规划的缺陷，客观上驱使着城市规划必须与社会学相结合，共同应对城市的发展。

一、城市规划的社会过程研究及困境

（一）城市规划是技术过程与社会过程的结合

社会政治角度下的城市规划，本质上是一种公共资源分配活动，天生具有公共政策属性和“集体行动”需求，必然有其特定的社会过程，这个过程是指社会主体对规划的参与、接受与服从过程。这里的社会主体，既包括公民个体，也包含各类非政府组织、公司等。城市规划技术过程的目标是保障物质空间分配的合理性，不能独立于社会政治过程而存在，两者势必是一个动态的契合关系，两者的契合程度，决定着规划能否取得一致的社会赞同，并顺利实施。

（二）城市规划社会过程与公众参与

由于城市规划社会过程与公众参与存在较强的关联性，容易造成误解，需要在概念上予以区分。城市规划的公众参与尚未有精确的定义，本文采用得到一定认可的较为全面的描述，认为公众参与是指在城市规划过程中那些具有开放性、公众可以介入其中并能对规划决策有所影响的一系列程序的总称。与城市规划社会过程相比，主要有以下不同：

（1）视角不同。公众参与主要是一种寻求主观能动、参与决策的程序，具备较强的目的性。社会过程则是对整个过程的客观描述，力求完整、中立。

（2）阶段不同。公众参与主要集中在价值形成阶段，以信息传递为主。社会过程则是包含了编制和实施的全过程，不仅是信息传递，同样包含接收和服从，凡是与社会主体发生关系、造成影响的内容，都可以视为社会过程的一部分，某些社会过程，甚至是在主体不知情下造成影响的。

（3）目标不同。公众参与的研究与实践，是以扩大公众权利、充分发挥民主效用为主要目标。社会过程的研究则是以最优的经济、社会综合效益为目标，公众参与的范围与内容扩大化，并不能保证社会过程的整体效益最大化，某些时候甚至造成反效果，这也是下文将要讨论的问题。

综上所述，公众参与只能说是一定程度上包含于城市规划的社会过程之中，在下文将要提到的社会过程重塑中，以工具的形式发挥重要作用，却无法替代社会过程这个概念。鉴于本文的研究重点，引入城市规划社会过程的概念是必要的。

（三）城市规划社会过程分析

一项城市规划的社会过程，至少由社会主体的作用阶段、社会主体的类型、社会主体的作用方式几方面构成。

1. 社会主体的作用阶段

城市规划的社会过程，是建立在具体技术过程之上的，一般来讲，规划在技术上可以分为五个不同的阶段：规划要求、规划决定、规划声明、规划实施和评价反馈（图 1）。决定社会主体作用与否的主要原因，是规划具体的主导力量及其影响范围，主导力量可大致分为行政主导、市场主导、公民主导三种类型，需根据规划主导类型的不同，结合法律法规和规划实际，充分考虑可能的作用范围，以明确有社会主体参与或者受影响的阶段。

2. 社会主体的类型

城市规划作用广泛，受影响的社会主体大致上可以分为开发集团、利益相关者、独立机构、专家、普通公众等；即便相同的社会主体类型，在整个社会过程中的地位与诉求也各不相同，需要区别分析。

3. 社会主体的作用方式

社会主体的作用方式，总体上可以分为信息输入和信息输出两种模式，并由

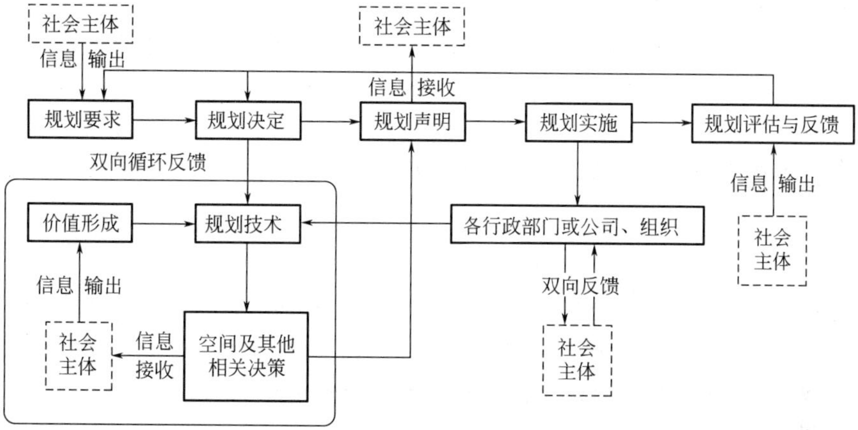

图1　城市规划中社会主体作用阶段及方式

社会主体类型、所处阶段以及社会主体的不同作用共同决定：在规划要求和规划评估阶段，社会主体主要担负着信息输出方的作用；而规划的声明阶段，社会主体主要是信息接收方，让规划决定快速、准确地传播，是此阶段的主要任务；规划决定与实施两个阶段，主体同时作为信息接收和输出方作用于规划过程，这种双向沟通对规划的要求是最高的。因此，需要结合以上不同阶段的特征，明确社会主体的作用方式。

至此，包含了社会主体的作用阶段、社会主体的类型、社会主体作用方式的城市规划社会过程已经基本明晰。

（四）城市规划社会过程的研究困境

为提升城市规划的制度合理性及社会适应性，必须使城市规划技术过程和社会过程高效契合。仅凭空间规划来实现以上契合较为困难，必须将社会学成果引入城市规划，近年的研究主要集中在以下几方面：

（1）城市规划的社会价值观更新，逐步由精英主义向“公共利益”转变。

（2）社会学研究方法体系的融入，为整个规划编制过程提供了技术支撑。

（3）城市规划编制中，不断加入社会规划、社会空间规划等新形式，将社会目标、社会人口分析、社会发展评估等，与城市规划相结合。

以上的融合，在技术和价值观念上实现了更新进步，但对城市规划社会过程的系统理解仍然不够充分。

针对上述问题，很多学者从体制机制出发，提出了城市管治概念下的治理性规划、城市社区自治等新理念，以此来弥补城市规划社会过程的缺失、低效问题。以上研究在解决制度合理性时，也面临着不少的困难，例如制度变革困难，制度设计沦为形式，公众参与缺乏动力等。针对这些困难，需要再次回归城市规划社会过程本身来思考，是否还有除了制度外的其他因素本质地影响着整个城市规划社会过程。

二、社会资本与城市规划社会过程

（一）社会主体及其社会资本对社会过程的重要性

以上的困惑，在社会学领域同样存在，正如罗伯特·D. 帕特南（Robert D. Putnam）在《使民主运转起来：现代意大利的公民传统》中提出的一个发人深省的问题："为什么有些民主政府获得了成功而有些却失败了？"在相近的体制机制下，政府绩效却出现了不同结果，他认为，这种差异实质上是社会主体及其所具备的社会资本造成的。

对于城市规划社会过程同样如此：社会过程是否顺利，一方面来源于政治法律制度的规定，但更为重要的是社会主体对于这个过程的接受和参与能力，而这些能力，是由社会主体所包含的社会资本决定的，制度的研究和改进，理应以社会主体的性质和资本为基础。

城市规划的过程与结果，将对大量的社会个体产生影响，这些社会个体是具有社群性的。因此，作为各方博弈的集体性活动，将社会资本用在分析城市规划上是合理和必要的。对社会资本与城市规划之间联系的研究，将成为系统理解城市规划社会过程的重要视角。

（二）社会资本的概念及我国社会资本现状

1. 社会资本的概念

"资本"被认为是可以带来价值增值的所有资源的代名词。法国社会学家布迪厄（P. Bourdieu）引入了"社会资本"的概念，认为存在着一些"实际或潜在资源的集合，这些资源与由相互默认或承认的关系所组成的持久网络有关，而且这些关系或多或少是制度化的"。社会资本作为资本的一种，是具有结构性质的资源，能够产生相应的社会效益，并降低行动成本。

社会学家对社会资本的概念表述是逐步发展并存在差异的，其中罗伯特·D. 帕特南的"信任—网络—规范"三分结构，得到了大部分学者的认同。他认为"在一个积蓄了大量社会资本的共同体内，自愿的合作更容易出现，这些社会资本包括互惠的规范和公民参与的网络。这里所说的社会资本是指社会组织的特征，诸如信任、规范及网络，它们能够通过促进合作行为来提高社会的效率"。他首次将社会资本由个人层面提升到集体层面，并将其引入政治学研究之中，视其为民主政治成败的关键。

2. 社会资本的构成要素

根据“信任—网络—规范”结构来分析社会资本，社会资本的构成基础是信任，是其他社会资本要素运转的前提，它代表了对某类人、群体、组织，或某些抽象的价值、道德的可依赖性所持有的信心。在这些信念支撑下，形成网络化的社会关系，即社会资本的另一要素——网络，即社会资本所表现出来的切实内容。规范则是指明文规定或约定俗成的标准，可以是制度化的，如法律法规，也可以是非制度化的，如风俗习惯、价值标准等。

各个主体所拥有的社会资本，如黏合剂和润滑剂一般，使各个群体在机制中正常运转，若缺失社会资本的支撑，制度将如同空中楼阁，甚至造成集体行动无法正常进行的严重后果。

然而，社会资本也并非越多越好，量的积累，并不能使社会资本和集体行动的绩效之间产生显著的正相关性，社会资本的质才是影响整个社会过程的最重要因素。因此，根据研究需要，本文将结合我国现状，对社会资本进行分类，以探求不同类别的社会资本各自发挥的作用。

3. 我国社会资本现状及分类

我国传统的儒家文化思想对人与人的关系进行了清晰的构建。经历两千多年的沉淀，决定了中国社会资本存在的主要形式，赋予了中国社会紧密联系的同时，也阻碍了公民社会的建设，也就是说，我国社会资本存量极其丰富，但质量却并不乐观。

（1）信任

马克思·韦伯（Max Weber）认为以血缘、地缘为基础的信任是特殊信任，这种特殊信任是对熟人的忠诚，目的仅仅在于维护成员圈子里的狭隘利益；而以信仰共同体为基础的信任称为普遍信任，比如对契约、法治的信任，它可以使我们信任“那些我们并不认识的人或可能与我们不同的人”。社会流动与市场机制，使人们的合作早已经不再局限于以血缘、地缘为中心的范围。我国社会信任的现实情况，犹如一个同心圆一般（图 2），以自己为核心，家庭、血缘、地缘等特殊信任占据内部核心圈层，相互交叉、逐步扩散；以价值为准的普遍信任则主要处在圈层外围，只能部分地嵌入到内部圈层中。国内外研究表明，在政府治理及集体活动中，普遍信任发挥着至关重要的作用。而我国则长期是以特殊信任为社会运行的根基，随着市场经济发展，特殊信任也在消减，普遍信任却迟迟未能构建起来，导致了社会整体信任水平的不断下降。

（2）网络

特指社会网络，即由社会个体间的社会关系所构成的相对稳定的体系，这里

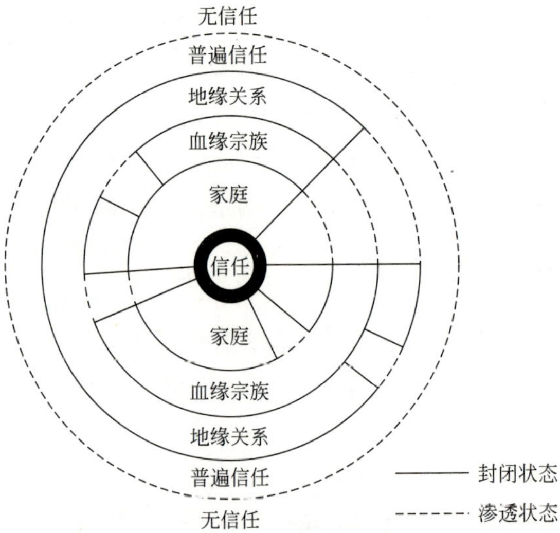

图 2　信任结构示意

的社会个体包括个人、组织或者国家。因此，可以将其分为“水平横向网络”及“垂直柱状网络”（图 3）。所谓垂直网络即在权力、地位上不平等的柱状联系，我国社会主要以“垂直柱状网络”分布，这种“垂直”结构尽管联系密切稳定，却缺少信任与合作，导致了“集体行动困境”。而“水平横向网络”则与之相反，主要由等级相对一致的要素构成，如公共社团、非政府组织、社区组织等，某种程度上具有集体自治属性。

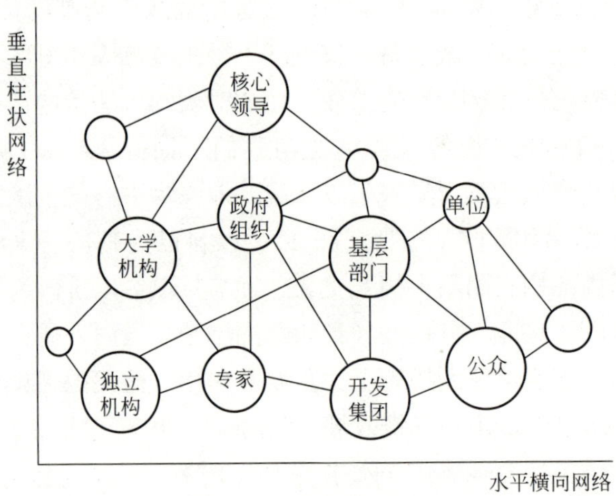

图 3　网络结构示意

(3) 规范

依照我国社会资本现状，可将规范分为道德性、契约性与行政性三类。由于“特殊信任”与“垂直柱状网络”是我国社会资本的主要存在形式，因此产生了大量的道德性规范，尽管具有互惠性，却无法支撑开放资源分配与集体互惠活动，因为这两类活动必须在“契约性规范”和“行政性规范”下才能得到有效的保障，而这正是我国社会资本规范所欠缺的。

（三）社会资本、城市规划及其社会过程的关系

本文引入“社会资本”来分析城市规划及其社会过程，主要是基于它们之间自有的契合性和完整的逻辑依存性，这种深刻的内在联系决定了其相互融合的可行性。

1. 社会资本和城市规划的契合性

(1) 社会资本广泛的解释能力能够与城市规划复杂的系统性契合

社会资本是在多学科融合下整合出的对综合发展最具有解释力、影响力的那些社会结构和关系，这也正是城市规划所急需的，无论是经济学、博弈论、公共政策理论，都能用来描述城市规划中的某些现象，却又显得不够完整。社会资本也许不如以单学科作为工具时对问题解释得准确和深入，但其以社会学、经济学为基础多学科融合的思路，和城市规划的学科性质是契合的。

(2) 社会资本和城市规划都具有重视发展的内在逻辑

社会资本具有创造价值、提升效率、促进社会进步的作用，这与我国所处的城市化发展阶段的诉求是吻合的。社会资本还包含着整合社会关系、结构，破解集体行动困境，提升公民和社会现代性的作用，这些都与我国转型期转变以经济增长为单一目标的城市建设、规划模式，具备高度统一性。

(3) 社会资本的集体性和城市规划的公共性相符

社会资本最开始是以个体为目标，逐渐发展为更为宏观的集体行动研究。集体层面的信任、结构和规范，与集体行动的结果有着强烈的关联性。城市规划具有天生的公共性，对优化集体行动有着强烈的需求。

(4) 社会资本的可量度性为规划实践提供帮助

城市规划作为一门实践性很强的学科，一种理论和方法能否应用化，是尤为关键的。例如在规划中，该如何分配有限的资金，重点建设哪些社会资本，能够保证规划的顺利实施，提升规划的实施效率和效益，是需要理论支撑的。社会资本的可量度性，能够将规划范围内社群所具有的社会资本的量与质具体化、数字化，从而在投资分配、建设重点的选择上更为科学和准确。

2. 逻辑关系的组织

综上所述，社会资本、城市规划及其社会过程之间，是具备严密的交互关联性和逻辑依存性的，形成了自组织和他组织两个基本框架（图 4）。其中的内三角构成了自组织过程，主要包括：（1）社会资本通过社会主体的桥梁作用，决定着社会过程；（2）社会过程又是组成城市规划的重要核心；（3）一次具备明确社会过程的城市规划，同样是对社会资本的有效累积。

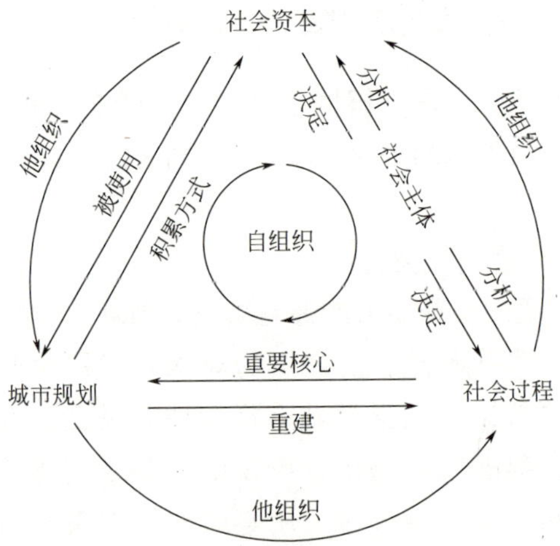

图 4 逻辑组织关系

同样，凭借三者的内在组织逻辑，可发挥主观能动性，完成具备明确目标的他组织过程，即图中的外三角：（1）以社会主体为分析目标，对社会过程所涉及的主体进行社会资本分析；（2）根据规划的具体目标和性质，明确规划对社会资本的需求，提取出可供使用的社会资本；（3）结合前两阶段分析结果，通过对社会资本的使用和投资，重建规划的社会过程。

若有效地利用这种自组织和他组织的循环互动，就可以不断完善城市规划的社会过程，提高城市规划的效率及科学性，为城市规划的转型和实践提供一个重要的切入点。

三、城市规划社会过程中的社会资本分析框架

在传统规划方法中，有了对社会过程的预测，即可制定规划计划来保障社会过程。然而，对社会主体本身性质及其社会资本的忽视，导致规划社会过程和社会实际脱节。因此，在明晰规划社会过程之后，对社会资本需求的具体分析同样重要。相同的作用方式和社会主体，包含的社会资本有差异，就足以导致规划的

结果出现根本性的不同，这也是社会资本分析框架的意义所在。

本文所说的城市规划社会过程中的社会资本分析，实质上就是上文的他组织过程，总体上可以将此分析过程分为社会过程预测、社会资本需求与存量分析、社会过程重塑三个阶段。

（一）社会过程预测

在进行一次具体的规划实践之前，可以基于前文所述的“社会主体的作用阶段—社会主体的类型—社会主体的作用方式”结构，先对规划的社会过程进行一次预测。预测不一定是全过程的完整预测，可针对具体规划类型和需要，着重于对社会过程的某一阶段进行分析，结合实际操作能力，构建出带有一定主观目的的预想社会过程。

（二）社会资本需求与存量分析

基于对社会过程的不同预测，所需社会资本的质和量也是各异的。可基于“信任—网络—规范”的结构，分别就不同情况下的社会资本需求做出相应的分析，通过社会资本的类型、重要程度、需求量来构建社会资本的需求结构。

城市规划对“网络”这类社会资本的需求是最为直接的，它承载着整个社会过程的结构。其次是“信任”，成效较好的规划社会过程中，规划人员、公众、政府之间，总是通过各种手段建立较为完备的信任机制，提升规划社会过程的效率。“规范”主要对主体行为进行限定，保障公平公正，相对较为固定与综合，影响也最为全面。

明确了社会资本需求，还需对主体的现实社会资本存量与质量情况进行较为详细的调查，可采用走访、问卷等社会学常用方法。社会资本的测度角度非常多样，从宏观政府、中观团体到微观个人，都能体现在规划中。对社会资本形式和内容的分析，需要进一步借助社会学的相关成果，也是未来研究的重点之一。

（三）社会过程重塑

在具有上述分析成果之后，才能进入最为重要的社会过程重塑阶段。由于是具备较强主观目的性的构建，整个重塑过程，主要以社会资本、公众参与和公共政策为理论基础进行，包含以下两个核心内容。

1. 社会过程修正

通过对社会资本的存量和需求的对比，找到差异性，明确哪些社会资本是可以加以利用的，哪些是和规划社会过程相违背的，哪些社会资本是可投资建设的，进而对社会过程的结构进行一次能动的修正：有针对性地决定在哪些阶段引入哪些主体，或者避免影响到哪些主体；同时，为主体选取合适的作用方式、作用时间和内容。

2. 社会资本的构建

在经过修正的社会过程基础上，着重就主体的某些社会资本进行构建，保障社会过程的顺利。

其中，网络的可建设性是最强的，可通过制度设计、资金投入等方式，快速改造或者构建相应的社会网络，作为规划社会过程的支撑。例如利益相关者这类主体，通常以分散状态存在，可充分利用公民的水平横向网络——社团组织、公民共同体等，进行规划信息的收集与反馈，或者嵌入较为完善的垂直柱状网络，寻找或构建统一的组织与平台。构建信任的方式也是多样的，如入户座谈、资金公开等方式，都是建立信任的重要手段。规范则是长期沉淀的结果，形成某类规范的难度很大，因而在规划中，应该尽可能规避与现有规范产生冲突。

总之，经过对规划主体有针对性地进行社会资本分析研究，进而采取相应措施重塑社会过程，可以极大地提升规划社会过程的效率。

四、我国城市规划的社会过程与社会资本分析

在我国现有规划体系中，行政主导仍然是主要类型，根据上文提出的分析框架，仅对城市总体规划进行初步分析。

（一）总体规划社会过程与社会资本分析

1. 总体规划社会过程预测

在总体规划中，规划要求和规划声明阶段基本不会涉及社会主体，主要由政府负责完成。社会主体主要在规划的决定、实施和评价阶段起作用和受影响。其中，规划的实施主要通过各政府部门达成各自目标来完成，社会主体主要是接受方，社会过程机制和其他两阶段不同，因总体规划的宏观性、专业性，社会过程预测的主要环节，可集中在价值形成和规划结果评价阶段。

由于总体规划中社会主体的作用主要是为政府提供信息，通过信息形成公众价值和观点，再反馈到空间政策中，而非与政府主体共同决策；同时，总体规划的宏观性决定了社会过程基本覆盖了所有社会主体，包括开发集团、利益相关的公众、公民团体、专家、普通公众等。

由于总体规划社会过程以政府收集社会主体的信息为主，双向反馈较少，影响也是间接性的，因此凡是以获取信息为目标的参与方式都可以得到应用，主要有通信技术传播收集、接触关键人物、主体发起咨询、政府发起调查等方式。

2. 总体规划社会资本需求与存量分析

本文挑选在总体规划中最具代表性的开发团体和利益相关公众为社会主体进行分析。通过图 5 可以发现，总体规划对普遍信任、垂直柱状网络及行政性规范的依赖明显，其中普遍信任主要来源于政府自身的公信力和民众对总体规划效用的信任。若缺乏这种普遍信任，将对信息收集极其不利。

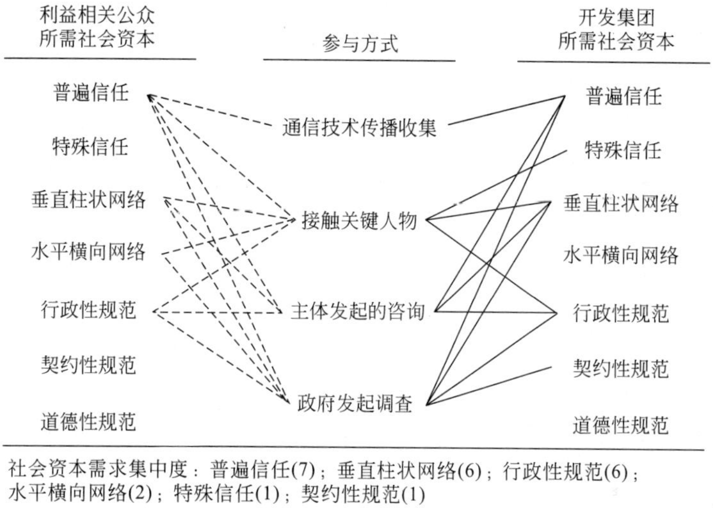

图 5　总体规划中的社会资本需求分析

相较于信任的缺乏，我国垂直柱状网络相对完整和发达，但在总体规划中的利用率较低，从各类政府机关到街道居委会，是大量可利用的柱状网络，如何将总体规划参与嵌入其中，将是未来研究讨论的重点。行政性规范主要是针对政府行为提出的，用以保障整个社会过程的程序合法性和必须性。

与总体规划的资本需求相比，我国大部分城市居民的社会资本存量，除了普遍信任明显不足外，垂直柱状网络和行政性规范存量都很高，似乎与需求是吻合的，但为何在实际情况中并不理想，主要是基于两个原因：（1）大量的存量资本被浪费，未能很好利用；（2）同样属性的社会资本，其特征也是不同的，例如行政性规范，在我国主要起着控制行为的作用，而并非构建平台、保障公平的作用。

（二）总体规划社会过程重塑

由于每次规划实践的社会过程重塑都具有特殊性，必须单独分析研究，在此仅就前文的分析，对总体规划社会过程重塑进行方法上的分析与演示。

根据本文所提出的社会资本分析框架，重塑的依据主要是社会资本存量和需求的对比，对于吻合的社会资本则加以利用，保障其使用效率即可；对于不吻合、具有差异性的社会资本，则需要着重分析，可分为以下几步（图 6）。

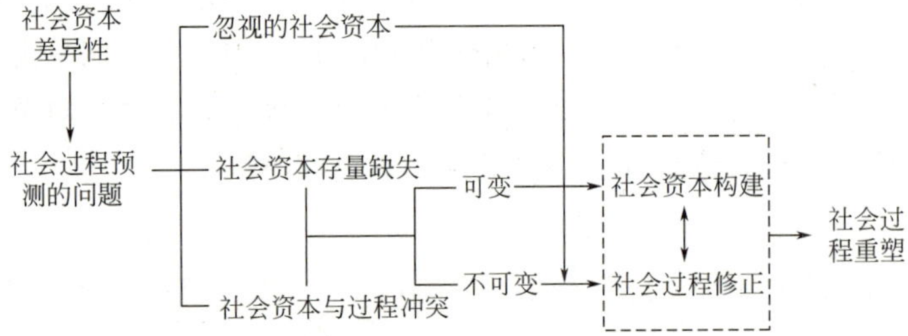

图 6　城市规划社会过程重塑的逻辑框架

1. 整理社会过程预测中的社会资本问题

根据需求与存量的差异性，结合社会过程预测和实际情况，总结出社会过程预测中所忽视的、存量所缺乏的或者与社会过程产生冲突的社会资本，并将后两种情况的社会资本分为可变与不可变两类。

例如前文所做的总体规划的资本需求对比，我国城市居民普遍信任明显不足，其中，公信力类别的普遍信任较为恒定，对于规划属于不可变的社会资本，而对总体规划效用的普遍信任则是可变的社会资本。另外，垂直柱状网络和行政性规范存量都很高，大量垂直柱状网络是被忽视掉的且类型不合适、具有一定的冲突性的社会资本；行政规范属于较为恒定的社会资本，但其中的参与平台和参与程序等规范仍具有一定可变性。对社会资本稳定性的分析，可以为接下来社会资本的重塑与修正提供依据。

2. 社会过程的修正

社会过程的修正重点是主体类型的重新选择，作用阶段、作用方式的改变。对于前期预测未能包含到的相关重要社会资本，主要采用重新纳入的方式；对于不可变的社会资本，主要采用规避的方式。

例如，在总体规划中，对于被忽视掉的垂直柱状网络，可以通过发挥政府部门、企事业团体、公民组织的作用，与总体规划的技术过程形成契合，将其重新纳入到社会过程中，发挥社会资本的效用。由于总体规划对信息要求的广泛性大于准确性和交互性，对于某些控制性的行政规范，如非必要，可在社会过程中尽量规避，以提升社会主体的丰富性和多样性。

3. 核心社会资本构建

对于可变的社会资本，重点则是通过对有限资源的高效投资，构建社会过程所缺失的相关社会资本，或者转变原有冲突的社会资本为城市规划所用。

社会资本构建的方式是多样的，社会学中已经有大量的研究总结，需要尽快引入到城市规划的方法体系中来。在总体规划中，主要表现为如下三方面。

（1）信任

信任主要是来源于日常交往、宣传与口碑，网络和规范的完善都能起到增强信任的作用，重塑方式包括对现有信任的转化和新信任的建立。在总体规划中，可通过媒体宣传、公共展示等手段，表明政府的重视程度及总体规划的重要性，提升社会主体对总体规划效用的普遍信任。

（2）网络

通过将规划主体团体化、结构化，以群体的形式完成总体规划的信息收集，避免分散地产生意见观点导致效率过低；同时，通过政府主导建立专家与独立团体、普通民众之间的日常沟通网络，可以提升主体对规划的认识和参与能力。

（3）规范

在总体规划中，由于其宏观主导性，行政规范对于前两类社会资本起着基础性作用，对于可变的那部分规范，应着重于保障平台的建立和垂直网络的通畅。

五、总结

城市总体规划虽然是行政主导，但不同城市的城市总体规划对社会资本的需求仍然存在明显差异，若对社会主体和参与方式进一步细分，将会展现出社会资本需求更为多样和复杂的特殊性，简单统一的社会过程安排无法适应这种特殊性。因此，对于每次具体的规划行动，都需要对社会过程和社会资本进行有针对性的细分化研究，才能选择契合程度最好的方式重构社会过程，保证社会主体对具体制度、方法的适应性，提高规划效率。

近年来，市场化的深入和公民意识的觉醒，使得社会过程对规划越发重要。然而，我国现有的社会资本质量及其利用效率，远不能满足城市规划社会过程的需求。在规划中引入社会资本分析方法，可以提升现有社会资本的使用率，完善社会过程；同时，还可利用规划的直接参与性，营造公民型社会资本，发挥其潜在的社会效力。本文主要以原则观点、结构框架为核心内容，如何将社会资本分析方法更好地应用于规划实践，需要具体的实证和案例分析，也将是接下来的研究重点。

（撰稿人：张侃，南京大学建筑与城市规划学院；徐逸伦，南京大学城市规划设计研究院院长、副教授；杨青，南京工业大学建筑学院讲师，本文通信作者。）

注：摘自《城市规划》，2017（10）：23-30，参考文献见原文。

我国城市规划计量方法应用综述和总体框架构建

导语：为促进城市规划计量方法的发展，对 2000 年以来发表在我国核心期刊的城市规划计量分析类文章进行了全面分析，梳理出利用计量方法研究的城市问题 30 大类 76 小类，计量方法和模型 300 余种并按其功能划分为 5 种类型：①城市测度、评价和特征识别方法；②城市改变预测和模拟方法；③改变影响评估方法；④运筹和决策方法；⑤城市运作机制解析和模拟方法，初步勾画出了我国城市规划计量方法的研究和应用概貌，以供规划师参考。同时分析了现有规划计量方法存在的问题，认为规划计量方法目前还处于发展的初级阶段，涉及规划核心任务的计量研究还不多，方法零散，不成体系，缺乏总体架构，同时分析也不够规范，盲目乐观，缺乏方法论指导。为充分发挥规划计量分析的作用，尝试提出了城市规划计量分析方法总体框架，认为其目标是通过建立和应用规划计量模型来辅助城市规划，以提高规划的客观性、理性和科学性，其内容体系可以从规划问题和计量方法的上述 5 大类别两个维度去复合架构，并且分析了规划计量方法的方法论原则，以及它的适用性和局限性，认为要规范其研究和应用过程并要有合理期望。

当前，我国城市规划领域对计量方法出现了前所未有的应用热情，不少规划设计研究院都在开展大数据分析、空间分析、城市模型等方面的研究和应用尝试，规划师开始将很多城市问题的解决寄希望于规划计量模型，并认为这是提高规划科学性的有效途径。这一趋势相对于以往单纯依赖于经验判断的传统规划方法无疑是一种进步，但与此同时我们也看到这一方法如果发展和使用不当也有可能面临重大挫折甚至失败。例如西方规划计量方法在经历了 1960～1970 年代的第一次高潮之后，由于没有很好地解决实际问题，没有满足城市管理者对它的盲目乐观期望，而受到普遍质疑，之后发展缓慢。为了避免重蹈覆辙，我们需要在大力发展这一方法之前充分了解规划计量方法能够解决的规划问题，深刻理解计量方法在规划中的作用，建立扎实的方法论基础，如此才能引导其系统、科学而又健康的发展。

为此，本文将首先通过文献研究法，全面系统地梳理我国城市规划计量方法研究状况，分析现有计量方法研究了哪些城市规划议题，使用了哪些计量方法，以便规划研究者掌握我国规划计量研究的概貌，同时也方便规划师在解决具体规划问题时查找现有相关计量方法。然后在此基础上，分析现有规划计量方法发挥的作用和存在的问题，梳理出其内容体系，找出其方法论原则，分析其适用性和局限性，构建规划计量分析方法的总体框架，以便规划研究者更好地去研发切合规划业务需求的计量方法。

一、现有规划计量方法梳理

本文对2000年以来发表在我国CSSCI、中文核心、中国科技核心期刊的规划计量分析类文章进行了搜索和梳理，筛选后共得到用计量方法研究城市规划问题的典型论文880余篇。对这些研究按照所针对的规划问题和计量方法两个维度进行分析，发现其研究的规划问题主要有30大类、76小类，使用的计量方法按其功能主要有5大种类型、300余种模型。由于计量方法极度庞杂，且缺乏现成体系作为参考，所以难免疏漏。

（一）计量方法研究的城市规划问题

规划计量研究涉及的城市规划问题十分庞杂，涵盖面非常广泛，涉及宏观、中观、微观各个层面（表1~表3）。宏观层面的计量研究主要有城市间经济联系、城市化、城市竞争力、城镇体系、城乡统筹等；中观层面的计量研究最多，包括城市规模、城市扩展、城市形态和空间结构、城市人居环境、人口空间分布、城市生态、土地利用、产业选择、城市交通、城市规划模拟与方案优选、规划实施评价、城市历史与风貌等；微观层面的计量研究主要有用地布局与设施选址、居住空间分异与隔离、城市设计、城市建设强度、交通影响评价、物质环境模拟和评价、个体行为分析、功能单元规划设计等。

宏观层面城乡规划计量方法 **表1**

规划问题	规划问题小类	主要模型和方法	类型
城市间经济联系和经济区划	城市间经济联系测度	引力模型、潜力模型、可达性模型、经济流强度模型、中心职能强度模型、地缘经济关系测算模型、社会网络分析模型	①
	经济区划	断裂点模型、层次聚类模型、0-1规划模型、SOM神经网络分类模型	④
城市竞争力	城市综合竞争力评价	城市尺度的网络竞争力模型、城市竞合模型、波特钻石模型、IMD竞争力模型、彼得多变量模型、丹尼斯模型、Douglas Webster模型、“城市经营”模型、“迷宫”模型、“城市价值链”模型	④
	城市单项竞争力评价	城市整体交易效率模型、会展城市竞争力模型、物流竞争力模型、软实力评价模型	①
	城市群竞争力评价	城市群竞争力模型	①

续表

规划问题	规划问题小类	主要模型和方法	类型
城市化	城市化机制研究	个体行为的城市空间动力学模型、二元经济模型、托达罗模型、均衡模型、规模经济模型、人力资本模型、空间几何学模型、位序-规模法则、随机增长模型、空间集聚模型、元胞自动机、人工神经网络、遗传算法、ABM(基于 agent)模型	⑤
	城市化水平预测	Logistic 曲线模型、干预分析模型、综合集成模型、灰色系统模型、逐步回归周期模型、P 阶自回归模型、R/S 分析、PDL 模型、时间序列法	②
	城市化水平评价	三维指标球模型、复合系统模型、MTS(马田系统)模型、产业聚集度模型、协调度模型、阿特金模型、DPSIR(驱动力-压力-状态-影响-响应)模型、LSQ(民生-可持续-质量)模型、层次分析法、功效系数法、DEA 模型、熵值法、主成分分析法、变异系数法、因子分析法、聚类分析法、判别分析法、BP 神经网络模型、模糊综合评价	①
	城市化与城市发展的相互关系	线性回归模型、向量自回归(VAR)模型、面板向量自回归(PVAR)模型、静态面板数据门限回归模型、多元回归分析、偏最小二乘回归模型、Granger 因果检验、状态空间变参数模型	⑤
	城市化与城市发展的协调程度	耦合度模型、协调度模型、K 值法	①⑤
城镇体系	区域协调	离差系数协调度模型、隶属度函数协调度模型、资源环境基尼系数协调度模型、欧氏距离协调度模型、系统动力学模型、DEA 模型	①⑤
	城市群一体化	城市群一体化进程监测模型	①
	城市群发展特征与动力机制	固定效应模型、随机效应模型	①⑤
	城市职能分类	统计聚类模型、Kohonen 网络(自组织特征映射)模型	①
	城镇体系的空间结构	中心地理论、帕累托分布模型、齐普夫规模分布模型、首位度模型、位序-规模法则、罗特卡模型、金字塔模型、偏离-份额模型、城市圈层级结构模型、都市圈扩散域空间嵌套模型、分形理论	①
城乡统筹	城乡统筹发展水平评价	城乡融合度模型、城乡发展协调度测算模型	①
	城乡统筹发展机制研究	城乡统筹发展模型	⑤

注："类型"列中的数字序号分别代表计量方法类型：①城市测度、评价和特征识别方法、②城市改变预测和模拟方法、③改变影响评估方法、④运筹和决策方法、⑤城市运作机制解析和建模方法。

中观层面城乡规划计量方法　表 2

规划问题	规划问题小类	主要模型和方法	类型
城市规模	人口规模预测	数理统计法、经济分析法、人口容量限制法、区域人口分配法	②
	城市合理人口规模	非线性多目标决策模型	④
	人口增长的影响因素	因子分析法、向量自回归模型、格兰杰因果检验、空间自相关分析	⑤
	人口增长与城市用地扩张的协调性	协调性系数(CPI)、容量耦合系数、离差系数、协调度分析模型	①
	最优城市规模	城市规模与产出的分形模型、拥挤效应函数、城市规模收益函数、城市外部成本函数、城市总生产函数模型、城市单位生产成本函数、城市规模-碳排放经验模型、城市规模-居民幸福感模型	②④
城市扩展	城市扩展机制分析	元胞自动机模型、空间相互作用模型、回归预测模型、空间扩散模型、边际分析模型、动态面板模型、时空过程模型、多变量逻辑回归模型、格兰杰因果检验、系统动力学、投入产出模型、劳瑞模型	⑤
	建成区面积预测	BP 神经网络、多元回归模型、建成区界定模型	②
	城乡耦合地域空间演变	非线性动力学模型、主成分分析法	①⑤
	用地适宜性评价	用地适应性评价模型、潜力-阻力模型、模糊评价法、层次分析法	①
	土地需求与城市扩展相关性	用地需求预测模型、BP 神经网络模型、DEA 模型、多元回归分析法	⑤
城市形态和空间结构	城市空间结构和形态特征	城市功能空间紧凑度模型、回归分析法、地统计方法(Ger-Statistics)	①
	城市形态与城市空间结构演变机制	地价地租模型、城市空间结构模化模型、用地效率分析、空间句法、主成分分析、隶属函数模型、模糊综合评价	⑤
	“土地利用-交通-环境”空间互动关系	TRANUS、UthenSim、SLEUTH、CUF、Cubelan、DRAMEMPAL、IRPUD、Metrusi	②⑤
	城市空间结构的发展绩效	模糊综合评价	①
城市人居环境质量评价	城市人居环境质量评价	DPSIR 模型、能值分析模型、熵权 TOPSIS 法、层次分析法、德尔菲法	①

续表

规划问题	规划问题小类	主要模型和方法	类型
人口空间分布	人口空间分布估计	基于灯光数据的回归模型、土地利用密度法、居住单元估算模型、硬化地表估算模型	①②
	人口空间分布特征拟合	单核心：克拉克（Clark）负指数模型、斯密德（Smeed）幂指数模型、纽灵（Newling）二次方指数模型、弗兰肯三次方函数模型（cubic 模型）；多核心：平方根负指数函数（SNEF）	①⑤
	人口分布的集散程度	集中指数、不均衡指数	①
	人口重心及其分布	重心模型	①
	人口空间分布的影响因素	空间滞后模型、空间误差模型	⑤
	社区类型划分和空间分布	因子分析法、主成分分析法、分层聚类模型	①
	老年人口空间分布特征及演变	人口密度模型、人口重心模型	①
城市生态	生态足迹计算	生态足迹模型、能值改进的生态足迹模型	①
	城市生态系统承载力	资源承载指数、环境承载指数、综合承载指数	①
	城市规模、形态、空间结构对碳排放的影响	DEA 模型、回归分析模型、相关分析法、城市功能空间紧凑度模型	⑤
	规划方案的碳排放预测	城乡碳排放分析模型、控规碳平衡模型、住区方案碳效应评价体系	②
	城市生态环境质量评价	能值-生态足迹模型、灾变模型、熵值模型、模糊综合评价模型、模糊循环迭代评价模型、主成分分析、集对分析法、层次分析法、属性层次-识别模型、GM(1,1)模型、结构方程模型、系统动力学模型、回归分析模型、可拓学模型、门槛模型	①
	城市生态效率测算	因子分析、DEA 模型、超效率 DEA 模型、Malmuquist 指数	①
	生态敏感性评价	GIS 叠加分析、主成分分析法、变异系数法、熵权法、因子分析法、模糊物元模型	①
	景观空间格局与生态安全	空间自相关模型、景观格局指数法、生态网络分析法	①
城市土地利用变化和评价	土地利用演化与评价	土地利用变化模型、土地利用影响评价模型、智能多主体模型、模糊综合评价、主成分分析	①⑤
	土地利用潜力评估	存量空间价值评估模型、层次分析法、多指标评价法	①
	土地利用绩效评价	“屠能-阿隆索”地租竞价模型、城市紧凑度	①
	土地可持续利用评价	土地可持续利用模型、动态面板数据模型、物元模型、层次分析法、熵权法评价、DEA 模型	①

续表

规划问题	规划问题小类	主要模型和方法	类型
城市土地利用的经济效益	城市土地利用的经济效益评价	DEA 模型、土地利用经济密度模型、土地投入效益熵值模型、土地产出效益熵值模型	①
	城市土地利用经济效益的影响因素	面板数据回归模型	⑤
	土地利用与经济发展的协调性	主成分分析法、模糊数学模型、协调度模型、层次分析模型、土地利用系统发展度模型、经济系统的发展度模型	①⑤
城市土地价值评估	城市地价的影响因素分析	容积率城市地价响应模型、土地特征价格模型、空间自相关分析模型、地理加权回归模型、多元回归模型、加权平均拉氏公式、固定效应面板数据模型、误差修正模型	⑤
	城市地价预测	趋势外推模型、ARMA 模型、多元线性回归模型、多元非线性回归模型、马尔可夫预测模型、BP 神经网络模型、GM(1,1)灰色模型	②
产业选择	主导产业选择	密切值法模型、钻石模型、投入产出模型、投影寻踪模型、DEA 模型、多参量 GERT 网络模型、偏离-份额分析模型、模糊评价模型、层次分析模型、因子分析法、主成分分析法、灰色系统模型、聚类分析模型	①④
	战略产业选择	Weaver-Thomas 的评价模型、波士顿矩阵模型、层次分析法、TOPSIS 模型、多指标加权灰靶综合评估决策模型	①④
城市交通与土地利用的关系	城市土地利用特征对城市交通的影响	线性回归模型、二次多项式回归模型、偏最小二乘回归模型、Logit 模型、四阶段模型	②⑤
	城市交通对土地利用形态与城市空间结构的影响	基于交通效率的土地利用形态优化模型、混合遗传算法、系统云灰色模型和马尔可夫链的组合预测模型、土地利用均衡度模型、多目标决策模型、信息熵模型	②⑤
	交通与土地利用的互动关系	经典模型:劳瑞模型、威尔逊模型、麦克格尔模型、戈顿和兰登模型、非集聚的居民分配模型(DRAM)和就业分配模型(EMPAL)、ITLU 模型、POLIS 模型、TOPAZ 模型、MEPLAN 模型、Kim 模型、HUDS 模型、MASTER 模型	②⑤
		新开发模型:系统动力学模型、重复交接法、联合模型法、程序化模型法、TRANUS 模型、非集计动态 ILUTE 模型、新城规划的土地利用与交通模型	
	交通与土地利用的协调性评价	DEA 数据包络分析模型	①⑤

续表

规划问题	规划问题小类	主要模型和方法	类型
城市交通分析与评价	城市交通服务水平评价	交通可达性评价、模糊综合评判模型、基于用户感知的灰类白化权函数	①
	城市交通发展水平评价	层次分析模型、模糊综合评价、灰色聚类模型	①
	城市生态交通评价	五级标度模型、模糊综合评判模型、DPSIR 模型	①
城市交通规划	城市交通需求预测	四阶段法、离散选择模型、基于活动链的离散选择模型、最短线路分配模型、容量限制-增量加载分配模型、转移曲线模型、弹性需求均衡分配模型、随机用户均衡的变分不等式模型、随机混合交通平衡分配模型、多路径概率分配模型	②
	城市交通网络设计和优化	双层规划模型、非线性规划模型、鲁棒优化模型	④
职住分离	职住分离程度测度	职住分离指数、平衡度测量模型、自足性测量模型、职住分离洛伦兹曲线、信息熵模型、就业-居住吸引度指数	①
	职住空间特征	轨迹数据分析模型	①
	职住分离的影响因素	多元回归模型、职住分离影响机制模型	⑤
城市规划模拟与方案优选	城市模拟仿真	元胞自动机模型、智能多主体模型、大数据模型、空间非均衡模型、劳瑞模型、地租竞价模型、投入产出模型、土地与交通交互模型(LUTI)	②⑤
	规划方案评价优选	综合效益评价、线性规划	④
城市规划实施评价		规划空间引导效能分析、多元回归模型、DEA 模型、层次分析法	①
城市历史与风貌	历史风貌特征识别	街区色彩特征模型、视觉词袋	①
	历史保护价值评价	意愿价值评估法、保护优先权排序模型、模糊综合评判模型、空间句法、层次分析法、模糊综合评价分析、主成分分析、回归分析、条件价值法	①
	改造后评价	IPA 评价模型	①

注："类型"列中数字序号的含义与表 1 相同。

资料来源：作者整理。

微观层面城乡规划计量方法 **表 3**

规划问题	规划问题	主要模型和方法	类型
用地布局与设施选址	用地布局优化效应	城市空间布局优化效应评价模型、熵值法、层次分析法	③
	公服、市政和商业设施布局	Huff 模型、中小学服务区模型、区位选择-消费配置模型、城市物流设施布局与规划模型、变电站选址模型、空间统计分析、Voronoi 图、可达性分析、基础设施经济效率模型、综合公平分析模型、DEA 模型、空间距离协调度模型、空间协调度测算、灰色关联熵法	④
	住宅区位选择	住宅区位综合评价模型	④
	绿地和开放空间布局	Huff 模型、空间句法、可达性评价、空间耦合模型、离差系数	①④
	物质生产用地布局	“能源景观”理论分析模型、空间数据分析	①④
	商务办公用地选址	UrbanSim 城市模拟、空间一体化模型	④
居住空间分异与隔离	居住分异与隔离测度	隔离指数、差异指数、分异指数、本地化系数、空间修正分异指数、多组群分异指数、空间修正多组群分异指数	①
	居住分异与隔离的机制	二元逻辑回归模型、多智能体建模、结构方程模型	⑤
		多元排序 logistic 住宅阶层选择模型、住宅竞标价格模型、特征价格模型	
城市设计	大尺度形态分析	空间句法	①
	空间视觉分析	D/H 比、Fisher-Gewirtzman 的 SOI 指数、GIS 景观视域分析、通视率、平均视觉遮挡距离、空间开敞度	①
	建筑底层界面形态测度	建筑临街区宽度、建筑底层临街面的透明度、建筑贴线率、功能密度、店面密度	①
	景观量化评价	开放空间量化评价模型、景观质量评价模型、高度评价模型、天际轮廓景观评价模型、SD 法(语义差异法)	①
城市建设强度	密度分区	非参数统计学的局部线性回归模型、基于效率原则的开发强度分区模型、空间句法	①
	现状容积率快速测算	容积率遥感估算模型	①
	规划容积率控制	非线性优化模型、开发强度“值域化”控制模型、基于城市交通承载力的用地开发强度模型	④
	控规其他指标	多情景土地使用性质弹性模型、降水模拟模型、可渗水面积率估算模型、微观经济模型、控规经济分析框架	①④
交通影响评价	建设项目的交通影响评价	模糊评价模型、物元分析模型、BP 神经网络模型、层次分析模型、逆四阶段模型、OD 反推模型	③
	建设项目的交通影响范围	可达性模型、圈层外推模型、烟羽模型、基于时间的量化模型	③

续表

规划问题	规划问题	主要模型和方法	类型
城市物质环境模拟和评价	热环境模拟	改进的 CTTC(集总参数)模型、计算流体力学(CFD)模型、基于元胞自动机模型和马尔可夫模型的 UHI-CA-Markov 模型、WRF 数字模型、ENVI-met 模型	②③
	大气环境质量评价	模糊综合评价模型、物元模型	①
	大气环境容量计算	箱模型、宏观总量控制 A 值法模型、线性优化模型、ADMS 模型	②
	风环境模拟	WRF 数字模型:RANS 模型等	②③
	光环境模拟	日照分析、沃克(walker)数字模型	②③
个体行为和活动		Logit 模型、多项 Logit 模型、个体行为模拟仿真	②⑤
功能单元规划设计	社区满意度和弹性	社区满意度评价模型、社区弹性模型、统计分析模型	①
	物流园容量和规模	物流园区容量模型、引力模型、线性回归方法、主体定位	②
	地下空间需求供给分析	地下空间需求预测模型、层次分析法	①②
	村庄布点	村庄选址模型、空间结构模型、空间句法、泰森多边形、回归模型分析	④

（二）规划计量方法分类

规划计量研究所采用的计量方法众多，为了方便方法查询和使用，可以从规划业务的需求出发，按照计量方法在规划工作中发挥的作用来分类。据此，参考牛强等提出的规划设计量化分析 6 项工作内容的分类，本文将规划计量方法分为 5 大类别：①城市测度、评价和特征识别方法；②城市改变预测和模拟方法；③改变影响评估方法；④运筹和决策方法；⑤城市运作机制的解析和模拟方法。这 5 类方法从不同的侧面服务于城市规划，构成一个有机的整体。该分类可以涵盖前文总结得到的所有规划计量分析方法，详见表 1～表 3 的“类型”列。统计发现，当前我国这 5 类规划计量方法的比例分别为 50%、13%、3%、13%、21%，反映出现有研究的热点和弱点。

1. 城市测度、评价和特征识别方法

这些方法通过一些精炼的指标、图示或特征类别来反映城市当前或规划的状态，所采用的方法大多源自相关规划理论，并建立在数理统计基础之上。例如用地适宜性、居住隔离指数、生态安全格局、城市经济联系强度、城市竞争力、城市化质量、城乡统筹发展水平评价、人居环境质量评价、土地利用绩效评价、规划实施效率评价、空间品质视觉评价，以及强度分布图、密度图等。

这类方法是目前规划计量分析的主体，它们对于直观反映和比对城市状态、发现城市问题提供了量化手段，能够大幅度提升规划分析的深度、客观性、准确度，同时也是研究城市运作机制的基础，因此也是未来规划计量发展的重要着手点。但当前这类方法中用于测评空间资源配置状态以及空间配置和社会、经济、环境之间协调关系的方法和模型相对较少，例如规划实施效果、城市系统运作协调度、土地使用效率和效果、设施布局效率、城市环境景观质量等，因而需要进一步发展和完善。

2. 城市改变预测和模拟方法

这些方法基于现有发展条件或者特定规划或政策情景来预测或模拟城市未来的改变，通常采用时间序列分析、回归分析等统计分析方法、系统动力学方法和元胞自动机、多主体系统等现代计算方法。例如对人口、经济、交通发生量、城市规模、城市边界、城市扩张、城市形态等的预测和模拟。它通常是城市规划编制的出发点，也经常是规划编制的目的和手段，对于制定规划目标、理解城市变化趋势提供了一定的支持，所以吸引了规划师的大量关注和热情，同时也融入了许多不现实的期望。但实际上，这类研究大多处于探索阶段，可靠性并不高。因为就目前的研究积累而言，用计量方法预测城市是非常困难的，并且现实证明大多数的预测都存在很大的偏差。因为成功的预测所依赖的必须是“覆盖性的法则”，但主导城市变化的法则是如此之多和复杂，而任何一个法则的忽略都有可能带来极大的不确定性影响，所以宏大的“绝对准确”的改变预测暂时是难以实现的。比较现实的是研究在一系列限定条件下的“相对模糊”的谨慎预测。

3. 改变影响评估方法

这些方法评价和估计各种城市改变对经济、社会、交通、生态、物质空间环境等的影响，所采用的方法主要有数理统计法、应用模型法、仿真法等。例如容积率扩容影响、城市规划实施评价、建设项目交通影响评估、用地布局优化效应评估、土地价格影响评估等。这类影响评估通常也蕴含着决策者、利益方和规划师所持有的价值准则，以及现有的各类规范和标准。

目前关于改变影响评估的计量研究非常薄弱，并且主要是对外在影响的评估，对经济、社会、行为、生活等深层次的影响研究还十分匮乏。由于它是提升规划成果科学性的有效手段，可用于分析规划改变所带来的影响是否解决了现实问题或者引发其他问题，是否满足了决策者的要求，以及方案本身是否足够优化，所以这类计量方法在规划领域有着非常广阔的应用和发展前景，是未来发展的重点。

4. 运筹和决策方法

这些方法试图寻找复杂城市规划问题中的最佳或近似最佳的解决方案。运筹学是其主要方法基础，包括线性或非线性约束条件和目标函数下的数学规划方法，例如多目标约束的轨道交通站点周边用地结构优化；还包括单目标决策、多目标决策方法，例如规划多方案比选、基于用地适应性评价的城市建设用地分等定级；以及基于图论的设施布局优化、基于博弈论的更新政策制定等。

这类方法目前占比不高，但结论一般比较可靠，因为运筹学方法相对比较成熟，对于寻找最优方案和辅助决策提供了有力支持。事实上小到确定容积率、拆除建筑、项目选址，大到结构规划、战略布局等，其实质都是不断决策的过程。因此运筹和决策的计量方法在规划领域可大有作为，是提高规划决策科学性的有效手段。但目前在规划中的应用还比较少，也是未来发展的重要方向。

5. 城市运作机制解析和模拟方法

这些方法对城市构成要素之间的相互联系和相互作用关系，以及城市现象成因开展研究，成果表现为反映运作机制的数学模型或者规则。例如城市群发展的动力机制、城市扩展机制、经济增长与空间集聚的关系、交通与土地利用的互动关系、人口流动、迁移的影响因素、职住分离的影响因素等。其成果是前述 4 类方法的基础，其计量模型最终会融入其他模型之中，是这些模型的核心组成部分。

这类计量方法的研究是目前最难的，首先城市的运作机制非常多而庞杂，每条机制的解析都需要基于大量实证研究，并且城市现象和机制之间是一对多的关系，一个现象可以用多个机制来解释。另外城市科学的系统性很弱，只有一条条机制，没有覆盖性法则，这些机制之间关系复杂、相互影响。因此，该研究需要城市学科各个领域的共同参与，共同解析和建模城市运作机制，特别是城市空间资源配置和社会、经济、生态环境、交通之间的相互影响机制。

上述各类规划计量分析的具体方法主要源自城乡规划学、统计学、数学和计算机科学，规划计量分析是这些方法的综合应用。其中城乡规划学提供了规划计量分析的基础模型和基础理论，因为先验的或理论的思考是产生规划假说进而产生具体规划计量模型的基础，而数据分析和实证研究的作用更多的是证实或证伪这些假说；统计学提供了数据调查、搜集、整理和分析等的方法；数学提供了机制解析、建模、预测、求解的各类数学工具，是规划计量分析的核心手段；而计算机科学不仅提供了计算的硬件，还提供了大量现代计算方法，例如数据挖掘、蚁群算法、神经网络、遗传算法、元胞自动机、智能多主体等。

（三）研究存在的问题

计量方法在我国城市规划领域的研究和应用历程还比较短，目前还处于发展初期。从统计数据来看，大多数小类议题的研究文章数少于4篇，还不够深入。分析发现现有研究主要存在以下问题：

其一，尽管研究议题已经很多，但涉及城市规划核心任务的计量分析还比较少。城市规划的核心工作是对城市空间资源进行配置，所以规划计量分析的核心内容应该与之对应，去测评空间资源配置的状态和绩效，预测城市空间未来的变化，评估空间资源配置对经济、社会、环境、交通等的影响，特别是对城市空间使用者“人”的影响，分析人对城市空间的满意程度，找出相对最优的空间资源配置方案。例如目前关于影响城市扩展的机制研究较多，但非常缺乏城市扩展对经济发展、交通出行、生态环境、居住条件等的影响机制研究，尽管两者都很重要，但实际上后者更是城市规划要重点研究的内容，其成果更利于去评价资源配置绩效，找到更优的配置方案。

其二，规划计量研究的系统性不强。研究议题之间大多比较孤立，没有围绕规划核心任务产生有机联系。即使是同一大类下的议题，之间的关系也比较松散，例如特征研究和机制研究之间缺乏互动，机制研究没有转化成预测、影响评估、方案优化等应用型计量分析成果。还是以城市扩展为例，建成区面积和城市土地需求的预测没有结合城市扩展机制的研究成果，而机制的研究也缺乏详尽城市扩展指标层面的研究支撑，因而大多浮于表面，难以深入。

其三，研究不够规范，不够严谨，许多研究存在方法缺陷。例如用小样本、非随机样本的调查去推论总体，回归模型的建立很多缺乏自变量间的相关性检验，没有剔除无关自变量等。又如在没有假设或理论依据的前提下随意选择统计分析指标，或仅根据统计数据建立数学模型，滥用无效或无关模型开展分析，应用模型前缺乏对模型的有效性诊断和参数标定等。例如目前用元胞自动机或智能多主体等现代计算方法来模拟和仿真城市用地变化的许多研究，过于关注技术和模型，而忽略了模型和城市实际发展历程之间的校验，不重视模型参数标定，那么得到的调控政策、城市演变预测等结论就没法证明是正确和有效的。

其四，过于乐观，没有看到计量方法的局限性。许多文章都认为所提出的计量方法和模型很好地解决了研究问题，很多研究缺乏对模型的应用前提条件和局限性的说明，这会导致模型的滥用并得出大量无效结论。

由此可见，规划计量方法目前还处于发展的初级阶段，涉及规划核心任务的计量研究还不多，方法零散，不成体系，缺乏总体架构，同时分析也不够规范，盲目乐观，亟需构建严谨的规划计量分析方法论。

二、规划计量方法总体框架的架构

为了充分发挥规划计量分析的作用，保证规划计量方法的健康发展，需要适时地开展规划计量研究的方法论探讨。具体而言，首先需要确定其研究边界、研究目标。其次，由于规划计量分析类型众多，而每类分析又可以用多种方法来实现，所以需要明确规划计量方法的内容体系，把所有的分析类型和方法纳入该体系之中，加以有机的组织和管理。此外，还需要明确规划计量分析的研究和应用方法，指出其方法论原则，明确其适用范围和局限性。为此，本文尝试构建了规划计量方法总体框架，从研究目标、内容体系、方法论原则、适用性和局限性 4 个方面来回应上述需求。

（一）规划计量方法的研究目标

本文认为规划计量方法的研究目标是通过建立和应用规划计量模型来辅助城市规划，以提高规划的客观性、理性和科学性。这里的规划计量模型可以是非常简单的统计模型，例如容积率、绿地率等计算公式，也可以是非常复杂的现代计算模型，例如元胞自动机、智能多主体等，但这些模型必须是基于特定规划理论构建的，能够直接服务于城市规划。另外，规划计量方法是传统规划定性方法的有力补充，而不能替代它。通过观察、定性分析得到假说和预判是计量分析的基本前提，而规划计量分析可以验证、深化这些假说和判断，使其更加科学、准确，两者结合起来使用才能达到更好的效果。没有定性的规划计量分析是一种盲目的、由数字到数字的游戏。

（二）规划计量方法的内容体系

内容体系的架构是规划计量方法总体框架建构的核心内容。其作用在于：一方面能够清晰地、结构化地组织管理各类规划计量方法，方便查找和使用；另一方面能反映出所有计量方法之间的关系和作用，形成体系，方便规划计量研究者发现规划计量体系中的不足和空白之处，促进其全面系统的发展。

计量经济学、计量地理学等相关学科往往按照具体方法来建构其内容体系，例如相关分析、回归分析、线性规划、多目标规划等（古扎拉蒂，波特，2011；徐建华，2006）。但由于城市规划面对的是一系列复杂的城市问题，而且其计量分析往往是多种方法的综合应用，所以本文设想沿用前文的二维框架，从宏观、中观、微观规划问题和计量方法的 5 大类别两个方面去组织各类具体规划计量方法（表4）。

规划计量方法的内容体系　　表 4

规划问题 \ 方法类别		城市测度、评价和特征识别	城市改变预测和模拟	改变影响评估	运筹和决策	城市运作机制的解析和模拟
宏观	城市间经济联系	联系强度、方向(引力模型、经济流强度模型、中心职能强度模型等)				
	经济区划					断裂点模型、层次聚类模型等
	…	…	…	…	…	…
中观	…	…	…	…	…	…
微观	…	…	…	…	…	…

如此架构可以将规划计量分析和具体规划任务很好地结合起来，方便了规划师在开展规划研究时，从分析需求出发去查找相关计量方法。具体而言，规划师可以先在内容体系的引导下去分析它属于哪类规划问题，涉及哪些相关问题，然后再分析要解决的规划问题是属于前述 5 类规划计量方法中的哪一种，或哪几种的组合，如此就可以从表 4 中迅速找到解决该问题的具体计量方法，接下来就可以根据框架提供的关键词去搜索现有具体研究成果。例如当需要分析城市间经济联系状况时，就只需在宏观层面的“城市间经济联系”类问题和“城市测度、评价和特征识别”类方法中搜索具体方法。当然，当前体系中很多内容还是空白的，并且规划也会面对新的问题，需要规划研究者不断地补充和完善，需要规划计量研究者持续性地整理和充实该内容体系。

此外，该内容体系也是一套逻辑分析工具。原则上每个规划问题都应该有关于其运作机制的基础研究，而运作机制的研究又必须基于相关城市状态的测评指标的分析，并最终落实到具体规划计量分析任务上去，亦即城市测度、评价和特征识别、城市改变预测和模拟、改变影响评估、运筹和决策方法中的一种或多种分析任务（图 1）。根据这一逻辑，规划计量研究者可以发现每类规划问题中的缺陷和不足，并且也便于发现新的规划问题并开展系统的计量研究。例如依据该内容体系来分析“城市间经济联系”这一议题，就比较容易发现关于城市间发生经济联系的机制研究比较缺乏，此外也缺乏对经济联系格局演变的预测方法、格局改变对城市群经济社会效益的影响评估方法以及最佳经济联系格局的判别方法等，这些方法对于城镇体系规划具有较高应用价值。

（三）规划计量分析的方法论原则

为了保证规划计量分析的正确性、规范性和科学性，避免陷入伪科学、自娱

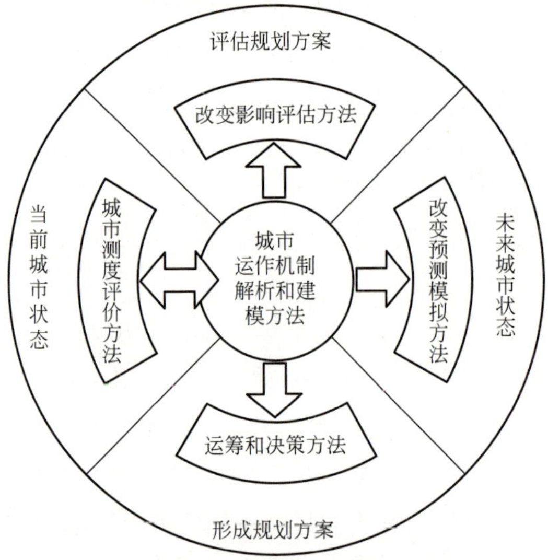

图 1　各类规划计量方法的关系

自乐的境地，需要对开展计量分析的方法论原则进行探讨。

首先，规划计量模型的研究和应用应当遵循实证主义和规范主义相融合的原则。规划实证分析试图回答“城市是什么”，它与社会科学实证分析基本相同，其基本步骤是：①对城市的观察→②关于理论的抽象、构建假说→③建立模型→④获取样本观测数据→⑤估计模型→⑥检验模型→⑦应用模型。其中规划计量模型的构建需要完成步骤①~⑥，而模型的应用需要完成过程④~⑦，亦即需要首先校核和检验模型然后才能使用模型。其间任一步骤的缺失都有可能带来结论的错误，例如前述关于城市用地演变仿真的问题，就是在应用城市演变模型的过程中缺失了步骤④~⑥。

而城市规划的规范分析试图回答“城市应该是什么”，需要深入分析利益相关方的价值观和价值判断，并将其融入城市测评、影响评估、运筹和决策等方法的构建和应用中去，其中“人”是研究的核心。例如在开展多指标综合评价时经常采用的专家打分法确定权重就是为了融入决策者的价值判断。

其次，规划计量分析需要遵循一般科学研究的方法论原则，综合应用归纳与演绎、证实与证伪，分清一般与个别的关系等。大多数规划计量新方法的研究是以归纳法为主的，需要通过观察、从大量城市现象和数据样本中总结出一般城市规律并形成规划计量模型。这个过程中需要注意到这是从个别到一般的研究，即使所有个别现象都是真实的，即归纳的前提都是真实的，但得出的一般性结论却未必真实，所以需要对其进行证伪，并通过实证去进一步证实。例如通过对我国大量城市的观察和统计发现，经济增长和城市用地增长具有强正相关性，并通过了因果检验，但就此得出“经济增长一定会推动城市用地增长”的结论就不一定正确，这时就需要去证伪该命题，通过更广泛的调查就会发现有些西方城市在经济发展到较高水平之后，经济增长并不会带来城市用地的增长，从而可以否定该命题，这时候就需要对该命题进行修正，增加“工业化阶段”等约束条件。

而对现有规划计量模型的应用或者进一步推导出其他模型就属于演绎法范畴。规划计量模型的应用是从一般到个别的研究，通常情况下都是正确的，但要注意分析模型的前提是什么，是否得到满足，因为不满足前提的模型应用，其结论往往是错误的。前述关于现有规划计量研究成果中很多缺乏对模型应用前提进行说明的问题，就很容易在模型应用过程中出现演绎错误。此外对计量模型的推导也需要区分充分条件和必要条件，不能出现逻辑错误。例如假设命题“在工业化阶段，经济发展会推动城市用地扩展”是正确的，就此得出“扩展城市用地就会推动经济发展”，这就是错误的演绎，因为前者是后者的充分不必要条件。

规划师只有遵循这些方法论原则才能得出可靠的计量分析结论。

（四）规划计量方法的适用性和局限性

在应用规划计量方法时，我们需要充分认识到它的适用性和局限性，对它要有合理期望，不能过度迷信。

使用规划计量方法有三个基本前提：一是有明确待解决的规划问题。如果单纯为了计量而使用计量方法必然起不到作用，如果规划问题不明确或者难以转换为科学问题也不适宜使用计量方法，例如环境是否舒适、景观是否宜人等；二是有适用于这一问题的计量模型。尽管现有计量规划议题种类繁多，但针对城乡空间资源配置的模型却十分匮乏，这是目前规划计量方法发展的主要瓶颈；三是有充足的数据。大数据时代为规划提供了前所未有的充足的数据来源，但也对信息分析技术提出了更高要求。

此外，并非所有规划问题都能够用规划计量方法来解决。规划方案生成、改变预测和模拟的可靠性目前还比较低，城市测评和改变影响评估还很难把个体行为、价值准则和审美准则融入计量模型。

最后，规划计量分析不能替代规划定性判断，很多情况下规划师凭借直觉和经验经常可以快速做出正确的判断或提出初步的假说，而规划计量分析可以验证、深化这些判断或假说，两者相辅相成才可以达到理想效果。

三、结论和展望

本文对我国城市规划计量分析方法进行了首次系统整理，共得到研究议题约30大类76小类，计量模型300余种，按其功能划分为以下5种类型并分别加以了评述：①城市测度、评价和特征识别方法；②城市改变预测和模拟方法；③改变影响评估方法；④运筹和决策方法；⑤城市运作机制解析和模拟方法，从而拓宽了城市规划计量研究的视野和方法库。在分析了它们发挥的作用和存在的问题之后，认为规划计量方法目前还处于发展的初级阶段，为保证其系统、有序、稳健地发展，本文还开展了规划计量分析的方法论探讨，初步构建了城市规划计量方法总体框架，认为其目标是辅助城市规划，提高规划的客观性、理性和科学性，而建立和应用规划计量模型是其主要手段，其内容体系可以从规划问题和计量方法的上述5大类别两个维度去复合架构。最后分析了规划计量方法的方法论原则，以及它的适用性和局限性。本文提出的总体框架还很粗略，还需要进一步细化，并根据实践情况来调整和完善。

规划计量方法的发展有着广阔的前景，可以改进规划师观察城市的方式，改变思考问题的模式，进而改变规划的范式。城市规划有可能和医学的发展一样，更多地基于指标来反映城市状态和规划效果，采用精准的、影响可控的方式来进行空间资源调配。

当前规划计量方法的发展迎来了极佳的发展机遇，大数据时代为规划计量分析提供了条件，数学分析方法进步和GIS普及则提供了分析手段。同时中国城市的大规模快速发展为计量研究提供了宝贵的、稍纵即逝的实践机会，这个机会将随着我国城市建设的趋稳而逐渐减少。但规划计量方法也面临着极大的挑战，目前面临的主要瓶颈是关于城市空间资源配置的理论和数学模型相对缺乏，而相关的机制却十分庞杂，研究工作量巨大。因此，我们亟需结合相关学科的计量发展经验，开展多学科合作，推动城市规划计量分析方法的系统研究，发展计量城市规划这一重要分支领域。

（撰稿人：牛强，博士，武汉大学城市设计学院城市规划系，副教授；胡晓婧，武汉大学本科生；周婕，博士，武汉大学城市设计学院城市规划系，教授。）

注：摘自《城市规划学刊》，2017（01）：71-78，参考文献见原文。

人工智能辅助城市规划

导语：城市规划中的人工智能应用是城市规划学科的时代标志性变革。文章阐述了人工智能与城市规划两个学科在发展中的关系、互为推动力的切入点、未来发展的价值取向等认知要点，预测了下一代人工智能的技术突破将为城市研究和城市规划带来的巨大变革。作者以其工作小组在智能数据捕捉、城市功能智能配置、城市形态智能设计等方面的实际应用案例，对人工智能辅助城市规划的前沿动态作出了诠释。

2017 年 7 月，国务院印发了《新一代人工智能发展规划》，提出三步战略目标：第一步，到 2020 年人工智能总体技术和应用与世界先进水平同步，人工智能产业成为新的重要经济增长点，人工智能技术应用成为改善民生的新途径，有力支撑中国进入创新型国家行列和实现全面建成小康社会的奋斗目标；第二步，到 2025 年人工智能基础理论实现重大突破，部分技术与应用达到世界领先水平，人工智能成为带动中国产业升级和经济转型的主要动力，智能社会建设取得积极进展；第三步，到 2030 年人工智能理论、技术与应用总体达到世界领先水平，成为世界主要人工智能创新中心。在城市建设领域，《新一代人工智能发展规划》特别指出，以人工智能“推进城市规划、建设、管理、运营全生命周期智能化……”等各方面。2017 年 11 月，科技部在北京召开“新一代人工智能发展规划暨重大科技项目”启动会，笔者作为核心专家组成员参会，汇报三年来参与新一代人工智能项目筹划准备中有关城市规划的若干问题。本文要点基于此整理。

一、人工智能辅助城市规划的切入点

人工智能与中国的城市规划学科目前都处于初级阶段，二者发展过程中的互动关系前景，以下述三点尤为重要。

（1）城市规划学科的成熟，基于城市规划的思想理论、技术方法和学科发展史这三块基石❶。大数据时代的到来使城市研究及城市规划受到前所未有的影响和

❶ 参见：吴志强. 城市规划方法［M］. 北京：中国建筑工业出版社，2017.

冲击❶。这些冲击一方面挑战了传统的城市研究和规划方法，另一方面“大智移云”❷ 的技术巨大地推动了人工智能辅助的城市规划方法技术的发展和进步。

（2）我们必须认识到，人工智能技术本身尚处于兴起阶段，是快速拓展、尚不稳定的技术。科学技术界，尤其是人工智能界对以单机的机器学习（Machine Learning）和深度学习（Deep Learning）为标志的第一代技术的超越正在紧锣密鼓地推进中。下一代的人工智能技术，即人工智能 2.0 的主要技术突破将在可见的未来出现。

（3）2017 年 1 月启动的中国“新一代人工智能发展规划暨重大科技项目”表明，未来 5 年里，人工智能辅助城市规划技术将依托新一代人工智能技术的诞生，而得以大幅度提升，并为下一步城市规划技术改革带来极大的可能性，甚至带来整个城市规划思想方法的变革。

二、人工智能与城市规划的互动相长

（1）城市研究与城市规划实践为人工智能研发提供了巨大的应用平台和发展思路。2016 年“人居三”大会（联合国第三次住房和城市可持续发展大会）发布的《新城市议程》强调了城市规划科学性和协同上下的作用，重新定义了其在城市可持续发展中多方面的重要地位❸。城市规划的思想方法和决策模式为人工智能发展提供机器学习的未来攻关方向，规划的运行模式成为下一代人工智能技术攻关的主攻方向之一。规划的运作是高度智慧的运作，人工智能可解析并借鉴规划的复杂系统，继而推动人工智能技术自身在规划、建设、管理运营方面的复杂智能提升。

（2）迄今为止，人工智能技术在城市规划方面的应用，主要集中于对城市生长规律和城市空间规律的机器学习（ML）和深度学习（DL）。由于城市的复杂性，对于这一人类在地球上创造的最大的复杂生命体的研究和探索，至今因其复杂性阻碍了其规划学科的科学性发育。人工智能在世界范围内兴起，尤其在中国，城市规划和人工智能得到了全球规划学界少有的最佳结合。人工智能技术在中国的城市规划学科上的运用，虽然从历史长远的角度看是初步的，但从全球范围来看，却是领跑者。人工智能主要运用于对城市数据的大规模挖掘，并大规模

❶ 参见：吴志强，叶锺楠. 基于百度地图热力图的城市空间结构研究以上海中心城区为例［J］. 城市规划，2016. 40（4）：33-40.

❷ “大智移云”，为大数据、人工智能、移动网络、云计算技术的简称。参见笔者部分演讲：同济规划. 吴志强：规划新时代与生态理性内核；中国城市规划. 重磅！2017 中国城市规划年会大会报告观点集锦.

❸ 参见：吴志强.“人居三”对城市规划学科的未来发展指向［J］. 城市规划学刊，2016（6）：7-12.

提升了中国城市规划界对世界城市增长规律和空间规律的认识。我们工作小组已经完成了 13810 多个全球城市的建成区的卫星图像挖掘，已经展示了大量城市空间增长类型学的规律。

（3）城市规划未来将依托新一代的人工智能技术发展，发育出对城市感知、城市认识、城市分析、城市模拟、城市决策全新的技术可能。下面从三个方面指出未来人工智能技术发展对未来城市规划的发展可能。

第一，人工智能的下一代群体智能技术，可大规模应用于城市发展管理。因为城市规划师的工作模式从来就不是单机运作，规划成果几乎都是群体智慧。一项规划的编制，需要团队的智慧和协同运作，下一代群体智能很好地切合了这一特征，将对规划及时产生强有力的群体运作模式支持。

第二，人工智能的下一代多媒体智能技术，可将城市规划大规模使用的来自卫片、航片、统计数据、地面感知、专访和实地调研等渠道的信息和数据进行综合使用、协同认知和共同支撑决策。规划决策中的领导讲话也可以轻松通过多媒体人工智能将其语义分析纳入城市规划信息的分析系统，各方讲话将被快速分析、分解，并汇聚到城市大数据库内。

第三，人工智能的下一代人机共智技术，可以将城市规划的技术感知、理性学习的机器学习技术和机器人工智能与人的决策系统综合，达到决策意志和机器理性的优化结合。规划的决策过程从来都没有离开过决策者的个性，城市的发展也从来不是通过纯理性的推理，现在人机共智的技术很好地切合了城市规划的模式，没有决策者意志的决策，几乎不是现实的城市规划，没有理性的科学的规律支撑城市决策，从来都会违反城市的发展规律，造成城市病的泛滥。

（4）人工智能技术正在大规模推进，5 年后的人工智能学科的技术进展正是未来城市规划特别需要的。当前要学习的，不仅是如何直接应用人工智能技术，还应学习人工智能如何更多地为城市规划服务，为城市科学的健康发展服务。坚持推进人工智能应用于城市规划领域，是中国城市规划在世界规划界的前沿的跟跑、并跑和领跑的重要技术手段，也是未来持续创新领跑内涵式发展的内生性力量。

三、三种规划思路

（1）中世纪开始的乌托邦城市规划是理想导向的，是要把一个国家的理想体现到一个城市的规划中。这是第一种规划思路：以理想导向编制规划。

（2）1950 年代后，在科学社会主义影响下的近现代的城市规划是以当下城市问题为导向。这就是第二种规划思路：以问题导向编制规划。

（3）而今天的城市规划依托人工智能大规模感知城市、认知城市、认识城市规律，为城市规划提供了第三种规划思路：以城市规律导向编制城市规划。城市规划的编制思路趋于理性，尊重城市生命规律。而这种规律不是过去的简单逻辑可以模拟的，是一种复杂生态理性。

四、人工智能辅助城市研究实例

（一）智能数据捕捉辅助发掘城市规律

笔者及其领衔的智能规划工作小组的“城市树”城市研究项目，通过 30m×30m 精度网格，在 40 年时间跨度内对全世界所有城市的卫片进行智能动态识别，如影像识别（图 1），建构了“城市树”概念，截至 2018 年 1 月，已高速完成了精确到 $1km^2$ 以上的 13810 个全球城市的描绘。如通过宁波的城市树（图 2），可直观观察城市增长的过程，辨识其增长点。

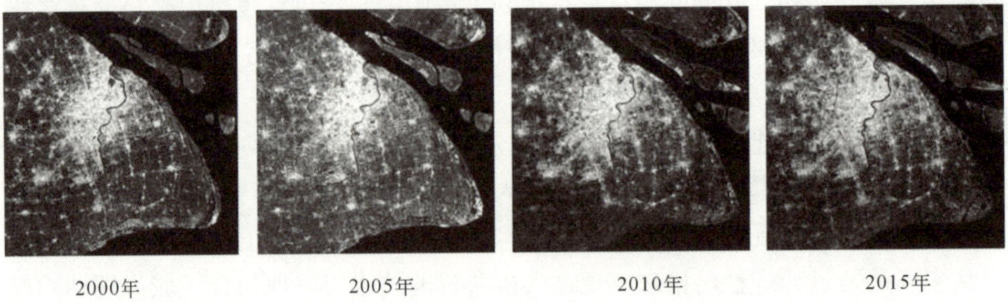

图 1　上海市不同年份建成区影像识别提取结果

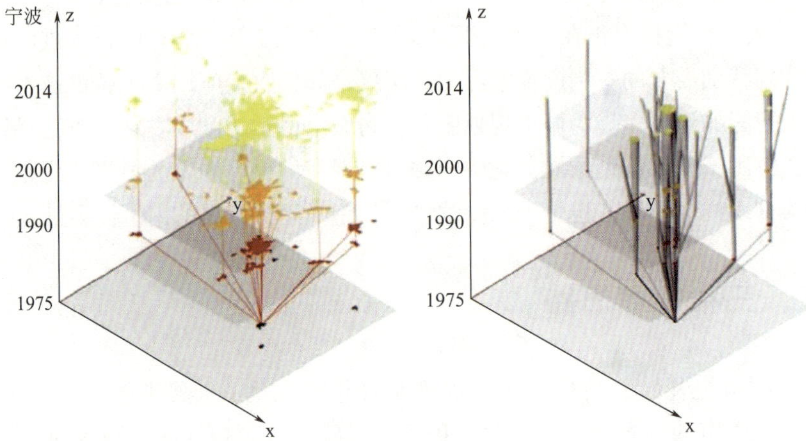

图 2　宁波城市树

通过对已绘制的城市树的曲线边缘进行统计（图 3），归纳出 7 大类城市发展的类型：萌芽型城市、佝偻型城市、成长型城市、膨胀型城市、成熟型城市、区域型城市、衰落型城市（图 4）。如英国、德国和法国的城市，60%~80%的城镇呈现稳定的增长，属于增长型城市；发展中国家，包括中国小城市的增长曲线接近衰落型；过去 40 年内始终保持在 10km^2 以下几乎没有增长的城市属于佝偻型城市，大量集中在发展中国家的城市；城市面积达到 100km^2 以上的膨胀型城市，在全球范围内比较少见，但在新兴经济体国家出现。

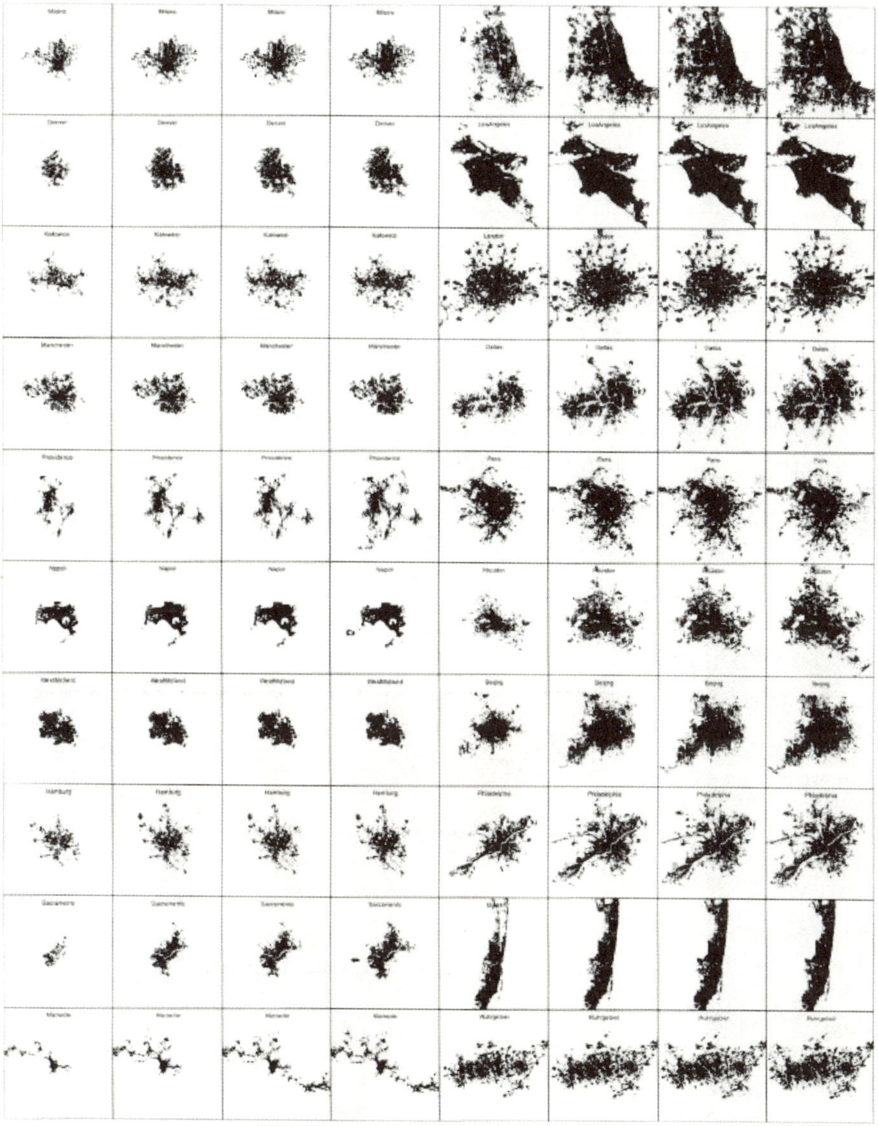

图 3　世界城市增长边缘图例

除城市增长类型和城市增长趋势，在城市研究中运用人工智能的技术，可更

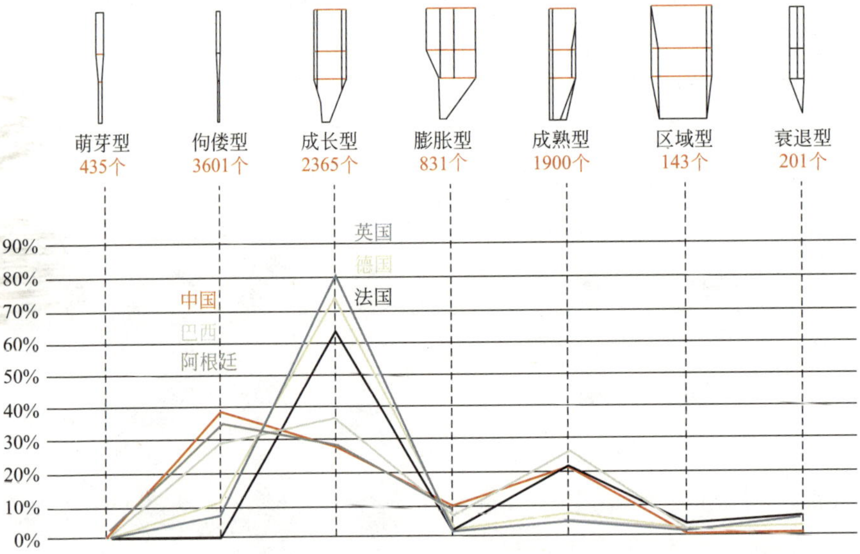

图 4　七大城市发展类型及分布

快速、准确地观察城镇群汇聚的规律。以长三角城镇群汇聚的历程为例（图 5），可看到自 1975~2015 年的 40 年间，其汇聚呈现了一定均匀度，但各城市增长的中心具有有规律的 6 个定点，形成一个管理网络。从发展进程上可以看到，在改革开放初期，这些定点彼此相距 40km 左右，在城市高度发展之后，6 个定点周

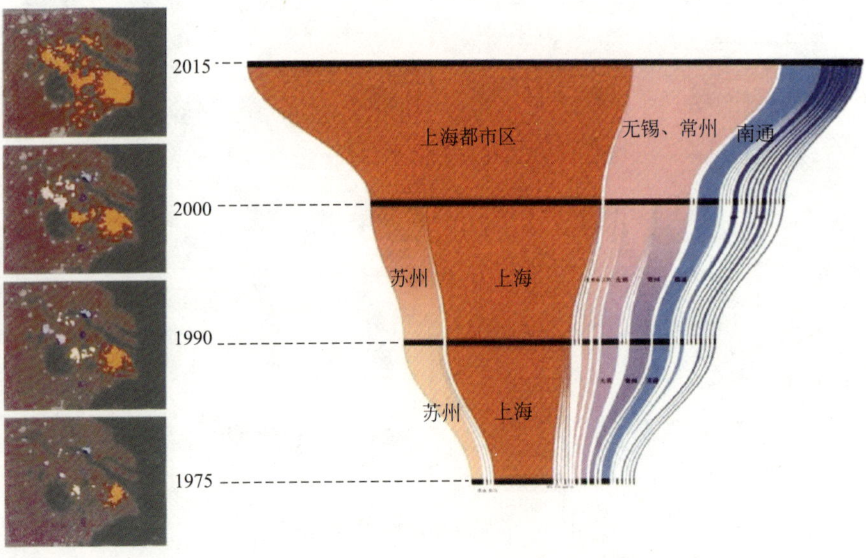

图 5　苏州、上海、无锡、常州、南通城镇群集聚历程

围又发展出更小的6个定点，如苏南地区已成为了一个新的定点，整个网络更为密集，但仍然保持着这一增长律动。具体到城市，可以看到，江苏省和安徽省，相对于苏南地区来说，城市没有得到很好的发育；安徽省的发展都集中在省会城市，可以看到合肥的大规模生长，这是安徽的行政动力造成的；武汉的发展问题在于其周边300km之内没有可比的大城市；长三角城镇群的总量在扩大，苏州、上海联动，中心逐步连进（图6）。

从世界范围上看，美国的城市总体上新增长率较低，但湾区的建设量非常大；日本是发达国家中唯一城镇化率达到95%的国家，东京湾有极大的纵深发展。

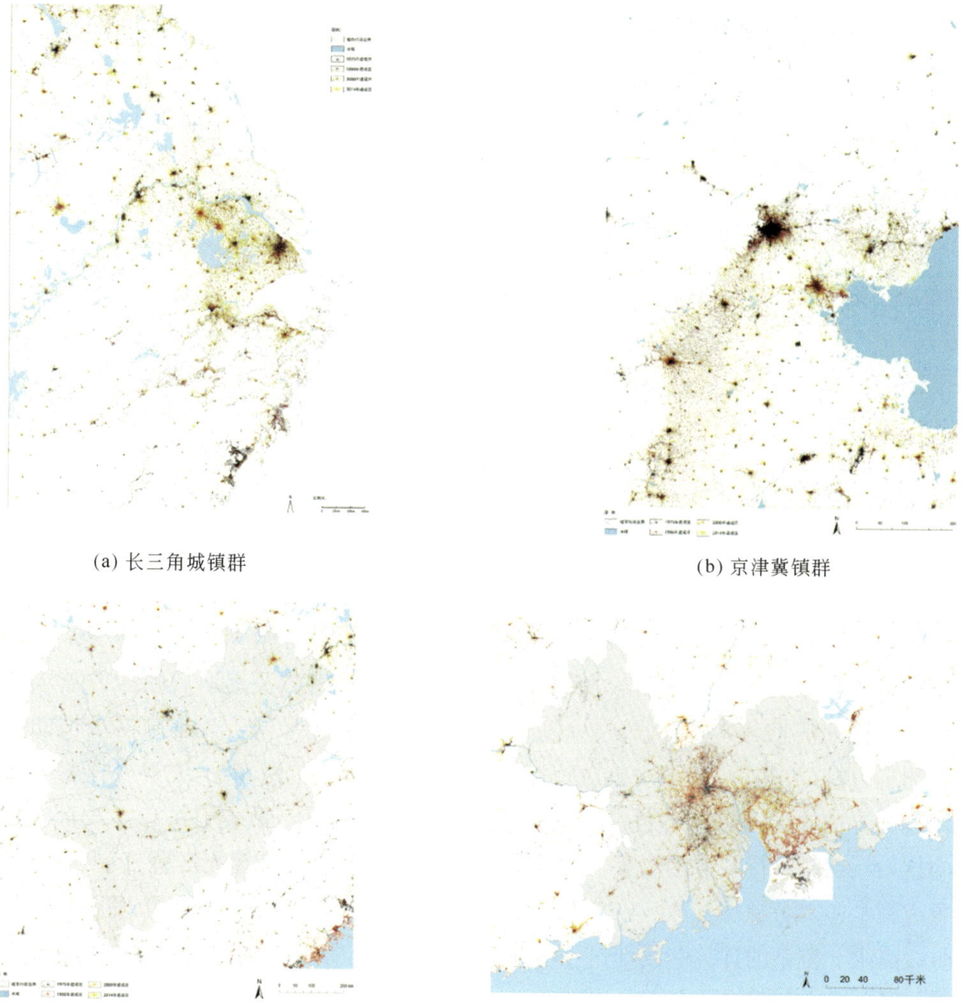

(a) 长三角城镇群

(b) 京津冀镇群

(c) 长江中下游城市群

(d) 粤港澳湾区

图6 各城镇群增长网络图例（一）

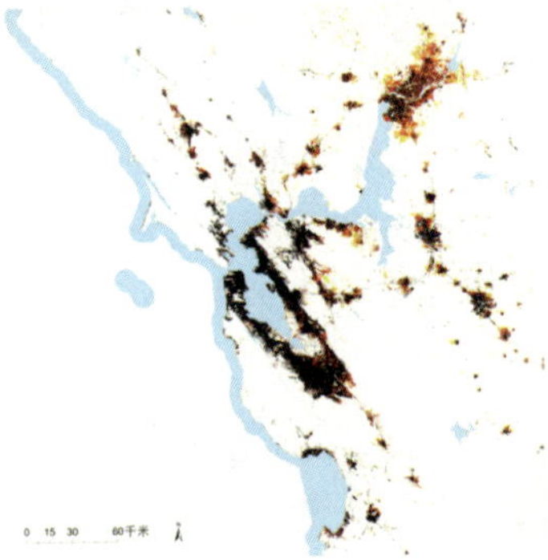

(e) 美国西海岸

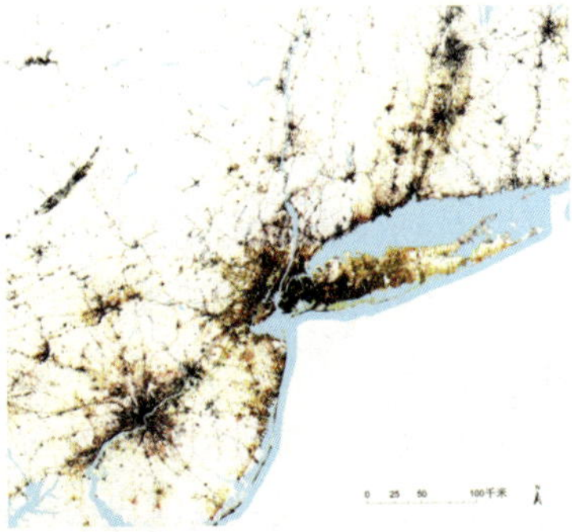

(f) 美国东海岸

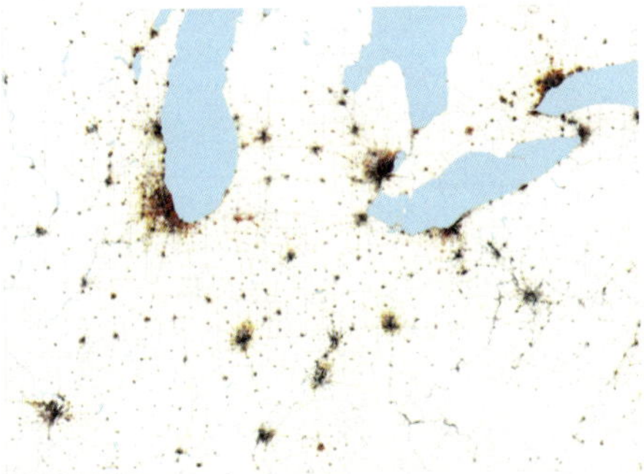

(g) 五大湖城市群

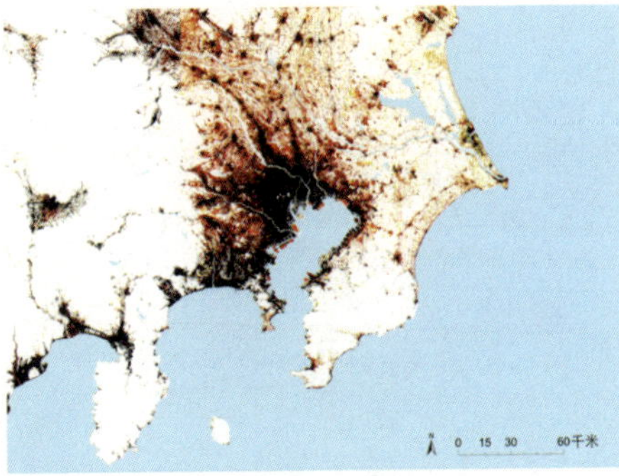

(h) 东京湾城市群

图6 各城镇群增长网络图例（二）

（二）城市功能的智能配置

运用人工智能的类型学技术，笔者及团队构建了博弈模型（CityGo）❶。首先将城市利益相关体分为政府、规划师、投资商、市民四方，提取反映四方需求和决策特点的信息。其模型假设：政府决策短期整体目标导向；规划师注重长期整体配置目标导向；投资商决策以短期个体市场目标为导向；市民决策以长期个体目标为导向。四方按照各自的目标导向，对职业、居住、商业、医疗、教育、休闲这六元功能进行各自的决策，由此构成了四方六元的决策智能配置（图7）。配置过程中还需考虑从过去到未来的时间进程，以及上节所述的不同城市发展类型和阶段需求。复杂的计算和设计过程，都借助人工智能得以快速完成和及时模拟。

❶ CityGo的原型是由同济大学吴志强教授最先提出，根据潘云鹤院士的指示，由宁波智城院、浙江大学、同济大学、宁波市规划局、宁波云计算中心联合攻关，结合宁波现有智慧城市大数据的基础，在宁波首先投入试点实验并设计原型系统。

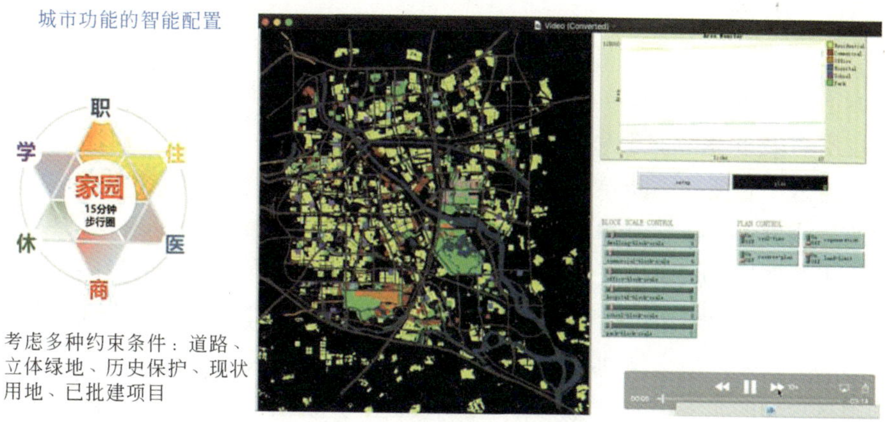

图 7　城市功能智能配置图例

（三）城市形态智能设计

笔者及其团队研发了城市智能模拟平台（CIM），进行城市形态的智能设计，为城市规划提供数据支撑。如在北京副中心的设计中，应用 CIM 支持系统，在覆盖的 155km^2 内，可快速读取出任一区域内的天气、人口成分、人流汇聚规模和速度、建筑高度、建成材料，在生态学和精确理性的支撑下，进行个体化的精准计算，从而高效完成设施的最佳配置量和配置地点等的布局（图 8）。

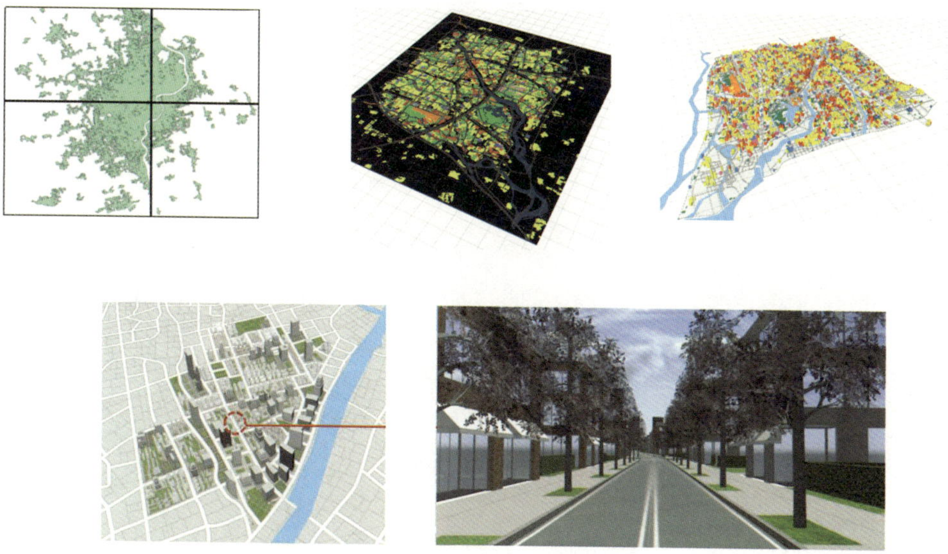

图 8　三维城市空间的智能展现

五、结语

只有当城市被作为独立生命体、作为城市规划的职业对象而尊重时，城市规划才能尊重城市复杂的生命规律，寻求其复杂生命的生态理性。而在这个过程中，随着人工智能的不断导入，人工智能自身的快速发展和提升，以及人工智能不断被导入城市规律学习和城市规划决策的过程中，城市规划将变得更加强大。

人工智能辅助城市研究和城市规划方法在中国各地存在巨大的发展差异，需要城市规划新技术学术委员会、各地的城市规划一线管理机构、城市规划局信息中心等实务机构，城市规划技术机构，如规划设计院、规划设计团队，以及每位规划师从规划的实务中间发现规划自身的问题，并以问题为导向，不断地吸纳人工智能新技术的发展成果，才有可能让人工智能辅助城市规划健康发展。

（撰稿人：吴志强，城市规划教授、博导，同济大学副校长，中国工程院院士，德国工程院院士，瑞典皇家工程科学院院士，美国建筑师学会荣誉院士。）

注：摘自《时代建筑》，2018（01）：6-11，参考文献见原文。

基于大数据的城市规划评估思路与方法探讨

导语：大数据为城市研究提供新的机遇，为城市规划设计和城市规划评估带来新的思维模式和技术手段，有助于推动“静态蓝图”的传统物质空间规划评估转向社会经济综合评估，从而更好地促进规划评估时城市规划和建设管理的支撑。面向动态监测和综合评估、城市流动性评价以及人本化的规划评估理念，构建多源数据整合、多主体参与的城市规划评估框架，并提出通过大数据进行城市系统运行的动态监测评估、规划实施成效评估、城市宜居性与可持续发展能力评价等思路方法。在未来研究中，需要进一步将大数据与“多规融合”信息平台相结合。实现对城市规划、运行管理和发展过程的系统评估与决策支持。

互联网、物联网和移动信息技术的快速发展，为大数据的挖掘、分析应用提供了新的思路和技术方法。大数据在推动经济、管理、金融、社会服务等领域创新的同时，也为城市研究与规划的多学科融合、多主体参与，以及空间评价和资源配置提供科学支撑。一方面，大数据为城市规划方法创新提供新的研究范式、技术手段和内容框架，有助于为城市规划编制、方案制定和规划评估提供更加科学的支撑依据；另一方面，大数据应用于城市分析研究当中，可以清晰地把握城市运行过程中居民行为活动、社会经济、交通运行、空间利用等要素的运行状态、发展变化过程和系统作用机制，这可以促进城市规划的动态调控管理。由此可见，大数据无论从研究范式还是技术方法上，都可以为规划实施评估决策的科学化提供重要支撑。

西方城市规划评估经过长期的发展，评估对象已经由“蓝图式方案评估”转向“实施过程和绩效评估”，评估方法从“理性评估”转向“交互运用”，理念上更加强调合作式规划评估、综合评估以及政策的公共引导性。但在我国长期存在规划实施评估缺位的状况，近年来开始的城市规划评估仍然以“静态蓝图评估”为主，并以规划目标的实现以及传统空间美学作为评估的主要内容，重视物质空间建设的评估，而忽视了对社会经济的综合评估。以物质空间为主的蓝图规划评估，缺乏对城市复杂系统的变化过程进行实时监测、动态评估和调控反馈，造成规划的灵活性、适应性不足。同时，针对城市规划实施绩效、城市可持续发展能力等评估方向，缺乏有效的评估方法和技术手段。

大数据的出现，为引导城市规划评估从以“建设用地”为核心的物质空间评估转向以“个体日常行为活动”为核心的城市社会经济综合评估提供数据和方法支撑，大数据不仅可以用于分析信息、交通、人口迁移、企业生产等要素流动性，而且可以揭示社会经济、居民日常行为活动和城市空间形态等耦合关系和演变规律，因此有助于推动“理性规划评估”以及对城市运行全过程和规划实施的清晰把握。大数据强大的系统、动态和关联分析功能应用于城市各类要素的运行状态监测、发展质量评价和系统协调性评估，有助于理性的城市规划评估过程的实现，并推动城市规划的公共政策属性的发挥。

探讨基于大数据的城市规划评估思路和方法，可以实现对城市各类要素的动态监测和综合评估，更加深入地理解城市要素的流动、耦合以及各类功能空间的相互作用，从主体活动需求的角度进行城市宜居性和可持续发展能力评估，以及通过对反映居民、企业行为活动的数据的主动获取来引导公众参与，实现以人为本的城市规划评估。因此，利用大数据强化城市规划评估，有助于创新规划评估方法、拓展规划评估思维并丰富规划评估内容，进一步发挥城市规划在城市空间资源配置、城市发展质量提升中的作用。

一、传统城市规划评估存在的问题

传统的蓝图式城市规划评估模式受政策制度、技术方法和数据获取等影响，以物质空间评估为主，缺乏对城市活动主体需求的评价，导致规划评估的系统性、动态性和实效性不足。

（一）静态蓝图式评估，导致规划的实效性和动态性不强

我国现有的规划评估主要分为两种类型，一是因规划修编程序需要而进行的评估，评估的主要目的在于通过规划修编审查，而缺乏对规划内容和实施情况深度的分析，对规划修编和规划调整的指导性不强。另一种针对已经出现的规划问题而进行的检讨，但这种评估具有偶然性，并且为被动的规划措施。这两种类型都属于“静态蓝图”的规划评估，呈现出“规划—现状”一致性的评估特点。“静态蓝图”式规划评估与规划编制周期同步，但存在实效性不足的问题，规划评估的灵活性、动态调控作用较弱。

（二）受制于传统数据获取方法，规划评估全面性和系统性不强

传统城市规划评估的数据获取主要采用城市统计年鉴、城建统计年报及其他专项统计数据，对城市人口、社会经济、城乡建设、交通环境等要素的发展变化情况进行对比分析，评估的重点以强制性内容、阶段性实施成效为主，缺乏通过主体活动、要素流动、交通运行等实时动态数据的主动获取，对城市运行效率、城市经济活力、空间发展质量、居民幸福感等体现城市发展水平内容的评价，从而影响了规划评估的全面性和系统性。

（三）强调物质空间实施评估，缺乏对多元主体需求的评价

传统城市规划评估往往以城市用地布局评价为核心，并以城市建设用地增长控制、城市发展方向引导、城市空间结构调控等物质空间优化为重点内容。通过比较实际的建成区规模与规划建设用地规模、建设用地与非建设用地关系，评价城市建设用地和空间布局的控制效果；采用象限法进行城市空间扩展方向评价，对空间增长的均衡性和非均衡性进行评估；对新增建设用地空间分布、集中增长区域以及各类用地增长的空间特征的分析来评价城市空间布局结构。传统的物质空间评估，缺乏从城市规划实施的角度对政府、企业、居民等多元主体需求满足程度的评估，因而以物质空间为核心的规划评估其公共政策性体现不足。

二、大数据时代的城市规划评估理念转变

通过大数据在城市规划评估中的应用，有助于推动城市规划评估理念的转变和方法创新，实现对城市运行的动态监测，进行城市多要素综合分析评价，引导城市规划评估从物质规划评价转向系统性评估，并强调规划效果、合作规划、人本规划和可持续发展等新的规划评估理论（图 1）。

（一）注重城市动态监测和综合评估

由于受数据获取方式的限制，传统的城市规划评估往往局限于对规划蓝图方案与实际建设情况的静态对比分析，而大数据时代多源异构数据的动态可获取性，有助于实现对城市运行情况的动态监测和评估，通过实时采集居民行为活动、城市公共服务、基础设施运行等数据，对城市设施运行、活动空间、土地利用、生态环境等要素进行全方位的监测，掌握城市规划建设的动态状况。大数据能够使得我们通过大样本、多方位、多层次连续观察研究对象。在城市动态监测

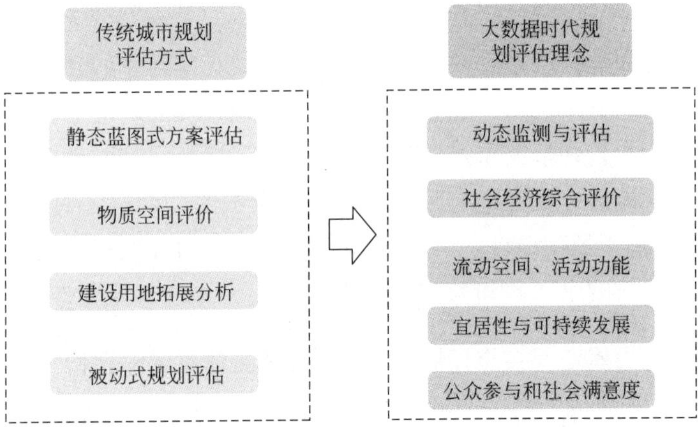

图 1　传统规划评估方式与大数据时代规划评估新理念

的同时，大数据可以促进对城市规划评估由物质空间评价转向对城市社会经济、居民活动、土地利用和空间变化等要素的系统综合评估，为城市规划的公共政策制定提供新的技术方法。

（二）强调城市流动性和功能空间评价

信息技术和交通方式的快速进步，对城市场所空间产生颠覆性作用，这种影响包括城市空间的破碎化、网络化以及功能的复合化，极大地改变了城市各类要素和空间的流动性。应当积极适应信息技术和交通方式带来的流动性变化，改变城市规划评估的思路和路径，而各类互联网、交通刷卡、居民时空行为活动等大数据恰恰为分析和评价城市流动性提供了新的方法，通过对城市居民、企业生产、公共服务、重要场所和节点的流动性评价，建立流动空间与场所空间的作用关系，进行城市的功能混合程度、土地开发利用强度、用地效率、空间发展质量等内容评估。

（三）重视城市宜居性和可持续发展评价

随着城市规划由物质规划转向社会经济综合规划，以及强调绿色、开放、共享等发展理念，城市规划评估也应当由传统的只关注建设用地、物质空间的评价转向重视对城市宜居性和可持续发展能力的评估。从居民的角度出发，城市宜居性主要体现在城市安全、出行便捷、生活方便等宜居城市的内涵要求上，通过实时动态的大数据采集和分析，可以对居民交通出行、居住就业、购物消费的满意度以及城市健康安全程度进行评估，创新城市宜居性评价方法。在对城市宜居性动态评估的基础上，进而有针对性地提出相应的宜居规划策略。与此同时，大数据不仅可以应用于居民主观感受的满意度和幸福感评价，还可以对城市环境健康、自然宜人、社会和谐等体现可持续发展能力的要素进行分析评估，实现可持续的城市规划评估。

（四）公众参与和以人为本规划评估

新媒体技术和大数据为城市规划及规划评估带来新的技术手段，不仅为规划评估过程中不同主体的交流互动提供平台，利用社交媒体和 Web2. 0 来全面提升公众参与程度，同时可以促进合作式的城市规划评估（甄峰，王波，秦萧，等，2015），国外已有大量的研究探讨基于公共参与地理信息系统（PPGIS）的城市规划公众参与方式。通过整合大数据和公共参与信息平台，可以促使传统的被动式规划评估转变为多元主体互动参与的主动式规划评估，实现政府、企业、市民和其他组织在城市规划评估中的信息交互，这也是走向合作式、人本化的城市规划评估的重要方向。

三、基于大数据的城市规划评估思路创新

立足大数据，探讨整合多源异构数据、引导多主体参与的城市规划评估新思路，同时在利用大数据进行城市运行动态监测评估的基础上，探索推动城市规划实施成效评估、城市宜居性和可持续发展能力评价的新方法和新思路。

（一）基于大数据的城市规划评估总体框架

大数据不仅为城市规划带来新的技术手段，而且可以推动城市规划的研究范式、思路方法的转型。将大数据应用于城市战略规划、总体规划、近期建设规划以及各类专项规划评估当中，挖掘互联网络、手机信令、交通刷卡、传感器、视频监控等非结构化大数据，并与城市人口、社会经济、土地利用、问卷调查等结构化数据结合利用，搭建面向政府管理部门、市民、企业和规划师等多元主体参与的规划评估技术平台，整合“居民活动—社会经济—建成环境”的系统综合评价、城市空间运行模拟分析、要素流网络分析以及系统协调分析等空间模拟和评价方法，构建由数据整合到技术协同，再到多元主体合作协同参与的城市规划评估总体框架（图 2）。

在新的城市规划评估框架中，可以从城市规划动态监测、规划实施成效、宜居性与可持续发展等方面构建规划评估的内容体系。城市规划动态监测评估以反映城市运行状况的各类要素评价为主，这些要素除了城市的物质空间发展变化之外，还包括物质空间所承载的各类活动，如居民日常行为活动、企业生

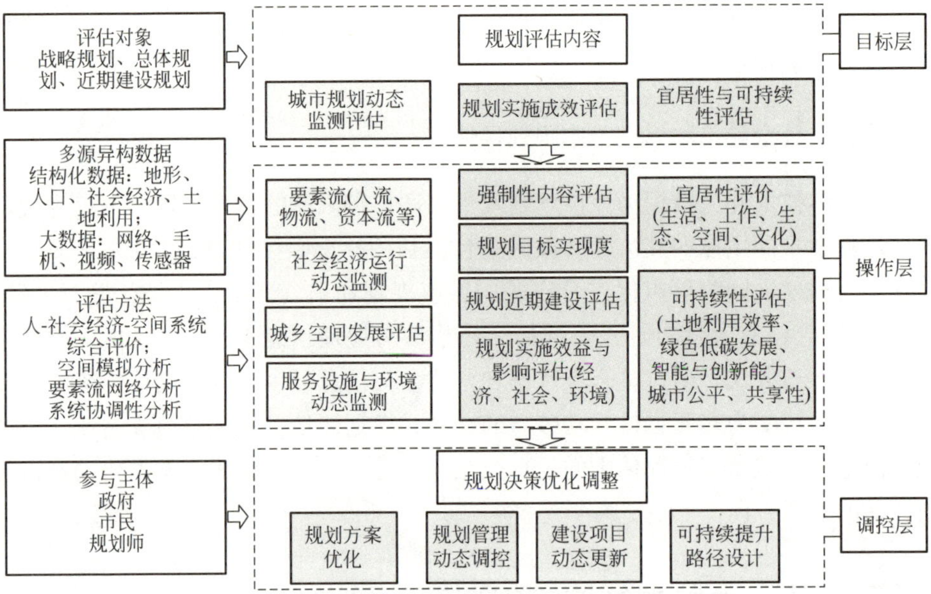

图 2　基于大数据的规划评估思路框架

产活动以及城市服务设施等要素的动态监测。大数据时代的城市规划实施成效的评估，虽然仍以规划强制性内容、规划目标实现、近期建设成效、规划实施效益与影响等评估为重点，但区别于传统规划成效评估的是强调多源异构数据的使用，以及由建设用地增长评价转向流动空间、城市功能空间的综合评价。城市宜居性和可持续发展评估，则以宜居城市和可持续发展相应的目标体系为评价对象，以居民生活满意度和幸福感提升、城市人地关系协调为切入点，从城市系统要素动态演变和阶段性目标实现的角度，评估城市运行效率和发展质量。

利用大数据进行不同维度规划内容评估的基础上，有针对性地提出城市发展决策和规划方案优化调整建议，包括对已有规划方案的优化、规划管理的动态调控、建设项目的动态更新以及可持续发展能力提升的路径设计等。这有助于更好地发挥城市规划在调控资源配置，以及促进绿色低碳、公平共享发展中的作用。

（二）城市动态监测评估

通过多源异构数据的挖掘，对城市要素流动、社会经济增长、城乡空间发展、城市交通、公共健康、城市环境、资源利用、城市安全等进行实时联动监测与分析评估，更加透彻深入地理解空间要素运行发展和变化过程。

（1）社会经济运行监测

强化对城市人口集聚和经济运行状况的动态监测评价。利用社交网络分析判断城市人口集聚的空间分布和重心变化，以及城市、功能区和街区尺度的人口规模变化，进而识别人口密度、城市功能和活力的空间差异；利用手机信令数据分析城市职住关系、居民出行行为和通勤等，从微观个体视角对城市空间利用和建成环境进行综合评价；对于企业活动和就业信息有关数据的挖掘，可以对企业生产与销售网络联系、城市经济效益、就业空间分布等进行全面的分析，有助于动态监测城市之间的功能关系、不同城市功能空间的投入—产出效率，以及识别城市产城融合、用地混合利用状况。

（2）城市空间要素监测

进行城市交通、环境、土地利用等现状与动态变化过程的监测与调控。通过实时交通监测数据、公交刷卡数据、GPS 定位数据分析交通运行状况，对道路网络结构和布局合理性、交通设施利用效率、交通拥堵状况进行评价，为动态的交通管理决策、交通基础设施建设提供依据；借助遥感影像、手机信令、社交网络等数据的挖掘分析，对城乡空间发展进行动态监测，例如通过灯光指数来监测城乡建设变化及城市夜间活力，通过手机数据对建成区活动强度进行监测和评估，判断新建小区的实际入住率，评价商业中心空间集聚性和消费者空间分布。

（3）要素流动性监测

利用大数据进行要素流动性监测和城市流动性评价，重点对城市人流、物流、资本流、信息流、创新流等要素流动进行模拟分析。例如通过手机信令数据、GPS 定位数据分析居民活动——移动的轨迹，来判断人流的尺度、范围和活动内容，以及人流的路径、网络和集聚的节点等，并从建成环境和人流的耦合性角度评价城市空间利用效率。

（三）规划实施成效评估

大数据为规划实施评估提供更加多元化的数据来源、更加全面的分析视角，在人口、社会经济、土地利用、交通、环境等结构化统计数据基础上，主动获取居民活动数据、企业数据、手机信令等大数据，采用系统耦合分析、要素叠加分析等方法，对规划实施成效、规划内容与目标进行综合评价，根据评估结果提出规划修编或者修订的建议（图 3）。

（1）规划强制性内容评估

面向城镇体系规划、城市总体规划等法定规划，通过构建新的数据和方法

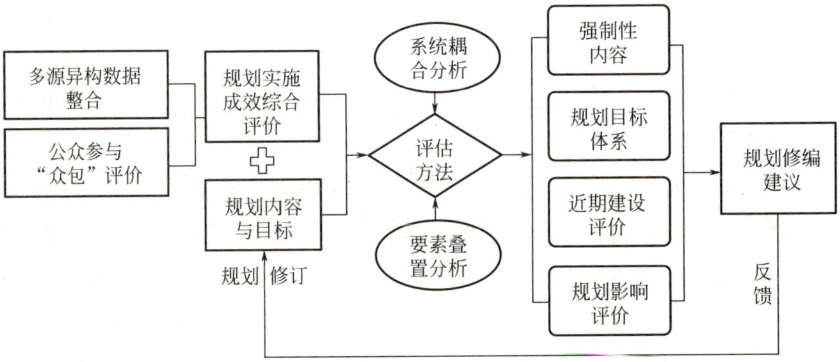

图 3　基于大数据的规划实施效果评估路径

体系，对城镇体系结构、城市规划区范围控制、空间管制、空间布局与土地利用、基础设施和公共服务设施布局等强制性内容进行系统性评估。对于区域规划或城镇体系规划实施情况的评估，在传统的城镇人口、经济规模和职能结构评价基础上，利用居民活动、企业网络、社交网络等数据，综合评价区域空间结构或城镇体系结构（图 4），以及城市群边界、城镇联系网络的评估。对城市总体空间布局与土地利用评估，通过大数据的手段，对城市居民行为活动、就业岗位、商业布局、服务设施集聚等进行多角度评估，引导从土地利用效率、城市功能混合、要素系统耦合程度等视角深入评价城市空间布局实施的实际效果（图 5）。

(a) 基于社交媒体的活动强度　　(b) 企业联系网络　　(c) 基于百度搜索的城市关注度

图 4　利用多源数据的长三角城镇体系结构评价

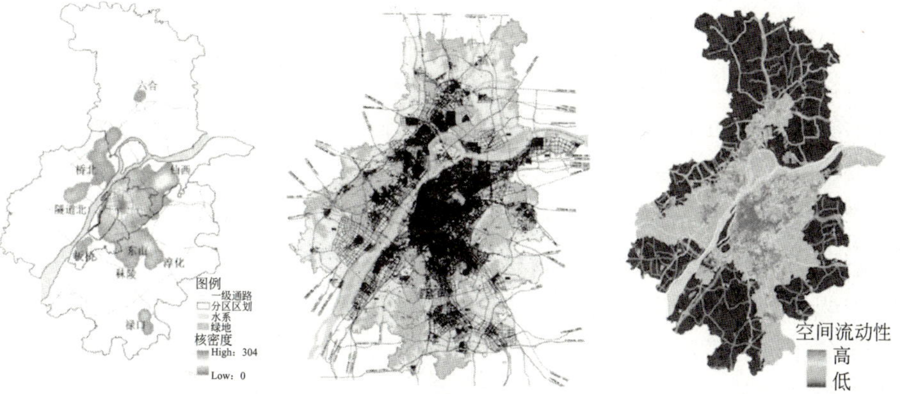

(a) 基于社交媒体数据的活动中心识别　(b) 基于社交媒体的活动分布　(c) 活动日志数据的空间流动性

图 5　基于多源数据的南京城区空间评估

（2）规划目标实现度评估

城市规划目标实现程度的评估，以规划确定的经济发展、社会文化、生态环境、城市建设等各类指标为主要对象，对预期目标值的实现情况进行评价。但对于定性指标或部分缺乏统计数据的量化指标的评估，往往缺乏科学合理的评价手段而难以实现，如“土地集约利用”“社会和谐”等指标。在大数据环境下，则可以利用手机信令、位置服务信息（LBS）等数据分析城市主体活动的分布强度，从而间接地反映城市土地集约利用水平；通过社交网络舆情监测分析的方法，分析居民对政务服务、生活的满意程度，来综合评价不同城市的“社会文明”“社会和谐”以及“城市管理水平”等定性指标。

（3）城市规划的影响评价

规划影响评价是协调城市空间布局与交通、环境、社会经济发展的重要方式，通过采集城市环境、交通运行、人口经济、居民活动等数据，模拟分析城市规划方案对城市要素系统的影响。首先，基于土地利用和城市环境质量数据，模拟用地布局对环境质量的影响，分析模拟环境质量改善情景下的用地布局方案。其次，通过各类交通刷卡、交通运行监测数据，评价城市空间对交通组织的影响，提出城市土地利用与交通互动的利用方式；利用居民、企业活动数据，评价城市空间布局对社会经济系统运行的影响。针对城市空间布局对各类要素影响的形式、时空差异性，提出空间布局优化调整的方向性建议。

（四）城市宜居性与可持续发展能力评价

构建城市宜居性与可持续发展能力评价指标体系，在现状调查、多尺度数据采集分析基础上，从社会文明、经济增长、绿色低碳、生活舒适、城市安全、公平共享性等方面进行宜居性和可持续发展的全面综合评价，评价的结果作为宜居城市规划和建设的决策依据。

针对宜居城市建设的生活、就业、公共服务、空间和文化等要素，整合结构化的统计数据和非结构化的大数据，分析各要素的宜居水平。通过网络点评、网络购物、交通刷卡等数据挖掘，进行居民购物、休闲娱乐、居住等日常活动的舒适度，以及公共交通的可达性分析，这在很大程度上可以反映居民生活宜居性水平。利用手机信令数据、兴趣点（POI）数据，分析城市空间拓展、居住用地效率、职住平衡情况，评价商业、教育、医疗、金融、健康等公共设施的空间配置和服务质量，作为城市公共设施和空间结构的宜居程度评价基础。

通过挖掘社交网络等反映居民情绪、主观评价的数据，从居民主观感受的角度，对社区生活、公共空间、交通出行、公共服务、居住环境、城市文化等要素的满意度状况进行评价，并通过各个要素满意度的加权分析，得出居民的整体满意度以及空间差异，通过整体满意度来评估城市主观宜居性的空间差异，将主观满意度较低的空间作为城市宜居性提升的重要区域。

同时，利用大数据对城市可持续发展能力进行评价，通过医疗、公共卫生数据分析来评估公共健康状况，以及建成环境对居民健康的影响，从而营造有利于促进公共健康的城市环境。基于大数据进行城市风险识别、灾害评估、资源环境安全分析，为城市风险预警和管理提供决策依据，提高城市的公共安全管理能力。与此同时，可以利用大数据进行公共服务和空间利用的公平性进行评价，促进城市资源的优化配置。

四、总结

大数据应用于城市规划评估，在提供新的数据获取途径和技术手段之外，可以促进城市规划评估思路与方法的创新，这将推动城市规划评估模式向社会经济综合要素监测与动态评估、规划实施绩效评估以及城市规划建设和发展质量系统评估转变，更好地发挥城市规划引领社会经济和空间协调有序发展的作用，引导公共价值和利益的实现。大数据时代的城市规划评估，在数据整合的基础上，通过定性与定量方法的结合，对城市物质空间、主体日常活动、服务设施运行等要素进行动态监测分析，对城市规划的目标实现程度、规划实施成效与规划影响进行综合评估，并对城市人地关系协调、居民主观满意度等进行系统评价，从而引导城市规划和规划评估的科学化、精准化和人本化。在“创新、协调、绿色、开放、共享”的城市发展理念下，对提升城市空间质量、居民生活质量、城市竞争力和要素协调性提出更高的要求，这需要智慧的城市研究和规划手段，以及不断创新的数据应用思维，强化居民行为活动、企业服务数据分析在城市规划方案制定和规划评估中的支撑。

本文在对传统城市规划评估存在问题分析基础上，主要从理论层面提出了大数据时代城市规划评估的新理念和总体框架，并针对具体内容探讨了大数据应用于城市规划评估的思路方法。与此同时，在国家推进空间规划体系改革和“多规融合”规划的背景下，如何将大数据的规划评估体系与“多规融合”信息平台建设相结合，整合各部门的规划、数据和资源，构建“数据整合—规划协同编制—规划建设管理—规划评估—反馈调控”的智慧规划与建设管理系统，实现对“多规融合”规划的动态评估和决策支持，将成为大数据支撑下城市规划评估的难点。

（撰稿人：席广亮，南京大学建筑与城市规划学院，助理研究员；甄峰，南京大学建筑与城市规划学院教授，博士生导师。）

注：摘自《城市规划学刊》，2017（01）：56-62，参考文献见原文。

基于人机互动的数字化城市设计

——城市设计第四代范型刍议

导语：在城市设计发展历程中，其依托的理论和技术方法一直与时俱进。城市设计先后走过了四代范型，亦即：建筑学基本原理主导、以城市三维形体组织为对象的第一代传统城市设计；以科技支撑、功能区划、三维空间抽象组织为特征的第二代现代主义城市设计；基于“生态优先”和环境可持续性原则的第三代绿色城市设计；以及今天正逐渐浮现的基于人机互动的第四代数字化城市设计。第四代城市设计以形态整体性理论重构为目标，并以人机互动的数字技术方法工具变革为核心特征。通过众多案例的科学研究实践成果表明，在可见的未来，规划设计编制将有望实现“从数字采集到数字设计，再到数字管理”的跨越。

一、城市设计范型的发展历程

城市设计，古已有之。人类自希腊、古罗马、中国等早期文明的城市营造活动中，形成了朴素的城市空间设计经验，并在欧洲、阿拉伯地区、亚洲等不同文化体系中发扬光大，形成了城市设计的萌芽。千百年以来，在城市设计的发展历程中，其关注城市空间形态建构和组织的基本概念并没有发生根本性的改变，但是城市设计依托的理论和技术方法一直与时俱进。

（1）第一代传统城市设计。1920 年以前，城市设计所遵循的价值取向和方法论系统基本上以建筑学基本原理和古典美学为指导（图 1），对较大空间范围内的建筑进行三维形体控制，直觉感性多于科学理性，这也是该阶段城市设计范型的基本特点。代表人物如西特、沙里宁等，其后吉伯德、卡伦、芦原义信等又很好地继承和发展了这一理论。

（2）第二代现代主义城市设计。工业革命之后，城市空间环境和物质形态发生了深刻变化。城市人口与用地规模急剧膨胀，超出了常规建筑手段所能驾驭的能力，人们逐渐意识到只有通过整体的形态规划才能摆脱城镇发展的困境，产生现代主义城市设计。该阶段城市设计者不再仅仅关注于城市空间的艺术处理和美学效果，而是遵循经济和技术的理性准则，以科技支撑、技术美学、功能区划、三维空间抽象组织为特征，建构城市物质环境的总体理论与方案，以寻求一

图 1　西特《遵循艺术原则的城市设计》插图

系列城市问题的解决方案，代表人物如柯布西耶（图 2）、培根（Bacon）、克里尔兄弟等。在二次大战后的城市建设中，现代主义城市设计的内在目标、方法论又由于世界性社会发展的新特点而产生了新的发展，后期发展的主要代表人物包括林奇、雅各布斯、“小组 10”、拉波波特、罗西及柯林・罗和弗瑞德・科特等。

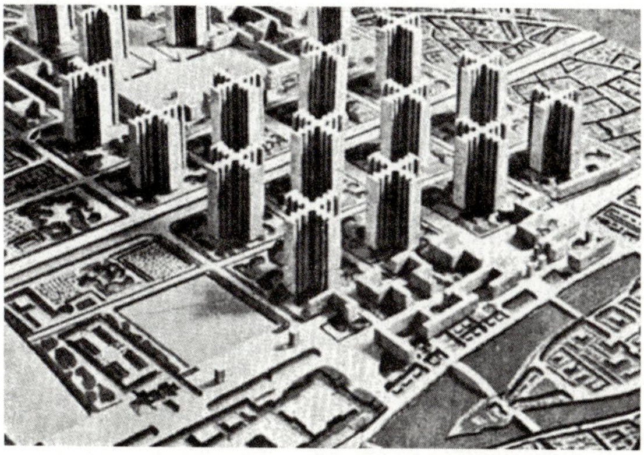

图 2　柯布西耶设想的“光明城市”

（3）第三代绿色城市设计。1970 年代以来，现代主义思潮退去，规划学者发现纯粹的空间形态设计并不能一劳永逸地解决城市问题，进而反对现代主义的机器美学，肯定城市规划的复杂性与矛盾性。城市设计在对象范围、工作内容、设计方法乃至指导思想上也有了进一步的发展，其中最重要的是对城市生态与环境问题的认识反思和觉醒，并努力将这种认识反映到城市设计实践中，即“绿色城市设计”。该阶段城市设计通过把握和运用以往城市建设所忽视的自然生态的特点和规律，贯彻整体优先和生态优先准则，力图创造一个人工环境与自然环境和谐共存、面向可持续发展的理想城市环境。为此，规划师充分运用各种可能的科学技术，特别是城市生态学和景观建筑学的一些方法来实现这一目标，代表人物为麦克哈格、西蒙兹、霍夫等。与以往相比，绿色城市设计更加注重城市建设内在的质量，而非外显的数量，强调提高城市的“适居性”和人的生活环境质量，从而改善城市整体空间环境与景观，促进城市环境建设的可持续发展。此外巴奈特、希尔瓦尼、特兰西克、斯滕伯格等在如何将城市设计融入城市公共政策，以及形成整体性的现代城市设计方法等方面进行了积极有益的探索，对城市设计范型的进一步完善具有重要作用。

至此，可以从城市设计的发展史中总结出三代范型，亦即：建筑学基本原理主导、以城市三维形体组织为对象的第一代传统城市设计；以科技支撑、功能区划、三维空间抽象组织为特征的第二代现代主义城市设计；基于“生态优先和环境可持续性”原则的第三代绿色城市设计。而本文将着重讨论的，则是当下正逐渐浮现的不同于以往的城市设计新范型——基于人机互动的第四代数字化城市设计。

二、第四代城市设计出现的时代背景

（一）数字技术进步为城市设计整体性建构提供了可能

城市设计历史上曾经受到量子力学、生物学、神经学和胚胎学等影响，出现了对于整体性的关注。在此基础上，美国加州大学伯克利分校的亚历山大于1987年出版了《城市设计新方法》。该书记录了亚历山大团队1978年以来关于城市设计的研究实验，试图重新诠释城镇形态的整体生长，提出城镇在其特有的整体性法则下发展，而这种整体性法则针对的主要是“有机的复杂性”，这种方法可被描述为“生成性的”。林奇同样一生都在城市规划和设计领域建构城市整体性；在更加广义的范围内，道克希亚迪斯的人居环境理论（Ekistics）、沙里宁的“有机疏散”理论等都关注城市形态的整体性意义。从定量分析的角度看，亚历山大作为数学和计算机方面的学者，曾经在更早些时候尝试用一个整合系统来设计印度的村庄，但是并没有成功，因为人居环境设计问题十分复杂，不能任意简化。后来，亚历山大用模式语言（pattern language）的菜单方式论述城市规划和设计的原理，实际上放弃了总体性的解题路径。其主要原因是当时的探索受到了计算机技术工具发展的瓶颈限制。对于此问题，笔者也有同样的经历和体会——2003年在主持南京老城高度控制引导研究时，尝试利用数字技术建构城市用地的影响因子互动模型，并得到当时规划局的首肯，然而受当时计算能力的局限，只能通过简化要素和减少城市用地地块划分的数量来操作信息集取和设计处理过程。近年来，数字技术发展的突飞猛进为我们重新建构城市形态及其设计的整体性提供了可能。对于同样的命题，在2015年重新研究时，地块数量就比2003年增加了约7倍（2003年756个，2015年5500个），成果的精度和实用性远非先前可比。

（二）城市规划和城市设计编制实施的实效性亟待提升

整体多重尺度上空间形态的发展引导、控制管理和科学规划设计是当代中国城镇建设普遍面临的新课题。当下人们普遍诟病的“千城一面”和“万楼一貌”，以及“奇奇怪怪”（此处泛指城市建设中形态不协调现象），很大程度上是由“自上而下”和“自下而上”两方面原因及其相互矛盾所造成的，即现行的法定城市规划编制和管理体系内的缺位，控制性详细规划实施中依据经验套路对较大尺度城市区块的“无差别化”的指标设定和管理；同时一个时期城市发展的经济优先思路则导致了规划权威性遭受挑战并一再向资本和市场让步，致使城市形态整体失控。

政府一向把城市规划作为城市发展和建设的龙头，我国大中城市一般都有上级政府批准的城市总体规划，这些规划无疑已经成为政府制定发展政策、组织城市建设的重要依据。控制性详细规划虽然在城市各类用地安排和确定建筑设计要点方面具有技术支撑的作用，但是，对于什么是人们在生活活动和感知层面觉得“好的、协调有序的”的城市空间形态，以及城市品质中包含的“文化理性”，如城市的社会文化、历史发展、艺术特色等，始终没有找到科学合理的、可具体操作的，同时又具有普适意义的研究切入途径和技术方法，亟待城市设计予以补缺。

过去的以三维形态效果图和终极蓝图为表现形式的城市设计引发了一定的批评，很多人抱怨城市规划是“纸上画画、墙上挂挂”。究其原因，业界已经有很多论述，主要还是两个方面的问题没能有效解决：一是规划或者设计编制的科学性和包容性；二是未能很好揭示和把握城市演进发展的特征和规律，导致规划和设计无法有效纳入城市发展的政策架构和管理体系，存在“一管就死，一放就乱”的现象。“一管就死”说明规划编制的专业内容与实际的社会需求和市场活力要求之间存在“水土不服”，不能同向发力。“一放就乱”说明规划编制的基本原则缺乏科学支撑，专业底线不清，导致管理缺乏抓手且人为裁量空间过大。回顾历史，这样的问题其实在发达国家也是反复讨论的焦点，基于刚性量化指标的形态管控与本质上是新陈代谢的城市形态有序成长始终存在内在的深刻矛盾。

所以，城市规划和城市设计编制及其实施的实效性是一个迫切需要破解的关键科学问题。城市环境的广延性、城市建设的连续性、管理体制的多样性、具体决策的分散性，决定了城市设计绝不仅仅是专业技术问题，而是应该让专业技术及成果形成学理坚实、底线明晰、包容开放并可持续修正优化的实操依据。时代呼唤一种内外兼修，兼顾城市空间形态“高度、宽度、深度、精度（细节）、温度（人性场所）”的新一代城市设计，这就是我们所构想提出的第四代基于人机互动的数字化城市设计范型。

三、第四代城市设计的特征总结

（一）全尺度的设计对象，贯彻城市形态整体性思考

中国城市设计所要应对的对象范围主要涉及以平方公里计量的城市形态，其社会需求和数量远远大于中小尺度的、以物质形态建设为特点的局部城市设计。大尺度城市设计所涉范围大致类比成中国法定城市规划体系中的控制性详细规划编制单元及以上尺度的规划编制单元。通常，对于局部的形态变化和引导控制，专业人员可以根据经验和建筑学知识予以驾驭，这也是基于视觉美学原则的传统城市设计的主要工作内容。但当下中国城市设计常常依托法定规划编制的规模尺度，动辄涉及数平方公里乃至数十平方公里的城市地区，已不是用常规的城市设计概念、原则和技术方法即可轻易掌控，经典城市设计原理对此已然失效。30多年来的实践证明，仅仅靠城市规划塑造一座城市的良好空间形态（尤其是城市的特色风貌），以及营造富有活力的场所环境是远远不够的。近年一些城市开始在控制性详细规划中新增特色意图区和城市设计内容，城市规划和城市设计的结构性关联有所加强，但究其本质，城市的优美形态、城市活力和场所特点主要是通过设计营造出来的。现在有学者开始提“用设计做规划”就是为了弥补以往规划在特色塑造方面的欠缺❶。

什么是大尺度城市设计？按照图纸表达的朴素认识，建筑设计一般是 1∶10（建筑节点大样）~1∶100（建筑基本图纸）到 1∶500~1∶1000（总图），建筑群带场地等小尺度的城市设计其一般图纸比例为 1∶500~1∶2000，中等尺度的城市设计图纸表达一般在 1∶1000~1∶5000，大尺度城市设计主要指片区规模，图纸一般在 1∶5000~1∶20000。从图纸表达能力看，能够出现具体三维建筑物理形态一般为 1∶200~1∶1000（前者表达建筑设计意图和部分细节，后者主要表达建筑与环境的关系），三维立体形态极限应该在 1∶5000（100m 高楼相当于 2cm）。从城市设计一般概念上，1∶5000 以上基本与城市规划更加相关（也是国土资源部门用于沿海发达地区的用地管理尺度），一般超出了真实的人的空间认

❶ 参见：朱子瑜. 用设计做规划［R］. 中国城市规划年会“规划作用与规划改革”，2014.

知和感知能力。以往的城市设计大多通过空间结构表达、重点空间形态强化和总体加上局部放大的图示表达大尺度城市设计（如培根书里所表达的那样）。但是真实的全尺度形态关联要素的认知和把握并没有得到解决，特别是当城市设计的对象达到全局空间形态的尺度，就必须用新的理论分析方法和技术辨析手段揭示城市空间形态要素系统、建构机理乃至演化规律。在操作方式上，大尺度城市设计一般需要不同相关领域的专业人员“跨界”集群组织，特别是与各种专业性城市规划编制人员和精通数字运算的专家分工协作完成。近年来，大量总体城市设计的设计范围在数百平方公里以上，已经远远超出传统城市设计的操作范畴，而在这些项目实践中，全尺度的设计范畴使得对于城市空间的整体性思考得到很好的贯彻（图3）。

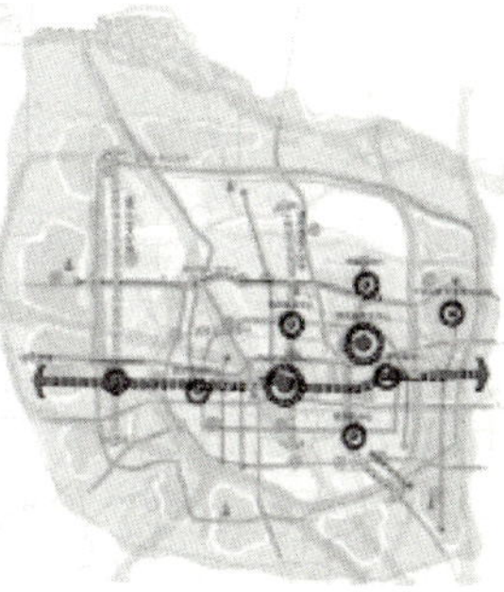

(a) 总体层面设计

(b) 片区层面设计

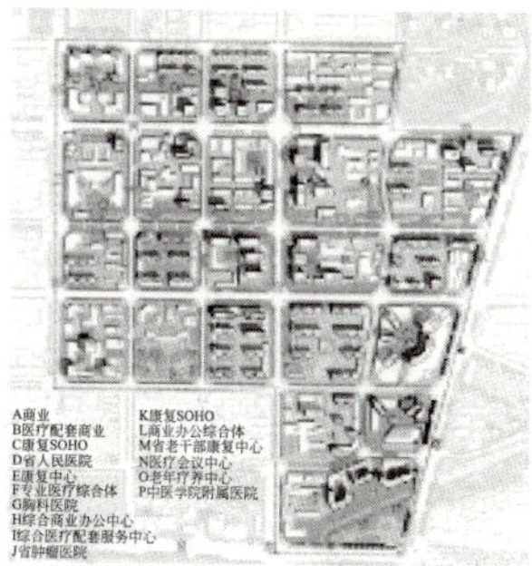

(c) 地段层面设计

图3　郑州中心城区总体城市设计，设计范围达到数百平方公里

（二）数字化的设计方法，带来革新性的城市空间认知与思考方式

数字化实体虚拟是市民与城市建设决策者参与规划设计并与专业人员沟通的常用方式。1980年代，早期的城市空间数字化是通过CAD、电子图学（CG）和VR、卫星影像、照相测量、GIS等实现的，正是这些技术使得城市景观的视觉数

字化与城市信息的整合成为可能。国内外不少城市的规划管理部门已经有了不同精度的三维立体的城市空间信息数据库，为城市建设提供了很好的帮助。在柏林、格拉斯哥、赫尔辛基、洛杉矶等城市，已经在此基础上初步实现了寻路、导览和虚拟旅游等互动式的数字城市功能。谷歌地图中的 Panoramio，可以通过人们上传的海量照片，使电脑前的用户拥有身临其境的视觉感受。建构三维城市模型的常用方式包括：传统的计算机建筑辅助设计的建模、数字化照相测量技术和地理信息系统。

越来越多的证据表明，数字技术的日新月异已经使城市设计技术创新成为可能。数字技术深刻改变了我们看待世界物质形态和社会构架的认知和看法，某种意义上是一种全新的世界认知、知识体系和方法建构。例如，基于夜间灯光亮度和密度分布所看到的世界城市化整体图景（比数字表述更加整体直观）、基于交通时间可达性而形成的世界地图（不再是以往仅仅以物理空间及其城市之间的距离为依据），以及根据相关历史信息绘制的数字化历史全息地图（将城市历史信息可视化并进行空间关联）等。

以往的问卷、访谈方式虽然具有面对面、个体针对性、详略可控的优点，但实施操作成本很大。大数据技术的出现部分改变了传统的公众参与和调研方式，例如今天可以基于百度数据公众偏好度［兴趣点（POI：Point of Interest）］和谷歌地图，由游客、居民、专业人员或者政府机构参与完成 Panoramio 城市意象采集，汇总形成城市设计所需的基于 POI 的数字地图（图 4）和城市意象偏好度信息❶。这些信息不仅具有实时性的优点，而且可以不断增加数据量，完善优化数据精度，方便即时性变更，这都是以往无法实现的。在城市设计调研中，先通过大数据方法进行居民的海量信息获取，然后在此基础上进行针对性的、分门别类的问卷和访谈就会事半功倍。

在地性的现场调研也是如此，受制于城市设计编制的专业团队的规模和时间成本，调研工作总难免有所疏漏。而基础信息掌握的充分性、整体性和有效性的不足，则导致城市设计编制成果领导不满意、专家不认同、群众不接受。如果有了今天的 Panoramio 等工具对人们城市景观意象偏好性进行的海量信息采集，百度地图和高德地图提供的实时交通和基于 POI 的城市公共设施信息（学校、餐

❶ Google Earth 是一款由谷歌公司开发的虚拟地球仪软件，它集合了卫星图片、航空照相、一般性的地图信息等海量信息，通过这个载体，数以千万计的用户可以将信息上传，这些信息将被审核、筛选，最终以图层形式公布在 Google Earth 上面。其中 Panoramio 就是一个图层，数千万的用户，包括城市居民、游客，以及城市、建筑专业的个人、机构、政府组织等，可以将他们在地球上任何一个地方拍的照片上传到 Panoramio。谷歌将审核这些照片的真实性和清晰度，确认后这些照片将被发布，并且在照片拍摄地作出标记。一个地方作出的照片标记越多，也就意味这个地方的受关注程度越高。

(a) 基于手机信令数据的人群活动分析　　(b) 基于POI数据的产业业态分析

图 4　基于大数据的城市规划分析

馆、超市、加油站等)，以及无人机延时摄影、重要场地连续摄像等城镇空间环境和人群活动集聚度的数据采集方法，就可以在海量信息整体采集和实地调研之间做到有机结合，把控好这二者关系的度，更加有效地完成对关键现场信息的调研。

在具体的设计层面，通过共享性的城市规划数据集取、分析和管理平台，城市设计将不会再由于三维形态评判因人而异的主观性而无法应对大尺度城市空间形态。在一定的场合，数字化城市设计可以相对独立于规划而自成逻辑系统，并获得问题解决的独特路径。大数据加深并改变了人们对城市形态和空间组织规律性的认识，一定程度上重构了人们心目中对城市形态的认知图式，其数据库已经成为城市设计全新的成果形式，而且可以直接植入当下以信息电子化为特征的规划管理。数据库成果同时可以通过整体关联联动的方式，实现持续完善的动态更新。

（三）人机互动的设计过程，提升规划成果的实施性

海森堡的“测不准原理”对于因果律和决定率的怀疑，在城市研究领域产生了广泛的影响。城市设计编制成果是否能够产生预期的实施效果，需要长期的验证与完善。此前城市设计导则因为缺乏与时俱进的修正完善机制，真正融入真实的城市规划建设长效管理仍有相当缺陷。美国城市设计学者雪瓦尼（Shirvani）和培根提出的“导则”（guideline）和“维护”（maintenance）两项城市设计成

果形式虽与环境长效管理有关，但主要是从设计原理的角度定性提出，并非基于系统整体的多因子、大样本海量信息而得出。《现代城市设计理论和方法》一书曾经在方法论一章中写到第二代设计方法，初步设想了基于设计者和用户无知对称、相互学习、试错探寻和反馈机制的方法。

对于城市大尺度空间形态而言，数字化城市设计是一种能真正付诸实施的城市设计，它不仅包含了相对完整、系统和可靠的多源相关信息的集取、分析、综合、集成，而且包含了面对设计实施、运维管理、城市可持续发展和必要弹性的物质空间形态基础性建构，可看作最终形式的雏形。人机互动的数字化城市设计具有包容发展变化和持续优化纠错的属性，通过设置一定值域“容错”进而实现系统的正常运转。同时，数字化成果明确了城市形态健康生成和成长的城市设计把控底线和有限选择，摒弃了主观定性决策的信息依据的不完备性和无边际的、因人而异的选择空间。

四、第四代城市设计的展望

从目前的实践情况看，数字化城市设计既可归属于上位高层次规划，也可与规划合体作用，其基于科学量化的成果特点，使得“向权力讲授真理”有了真正比较靠谱的依据。未来通过掌握大数据技术工具，全局整体地把握各种与空间、资源、人的活动等方面的信息及其与城市规划和设计相关的意义，就可能更好地实现城市设计初衷所强调的公平和效率原则。虽然科学并不能完全取代人们体验环境的感受及绿色理念的贯彻，但在此基础上与前述范型设计内容彼此校核和融合，城市设计成果的科学性就提升了关键的一步。

当然，从公众和普通市民感受、使用、品评和分享的角度看，城市设计毕竟是要处理综合性规划设计专业问题并在此基础上做出创新性设计，城市设计实施的成果优劣需要接受社会和公众的评价。所以，信息采集、归类分析和数据库建立只是城市设计的第一步工作，或者说是解决了基于数字化的共性科学问题，奠定了比以往更为客观理性的设计参照依据和决策基础。数字化城市设计具有可量化定格、过程开放、允许实时修改且整体联动的特点，它还必须与主要依据设计创意和设计者因人而异的随机性城市设计过程结合起来。最终，规划设计编制过程实现“从数字采集到数字设计，再从数字设计到数字管理”的跨越，城市设计就真正可以实现“第四代范型”。

这一范型已经在国内一些城市设计编制案例中得到一定程度的实验和验证，包括南京老城高度形态研究、常州老城容积率及单元地块建筑布局的城市设计研究、西湖东岸城市景观规划、郑州市中心城区总体城市设计等。同济大学王德团队，东南大学杨俊宴团队，中规院朱子瑜、邓东团队，清华大学党安荣、龙瀛团队等也都开展了这一方面的研究并取得了丰硕成果。

目前，第四代城市设计关于人文属性方面的研究尚有待深入，空间的伦理秩序、等级、行为、色彩等建成环境的认知、识别和集体记忆的传承和新陈代谢、扬弃和建构仍然需要完善、充实和进一步的探索。目前，还不能明确地判断基于数字技术发展的新一代城市设计范型能走多远，但是众多案例的科学研究实践成果表明，既然我们面对的是一个可以部分通过大数据技术计量分析的城市空间形态，那么面对城市这样一个复杂巨系统，认知本质和趋近真理的途径就是实存而明晰的，最重要的是我们应该建立一个科学共同体，并以此去探寻基于共性科学问题解决的某种认知方法和技术解决方案，这种方案不仅可以通过设计成果的量化表述途径和专利应用方式加以重复，而且可以与先前几种范型建立结构性关联。数字化城市设计范型的出现并非历史的偶然或者技术变化的随机结果，而是席卷全球的智慧城市发展潮流的必然选择。

（撰稿人：王建国，东南大学建筑学院教授，博导；中国工程院院士）

注：摘自《国际城市规划》，2018（01）：01-06，参考文献见原文。

管理篇

从“设计导向”到“管控导向”

——关于我国城市设计技术规范化的思考

导语：近年来，我国各地编制了大量的城市设计，但实效性却普遍较低。通过对具有典型性的常州案例进行十余年城市设计实践的评估，系统揭示了当下城市设计实施中因制度缺失而带来的困境。同时，部分省市也进行了地方性的城市设计制度构建，但由于存在“重设计、轻管控”的现象，并没有从根本上扭转当下城市设计实施困难的状况。作者认为，问题的根源来自于对城市设计认识的偏差，城市设计不是设计建筑，而是针对城市形塑过程进行的规划干预。因此，我国的城市设计技术规范化工作需要从“设计导向”转型到“管控导向”，并通过与法定规划的多层次衔接、规范化的城市设计成果转译和城市设计实施管理程序等，提高城市设计在规划建设中的实效性。

《城市规划基本术语标准》GB/T 50280—1998 将城市设计定义为“对城市形态和空间环境所作的整体构思和安排，贯穿于城市规划的全过程”，目的在于“为公众营造一个舒适宜人、方便高效、健康卫生、优美且富有文化内涵和艺术特色的城市空间，提高人们生活环境的品质。”但近年来在我国，各地耗费大量财力物力编制的城市设计成果，却没能充分反映到实际的建设活动之中，城市设计的实施效果总体上并不能令人满意。

一、城市设计实施中面临的困境

“常州市城市设计评估”是国内较早针对市域范围不同类型城市设计项目进行综合评估的案例之一，样本涵盖了常州 2002~2014 年间编制的 134 项城市设计项目（图 1）❶，并首次将“反馈或落实法定规划”和“指导建设实施”共同作为评价城市设计实效性的核心指标。评估通过图纸比对、数据统计、部门访谈等多种方式研究了各类型城市设计项目在规划建设中的实施情况（图 2），并从多个角度剖析了常州市城市设计实施中面临的主要困境。从城市设计技术维度讨论，可以归纳为以下几个方面：

❶ 图中采用颜色覆盖的方式表达，由图可以看出很多地区曾多次做过城市设计。

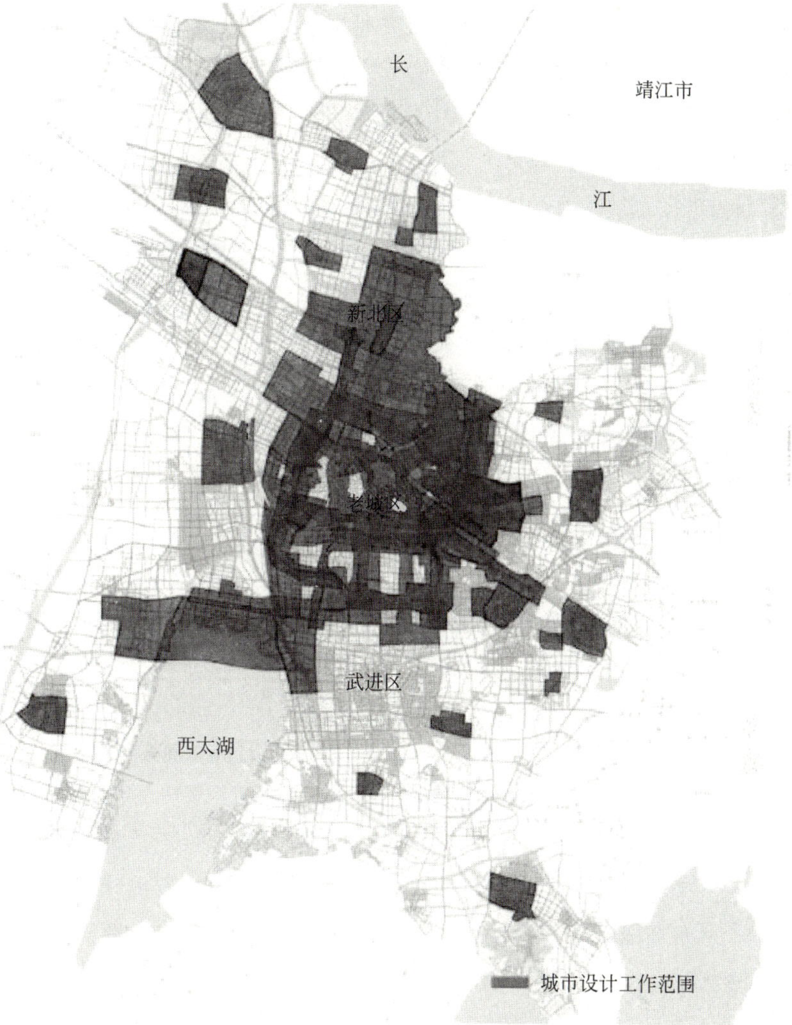

图 1　常州市城市设计评估样本分布

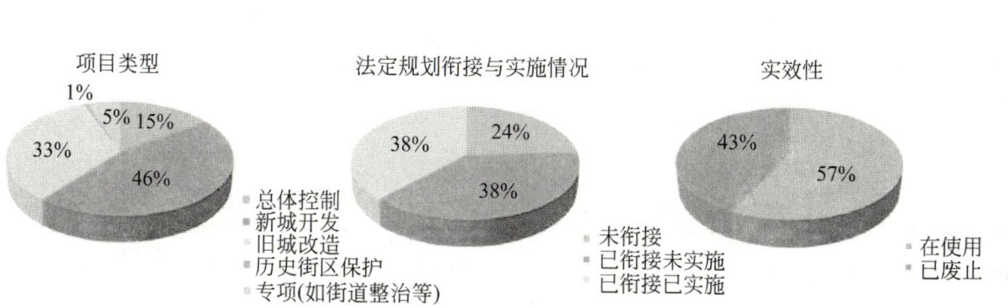

图 2　常州市城市设计评估总体情况

（1）无法定地位。由于城市设计在一种非法定规划的状态下运行，合法性与有效性难以保证，在实践中出现了两类典型问题：一是在建设开发过程中，用城市设计随意调整、取代法定规划，造成规划管理工作的混乱；二是城市设计与法定规划缺乏有效衔接，成为可有可无的参照性内容，难以在实际建设中贯彻和实施。

（2）无编制规范。另一方面，城市设计编制标准的缺失导致设计成果千差万别，没有基本的技术规范：有的内容过于细致或泛化，没有抓住对应层次城市设计工作的重点；有的在与法定规划衔接时，无法将设计成果转换成具体的管控内容，缺乏可操作性，给规划管理人员的使用带来很大困难。

（3）无实施程序。城市设计没有明确的审批标准和执行程序，缺乏法定的强制性和行政的实效性：城市设计成果经常被随意调整，或者束之高阁；城市设计内容没有融入现行的城市规划实施程序中，导致设计意图被反复消解，与土地出让、建设工程规划许可都没有实际的联系，更没有约束作用。

二、各省市城市设计技术管理文件的现状

2010 年以来，江苏、福建、北京等地城乡建设主管部门逐步意识到这种因制度缺失而对城市设计工作造成的不利影响，陆续出台了地方性的城市设计技术管理文件，尝试通过“技术规范化”这一途径“建章立制”，治理城市设计工作的种种乱象。然而经过实践的检验，无论是规划管理人员还是规划设计单位，都不同程度地表达出一些质疑之声。这些文件虽然在提升城市设计地位、明确城市设计内容等方面发挥了一定的作用，但在保障城市设计实施、提高城市设计可操作性方面仍然存在以下几方面的问题：

（1）与法定规划衔接不畅。在规划衔接方面，多数规划主管部门已意识到城市设计与法定规划衔接的必要性，但改进后的技术方法非常混乱：有些与总体规划、控制性详细规划同步衔接，有些只单独与控制性详细规划衔接；有些未明确具体的衔接内容，随意性较大，有些衔接内容与法定规划原成果内容出现重复或矛盾，带来规划管理工作的混乱（表 1）。

（2）重设计内容，轻管控引导。

在规划成果方面，经统计，12 部地方性城市设计技术管理文件共涉及编制内容 46 项，其中仅 13 项为包含了“划定”“分区”和“控制”要求的管控性内容；其余 33 项皆为设计性内容，如对要素的“组织”“设计”和“布局”等（表 2），由于没有明确的管理界限，在实际操作中具有极大的模糊性。

各省市技术管理文件中城市设计与法定规划的关系　　表1

项目	江苏省	浙江省	福建省	河北省	北京市	天津市
编制类型	总体规划层面的城市设计；控制性详细规划层面的城市设计；单项城市设计	总体城市设计；详细城市设计；实施性城市设计	总体规划城市设计专篇；控制性详细规划城市设计专篇；单项城市设计	总体城市设计；详细城市设计	公共空间设计要素；建筑设计要素	街道设计导则；开放空间设计导则；建筑设计导则；其他控制要素及重点地区
与法定规划的关系	与各层次法定规划全面衔接	与各层次法定规划全面衔接	与各层次法定规划全面衔接	与各层次法定规划全面衔接	单独与控制性详细规划衔接	单独与控制性详细规划衔接
项目	重庆市	南京市	武汉市	贵阳市	郑州市	深圳市
编制类型	总体城市设计；片区城市设计；地段城市设计	总体城市设计；片区城市设计；地段城市设计；地块城市设计	整体控制；片区控制	总体城市设计；详细城市设计	总体城市设计；特色意图区城市设计；街坊城市设计	整体城市设计；分区城市设计；局部城市设计
与法定规划的关系	与各层次法定规划全面衔接	与各层次法定规划全面衔接	不与法定规划衔接	单独与控制性详细规划衔接	与各层次法定规划全面衔接	与各层次法定规划全面衔接

各省市技术管理规定中管控性与设计性内容的比较　　表2

城市设计类型	管控性内容（有管理界限）	设计性内容（没有管理界限）
总体城市设计	特色意图区划定 自然资源保护 历史资源保护 高度分区 色彩分区	目标定位、空间形态、功能结构、景观风貌结构、天际线、建筑风貌、交通组织、开放空间系统、市民活动组织、重要片区设计
片区级城市设计	高度控制 视线廊道控制 界面控制 色彩分区	目标定位、空间形态设计、功能结构、用地布局、景观风貌结构、天际线、开敞空间组织、建筑形态引导、交通组织、地下空间设计、公共环境艺术设计
地块级城市设计	界面控制 建筑控制 开敞空间控制 地下空间控制	目标定位、空间形态设计、空间结构、功能布局、景观风貌、天际线、意向性建筑设计、交通组织、节点设计、场地设计、环境艺术设计、色彩设计

（3）实施执行程序不明。

在规划落实方面，以已有城市设计技术管理文件计算，16.7%的省市没有明确城市设计的实施手段与方式；41.7%的省市提出了城市设计需要纳入相应地块的规划条件，但不涉及具体内容规定；另有41.7%的省市明确了地块规划条件中的城市设计内容，探索作为建设用地和建设工程管理的依据，其成效不一。此外，技术管理文件中对于公众参与、监测、评估等环节的表述也多停留于概念层面，并不具备实际操作的可行性。

三、从“设计导向”到“管控导向”：城市设计观念的转变

从各省市制定的城市设计技术管理文件可以看出，近年来地方规划主管部门进行城市设计管理的重点在于对编制内容的框定，而非运行机制的建构，这种“重设计成果、轻实施过程”的情况在一定程度上反映出对城市设计认识的偏差。受西特（C Sitte）、沙里宁（E Saarinen）等早期具有建筑学背景学者的影响，许多人停留于“城市设计就是设计建筑”的固有观念，把城市当作是一个“放大的建筑”或是某种人工的产品，过度强调城市设计的美学价值，关注与视觉感知直接联系的物化形态，把城市设计的过程局限于从“规划任务书”到“规划图纸”的设计构思和蓝图绘制，“对城市设计实施的社会基础、产权辨析、基础设施和发展动力等，特别是对基于规划管理和导控前提的城市设计实施路径认识欠缺”，造成了现阶段城市设计难以落实和落地的尴尬局面。

一个多世纪以来，随着政治制度、经济关系、文化观念的不断革新，城市设计的内涵与外延都发生了一定的变化：以欧美发达国家为例，它不再局限于单纯的物质形态设计，更多地是以公共政策的形式逐步介入到国家和地区的规划体制构建之中。“城市设计不是设计建筑”，它的使命在于为城市建设提供起码的准则而不是最高期望：“不在于保证最好的设计，而在于保障不产生最坏的设计”。这种“管控导向”的工作思路强调了把控“城市形塑过程”的重要性（图3），以及由“目标”到“手段”，再到“形态”的全局性认知逻辑。它需要我们研究城市空间发展的客观规律，充分考虑市民的实际需求，理顺编制、审批、实施、评估等程序，通过适度的城市规划干预，解决城市环境品质的实际问题。正如美国纽约规划师巴奈特（J Barnett）所言：“一个良好的城市设计并非设计者笔下浪漫花哨的图标模型，而是一连串的城市行政过程，城市形体必须通过这个连续的过程来塑造。”

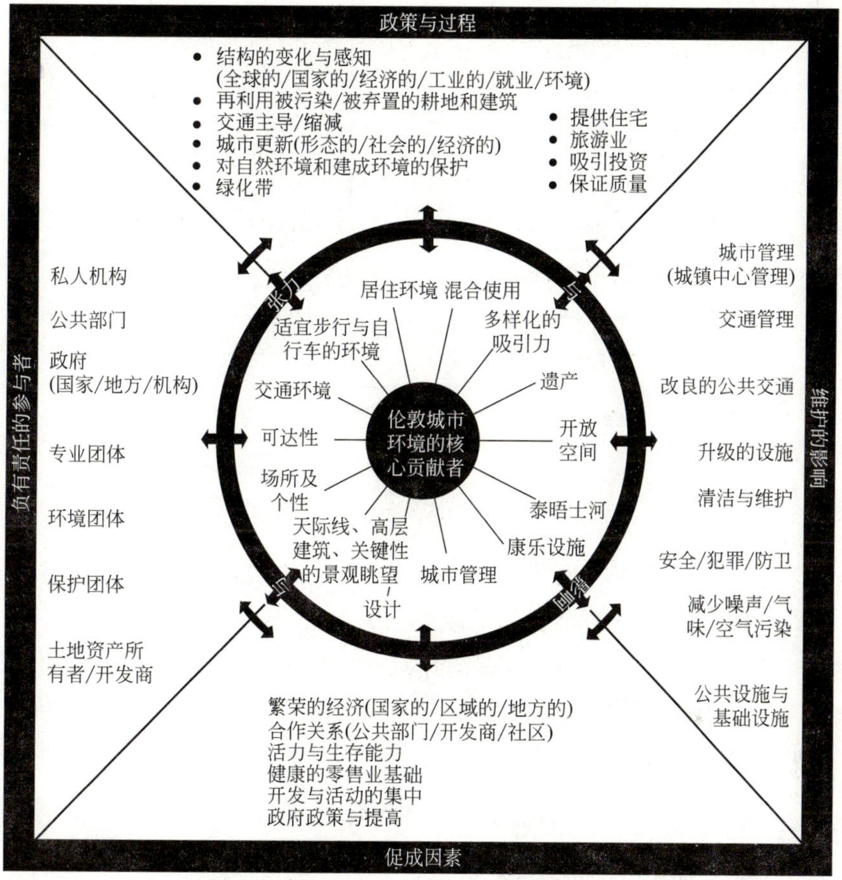

图 3　伦敦城市环境品质的核心贡献者

四、“管控导向”的城市设计技术规范化思考

（一）与法定规划的多层次衔接

目前，我国已形成了以城镇体系规划、城市总体规划、控制性详细规划为主体的层级式法定规划编制体系，与之相匹配的是一整套较为健全的规划管理、编制和审批流程。在此背景下，以原有法定规划为基础，将城市设计内容有选择性、渐进式地融入法定规划，建立相互平行且渗透的立体化编制架构，既可以维护法定规划的原有秩序，又能够有效地发挥城市设计在规划建设中的作用（图 4）。

（二）规范化的城市设计成果转译

多年来，我国规划管理人员已惯用于以“定性、定量、定边”为特征的

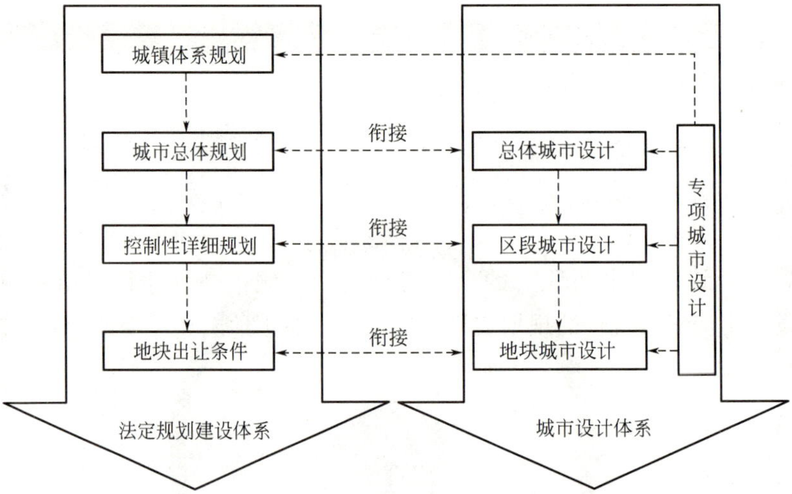

图 4　城市设计与法定规划的多层次衔接

控制性详细规划成果内容形式，城市设计的特殊之处在于：它常常会涉及许多难以直接操作的形态构思，如效果图、总平面图、系统结构图等。这就需要城市设计师对规划成果进行必要的提炼“转译”：通过可落地的位置、数量、角度、比例等管控与引导语汇，将城市设计图纸转换成政策法规、城市设计导则（图 5）等规范化文件形式，以便于规划管理人员和下一步具体设

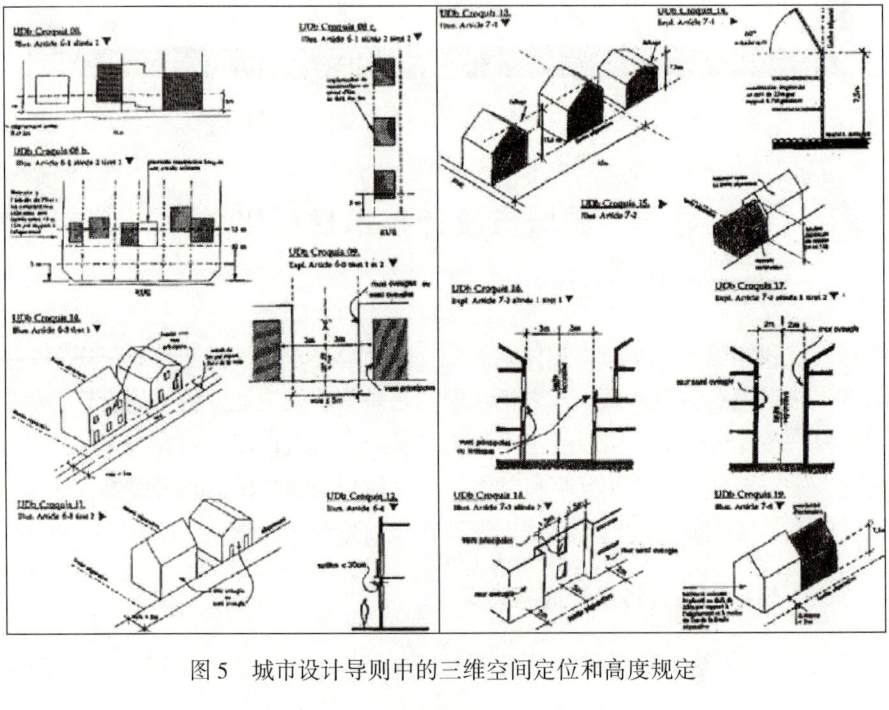

图 5　城市设计导则中的三维空间定位和高度规定

计人员的理解和使用。

（三）城市设计实施管理程序

建设项目的用地与选址、规划条件的拟定、设计方案审查、规划验收是我国现行的规划实施管理程序，其核心是“一书两证”（选址意见书、用地规划许可证、建设工程规划许可证）的发放。一般情况下，只有将通则式的控制性详细规划内容转译到“一书两证”的个案管理之中，城市规划才得以落地。相应地，城市设计也应对接现行的规划实施管理程序，在土地出让、用地规划、建设工程规划等环节就管控要求予以落实，并建立相应的公众参与制度和城市设计实施督察机制，使宏观、中观的城市设计内容能够推进至微观的可操作层面（图 6）。

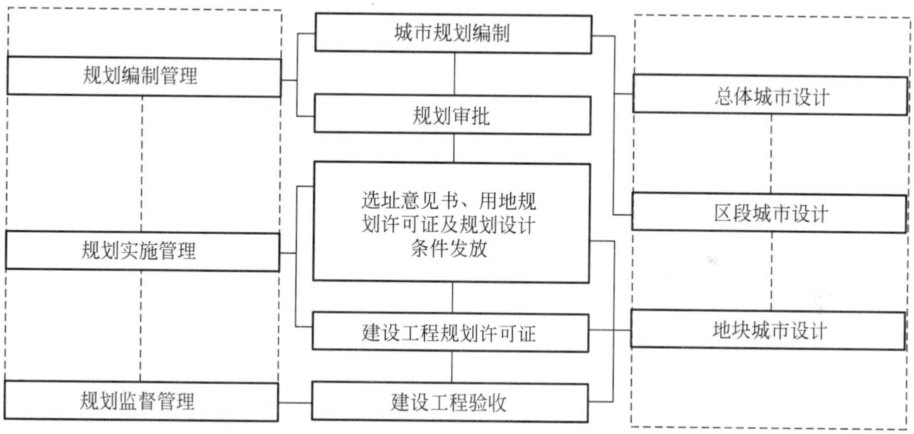

图 6　城市设计与城市规划的协同实施机制

五、结语

从本文研究的情况可以看出，就城市设计“是什么”“可以发挥何种作用”并“通过何种手段来实现”的问题，各省市规划主管部门莫衷一是，仍处于研究摸索阶段。从“设计导向”到“管控导向”，针对的是城市设计在我国实施过程中，尤其是规划管理中面临制度缺失的困境，各省市技术管理文件存在“重设计、轻管控”的现象，本文提出对固有工作方法进行修正，统筹“编制”与“实施”环节，依托现行规划管理制度推进城市设计技术规范化，以保障城市设计的管理与实施。同时，考虑到各地的差异性以及现实的复杂性，此工作程序和技术方法只是最基本的内容，各地结合自身实际，在此基础上仍有进一步深化和细化的空间。

（撰稿人：段进，博士，东南大学建筑学院教授；兰文龙，东南大学建筑学院博士研究生在读；邵润青，博士，东南大学城市规划设计研究院高级工程师。）

注：摘自《城市规划》，2017（06）：67-72，参考文献见原文。

城市设计与现有规划管理体系衔接研究

导语：我国城镇化正处于从重视速度到重视质量的转型发展阶段，许多城市尝试通过城市设计来改善城市风貌、优化城市形态、提升城市品质。然而，由于城市设计本身概念上的模糊，如何将城市设计与现有法定城乡规划管理体系有效衔接，仍是一个亟待解决的问题。首先明确城市设计的内涵，并回顾其在我国的发展；其次分析总结城市设计在规划管理中存在的主要问题；最后结合国际经验，提出将城市设计与现有规划管理体制结合的思考与建议。具体建议包括：（1）城市设计不单独成为规划类型或体系，而是将城市设计作为工具，将其成果纳入并依托已有法定规划体系实施；（2）在规划实施管理各环节中强调和明确依据城市设计提出的控制内容；（3）通过城乡规划委员会制度加强公众参与城市设计；（4）探索城市特色风貌清单制度和负面清单制度。

一、前言

城市设计源于对提升城市空间质量的相关诉求与研究，是对建成环境进行设计的一种跨学科途径与方法。现代意义上的城市设计源于20世纪50年代的美国，有别于19世纪中叶仅关注物质空间提升的城市更新和规划项目，而更加关注城市的人文与社会意义。由于城市设计具有多学科的特点，其概念界定比较模糊，学界也尚未对此达成共识。但从城市设计学术研究以及项目实践发展过程来看，城市设计对象是“城市公共空间”，如街道、广场、建筑群，甚至整个城市/区域的三维空间结构，不仅关注其美学形态，而且关注其功能和行为环境，即人们如何更好地感知、体验并使用城市的三维公共空间。城市设计不仅力求解决城市风貌特色、美学等形式性问题，而且从环境学、经济学、社会学等多角度，致力于以设计的方式解决城市风貌的功能性问题，如交通拥堵、缺乏活力、心理安全感等。

随着我国城市化快速推进，“千城一面”“大洋怪”和“奇奇怪怪的建筑”不时涌现，越来越成为政府和公众关注的问题；同时，新型城镇化战略提出以来，城镇化进入以人为本、品质优先的转型阶段。在此背景下，城市设计也越来越多地被认为是一剂良药，用来解决上述问题。

然而，我国现有城乡规划体系中尚未明确规定城市设计的地位、作用及其实施机制。根据《城乡规划法》，城市现行规划体系主要由城镇体系规划、总体规划、控制性详细规划、修建性详细规划组成。在规划实施管理中，以控制性详细规划为核心，作为核发“一书两证”的依据。城市设计作为一种分析方法和设计手段，缺乏法律支撑❶。《城乡规划法》中没有提及城市设计；《城市规划编制办法》中“城市设计指导原则”仅被规定为控制性详细规划的内容之一❷。尽管如此，不少城市已经开展了大量的城市设计工作，涉及从城市总体规划、分区规划、控制性详细规划和修建性详细规划等各个规划层次。

在此背景下，不少学者对于城市设计的概念、内容、方法等进行了研究，对于如何将城市设计纳入现有规划管理体制也进行了研究探讨，但多为原则性思考、或与某一类型规划的整合，如控制性详细规划编制中整合城市设计方法的研究，也有研究对专项的城市设计实施管理提出建议。本文从规划管理的视角入手，以落实城市设计为目标，分析城市设计在现有规划管理体系中存在的主要问题，并结合国际经验提出如何将城市设计与现有规划管理体制更好结合的建议。

二、我国城市设计发展现状和问题

（一）发展现状

在实践中，我国各地城市开展了大量的城市设计工作。通过对我国 310 个地级市、直辖市城市设计情况❸进行统计（图 1），约有 53%的城市（区）在城市整体层面开展了城市设计工作，包括编制城市风貌规划、城市色彩专项规划、城市空间特色规划等，此外，部分城市结合控制性详细规划针对重要地段开展城市设计；有约 40%的城市（区）已经建立了城市设计导则制度，其余部分城市正在研究、建立或完善；超过 40%的城市（区）设立了城市设计编制审批制度；约 1/10 的城市（区）的城市设计实现了城市规划建设用地全覆盖，将近 1/3 的城市（区）城市设计覆盖了 1/2 以上的城市规划建设用地。

总体来看，我国各地方在城市设计方案编制、设计导则制度、审批制度等方面都开展了较为全面的探索，部分城市也初步建立了与城市总体规划、控制性详细规划等法定规划衔接配套的机制。然而，城市设计的“方案多、应用少”仍然是一个突出问题，不少城市花大力气编制的城市设计方案、城市设计导则等难以得到有效实施，与现有规划管理体制的衔接不利是重要原因。

---

❶ 在本文发稿之时，《城市设计管理办法》作为部门规章已经正式颁布，填补了法律支撑的空白。

❷ 《城市规划编制办法》第 41 条规定了控制性详细规划的内容，其中要求“提出各地块的建筑体量、体型、色彩等城市设计指导原则”。

❸ 数据统计口径为我国 30 个省（自治区、直辖市）共计 310 个市（区）。

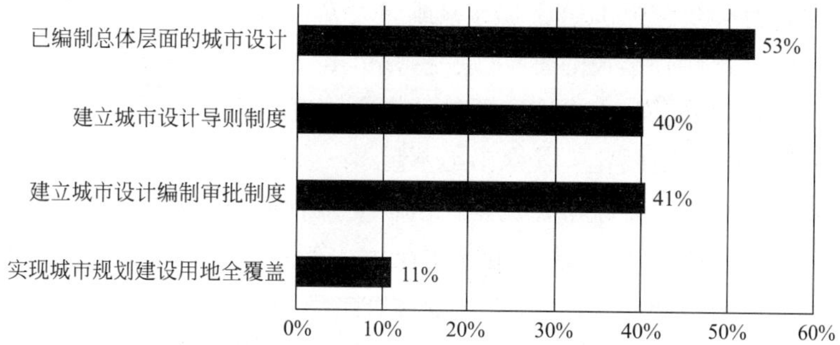

图 1　我国 310 个地级市、直辖市城市设计工作开展情况统计（已完成占总数的百分比）

（二）与已有规划管理体系的衔接问题

1. 城市设计为非法定规划，而法定的控制性详细规划又缺少对建筑风貌相关要求和规定

在我国城乡规划管理中，风貌控制的重视程度较高，但缺乏管理工具。一方面，虽然在城市设计方案及其导则中，存在较多的涉及城市空间立体性、平面协调性、风貌整体性控制的方法与指标，但城市设计不是法定规划，缺乏法定的实施措施，未能落实到规划管理之中。另一方面，在法定规划体系中，控制性详细规划是提出规划条件、作出规划许可的主要依据，但现行法律对于控制性详细规划的内容和深度缺乏明确规定。《城乡规划法》只规定了城市、县人民政府城乡规划主管部门应当依据控制性详细规划，提出出让地块的位置、使用性质、开发强度等规划条件。但这些内容偏向指标性管理，对于控制城市风貌、三维空间格局、建筑风格等显然不够。

在建筑设计方案形成之前，由于目前规划条件比较粗放，据此作出的设计任务书也较为粗略，且偏向堆砌流行的形容词去管控建筑形象和城市风貌，缺乏理性的形态管理要素和标准，不注重结构选型和材料选择的经济性，一定程度上导致了为了解读那些形容词而过度追求“吸引眼球的独特”。在建筑设计方案审定、核发建设工程规划许可证后，虽依法公布建设方案总平面图，建设工程规划许可证也附有相关图纸，但难以确保建设单位严格按照设计方案形成具体施工方案，在竣工验收阶段由于法定规划中缺少建筑风貌相关要求和规定，也难以因方案风貌发生改变进行追责。

2. 地方行政干扰因素过大

城市风貌和建筑造型在一定程度上是城市的形象名片，公共建筑也往往是城市的标志，因此地方政府管理部门理应对建筑设计方案有一定的话语权。然而，实际操作之中，一些地方部门或个人对于城市风貌和建筑造型有明显的审美偏好，这种偏好有时候会强加给评审专家或建设单位，形成“一言堂”，对于方案审查、审定的公正性有很大的影响。一些城市虽设立了城市规划委员会，制定了审查程序，但规划委员会中专家和群众的声音体现不足。

3. 专家审查缺乏制度化、公众参与不足

一些城市虽建立了专家审查机制，但制度尚不完善，随意性大，审查职责不清晰。一是参与审查的专家构成随意性较大，有的地方为了通过领导偏好的方案，甚至选择非城市规划建设领域的人员做评审专家；或专家所擅长的领域与所评审的城市设计方案差别太大；或专家团队不稳定，缺少延续性；或专家的年龄层次差别太小。

二是专家评审过程往往没有提供必要的条件和时间，也没有提供相关材料，更没有现场探勘，一些地方甚至让专家直接上会，仓促审查，半天审查十多个方案，程序虽然走到了，但实际作用不佳。

三是专家审查和政府部门审定的职责没有界定清晰，往往使得专家们自己都不清楚其职责，定位不清晰，无法有效地发挥专家委员会的作用。

在公众参与方面，一些地方也探索了更广泛的公开公示做法，然而我国当前公众参与到城市设计方案确定过程的力度仍然较弱。城市设计方案审查和审定的意见主要还是来自于地方政府部门和专家，公众的意见难以得到体现。这导致不少重要公共建筑落成之后，得不到公众的认可。

三、其他国家和地区经验

城市设计的概念来源于欧美，境外一些国家和地区的实践对我国改进城市规划管理制度提供了经验。不同国家和地区因其各自国情和体制差异，将城市设计、风貌控制纳入规划管理体制的做法不一，通过梳理分析总结为以下三点：一是通过立法的方式明确建造行为、风貌控制的社会义务；二是将城市设计的技术和内容借助法定规划加以实施，将城市设计成果、城市设计导则等纳入管理中来；三是因地制宜，建立审查机制和公众参与制度，通过审查和参与制度确保建筑方案符合城市设计要求。

（一）通过立法明确建设活动、建筑风貌管控的社会义务

通过梳理研究发现，很少有国家立法将城市设计作为独立的一层级或一类型规划，而是在法律中明确规定了建设活动的社会义务，将公共利益置于个体利益至上，将维护城市景观风貌作为城市规划工作的重要内容。

英国在《镇和乡村规划法》中也特别强调了在城市发展控制中，重要的私

人建造、拆除建筑物和构筑物的行为要满足不损害公共利益的原则。德国在《德意志联邦共和国基本法》中明确规定，建造自由必须遵循宪法中规定的私有权附属的社会义务，在《建设法典》和各州法律中规定，建造规划可以对建筑设施的外部形态进行控制，保障城市设计的有关理念在单体建筑设计中落实。日本国会通过了《景观法》《伴随〈景观法〉施行相关法律修订的法案》和《〈城市绿地保护法〉等法律的部分修订法案》（简称“景观绿三法”），试图通过景观立法来维护良好的城乡景观，提升生活环境品质；通过制定这些法律，建立起一套多部门协调管理机制，责权明晰，并将城市设计、城乡规划、农业发展规划等多种规划进行了较好的对接。

（二）将城市设计作为一项技术和工作方法，将其成果纳入法定规划或辅助规划实施管理

在许多国家和地区中，都将城市设计的技术和内容纳入法定规划加以实施，方法多样。

在英国，城市设计导则是规划体系的重要组成部分，城市设计控制体系包括国家层面的规划政策指引、郡层面的设计导则与策略、城市层面的设计标准和导则等。在规划项目许可各阶段都有选择性的加入城市设计的控制条件，并有包含设计要素控制的规划许可制度保证风貌的协调性。例如，英国《埃文河畔斯特拉特福地区设计导则》（Stratford-on-Avon District Design Guide），为建筑许可证（包括登录建筑许可、保护区许可、广告许可）的申请提供设计引导，具体建设项目可以从宏观区域层面一直到建筑材料与细部层面逐步寻找控制依据和设计指引。

在美国，城市设计导则发挥着引导城市风貌塑造的重要作用。例如，美国弗吉尼亚州费尔法克斯县泰森斯角（Fairfax County，Tysons Corner）地区在2010年通过综合规划（Comprehensive Plan）之后，又制定了城市设计导则，并于2012年将城市设计导则成果作为城市设计方面的指引纳入综合规划之中。泰森斯角城市设计导则要求在实施过程中保证灵活性，注重对不同风貌要素的引导，但并不能作为规划许可涉及的法律条款的替代内容，规划管理过程仍应该以区划条例（Zoning Ordinance）、建筑条例（Building Code）提出要求为依据。

日本，依据《城市规划法》的“地区规划制度”与依据建筑基准法的“综合设计制度”和“建筑协定制度”包含了城市设计的概念和内容。新加坡则采用在总体规划（近似于我国控制性详细规划精度）中标明需要进行城市设计的地块的方法，明晰需要进行城市设计的重点地段。

从上述国家经验来看，城市设计多为辅助性的非法定规划，但却是法定规划编制和实施管理的重要依据和来源。在城乡规划编制与实施管理中，上述国家将总体城市设计、局部城市设计、城市设计导则等内容纳入法定规划中，优化城市发展规划、城市总体规划提出的城市空间形态结构，丰富控制性详细规划对建筑形态与风貌控制的指标。从已有经验来看，建立城市设计纳入法定规划的机制比增加城乡规划设计层次或类型的思路更为有效、更具可实施性，更能适应社会动态发展的不同阶段对公共空间质量与审美的要求。

（三）通过建立审查机制和公众参与制度保障城市风貌和品质

为保障城市设计能反映公共利益的诉求并借助法定规划得到有效实施，不同国家或地区采用城市设计审查、城市规划委员会、公众参与等多种制度配合发挥作用。

英国实行分级审批制度，通过设计委员会（Design Council，2011 年称为 Commission forArchitecture and the Built Environment）协助政府或业主分类审查重大项目，包括商业建筑、办公楼、住宅、交通设施、广场等，并制定相应的设计规范。项目所在行政区负责建筑设计方案审批，行政区核准接受方案申报后，必须征询市长意见，市长经过咨询建筑师顾问，对不符合城市整体利益、整体空间发展要求的设计方案具有否决权。在规划许可的公众参与方面，英国规定在对规划相关申请作出决定意见之前，规划部门将通过登报、信函、告示牌等方式公布开发者的开发项目，公众的意见是规划申请能否获得批准的重要因素。

美国的设计审查（Design Review）制度是法定规划体系中用以控制城市设计方面内容的管理控制制度，通常包含在区划法当中，以设计导则为审查标准，是美国的开发控制制度中一种新的发展方向，也是政府控制城市设计或建筑设计中城市环境质量、美学形象等方面问题的重要工具。在设计管理层面上，美国推行基于形态的设计管理（Form based Design Management）。私人建筑项目由城市建筑审查委员会审查，主要对形态、色彩和风格审查，并与设计师沟通，投票得出结论，报议会决策；公共建筑项目由联邦政府总务管理局管理，对设计提出精准完善的任务书，进行方案竞赛，同时对议会负责。公众参与城市设计的方式也多种多样，常见的方式如公众听证会。

加拿大多伦多市设立有设计审查委员会（Design Review Panel）作为城市政府的咨询机构，目的是在城市建设相关规划审查流程中增加城市设计相关的咨询、审查工作。委员会提出的审查意见重点关注涉及公共领域的设计问题，而项目审查通过等最终决定仍由议会决策。多伦多市的设计审查委员会由 14 位专家委员组成，委员会不含城市公务人员。委员均为志愿提供咨询服务，专业涉及建筑、景观建筑、城市设计、市政交通、绿色建筑、遗产保护等多学科。委员会会议一年最多召开 14 次，为保证咨询质量，每次会议最多审查 4 个相对独立的项目。

从上述国家经验来看，在建立涉及城市设计成果的审查审批机制中，首先要对涉及的建筑进行分类处理。重要建筑，尤其是公共建筑设计方案的确定，应与一般建筑设计方案确定有所区分。再者是区别审查和审批。审查可由非政府组织或机构介入，而最终审批权仍保留在政府或政府有关机构。也应引入设计委员会、规划委员会等相关机构，其中规划委员会构成，应以非政府成员为主。规划编前参与机制、公众听证会制度等有利于公共利益诉求得到满足。

四、建议

结合我国城市设计发展现状和问题以及国外经验的启示，本文提出将城市设计与现有规划管理体系结合时的四点原则：一是充分尊重原有法定规划管理体系，将城市设计纳入到现有管理体制中，而不是新建一个体系；二是编制城市设计方案或导则应与实际管理相结合，强调可操作性、可实施性；三是城市设计有关要求贯穿规划管理各环节，强调连续性、一致性；四是注重社会各方对城市设计的参与和公众意见表达，才能实现城市设计改善公共空间品质的目的。

（一）将城市设计与现有规划体系融合，根据实际需求编制城市设计

建议以已有法定规划体系为基础，融入城市设计的相关方法和管理要求（图2）。城市可以根据实际情况和需要，在城市总体规划、控制性详细规划、修建性详细规划阶段，有针对性地编制城市设计，将城市设计作为工作方法，将其成果纳入相应的规划。在城市总体规划层面，通过总体城市设计或分区城市设计，将对于城市总体空间结构、风貌形象、形态控制、设计原则等方面的内容成果纳入

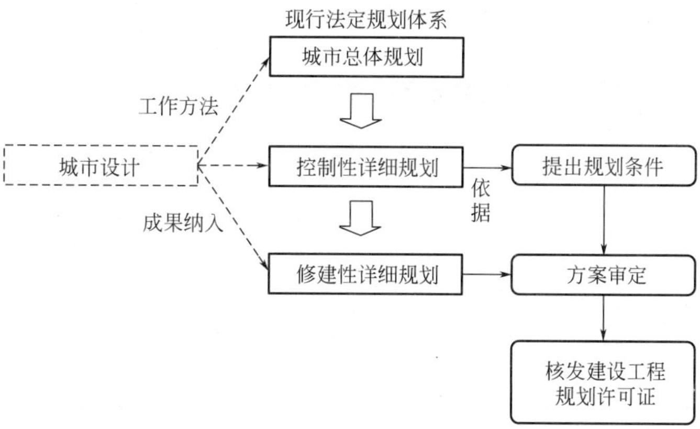

图 2　城市设计融入法定规划的建议

到城市总体规划或分区规划中。在控制性详细规划层面，对于在城市总体规划中划定重点区域，以城市设计的思路进行分析、研究和设计，同步开展城市设计和编制控制性详细规划（修建性详细规划），并将城市设计的内容融入控制性详细规划；同时，扩充现有控制性详细规划的内容和深度，丰富控制指标和表达方式，使法定规划，尤其是重点区域的控制性详细规划（修建性详细规划）足以直接指导和约束实际方案设计。在进行规划实施管理时，如提出规划条件、审定建筑设计方案、核发建设工程规划许可证等仍然依据控制性详细规划（城市设计相关要求已经融入其中）。

工作重点及难点在于：一是需要将各层次城市设计的成果“翻译”成对应层次的规划条文和管控指标，翻译的过程以及翻译的质量直接影响城市设计融入已有规划的效果及其作用的发挥；二是需要形成动态更新的规划管理体系，即城市设计成果形成后要及时纳入相应层级的规划，这对我国现有偏静态的规划管理体系提出了新要求。

建议后续在修订《城乡规划法》时，明确城市设计与现有城乡规划的关系和衔接，功能定位和作用，强化城市设计作为一项重要工作方法和对现有规划体系的补充支撑作用。

此外，建议根据实际需求编制城市设计。城市在编制城市设计之前应当充分进行前期研究，总结城市已有相关规划设计在塑造城市风貌、延续城市特色方面已经完成了哪些工作，出现了哪些核心需求和问题，有针对性地开展城市设计。例如，如果在总体规划层次缺少涉及空间结构、风貌形象的控制内容，则应补充总体城市设计编制；结合已有规划，加强城市重点地段城市设计的编制工作；对于重点地段以外的区域，可以根据实际需求进行编制。过度强调城市设计全覆盖，对所有建筑都提出过高的设计要求，一方面会为城市政府带来财政压力，另一方面也会增加建筑设计企业的负担❶。

（二）规划管理各环节贯彻城市设计控制要求

城市设计的成果依托已有规划实施管理体系，应当体现在各个管理环节强调城市设计相关要求。

---

❶ 按照2004年中国城市规划协会提出的《城市规划设计计费指导意见》（2004中规协秘字第022号），单独编制城市设计，在总体规划、分区规划阶段按其规划设计计费的40%～50%收取；控制性详细规划、修建性详细规划按其规划设计计费的50%～80%收取。不同规划阶段基础上增加城市设计内容，应在相应阶段的规划设计计费的基础上，增加30%～50%的规划设计费。如果强制要求城市设计编制全覆盖会给政府、企业等造成不必要的负担，应结合以后规划编制情况，明确城市设计编制的重点地段、重点项目等内容。

一是建议在土地出让环节，扩充规划条件的内容和深度，补充城市设计有关要求。规划条件作为土地出让合同的重要组成内容，合同一经签订生效，具有法律效应。在提出规划条件时，尽可能详细地将城市设计要求或原则纳入土地出让合同。

二是积极提供设计咨询服务，制定和公开城市设计导则。城乡规划管理部门应增强与建设单位、设计单位的沟通，建设单位取得建设用地规划许可证之后、取得建设工程规划许可证之前，在建筑方案设计前或设计过程中，可以申请提供规划设计要求咨询服务，增进建设单位对规划要求的理解，提高其主动遵守规划管制和风貌协调要求的意识。同时，城乡规划管理部门还可以将城市设计成果针对具体的地段，编制为可落地的城市设计导则，特别是针对重点区域和地段的城市设计导则，并主动公开、方便公众查询。通过向社会提供“模板”，有效引导城市风貌建设。城市设计导则内容应根据城市实际，体现地方特色要求，对于不同片区、地段、节点等规划要求的空间形态、建筑造型、风格色彩、立面，甚至外墙材料等基本要素做出明确、适宜、细致的规定，引导建筑师进行建筑创作。

三是扩充建设工程规划许可证的内容和深度。相应地，在审查核发建设工程规划许可证时，适当地补充城市风貌和建筑特色控制要素。

四是加强规划核实和后评估机制。同样地，在进行规划条件核实时，城市设计要求也是核实重点内容；此外，建议竣工验收后进行评估，反思整个规划管理过程，动态完善相邻地区的规划中有关城市设计控制要求，及时更新相应的城市设计导则。

（三）借助城乡规划委员会制度和公众参与制度确保城市设计质量

考虑到城市设计的对象是公共空间及其围合界面，以及城市设计成果涉及审美判断、地方文化、公众需求等，难以单纯通过机械性原则或指标进行控制，因此，建立能够体现专家判断、公众意愿的决策机制，在规划和实施阶段都对城市设计的真正落实起到至关重要的作用。

根据我国在城乡规划管理体制上改革的探索和实践，建议通过城乡规划委员会制度加强城市设计审查。一是明确城市规划委员会（或其下设置城市设计专业委员会）审议/审查城市设计成果的职能，在规划制定阶段对各层次城市设计成果进行把控；二是明确城市规划委员会对于重点地区建设项目或重要公共设施建设项目的方案审查，在核发建设项目工程许可证的阶段，对设计方案应该满足的补充城市设计控制要素进行把控，审议/审查意见应作为许可核发的依据；三是规划委员会应确保专家和社会人员的比例及其话语权，同时，城市设计涉及多学科的相关理论与技术，应丰富专家学者的构成，建议包括规划、建筑、交通、工程、环境、艺术、社会、经济、法律等多个方面。

此外，丰富公众参与规划制定和规划管理的形式，也有助于提高城市设计的落实。与规划委员会相结合，建议在编制涉及重点地段、重要公共项目的城市设计时，建立由城乡规划委员会组织调查、征求公众意见的机制；在城乡规划委员会审议/审查项目方案的阶段，建议探索公众旁听会议的方式增加决策过程的公开透明。

（四）探索城市特色风貌清单制度和负面清单制度

建议通过城市景观评价、城市风貌调查等工作，梳理城市特色风貌特征、载体和要素，以及对城市风貌有负面影响的建设活动与建成要素，建立城市特色风貌清单制度和负面清单制度。

在城市特色风貌的清单制度方面，应在吸纳专家、市民等社会各界意见的基础上，将能反映一个城市地方文化特色的城市风貌要素列入清单，如历史街区、历史建筑、地标建筑/构筑物、自然景观等。城市的青山绿水也是“乡愁”的重要组成部分，在保护城市建成环境的同时，也应注意对城市周围自然环境的整体性保护。在保护特色风貌这一物质景观要素的同时，也应注重对历史文脉延续起到重要作用的相关非物质文化遗产的保护。在城市风貌负面清单制度方面，建议明确破坏城市风貌的禁止内容和要点，纳入控制性详细规划或城市设计导则，应用于规划实施管理过程。

（撰稿人：赵星烁，住房城乡建设部城乡规划管理中心副研究员；高中卫，承德市城乡规划局；杨滔，清华大学建筑学院；石春晖，住房城乡建设部城乡规划管理中心）

注：摘自《城市发展研究》，2017（07）：25-31，参考文献见原文。

公共政策视角下的综合管廊规划问题及政策应对

导语：作为综合管廊建设依据的《综合管廊建设规划》侧重于技术逻辑，试图通过技术性方案解决城市地下管线的安全、协调和空间三大问题。因其未能回答为何建、在哪建、怎么建、如何管等操作性问题，难以实现国家既定的“三个有利于”的综合目标，包括以此倒逼地下管线管理体制改革的政策目标。文章结合我国现有规划体系以及综合管廊建设的纵向生命周期属性和横向空间关联系统特征，以综合性、系统性、政策性、逻辑性更强的《综合管廊规划》为替代，从公共政策视角整合相关规划、完善政策体系、创新协调机制和理顺管理流程，以促进综合管廊建设顺利进行和管理体制改革有效推进。

综合管廊是最近几年中国城市建设的热词，以供应安全、管网架构、布局合理及造价高昂为特点，被各层面视为建立能力充足、安全稳定、布局合理、高效智能和保障有力的市政基础设施体系的远见性策略及解决地下管线问题的根本性手段。目前全国共有 25 个试点城市、上百个城市开始建设综合管廊，部分省份（如河北省）还要求所有城市全面普及。为了保证综合管廊建设的顺利实施，国家要求编制定位为专项规划的《综合管廊建设规划》。鉴于综合管廊建设本身的纵向过程逻辑衔接性和横向空间关联的系统性，单纯的技术型建设规划并不能满足综合管廊建设和运营的需要，因此本文提出编制具有公共政策属性的《综合管廊规划》，构建综合管廊建设乃至地下管线的系统性技术方案和实施性政策体系。

一、综合管廊建设的基本目的

2015 年 8 月国务院办公厅下发《关于推进城市地下综合管廊建设的指导意见》（国办发［2015］61 号）（以下简称《指导意见》）明确提出建设综合管廊的“三个有利于”❶ 综合目标和解决现实问题、统筹规划管理两个基本目的。

❶ 有利于保障城市安全、完善城市功能、美化城市景观、促进城市集约高效和转型发展，有利于提高城市综合承载能力和城镇化发展质量，有利于增加公共产品有效投资、拉动社会资本投入、打造经济发展新动力。

（一）解决现实问题

综合管廊建设的直接目的是解决地下管线出现的三大问题：一是安全问题。根据调查收集案例发现，全国地下管网安全事故主要由施工破坏、工程质量差、超期服役、地面沉降和地面建筑物（构筑物）压占等原因引起，加上地下工程施工可引起邻近地下管线发生弯曲、压缩、拉伸、剪切、翘曲和扭转等变形，导致地下管线损坏，从而催生停水、停气、停热、停电和通讯中断等事故。二是协调问题。由于城市地下管线缺乏统一的规划、建设和管理，在地下管线建设中各自为政，路面反复开挖现象屡见不鲜，即常常出现“马路拉链”现象，使居民生活和出行受到了多方面影响。据统计，全国每年由路面开挖造成的直接经济损失约为 2000 亿元。三是空间问题。随着城市的发展，地下管线种类越来越多，需要占据的地下空间也日渐增多。地下资源被无序、无偿使用，使地下空间日趋紧张，导致后来的管线布置安装困难，给管线运行、维护管理都埋下了安全隐患。而城市地下空间的开发利用却是不可再生和不可逆转的，对地下空间资源的抢占和浪费会造成将来资源的匮乏与缺失，不利于今后地下管线的建设和城市的发展。

（二）统筹规划管理

城市市政基础设施主要包括能源供应系统、供水排水系统、交通运输系统、邮电通信系统、环保环卫处理系统和防卫防灾安全系统六大系统，具有种类繁多、技术复杂、隐蔽性强、网络运营、形态固定、难以更新等自然属性以及自然垄断、权属复杂、成本集聚、行业管理、收益长期和地方公共物品等经济社会特征。市政基础设施地上点状设施的矛盾问题主要是对周边环境的邻避影响，而产生重大安全问题、影响范围更广的往往是地下管线部分。上述问题出现的主要原因是地下管线管理制度出了问题。目前，我国市政基础设施（包含地下管线）规划、建设和运营管理实施行政许可制度、代建制度和行业监督制度，遵循规划协调、完全保护、建设付费和损失赔偿原则，涉及部门众多，总体呈现五大特征：一是城乡分治。市政基础设施城乡分别管理，致使区域基础设施呈现拼贴格局，缺乏系统性，公共服务差异较大。二是层级分审。市政基础设施项目采取层级审查制度和投资审批体制的纵向管理模式，谁投资谁审批，按照级别确定投资比例，导致市政基础设施落后于市场化投资，审批效率低下。三是部门分管。不同市政基础设施行业建设、运营为横向不兼容管理模式，地面点源和地下管线的权属单位不同，导致各自为政，缺乏协调配合。四是建管分制。市政基础设施建设和管理分离，不同阶段采用的规范不统一，运营单位不能参与建设和监管验收，很难控制工程质量，后期运营难度加大。五是源网分离。市政基础设施源和网分开投资建设，设施建设系统性不足。由于市政基础设施的网络型、时序性特点和计划衔接不畅，致使有网无源和有源无网、网络不衔接等现象出现，道路系统性和网络系统性无法保证。

综合管廊建设基本涵盖所有地下管线，专业性、技术性要求越来越强，随之而来管理的复杂性也越来越高，加之国家自上而下的强势推行，其建设实质上起到倒逼城市市政基础设施的统筹规划、建设与运营管理改革。地下空间有效管理的目的：一是通过新建综合管廊及其与已存地下管网的相互衔接、有效利用和安全运行，促进地下管线建设水平的提高、信息化管理技术的应用、管理内容的深化和管理范围的扩展；二是通过综合管廊的公司化管理整合管线的部门化管理，迫使城市地下管线的科学管理、效率运行提上议事日程；三是城市地下空间的开发由单一用途向多用途、由少量向巨量、由城市建设的配角向重要的组成部分转变，综合管廊是城市地下空间的重要组成部分，通过综合管廊的建设与其他地下空间利用类型的相互衔接也间接促进了城市地下空间有效管理的法规和政策的推进。

二、综合管廊建设规划问题

（一）综合管廊建设规划侧重于技术

《指导意见》要求各地编制《综合管廊建设规划》，按文件规定的规划内容侧重于技术逻辑（图 1），但却未能解决综合管廊建设的关键问题：①为何建。综合管廊建设是国家自上而下的制度安排，通过项目奖励的形式推进地方实践。由于国家层面治理的理性思维不足，缺乏对全国性综合管廊总体战略布局和适用范围的具体规定，使得通过综合管廊解决城市地下管线问题的需求并不迫切的衰落型[1]城市甚至一些中小城市纷纷投资建设综合管廊，其多以获得国家项目资金为主要目的，不考虑项目建设的必要性和可行性而盲目建设，折射出利益政治的弊端。②在哪建。《城市工程管线综合规划规范》GB 50289—1998 第 2.3 节提出采用综合管廊集中敷设的六种情形，《电力工程电缆设计规范》GB 50217—1994 第 5.2 节也有相关的规定。由于综合管廊造价高，规划布局需要考虑很多因素，包括交通拥挤程度、市政基础设施需求程度、地上地下空间利用复杂程度和短缺程度等，国外城市综合管廊多设在城市中心区，而我国有的城市为了降低实施难度，选择在常住人口和建筑密度极低的新区甚至城市边缘区建设，综合利用效率

[1] 中国城市大体分为发展型、稳定型和收缩型三类。

不高。③怎么建。在建设主体方面，一般委托地方政府平台和公司作为与社会资本合作的出资单位和事实上的实施主体，通过自建或委托代建等方式进行投资建设，使得综合管廊重资产高负债运行。在建设内容方面，目前燃气入廊还存在争议，垃圾管道收集尚不成熟，这些技术性问题都从根本上影响综合管廊的建设，使得设计方案一变再变。在建设程序方面，地下管线具有系统性和相关性，入廊管线与非入廊管线以及与其他地下空间设施的建设❶相互衔接考虑不足。④如何管。综合管廊是针对地下管网问题的技术性解决方案，涵盖规划、建设和运营管理的全生命周期过程。遗憾的是，地方政府鲜有长远的运营考量，只考虑建设不考虑运营，由于未先期确定运营单位，因而具体设计不能体现管理需求，也缺乏对有效盈利模式的考量，加之资金需求量大，在必要性不足的情况下，政策变化可能导致综合管廊规划编制和实施效力的不稳定性与不确定性是客观存在的，能否按规划建设以及建成后能否运营存在极大的风险。

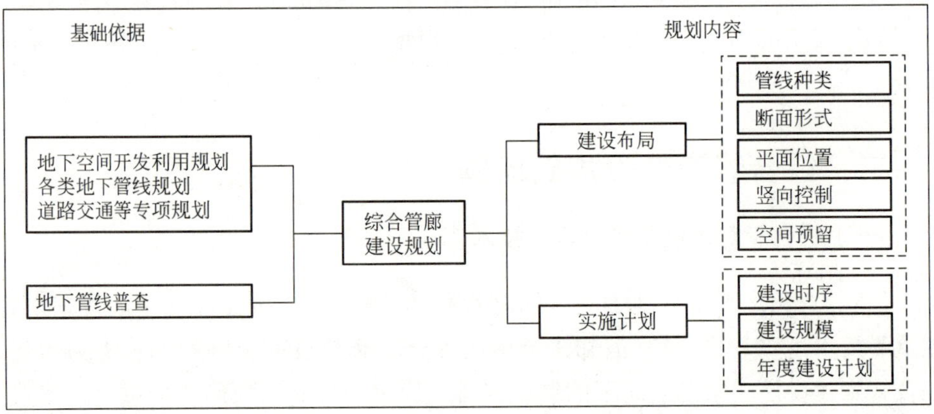

图 1 《指导意见》规定的综合管廊建设规划

（二）综合管廊建设规划难以实施

目前，我国在城市地下管线规划建设、权属登记、工程质量和安全使用等方面的法律法规与制度体系并不健全，虽然中央政府及住房城乡建设部、发展改革委、财政部等多部门密集出台系列政策和技术文件，但只部分解决了建设阶段的工程技术、资金来源和少量运营管理问题（表 1），缺乏稳定的管理机构、成熟的管理机制和有效的管理手段，存在诸多标准、制度欠缺的问题，导致综合管廊建设规划难

❶ 实地调查还发现，有些城市同步建设海绵城市和综合管廊，政府指派给不同的部门负责实施，部门之间缺乏沟通，导致本来相互联系的两个项目被分割：海绵城市规划没有综合管廊的内容，综合管线规划缺少对海绵城市的考量。

以实施。例如，综合管廊投资分析论证、管理运行等均与我国沿袭多年的传统管线直埋方式差异较大；又如总费用不仅仅包括建设费用，还应包括若干年维护费用，

综合管廊政策标准文件汇总 表1

类别	时间	出台机构	政策标准文件名称	相关内容
技术规范	2012年12月	住建部	《城市综合管廊工程技术规范》(GB 50830—2012)	适用于城镇新建、扩建、改建的市政公用管线及采用综合管廊敷设方式的工程
	2015年6月	住建部	《城市综合管廊工程技术规范》(GB 50830—2015)修订,《城市综合管廊工程投资估算指标》(ZYA1-12(10)-2015)	增加综合管廊工程的基本规定,明确城市综合管线采用综合管廊方式敷设的技术规定,增加雨水、燃气、热力管道敷设的技术规定等
建设要求	2013年6月	住建部	《关于加强城市市政公用行业安全管理的通知》(建城[2013]91号)	加强城市市政公用行业安全生产管理,消除安全隐患,保障城市安全运行和人民群众生命财产安全
	2013年9月	国务院	《关于加强城市基础设施建设的意见》(国发[2013]36号)	要求各地加大城市管网建设和改造力度,强调对城市市政管网的改造
	2014年6月	国务院办公厅	《关于加强城市地下管线建设管理的指导意见》(国办发[2014]27号)	在重要地段和管线密集区建设综合管廊。指定一些城市开展地下综合管廊试点工程,并及时总结试点经验,以指导各地综合管廊建设
	2015年5月	财政部、住建部	《关于组织申报2015年地下综合管廊试点城市的通知》(财办建[2015]1号)	从基础性、示范性工作入手解决城市基础设施问题,包头、沈阳、哈尔滨、苏州、厦门、十堰、长沙、海口、六盘水、白银10个城市进入试点范围
	2015年8月	国务院办公厅	《关于推进城市地下综合管廊建设的指导意见》(国办发[2015]61号)	对全面推动城市地下综合管廊建设提出目标和要求
	2016年3月	财政部、住建部	《关于开展2016年中央财政支持地下综合管廊试点工作的通知》(财办建[2016]21号)	石家庄市、四平市、杭州市、合肥市、平潭综合试验区、景德镇市、威海市、青岛市、郑州市、广州市、南宁市、成都市、保山市、海东市和银川市等15个城市进入试点范围
资金保障	2014年12月	财政部、住建部	《关于开展中央财政支持地下综合管廊试点工作的通知》(财建[2014]839号)	中央财政对地下综合管廊试点城市给予专项资金补助,直辖市每年5亿元,省会城市每年4亿元,其他城市每年3亿元。对采取PPP模式达到一定比例的,按上述规定奖励10%

续表

类别	时间	出台机构	政策标准文件名称	相关内容
资金保障	2015 年 3 月	发改委办公厅	《城市地下综合管廊建设专项债券发行指引》(发改办财金[2015]755 号)	鼓励各类企业发行企业债券、项目收益债券、可续期债券等专项债券,募集资金用于城市地下综合管廊建设。发行城市地下综合管廊建设专项债券的城投类企业不受发债指标限制
	2015 年 6 月	财政部、住建部	《城市管网专项资金管理暂行办法》(财建[2015]201 号)	采用奖励、补助等方式支持地下综合管廊建设试点,通过竞争性评审等方式,确定支持范围;对按规定采用 PPP 模式的项目予以倾斜支持
	2015 年 10 月	住建部、农发行	《住房城乡建设部、中国农业发展银行关于推进开发性金融支持城市地下综合管廊建设的通知》(建城[2015]157 号)	利用金融贷款,共同支持地下综合管廊建设
	2015 年 10 月	住建部、国开行	《住房城乡建设部、国家开发银行关于推进开发性金融支持城市地下综合管廊建设的通知》(建城[2015]165 号)	利用金融贷款,共同支持地下综合管廊建设
	2016 年 9 月	住建部、发改委、财政部、国土资源部、中国银行	《关于进一步鼓励和引导民间资本进入城市供水、燃气、供热、污水和垃圾处理行业的意见》(建成[2016]208 号)	积极开展特许经营权、购买服务协议预期收益、地下管廊有偿使用收费权等担保创新类贷款业务;供水、燃气、供热等企业运营管线进入城市地下综合管廊的,可根据实际成本变化情况,适时适当调整供水、燃气、供热等价格
进度规定	2015 年 11 月	住建部城建司	《关于做好城市地下综合管廊建设项目信息上报工作的通知》(建城司函[2015]234 号)	要求中央财政支持的地下综合管廊试点城市在每月 5 日前通过信息系统填报试点项目上月工作进展情况
	2016 年 4 月	住建部	《关于建立全国城市地下综合管廊建设信息周报制度的通知》(建城[2016]69 号)	2016 年 4 月起,建立全国城市地下综合管廊建设进展周报制度,全国所有城市、县城需每周上报管廊建设的规划和工程建设情况
运营管理	2015 年 11 月	发改委、住建部	《关于城市地下综合管廊实行有偿使用制度的指导意见》(发改价格[2015]2754 号)	实行政府定价或政府指导价,各城市可考虑电力架空线入地置换出的土地出让增值收益因素,给予电力管线入廊合理补偿
	2016 年 5 月	住建部、国家能源局	《关于推进电力管线纳入城市地下综合管廊的意见》(建城[2016]98 号)	要求各地住房城乡建设、能源主管部门和各电网企业加强统筹协调,协商合作,认真做好电力管线入廊等相关工作

而《城市综合管廊工程投资估算指标》（ZYA1—12（10）—2015）（试行）中未考虑运营费用，这直接影响综合管廊的运营管理。我国地下空间基本上都是无偿使用，尤其市政基础设施建设基本属于土地划拨，虽然2015年11月下发的《关于城市地下综合管廊实行有偿使用制度的指导意见》和2016年5月下发的《关于推进电力管线纳入城市地下综合管廊的意见》均提出建立综合管廊收费制度及电力管线入廊的政策规定，但缺乏具体的收费标准及管线入廊强制性措施的跟进和经济手段的引导，目前综合管廊收费与否、地下管线是否入廊直接取决于市政基础设施运营管理机构的强势程度，有廊无线、有廊少线的情况大量存在，而在有偿使用收费模式下管线单位均不愿入廊。国家提高建设速度的政治要求也使得地方综合管廊规划实施的系统性、全面性和细致性受到挑战。

三、综合管廊规划政策应对

为应对《综合管廊建设规划》实施面临的困境，应改变传统技术属性的规划编制办法，从公共政策的视角编制更具综合性和协调性的《综合管廊规划》。

（一）综合管廊规划逻辑

公共政策是多元主体参与下经由政府做权威性的价值分配的动态过程和动态博弈，其制定、实施和评估实际上是一种政治过程，具有五个特征：一是公共政策的制定主体是政府或社会权威机构；二是公共政策要形成一致的公共目标；三是公共政策的核心作用与功能在于解决公共问题，协调与引导各利益主体的行为；四是公共政策的性质是一种准则、指南、策略和计划；五是公共政策是一种公共管理的活动过程。将《综合管廊规划》定位为基于公共政策逻辑的可实施性规划需要从以下几个方面进行强化：

（1）制定主体。地下管线管理不同环节涉及的部门众多（表2），规划必须建立在规划主体一致的共同价值观基础之上，从部门管理基础和地下管线信息化管理的角度看，规划管理机构作为《综合管廊规划》的牵头单位更有力，同时需建立协调机制，办公室设在规划局。

（2）政策核心。综合管廊规划需要解决纵向实践逻辑下的为何建、建在哪、谁来建、怎么建、谁来管和怎么管等核心问题，同时应协调横向诸多空间规划和计划的空间布局与建设时序。时空逻辑的交织使得《综合管廊规划》既需要制订技术性解决方案，又需要提出制度性变革策略，因此综合管廊规划是整合地下管线规划的“多规合一”的专项规划，将规划的核心内容纳入城市总体规划及控制性详细规划，通过信息化管理和建设程序与制度的调整促进各类管线的建设

城市地下管线管理部门与管理内容一览 表 2

环节	管理依据	责任单位	主要任务	审批及管理机构	行政许可或服务
测绘环节	管线普查	测绘主管部门	组织城市地下管线普查,建立管线信息数据库	城市人民政府	地下管线查询报告单
规划设计环节	安全发展规划	发改委、规划局和管线行业主管部门	编制年度工作计划	城市人民政府、发改委、规划局和管线行业主管部门	市政基础设施行业
	城市总体规划	城市人民政府	组织编制城市总体规划	国务院或省级人民政府	市政基础设施系统空间规划
	管线综合专项规划	规划主管部门	组织编制管线综合专项规划	城市人民政府	管线综合规划
	管线专业规划、年度规划	管线行业主管部门	编制管辖专业管线单项规划	行业主管部门(市政管委、建委、经信委等)、	管线建设计划
	建设项目计划	管线行业主管单位、建设单位	项目可行性研究报告	发改委、财政部门	项目立项批复
	管线综合规划(控制性详细规划)	规划主管部门	编制控制性详细规划	城市人民政府	建设单位递交申请报告,取得建设项目选址意见书,提供规划设计条件通知书
	土地利用总体规划	国土主管部门	组织编制土地利用总体规划	国务院或省级人民政府	土地使用许可证
	修建性详细规划	建设单位	委托设计单位编制修建性详细规划	规划主管部门	提供管线规划设计方案规划用地许可证
	施工图	建设单位	委托设计单位编制施工图	建设主管部门	拟建工程施工图审查报告书,建设工程规划许可证
建设施工环节	工程发包与承包	建设单位	设计、施工、材料依法发承包	建设主管部门、招标主管部门	报建和工程招投标手续
	工程施工	建设单位	施工建设	市政主管部门(市政管委或建委)、建设主管部门	完费通知单、道路挖掘许可证、抗震消防要求审批合格意见书、消防设施审核意见书、防雷装置设计核准书、施工许可证、开工验线合格单
	工程监理	建设单位	强制性监理项目	建设主管部门	工程质量评估报告
	质量监督	建设单位	政府监管	建设主管部门(质监站)	质量监督注册手续、建设工程安全技术措施审批

续表

环节	管理依据	责任单位	主要任务	审批及管理机构	行政许可或服务
竣工环节	竣工验收 管线竣工测绘	建设单位 建设单位	提出申请 进行验收测绘	建设主管部门 规划部门、市政部门、测绘主管部门	验收合格证 规划验收合格证
	管线竣工测绘备案	建设单位	提交备案资料	规划部门、测绘主管部门	资料存档
运营维护环节	运行	权属单位	管理运行功能管理、安全管理	管线权属主管部门	—
	维护	权属单位	管线维护管理	管线权属主管部门、建设主管部门	—
	安全监督	建设和安全监督主管部门	理性监督检查	建设主管部门、安监局	—
	应急防灾	行业主管部门、建设主管部门	制定应急防灾预案，建立应急工作机制	建设主管部门	—

与综合管廊建设规划的衔接。《综合管廊规划》包括科学方案的技术支撑和政策体系的制度保障两个部分内容（图2），是综合管廊建设的准则、指南、策略和计划。

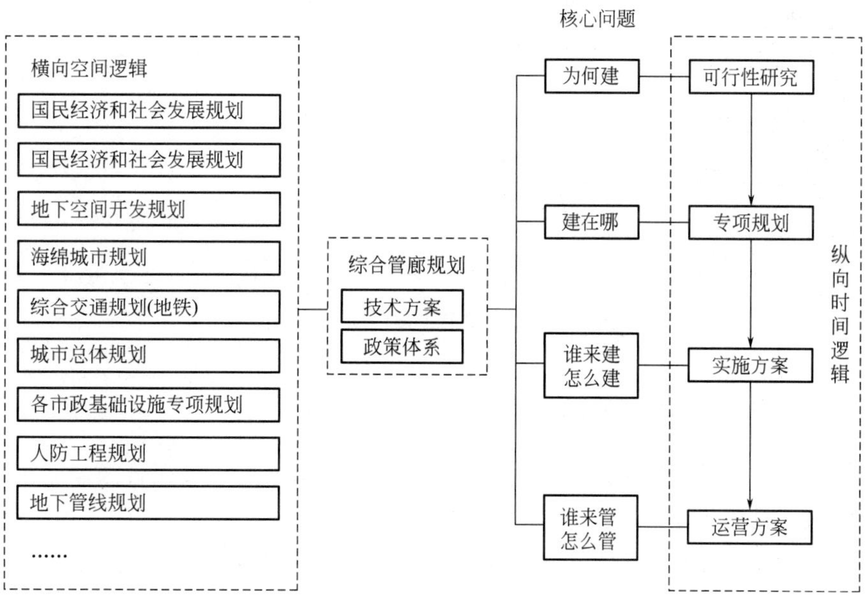

图2　综合管廊规划时空逻辑

（3）规划逻辑。综合管廊规划包括决策、规划布局、设计建设和运营管理的全过程内容，包括两个编制逻辑：一是通过运营的前期介入形成小循环。例如，在新加坡滨海湾地下综合管廊规划建设之初，新加坡政府先行确定运营团队CPG FM，让其从安全建设、运营维护的角度介入设计环节并提供咨询意见，确保综合管廊建设符合运营要求。因此，《综合管廊规划》应按照全生命周期理念，鼓励市场化投资人和运营主体及城市运营商深度参与规划、建设过程，建构综合管廊的系统逻辑（图 3）。二是规划实施的评估形成正向反馈的大循环逻辑（图 4），这需要有大量的研究来支撑技术内容和政策内容，确保规划的科学性、合理性、效率性和可实施性。

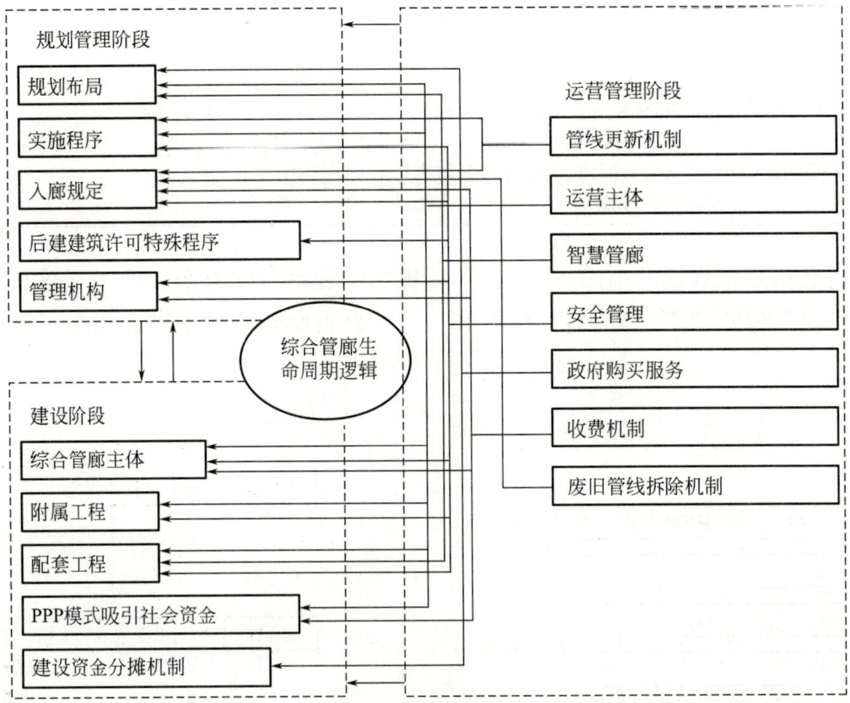

图 3　综合管廊全生命周期系统逻辑

（二）综合管廊规划实施

综合管廊建设的顺利进行和综合管廊规划的有效实施需要完善法律、制度及标准体系，具体建议如下：

（1）完善地下管线管理法律法规，制定配套管理政策。

发达国家对地下管线的建设和安全问题非常重视，美国、加拿大、英国等国家的管线公司都开始研究管道完整性管理问题，并就严防管线破坏颁布了一些安全法律法规，旨在进一步确保地下管网的安全。我国应探索制定《地下空间保护

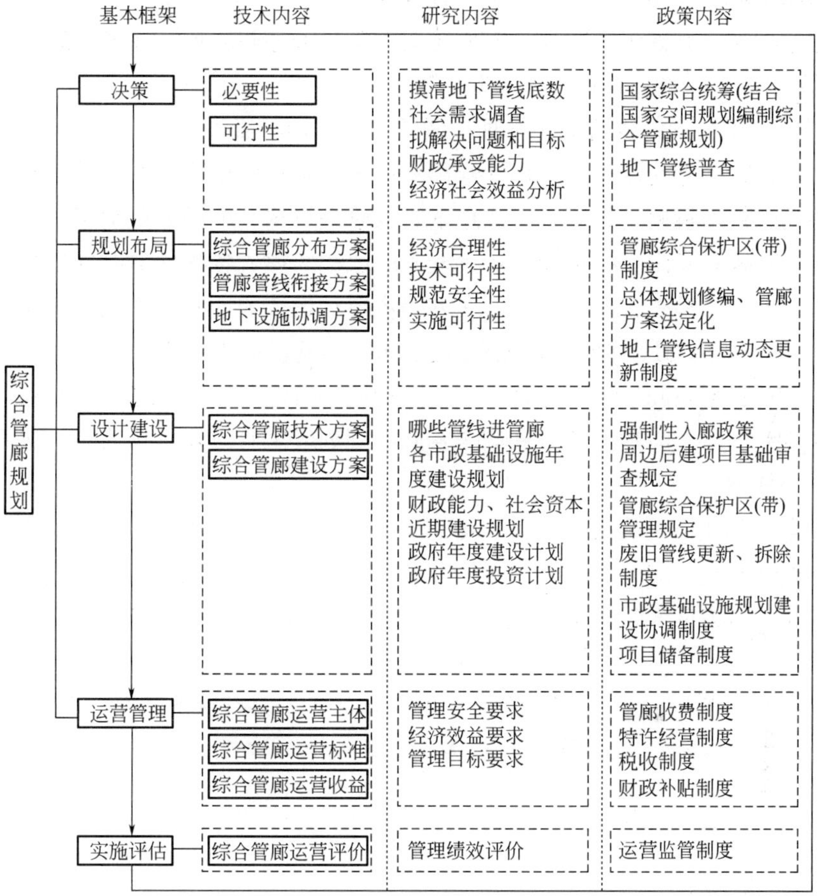

图 4　综合管廊规划运行逻辑

法》《城市综合管廊管理条例》《城市综合管廊建设资金及管理费用承担办法》《城市地下空间权属登记办法》等法律法规，实现地下空间建设的依法管理；建立废旧管线回收机制、综合管廊（包括地铁等重大设施）等周边建设工程规划许可审批前的结构预审制度及道路等市政基础设施建设费用的分摊制度，完善基础设施建设用地的强制收购程序；制定市政基础设施运营企业优惠政策、新技术使用鼓励政策等。

（2）编制全国综合管廊战略规划，加强规划标准协调。

综合管廊建设应与全国城镇体系规划相结合，有效确定综合管廊的适用城市和施用范围。重点城市、地震灾害多发城市应是综合管廊建设的重点城市，特大城市中心区作为综合管廊的实施区域，需进行有效监管。不具备条件或实力的地区应加强前期规划研究，预留管位。国家制定统一的管线信息系统数据标准（包括探测数据标准、元数据标准及交换数据标准）和不同地域城市地下管网的三维空间配置标准，完善工程监理、专业管线检测及管道健康评估等城市地下管线专业技术标准。

（3）实施地下管线信息化管理，调整管理机构与流程。

在进行地下管网普查，全面、准确掌握城市基础设施现状的基础上建立地下管线的动态更新机制，设立专门的地下管线管理机构，配备充足的管理和技术人员，具体负责从建设工程申请开始到竣工验收期间形成各种地下管线资料全过程的管理、监督、检查工作，并负责对外提供各种形式的地下管线资料，实施信息化管理，并将建筑质量验收与规划验收合置，强化验收环节。将房产局改为资产管理局，对地下空间、地下构筑物和地下管线进行登记。资产管理局将验收作为登记的前置条件，将地下管线和综合管廊的规划竣工验收复核作为审计决算和财政拨付的依据。

综合管廊建设是国家性项目，更是城市战略性工程，应加强试点城市的经验总结和制度研究，完善综合管廊规划，制定相关法律法规，杜绝盲目上马，避免管廊建设热引发的大量资本沉没，实现既定目标。

（撰稿人：郐艳丽，中国人民大学公共管理学院城市规划与管理系副教授。）

注：摘自《规划师》，2017（04）：12-17，参考文献见原文。

2017年城乡规划管理工作综述

2017年，城乡规划管理工作紧紧围绕住房城乡建设部中心任务，认真贯彻落实党的十九大精神和习近平总书记系列重要讲话精神，特别是习近平总书记对城乡规划工作的重要批示指示精神，按照党中央、国务院决策部署，狠抓各项工作落实，不断推动城乡规划改革创新，较好地完成了全年各项任务。

一、推动城市总体规划改革创新

一是加强对报国务院审批总体规划的城市的工作指导，改进总体规划审查方式，提高审批效率。报请国务院批复了42个城市总体规划（含修改），已完成除三沙市外所有国务院审批城市2020版城市总体规划的审查。指导北京、上海率先完成新一轮城市总体规划编制工作。9月27日党中央和国务院批复《北京城市总体规划（2016年—2035年）》，12月15日国务院批复了《上海市城市总体规划（2017—2035年）》。

二是开展城市总体规划编制试点工作。总结推广北京等地编制城市总体规划的经验，住房城乡建设部印发了《住房城乡建设部关于城市总体规划编制试点的指导意见》，选择江苏、浙江省和沈阳、长春等15个城市开展城市总体规划编制试点，要求试点省、市落实主体功能区战略，坚持城乡统筹，坚持全域覆盖，落实“多规合一”，同步建设“多规合一”管理平台，初步形成了一批可复制可推广的经验。组织开展城市总体规划白皮书、核心指标体系、体检评估等配套制度研究。指导和支持雄安新区规划编制工作。

三是开展轨道交通、养老、体育、物流等专项调研。开展改进城市轨道交通建设规划审核流程前期研究，支持沈阳、深圳等城市编制轨道交通建设规划。

四是指导北京、上海、杭州等14个试点城市完成城市开发边界划定工作，研究起草开展城市开发边界划定工作的要求，为“两图合一”奠定了基础。

二、优化国土空间和城镇布局

一是编制全国城镇体系规划，落实新型城镇化战略，优化城镇化布局和形态。指导海南、江西、安徽、云南等省开展省级空间规划工作，建设省级空间规划信息平台，形成省域空间发展一张蓝图。

二是指导有关地方按照省级空间规划要求改革省域城镇体系规划。经国务院同意，批复山东省城镇体系规划。

三是开展县城规划建设管理调研，起草有关指导意见，推进县城规划建设管理水平提升，发挥县城在就地就近城镇化中的积极作用。

三、加强历史文化保护

一是结合历史文化名城保护制度创立 35 周年契机，会同国家文物局对全国 132 座国家历史文化名城、252 个中国历史文化名镇和 276 个名村的保护工作开展评估检查，评估检查采取自评自查、互评互查和抽查三种方式开展。通过评估检查总结取得的成就，梳理存在的问题，提出新形势下继续做好保护工作的思路。

二是印发加强历史建筑保护与利用工作的通知，要求各地做好历史建筑确定、挂牌和建档，最大限度发挥历史建筑的使用价值。2017 年 12 月，住房城乡建设部将北京等 10 个城市列为历史建筑保护利用试点城市，开展为期一年的试点工作，探索一批可复制可推广的经验。

三是指导各地开展历史文化街区划定和历史建筑确定工作。截至 2017 年 11 月，全国划定历史文化街区 714 片，确定历史建筑 1.66 万处。研究起草历史文化街区保护实施办法。

四、指导生态城市建设

一是全面推进生态修复城市修补。在 58 个城市开展“城市双修”试点，在全国推广三亚市生态修复城市修补的经验。在徐州召开经验交流会。“城市双修”工作得到广泛认同，各地普遍将城市双修作为治理城市病，补足城市短板，促进城市绿色发展的重要任务全力推进。内蒙古、湖南等 5 省区专门召开了省级现场会、动员会。江西、云南等 21 个省区市制定了省级推进工作计划或方案。辽宁、河北等 9 个省区设立了 36 个省级试点城市。

二是按照绿色发展理念要求，全面梳理、修订完善城乡规划技术标准。

五、加强规划实施监管

一是全面推进全国城市建成区违法建设专项治理工作。召开城市违法建设专项治理5年行动工作推进会，将卫星遥感监测违法建设覆盖到地级以上所有城市，坚决查处违法建设和违反规划、随意变更规划的行为，维护规划的严肃性和权威性。截至10月底，全国查处违法建设建筑面积8.17亿平方米，其中，查处存量7.42亿平方米。督促各地认真开展违法建设治理工作，明确责任人员，制定年度计划措施，每月上报数据和典型案例。召开媒体通气会，人民日报、新华社、中央电视台等30家媒体参加，会后积极报道，营造良好的社会舆论氛围，仅4月份，《人民日报》就先后3次对济南等地的违法建设治理先进经验做法进行了总结报道。积极推动《城乡规划法》与《刑法》衔接，最高法发布了5个因违法建设及相关行为被追究刑事责任的典型案例。对8件情节严重、社会影响较大的违法建设典型案件公开挂牌督办，6件已经摘牌，其中面积17万平方米占用泄洪河道进行违法建设的甘肃兰州港联购物中心被依法拆除，24名有关责任人受到党纪政纪处分。

二是加强领导干部考核。开展《将城市规划管理纳入领导干部综合考核》专题研究，配合人事司起草《城市规划建设管理考核指标》，推动把城市规划实施指标纳入指导干部综合考核和离任审计。

三是指导开展“多规合一”管理平台建设。指导15个试点城市梳理统筹制作全市域数字化现状图，整合各类空间性规划和相关规划，建立“多规合一”管理平台，改革建设项目审批流程，提高审批效率。研究制定《“多规合一”信息平台建设指南（试行）》，为“多规合一”的数据建库、成果管理、应用开发及运行维护工作提供技术指导。

六、规范新城新区规划建设

一是赴陕西、湖北、甘肃、江西省开展新城新区调研工作，完成《新城新区调研报告》，提出规范新城新区设立、扩区和升级，规范新城新区规划制定和规划实施管理的政策措施。

二是完成《新城新区规划建设管理白皮书（初稿）》，初步确定了新城新区建设的十项评估指标，对国家级新区进行了初步评估。

七、加强城市设计和建筑设计管理

一是印发城市设计管理办法，推动各地开展城市设计工作，指导北京、上海等57个城市开展城市设计试点，广泛宣传城市设计工作。

二是加强建筑设计管理。开展调研、座谈，研究起草加强建筑设计管理的相关文件，组织编写新时期建筑方针解读文件。

（撰稿人：黄玫，住房城乡建设部城乡规划司副调研员；张舰，住房城乡建设部城乡规划管理中心处长；靳南，住房城乡建设部城乡规划司挂职干部。）

2017 年城乡规划督察工作进展

2017 年，城市管理监督局在推进各地落实《中共中央 国务院关于深入推进城市执法体制改革改进城市管理工作的指导意见》（中发〔2015〕37 号）文件精神，全面实施城市管理执法体制改革的同时，继续指导开展城乡规划督察工作，取得一定成效。

一、 2017 年工作成效

一是组织督察员以绿地、水系和基础设施等城市总体规划强制性内容为重点，加强对城市总体规划实施监督。严格监控突破建设用地进行开发建设的行为，遏制城市蔓延，促进集约用地。督察员全年共向派驻城市发出督察建议书 18 份，及时制止违法建设行为 369 起。

二是系统梳理城乡规划督察工作在促进城乡规划严格实施、保护人居生态环境、延续城市历史文脉和促进城市健康发展等方面发挥的积极作用，全面总结城乡规划督察制度员制度工作成效，分析存在问题，形成规划督察员工作总结报告，为研究改革和完善督察员制度提供坚实基础。

三是组织全体督察员对城乡规划督察典型案件进行收集、整理和分析，筛选出 80 个案例汇编成册，包括督察过程、督察结果和督察体会，具有良好的警示震慑作用和较强的针对性，供地方规划督察管理工作者和规划督察员在工作中借鉴参考。

四是召开规划督察员制度改革座谈会，就督察内容、督察方式和督察制度等进行探讨，研究拟订督察员制度改革方案，探索推进新形势下城乡规划督察员制度改革方向，进一步提高规划督察改革精度和有效性。

五是分批组织督察员培训，在北京、西安对 106 名在任规划督察员全部进行了培训，培训内容包括相关法律法规、新形势下做好规划督察工作要求和城市管理执法体制等，并就如何改革完善督察员制度展开讨论，提高了督察员对新形势新任务的认识，进一步强化了督察员在新形势下做好规划督察工作的使命感和责任感。

六是督促挂牌督办案件整改，定期开展实地巡查，检查整改工作进展情况，督促案件所处城市人民政府和城乡规划主管部门加快整改工作，对处理不到位的，按规定约谈相关责任人，确保挂牌督办案件依法依规矩进行整改。

二、 2018 年工作展望

一是修订《住房城乡建设部城乡规划督察工作经费管理规定》，适应部机关财务管理规定，进一步规范督察员工作经费管理。

二是研究推进督察员制度改革方案。根据“中发［2016］6 号”文件关于“健全国家城乡规划督察员制度”的要求，调整督察工作方式，规范督察员行为，提高督察工作精准度和有效性。

三是加强督察员队伍建设，做好督察员培训，适时开展新任督察员聘任工作，保持督察员队伍活力。

（撰稿人：王凌云，住房城乡建设部城市管理监督局四处处长。）

2017 年城乡规划动态监测情况报告

习近平总书记在北京考察时强调，城市规划在城市发展中起着重要引领作用，总体规划经法定程序批准后就具有法定效力，要坚决维护规划的严肃性和权威性。城乡规划实施情况的监督检查是城乡规划制定、实施和管理工作的重要组成部分，也是保障城乡规划工作严肃性和权威性重要手段。住房城乡建设部 2017 年全面推动违法建设监测向所有城市全覆盖，除延续对国务院审批总体规划城市的卫星遥感监测，还启动了部分地级以上城市监测工作，并向省、市移交了监测结果，同时督促各省开展卫星遥感监测工作，要求实现省内所有城市卫星遥感监测全覆盖。

一、部级监测情况

（一）监测范围与监测内容

2017 住房城乡建设部对石家庄、太原、呼和浩特等 103 个国务院审批总体规划城市进行了动态监测，主要使用国产高分二号、高分一号、资源三号、北京一号、北京二号等卫星遥感数据，分辨率为 0. 8~2. 36m。

监测重点目标是《城乡规划法》确定的城市总体规划强制性内容，包括：

（1）绿线——城市各类绿地的具体布局与保护；

（2）蓝线——城市水源保护区和水系等生态敏感区的布局与保护；

（3）黄线——城市基础设施和公共服务设施用地布局与保护；

（4）紫线——自然与历史文化遗产保护；

（5）城市开发边界的控制情况，禁建区、限建区等总体规划强制性内容实施情况。

（二）监测图斑总体情况

2017 年共提取变化图斑 19407 个，面积 569. 64km^2。涉及城市总体规划强制性内容图斑 1631 个，面积 49. 04km^2，占全部变化图斑总数量的 8. 4%；占全部变化图斑总面积的 8. 61%。2017 年涉及城市总体规划强制性内容图斑数量与面积较往年有较大下降，与 2016 年相比，占比 47. 19%和 31. 66%。

（三）涉及强制性内容图斑情况

2017 年度发现涉及城市总体规划强制性内容图斑涉及四线情况（表 1）如下：

其中涉及“绿线”内容图斑 1129 个，面积 30.83km^2，较 2016 年度（数量 2660 个，面积 107.92km^2）减少明显。

涉及“蓝线”内容图斑 114 个，面积 8.61km^2，较 2016 年度（数量 191 个，面积 8.63km^2）数量有较大减少，面积基本不变。

涉及“黄线”内容图斑 339 个，面积 7.77km^2，较 2016 年度（数量 408 个，面积 17.63km^2）数量略有减少，面积减少较多。

涉及“紫线”内容图斑 49 个，面积 1.83km^2，较 2016 年度（数量 12 个，面积 0.13km^2）数量和面积增加较多，主要集中在一个城市。

2017 年涉及城市总体规划强制性内容图斑占全部图斑数量、面积统计表　表 1

内容	数量(个)	所占比例	面积(km^2)	所占比例
绿线	1129	69.22%	30.83	62.87%
蓝线	114	6.99%	8.61	17.56%
黄线	339	20.78%	7.77	15.84%
紫线	49	3.00%	1.83	3.73%
合计	1631	100.00%	49.04	100.00%

总体来讲，2017 年涉及强制性内容主要还是以城市绿线为主，但是数量比历年都有较大幅度减少。这一方面表明对城市绿线的保护仍然是规划监测的工作重点，另外一方面也反映城市政府更加重视绿线的实施，更加重视生态空间保护，对于绿地的保护逐渐深入人心。

（四）其他工作

住房城乡建设部启动了地级市全覆盖的试点工作，除了国务院审批总体规划城市以外，对相关省市提供技术力量，直接对部分地级市规划实施进行了监测，涉及河北、山东、浙江等 8 省 21 个城市，下发总图斑数 2509 个，109.66km^2，涉及强制性内容图斑 364 个，16.56km^2。

二、省级遥感监测开展情况

目前，全国超过 18 个省、自治区、直辖市开展了城市规划动态遥感工作。

其中广东、辽宁、浙江、河北、山东、湖北、陕西、甘肃、云南、安徽等省市实现了辖区内地级以上城市遥感监测全覆盖。北京市结合城市总体规划体检和评估工作，开展了对生态控制线和城市开发边界等空间管制情况的监测工作；新疆维吾尔自治区通过前期规划监测试点，对现有 14 个地、州、市开展了监测；甘肃省在总结地级市监测经验基础上，扩展到对兰州新区的监测。

其中一些开展动态监测的省市情况如下：

（1）广东省。广东省 2017 年按照省规划建设遥感监测“三步走”的要求，完成两期规划建设遥感监测工作，监测范围为粤东西北 11 市规划区、新区、撤县设区以及广东省各市共 57 个下辖县和县级市，监测面积约为 16 万 km^2，比 2016 年监测范围扩大了六倍。在监测过程中，规划区内重点关注城市绿线、蓝线、紫线、黄线、城市道路红线的实施情况；乡镇无规划区域和撤县设区范围内重点关注大于 5000m^2 的大型房地产、工业项目建设情况。

（2）辽宁省。自 2007 年开展城市规划动态监测工作，每年开展监测工作 1~2 次，监测范围逐年扩大，截至 2017 年底，监测范围覆盖全省 24 个设市城市；工作成果与地方事权结合，在每年一度的规划执法检查前，提供给各检查组当年变化图斑，作为检查依据，实现部门间业务协同，信息共享。

（3）浙江省。已实现全省设区城市和 1 个扩权市的卫星遥感监测辅助城乡规划督察全覆盖。其中 3 个属于省级监测的城市，接受到住房城乡建设部下发的图斑资料，认真对规划实施情况予以了梳理，利用部、省共同的力量予以了核查。

（4）湖北省。明确要求建立和实施省、市（州）两级城乡规划督察制度。对省管 23 个设市城市开展了卫星遥感监测工作，共监测范围 1.76 万 km^2，2017 年工作重点是对 10 个县级市进行了监测。

三、展望

以城乡建设主管部门牵头的城乡规划卫星遥感监测工作开始于 2002 年，至今已经走过 16 个年头，当年国务院下发了《关于加强城乡规划监督管理的通知》（国发［2002］13 号），住房城乡建设部、国家发展改革委等九部委《国务院关于加强城乡规划监督管理的通知》（建规［2002］204 号）进一步要求对城市规划实施情况的动态监测。住房城乡建设部自 2002 年开始进行了国务院审批总体规划城市的规划监测试点工作，2003 年对 9 城市试点，2010 增加到 36 个城市，到 2012 年覆盖到 103 个国务院审批总体规划城市（除四个直辖市以及三沙市），建立了比较完备的城乡规划督察制度，工作方法和技术手段也不断深入。在省级层面，辽宁省 2007 年正式开展了对省内城市总体规划的监测，到 2017 年，全国超过 18 个省、自治区、直辖市开展了城乡规划遥感监测工作。

根据国务院机构改革方案，将住房城乡建设部的城乡规划管理职责并入新组建的自然资源部，“十八大”以来所倡导的生态文明将通过规划这一引领未来发展的战略工具更好地予以实践。城乡规划理论与应用面临着深刻变革，主体功能区规划、土地利用规划、城乡规划将有机融合，城市内与城市外的监管必将融为一体，生态保护红线、永久基本农田、城镇开发边界等刚性管制内容将会更有力地予以保障，整个国土空间规划以及实施、管理面临新的机遇和挑战。

（撰稿人：林俞先，住房城乡建设部城乡规划管理中心规划监测处处长；许建元，住房城乡建设部城市管理监督局一处处长；徐明星，住房城乡建设部城市管理监督局一处副处长。）

2017年风景名胜区及世界遗产管理工作综述

风景名胜区和世界遗产地作为依法设立的自然和文化遗产保护区域，是生态文明和美丽中国建设的重要载体。2017年，风景名胜区和世界遗产管理工作得到了国家和地方的高度重视，在严格保护的基础上以规划为引领，合理利用风景名胜和世界遗产资源，探索符合风景名胜区和世界遗产功能定位的利用方式，推进风景名胜区和世界遗产事业持续健康发展。

一、推进制度规范化建设

研究制定《国家级风景名胜区项目特许经营管理办法》，配合财政部继续推进《国家级风景名胜区门票收入和风景名胜资源有偿使用费管理办法》制定；组织编制完成并发布《风景名胜区管理通用标准》，于2018年8月1日起施行，为风景名胜区综合管理提供技术支撑；组织《风景名胜区详细规划规范》进入报批程序，组织完成《风景名胜区总体规划规范》报批稿进入报批程序；印发《住房城乡建设部关于进一步加强国家级风景名胜区和世界遗产保护管理工作的通知》，推进风景名胜区和世界遗产事业持续健康发展。

二、强化规划战略引领

提升规划的科学性，指导各地科学划分禁止建设、限制建设、控制建设三层分区，统筹协调保护与利用、风景名胜区保护与地方经济社会发展的关系，为风景名胜区保护、利用和管理提供重要依据；加快规划审批，报请国务院批准设立第九批19处国家级风景名胜区；全年共完成30处总体规划审查并报国务院审批，完成14处详细规划并批复实施；组织开展总体规划修编评估，提高规划的动态适应性；要求48处2020年前到期的国家级风景名胜区总体规划全面启动评估和修编工作，适应风景名胜区发展的新形势新要求。

三、组织开展世界遗产申报

组织可可西里成功申报世界自然遗产，支持鼓浪屿国家级风景名胜区成功申报世界文化遗产，加强生态文明建设，提升国际地位和影响力；组织完成贵州梵净山申遗国际专家考察评估工作，为成功申报提供技术支持。

四、加大监管力度，严肃查处违规行为

严格标准，抓好国家级风景名胜区整改验收工作，推动地方及时改进一些长期想解决而没有解决的问题；提升主动监管能力，按照 2 年全覆盖的工作目标，完成 105 处国家级风景名胜区遥感动态监测，组织地方对疑似问题图斑进行核查处理，并结合执法检查对部分风景名胜区的监测图斑进行实地核查和严肃处理，震慑违规建设行为。

五、组织首个“文化和自然遗产日”宣传活动

会同湖北省人民政府、中国联合国教科文组织全委会于 2017 年 6 月 10 日在湖北神农架召开首个“文化和自然遗产日”活动启动暨中国世界自然遗产推进会；在中央电视台等连续播放公益宣传片，在新华网、人民网等网站开展宣传报道，扩大社会影响力；通过举办中国世界遗产成就展、网络视频专题直播项目、遗产日 LED 大屏联网展播等系列活动，提升公众对世界遗产及其保护事业的认知；组织各省份开展科普讲座、研讨、公益展览、世界遗产进社区进校园等活动，吸引公众参与。

六、推进国家公园体制建设工作

落实中央政治局工作要点分工，参与研究制定《建立国家公园体制总体方案》；会同多部委开展北京长城、福建武夷山和湖南南山国家公园体制试点督促检查，加快落实试点工作任务，形成《关于北京长城、福建武夷山、湖南南山国家公园体制试点落实工作督促检查情况的报告》，总结三处试点的成效、问题和经验，为制定《建立国家公园体制总体方案》等工作提供支撑。

（撰稿人：孙铁，住房城乡建设部城乡规划管理中心世界遗产研究处副处长；李振鹏，住房城乡建设部城乡规划管理中心副处长，高级工程师；郭汉，住房城乡建设部城乡规划管理中心世界遗产研究处，助理研究员。）

2017年中国海绵城市规划建设工作综述

2017年是中国海绵城市建设全面推进的一年。在2017年《政府工作报告》中明确要求推进海绵城市建设，使城市既有“面子”、更有“里子”；国务院领导多次就海绵城市建设做出重要批示；住房城乡建设部将海绵城市建设作为住房城乡建设事业的重要工作进行了部署，要求将海绵城市建设作为城市生态文明建设和绿色发展的重要抓手，在城市规划、建设、管理各个环节落实海绵城市理念。全国各地积极贯彻落实，取得了显著成效。

一、工作开展情况

（一）强化规划引导，推动海绵城市理念落地

2017年4月以来，住房城乡建设部先后开展了4次规划巡查，组织专家对内蒙古、江苏、山东、广东4省（区）的43个城市海绵城市建设专项规划逐一进行专题辅导，指导和督促各地以问题导向和目标导向科学编制海绵城市专项规划；组织专家对30个国家试点城市海绵城市专项规划逐一进行审查，并提出修改意见。截至2017年底，全国653个城市中已有465个城市编制完成了海绵城市建设规划。

（二）加强工作指导，以标准倒逼工程项目实施

2017年，在已经修订颁布海绵城市建设相关的城市规划、建筑与小区、园林绿化、道路与广场、排水设施等方面的10项标准规划基础上，住房城乡建设部组织对规划、给排水、水利、建筑、道路、园林等方面的标准进行全面梳理，研究各专业统筹协调推进海绵城市建设实施的问题；结合国家海绵城市建设的试点成果，启动对《海绵城市建设技术指南》进行全面修订工作。

（三）开展试点引路，探索可复制可推广的经验

2017年3月，住房城乡建设部在总结试点城市初步成果的基础上编制《海绵城市建设典型案例》，从源头减排、城市黑臭水体治理、内涝防治、片区建设与改造等方面，遴选了21个典型案例。

2017 年 4 月，住房城乡建设部组织对 30 个试点城市年度绩效评价工作，并针对存在的问题加强督导、及时纠偏；与财政部、水利部在成都召开海绵城市建设试点工作现场会，现场参观了遂宁市试点成效，交流试点经验。

2017 年 9 月，住房城乡建设部在池州召开海绵城市建设论坛和试点城市工作座谈会，交流试点经验，并参观池州海绵城市建设情况。

2017 年 11 月，住房城乡建设部组织对第一批 16 个试点城市进行验收自评估，部署从体制机制、技术标准、制度建设、运作模式、创新性等方面总结试点城市经验。

2017 年 12 月，住房城乡建设部组织对第二批 14 个试点城市中期督导，有力提升了第二批试点城市的重视程度和认识水平，推动第二批试点城市加快推进试点工作。

（四）做好培训宣传，扩大海绵城市知名度和美誉度

2017 年，住房城乡建设部多次组织海绵城市建设论坛和培训，提高海绵城市建设技术水平，推广海绵城市建设经验，宣传海绵城市建设理念，扩大海绵城市建设影响。

2017 年 4 月 20 日，习近平总书记现场考察了南宁市海绵城市建设项目——那考河生态综合整治项目，对南宁市运用海绵城市理念治理黑臭河道，形成水畅水清、岸绿景美的整治效果十分满意，对该项目给予了高度评价。

2017 年下半年，按照中央宣传部的统一部署，住房城乡建设部组织开展海绵城市建设系列宣传活动，在“砥砺奋进的五年”大型成就展布设了海绵城市建设模型沙盘；2017 年 9 月 25 日，党和国家领导人习近平、李克强、张德江、俞正声、刘云山、王岐山、张高丽等现场视察。

二、海绵城市建设成效不断显现

截至 2017 年底，全国已有 13 个省在 90 个城市开展了省级海绵城市建设试点；30 个国家试点城市通过海绵城市建设，实现雨水自然积存、自然渗透、自然净化，让城市既有“面子”又有“里子”，取得了明显成效，在技术创新、运作模式、管控制度方面开展了有益探索，积累了宝贵经验。

（一）生态环境明显改善

30 个国家海绵城市试点区域内黑臭水体已基本消除，经过整治的黑臭河道，形成水畅水清、岸绿景美的休闲滨水景观带，昔日的“臭水沟”变成今天的

"后花园"。

（二）防灾减灾能力明显提升

30 个国家海绵城市试点区域内已消除 270 个易涝积水点，城市排水防涝能力显著提升，2017 年汛期时，试点区域内基本未发生内涝。

（三）优质生态产品供给明显增加

一些城市通过海绵城市建设恢复和扩展公园绿地、生态岸线等蓝绿空间，成为群众休闲游憩的好去处；海绵城市推动形成了"蓝绿交织、水城共融"，发挥了涵养水源、净化水质、降低城市热岛效应、调节城市小气候等生态功能。

（四）群众获得感、幸福感明显增强

海绵城市建设"共同缔造、问计于民"，切实解决了群众关切的民生问题，通过在小区开展海绵化改造和建设，既解决了以往群众身边"淹水没腰"的问题，又提升了景观环境，还与水电气热"最后一公里"改造、停车位增建等同步实施，获得群众广泛赞誉。

三、海绵城市建设的展望

海绵城市建设是适应新时代城市转型发展的新理念和新方式，有利于推进生态文明建设、绿色发展，有利于推动城市发展方式转型，有利于推进供给侧结构性改革，有利于提升城市基础建设的系统性、建成人与自然和谐共生的现代化城市，增强人民群众的获得感、幸福感、安全感。海绵城市应成为城市建设领域长期坚持的理念，作为城市生态文明建设和绿色发展的重要抓手，并落实到城市规划、建设、管理各个环节。

（撰稿人：陈玮，住房城乡建设部城乡规划管理中心给排水处主任工程师，副研究员，博士；赵晔，住房城乡建设部城乡规划管理中心给排水处工程师，博士；程彩霞，住房城乡建设部城乡规划管理中心给排水处副研究员，博士；高伟，住房城乡建设部城乡规划管理中心给排水处副研究员，博士；徐慧纬，住房城乡建设部城乡规划管理中心给排水处副处长，副研究员，博士。）

2017 年中国城市地下管线和综合管廊工作综述

2017 年，党中央国务院从提高城镇化质量的高度，继续部署推动地下管线和综合管廊建设。住房城乡建设部等部门指导各地，在前期工作基础上，继续推进地下管线和综合管廊建设，相关工作有序开展、成效显著。

一、党中央国务院继续部署推进地下管线和综合管廊建设

2017 年 10 月，党的十九大胜利召开，确立了习近平新时代中国特色社会主义思想，针对我国社会主要矛盾的变化，提出要着力解决好发展不平衡不充分的问题，大力提升发展质量和效益等重大战略要求。习近平总书记在 2017 年中央经济工作会议上指出，推动高质量发展是当前和今后一个时期确定发展思路、制定经济政策、实施宏观调控的根本要求，为进一步加强地下管线和综合管廊建设管理工作指明了方向。2017 年 3 月 5 日，李克强总理在《政府工作报告》中提出"再开工建设城市地下综合管廊 2000 公里以上"的目标任务。2018 年 1 月，中共中央办公厅、国务院办公厅印发《关于推进城市安全发展的意见》，要求加强基础设施安全管理，提出"有序推进城市地下管网依据规划采取综合管廊模式进行建设。"

二、住房城乡建设部等部门指导推进地下管线和综合管廊工作

2017 年，住房城乡建设部会同有关部门，通过对接项目、完善标准、指导试点、加强调度以及实地督导等多种措施，积极推进城市地下管线和综合管廊建设。

（一）组织绩效考核，总结推广综合管廊试点工作经验

1. 召开了中央财政支持地下综合管廊试点工作现场会

2017 年 4 月 27~28 日，住房城乡建设部、财政部、水利部在成都市共同组

织召开了中央财政支持地下综合管廊试点工作现场会，总结前一阶段地下综合管廊试点示范工作，深入交流经验，部署推动下一步工作。地下综合管廊试点城市政府负责同志，相关省（区、市）财政、住房城乡建设和水利部门有关负责同志参加了会议。哈尔滨、厦门、四平、南宁、成都等地下综合管廊试点城市介绍了试点工作成效和经验做法。试点城市和省级相关部门就地下综合管廊试点示范工作进行了交流研讨。

2. 开展了综合管廊建设试点城市年度绩效考核评价工作

2017 年 4 月，住房城乡建设部和财政部开展了综合管廊建设试点城市 2017 年度绩效考核评价工作，两部门组织绩效评价小组赴 25 个试点城市进行实地考核，评价了试点城市综合管廊专项规划编制、建设工程质量、PPP 模式建立、有偿使用制度及标准制定、运营维护管理等方面的工作，查找工作中的不足并提出改进措施，督导各试点城市按计划推进试点工作。

（二）加强督查指导，稳步推进综合管廊规划建设

1. 继续开展城市地下综合管廊规划辅导及建设进展督查工作

2017 年，住房城乡建设部在总结第一轮全国城市地下综合管廊规划巡回辅导工作经验的基础上，完善规划巡回辅导工作方案和内容，组织开展了第二轮全国城市地下综合管廊规划巡回辅导工作，对全国除西藏、海南外的 29 个省（区、市）城市地下综合管廊规划编制工作进行了专题辅导，并结合规划辅导对各地地下综合管廊的工程开工建设情况进行专项督查。

2. 促进全国地下综合管廊工作推进和交流

2017 年 3 月 21 日，住房城乡建设部、财政部在杭州召开全国城市地下综合管廊和黑臭水体整治工作推进会。住房城乡建设部、财政部、国家开发银行、农业发展银行、浙江省政府相关领导以及全国 32 个省（区、市）住房城乡建设管理部门的负责同志参加了会议。浙江省、江苏省、云南省、厦门市、海口市、杭州市等就政策引导、规划引领、项目推进、责任落实、成效督导等方面交流了经验。2017 年 2 月 13 日，住房城乡建设部在北京组织召开了城市地下综合管廊建设工作企业座谈会，20 家建筑企业和规划设计单位参加了会议，就综合管廊市场开拓、推进综合管廊建设经验及存在的问题进行了交流。会议提出了加强综合管廊项目运营管理，深化综合管廊关键问题、工艺技术及相关标准研究，做“百年”优质工程等要求。

3. 开展综合管廊工程安全督查和建设指导

为贯彻落实党中央国务院关于安全生产工作部署，2017 年住房城乡建设部办公厅印发了《住房城乡建设部办公厅关于加强市政公用行业安全生产工作的通

知》（建办城电［2017］61 号）、《住房城乡建设部办公厅关于印发市政公用行业安全生产大检查方案的通知》（建办城函［2017］595 号）。住房城乡建设部城市建设司组织 5 个调查组对湖北、上海等 10 个省（市）开展全国地下综合管廊工程安全大检查，重点检查工程周边防护、管廊内防积水排水设施设置、施工临时用电、消防安全施工控制措施、各类孔口安全防护、通风与防尘作用安全防护、有毒有害气体监测、管廊交叉部委安全防护、管廊内警示标志设置等，注重安全生产工作指导。

（三）制定标准规范，加强综合管廊技术指导。

1. 进一步制定完善城市地下综合管廊相关技术标准

为指导各地规范城市地下综合管廊工程建设，住房城乡建设部进一步组织开展了地下综合管廊相关技术标准制定工作，印发了《城市地下综合管廊工程消耗量定额》和《城镇综合管廊监控与报警系统工程技术标准》GB/T 51274—2017，组织编制了《城市地下综合管廊运行维护及安全技术标准（征求意见稿）》，于 2018 年 3 月公开征求意见。

2. 研究推动了城市地下综合管廊收费标准制定

为推动综合管廊有偿使用制度的执行，住房城乡建设部在总结中央财政支持的地下综合管廊试点城市有偿使用制度及标准制定情况的基础上，组织专家研究起草了综合管廊收费标准测算公式，并协调部分试点城市根据测算公式测算管廊收费标准，为下一步综合管廊收费标准测算公式的颁布实施提供了技术支撑。

（四）推进立法工作，完善城镇地下管线管理制度。

为推进城镇地下管线管理立法进程，2017 年，住房城乡建设部在前期工作基础上，起草形成了《城镇地下管线管理条例（送审稿）》并上报国务院。2017 年 2~3 月，国务院法制办组织完成了对相关部门、地方、企业及科研院校的意见征求工作。住房城乡建设部配合国务院法制办对各方反馈意见进行了汇总分析和研究。

三、各地地下管线和综合管廊工作成效

（一）全面部署推动地下综合管廊建设

在全面完成 2016 年《政府工作报告》确定的地下综合管廊工程建设目标任务的基础上，2017 年各地继续贯彻落实党中央国务院关于地下综合管廊建设的工作部署，进一步推进地下综合管廊建设。截至 2017 年 12 月底，全国除新疆外

共31个省（区、市）印发了推进综合管廊建设的实施意见或相关政策，其中共21个省（区、市）明确了综合管廊建设量化指标。

（二）地下综合管廊规划编制质量明显提升

全国各地高度重视综合管廊专项规划编制工作。截至目前，全国多数城市和部分县城组织编制了地下综合管廊专项规划。通过两轮的全国城市地下综合管廊规划巡回辅导，多数地区地下综合管廊专项规划编制水平有明显提升，各地采取完善地方法规及技术规范、加强督促指导和资金支持、增强技术支撑等措施，提升各城市综合管廊专项规划编制水平。能够根据城市规模、经济发展水平和管线建设需求，本着“多规合一”和因地制宜的规划思想，统筹构建干支缆相结合的综合管廊体系，实现综合管廊与地下空间及设施的统筹规划，提升地下空间综合开发利用效益。

（三）地下管线和综合管廊地方法规和管理机制逐步完善

各地不断完善地下管线和综合管廊相关地方法规政策。据不完全统计，截至2017年底，河北、陕西、宁夏、重庆共4个省（区、市）和杭州、长沙、青岛等8个城市出台了地下管线管理条例；辽宁、四川、北京、上海、天津等省（区、市）以及广州等43个城市以政府令等形式出台了地下管线管理办法；深圳、厦门等17个城市制定了综合管廊管理办法。在加强地方立法工作基础上，各地地下管线、综合管廊管理机构也逐渐增多，管理机制进一步完善。

（撰稿人：唐兰，住房城乡建设部城乡规划管理中心地下管线处，副研究员；刘晓丽，住房城乡建设部城乡规划管理中心地下管线处副处长，研究员；李昂，住房城乡建设部城乡规划管理中心地下管线处，助理规划师；张月，住房城乡建设部城乡规划管理中心地下管线处，助理工程师。）

附 录

2017—2018 年度中国城市规划大事记

2017 年 1 月 5 日，国家发展改革委印发《中原城市群发展规划》，标志着中原城市群正式跻身七大国家级城市群。中原城市群范围涵盖河南、河北、陕西、安徽、山东等 5 省 30 个市，明确以河南省内的郑州、开封、洛阳等城市和山西晋城、安徽亳州共计 14 个城市为核心发展区，联动辐射中原经济区其他城市，其中安徽有宿州市、阜阳市、淮北市、蚌埠市，构建“一核四轴四区”的空间分布格局，实现城市群一体化发展。

2017 年 1 月 9 日，中共中央办公厅、国务院办公厅印发《省级空间规划试点方案》。根据《方案》，我国将在海南、宁夏试点基础上，综合考虑地方现有工作基础和相关条件，将吉林、浙江、福建、江西、河南、广西、贵州 7 个省份纳入省级空间规划试点范围。《方案》指出，要以主体功能区规划为基础，全面摸清并分析国土空间本底条件，划定城镇、农业、生态空间以及生态保护红线、永久基本农田、城镇开发边界，注重开发强度管控和主要控制线落地，统筹各类空间性规划，编制统一的省级空间规划。

2017 年 1 月 9 日，中共中央、国务院发布《中共中央 国务院关于加强耕地保护和改进占补平衡的意见》。《意见》指出，按照党中央、国务院决策部署，坚守土地公有制性质不改变、耕地红线不突破、农民利益不受损三条底线，坚持最严格的耕地保护制度和最严格的节约用地制度，像保护大熊猫一样保护耕地，着力加强耕地数量、质量、生态“三位一体”保护，着力加强耕地管控、建设、激励多措并举保护，采取更加有力措施，依法加强耕地占补平衡规范管理，落实藏粮于地、藏粮于技战略，提高粮食综合生产能力，保障国家粮食安全，为实现“两个一百年”奋斗目标、实现中华民族伟大复兴中国梦构筑坚实的资源基础。

2017 年 1 月 10 日，国土资源部、国家发展和改革委员会印发《全国土地整治规划（2016—2020 年）》。《规划》提出未来五年国家土地整治战略部署，确定土地整治的指导思想、基本原则、目标任务和方针政策，统筹安排各项土地整治活动和高标准农田建设任务，明确土地整治重点区域和重大工程，提出规划实施保障措施。《规划》是开展土地整治活动的基本依据和行动指南。《规划》以 2015 年为基期，2020 年为规划目标年。规划范围未包括香港特别行政区、澳门特别行政区和台湾省。

2017 年 1 月 12 日，国务院发布《国务院关于乌鲁木齐市城市总体规划的批复》，原则同意《乌鲁木齐市城市总体规划（2014—2020年）（2017年修订）》。《批复》明确在13783.1km^{2}城市规划区范围内，实行城乡统一规划管理；要合理控制城市规模，到2020年中心城区常住人口控制在410万人以内，城市建设用地控制在513km^{2}以内。

2017年1月21日，住房城乡建设部发布国家标准《城市排水工程规划规范》，编号为GB 50318—2017，自2017年7月1日起实施。

2017年1月23日，国务院办公厅下发《国务院办公厅关于批准佳木斯市城市总体规划的通知》，原则同意《佳木斯市城市总体规划（2011—2020年）》。《批复》明确在2003.8km^{2}城市规划区范围内，实行城乡统一规划管理；要合理控制城市规模，到2020年中心城区常住人口控制在110万人以内，城市建设用地控制在96.98km^{2}以内。

2017年1月23日，国家发展改革委网站公布《西部大开发“十三五”规划》，其中“预期性指标”包括：到2020年，西部地区生产总值和城乡居民收入比2010年翻一番以上，经济社会发展水平与全国差距明显缩小；按常住人口计算的城镇化率达到54%以上；居民人均可支配收入由2015年的1.6868万元增至2020年的2.6万元。《规划》明确西部地区将打造百座特色小城镇。

2017年1月24日，住房城乡建设部会同国家开发银行印发了《住房城乡建设部、国家开发银行关于推进开发性金融支持小城镇建设的通知》。通知要求各县（市、区）住房城乡建设（规划）部门要组织做好本地区项目与国家开发银行各分行的项目对接和推荐，填写小城镇建设项目入库申报表，报省级住房城乡建设管理部门。

2017年1月24日，住房城乡建设部印发《城市管理执法办法》，对加强城市管理工作做出重要部署，要求完善执法制度，改进执法方式，提高执法素养，把严格规范公正文明执法的要求落实到城市管理执法全过程，并要求加强城市管理和执法方面的立法工作，完善配套法规和规章。《办法》于5月1日起施行。

2017年2月4日，国务院印发《全国国土规划纲要（2016—2030年）》。这是我国首个国土空间开发与保护的战略性、综合性、基础性规划，对涉及国土空间开发、保护、整治的各类活动具有指导和管控作用。《纲要》提出加快构建“安全、和谐、开放、协调、富有竞争力和可持续发展的美丽国土”的总体目标。《纲要》要求到2030年，国土空间开发格局不断优化，整体竞争力和综合国力显著增强，国土开发强度不超过4.62%，城镇空间控制在11.67万km^{2}以内。

2017年2月6日，国务院办公厅印发《关于促进开发区改革和创新发展的若干意见》，对新形势下做好开发区工作做出全面部署。《意见》强调，要牢固树立创新、协调、绿色、开放、共享的发展理念，加强对各类开发区的统筹规划，加快开发区转型升级，促进开发区体制机制创新，完善开发区管理制度和政策体系，进一步增强开发区功能优势；坚持改革创新，强化精简高效的管理特色；坚持规划引领，完善空间布局和数量规模；坚持集聚集约，发挥规模经济效应；坚持发展导向，构建长效机制。

2017 年 2 月 7 日，中共中央办公厅、国务院办公厅印发《关于划定并严守生态保护红线的若干意见》，并发出通知，要求各地区各部门结合实际认真贯彻落实。《意见》明确，划定并严守生态保护红线，是贯彻落实主体功能区制度、实施生态空间用途管制的重要举措，是提高生态产品供给能力和生态系统服务功能、构建国家生态安全格局的有效手段，是健全生态文明制度体系、推动绿色发展的有力保障。

2017 年 2 月 7 日，国务院办公厅下发《国务院办公厅关于批准南阳市城市总体规划的通知》，原则同意《南阳市城市总体规划（2011—2020 年）》。《批复》明确在 3760km^2 城市规划区范围内，实行城乡统一规划管理；要合理控制城市规模，到 2020 年中心城区常住人口控制在 180 万人以内，城市建设用地控制在 165km^2 以内。

2017 年 2 月 7 日，国务院办公厅下发《国务院办公厅关于批准开封市城市总体规划的通知》，原则同意《开封市城市总体规划（2011—2020 年）》。《批复》明确在 548km^2 城市规划区范围内，实行城乡统一规划管理；要合理控制城市规模，到 2020 年，中心城区常住人口控制在 146 万人以内，城市建设用地控制在 142km^2 以内。

2017 年 2 月 10 日，国务院办公厅下发《国务院办公厅关于批准衡阳市城市总体规划的通知》，原则同意《衡阳市城市总体规划（2006—2020 年）（2017 年修订）》。《批复》明确在 1121. 41km^2 城市规划区范围内，实行城乡统一规划管理；要合理控制城市规模，到 2020 年，中心城区常住人口控制在 170 万人以内，城市建设用地控制在 161. 5km^2 以内。

2017 年 2 月 10 日，经国务院同意，国家发展改革委、住房城乡建设部正式印发《北部湾城市群发展规划》，要求广西、广东、海南三省（区）共同推动《规划》的落实，强化南宁核心辐射带动，夯实湛江、海口的支撑作用，重点建设环湾滨海地区和南北钦防、湛茂阳城镇发展轴，提升国土空间利用效率和开发品质，打造“一湾双轴、一核两极”的城市群框架，防城港纳入“双轴”格局的南北钦防发展轴，并将重点建设。

2017 年 2 月 23 日至 24 日，中共中央总书记、国家主席、中央军委主席习近平在北京市考察城市规划建设。他强调，北京城市规划建设和北京冬奥会筹办工作是当前和今后一个时期北京市的两项重要任务，抓好城市规划建设，着眼精彩非凡卓越筹办好北京冬奥会，努力开创首都发展更加美好的明天。习近平考察了通州副中心行政办公区现场指挥部，了解副中心建设理念、目标定位、文化保护等情况。习近平指出："站在当前这个时间节点建设北京城市副中心，要有21世纪的眼光。"同时指出，规划、建设、管理都要坚持高起点、高标准、高水平，落实世界眼光、国际标准、中国特色、高点定位的要求，"不但要搞好总体规划，还要加强主要功能区块、主要景观、主要建筑物的设计，体现城市精神、展现城市特色、提升城市魅力。"

2017年2月24日下午，中共中央总书记、国家主席、中央军委主席习近平在人民大会堂北京厅主持召开北京城市规划建设和北京冬奥会筹办工作座谈会，习近平在会议上指出，城市规划在城市发展中起着重要引领作用。北京城市规划要深入思考"建设一个什么样的首都，怎样建设首都"这个问题。习近平要求，把握好战略定位、空间格局、要素配置，坚持城乡统筹，落实"多规合一"，形成一本规划、一张蓝图，着力提升首都核心功能，做到服务保障能力同城市战略定位相适应，人口资源环境同城市战略定位相协调，城市布局同城市战略定位相一致，不断朝着建设国际一流的和谐宜居之都的目标前进。

2017年2月23日，国务院办公厅下发《国务院办公厅关于批准鸡西市城市总体规划的通知》，原则同意《鸡西市城市总体规划（2011—2020年）》。《批复》明确在2332.8km^2城市规划区范围内，实行城乡统一规划管理；要合理控制城市规模，到2020年，中心城区常住人口控制在82.1万人以内，城市建设用地控制在91.04km^2以内。

2017年2月28日，国务院日前印发《"十三五"现代综合交通运输体系发展规划》。《规划》提出，到2020年，基本建成安全、便捷、高效、绿色的现代综合交通运输体系，部分地区和领域率先基本实现交通运输现代化。网络覆盖加密拓展，综合衔接一体高效，运输服务提质升级，智能技术广泛应用，绿色安全水平提升。高速铁路覆盖80%以上的城区常住人口100万以上城市，铁路、高速公路、民航运输机场基本覆盖20万以上人口城市，城市轨道交通运营里程比2015年增长近一倍，油气主干管网快速发展，综合交通网总里程达到540万km左右。

2017年3月2日，国家发展改革委、住房城乡建设部印发《气候适应型城市建设试点工作的通知》。《通知》提出，以全面提升城市适应气候变化能力为核心，坚持因地制宜、科学适应，吸收借鉴国内外先进经验，完善政策体系，创新管理体制，将适应气候变化理念纳入城市规划建设管理全过程，完善相关规划建设标准。到2020年，试点地区适应气候变化基础设施得到加强，适应能力显著提高，公众意识显著增强，打造一批具有国际先进水平的典型范例城市，形成一系列可复制、可推广的试点经验。

2017 年 3 月 5 日，中华人民共和国第十二届全国人民代表大会第五次会议在北京召开，国务院总理李克强作《政府工作报告》。报告回顾 2016 年工作，在促进区域城乡协调发展、加强生态文明建设、注重保障和改善民生、推进政府建设和治理创新等方面取得成效。报告提出了 2017 年工作总体部署，要求：一是优化区域发展格局。统筹推进三大战略和“四大板块”发展，实施好相关规划。推动国家级新区、开发区、产业园区等创新发展。支持资源枯竭、生态严重退化等地区经济转型发展。二是扎实推进新型城镇化。深化户籍制度改革，2017 年实现进城落户 1300 万人以上，加快居住证制度全覆盖。支持中小城市和特色小城镇发展，推动一批具备条件的县和特大镇有序设市，发挥城市群辐射带动作用。促进“多规合一”，提升城市规划设计水平。推进建筑业改革发展，提高工程质量。统筹城市地上地下建设，加强城市地质调查，再开工建设城市地下综合管廊 2000 公里以上，启动消除城区重点易涝区段三年行动，推进海绵城市建设，有效治理交通拥堵等“城市病”，使城市既有“面子”、更有“里子”。报告中首度提到粤港澳大湾区，提出“要推动内地与港澳深化合作，研究制定粤港澳大湾区城市群发展规划，发挥港澳独特优势，提升在国家经济发展和对外开放中的地位与功能”。

2017 年 3 月 6 日，住房城乡建设部印发《关于加强生态修复城市修补工作的指导意见》。《意见》指出，生态修复城市修补是治理“城市病”、改善人居环境的重要行动，是推动供给侧结构性改革、补足城市短板的客观需要，是城市转变发展方式的重要标志。《指导意见》明确了开展“城市双修”的基本原则和目标，要求以政府主导，协同推进；统筹规划，系统推进；因地制宜，分类推进；保护优先，科学推进。

2017 年 3 月 10 日，国务院办公厅下发《国务院办公厅关于批准株洲市城市总体规划的通知》，原则同意《株洲市城市总体规划（2006—2020 年）（2017 年修订)》。《批复》明确在 2334. 1km^2 城市规划区范围内，实行城乡统一规划管理；要合理控制城市规模，到 2020 年，中心城区常住人口控制在 170 万人以内，城市建设用地控制在 164km^2 以内。

2017 年 3 月 13 日，国务院办公厅下发《国务院办公厅关于批准黄石市城市总体规划的通知》，原则同意《黄石市城市总体规划（2001—2020 年）（2017 年修订)》。《批复》明确在 701km^2 城市规划区范围内，实行城乡统一规划管理；要合理控制城市规模，到 2020 年，中心城区常住人口控制在 95 万人以内，城市建设用地控制在 94. 7km^2 以内。

2017 年 3 月 14 日，住房城乡建设部发布《城市设计管理办法》。《办法》于 6 月 1 日实施，《办法》指出，城市设计是落实城市规划、指导建筑设计、塑造城市特色风貌的有效手段，贯穿于城市规划建设管理全过程。通过城市设计，从整体平面和立体空间上统筹城市建筑布局、协调城市景观风貌，体现地域特征、民族特色和时代风貌。

2017 年 3 月 14 日，为进一步贯彻落实中央城市工作会议精神和习近平总书记系列重要讲话精神，探索推动城市设计工作，塑造城市特色风貌，经各地推荐并组织专家评审，住房城乡建设部印发了《关于将北京等 20 个城市列为第一批城市设计试点城市的通知》，将北京市、黑龙江省哈尔滨市、吉林省长春市、山东省青岛市和东营市、江苏省南京市和苏州市、安徽省合肥市和马鞍山市、浙江省杭州市、宁波市和义乌市、河南省郑州市、广东省深圳市和珠海市、云南省玉溪市、陕西省西安市、宁夏回族自治区银川市、内蒙古自治区包头市和呼伦贝尔市列为第一批城市设计试点城市。

2017 年 3 月 24 日，为加强自然生态空间保护，推进自然资源管理体制改革，健全国土空间用途管制制度，促进生态文明建设，按照《生态文明体制改革总体方案》要求，国土资源部印发《自然生态空间用途管制办法（试行）》。《办法》明确，凡涉及生态空间的城乡建设、工农业生产、资源开发利用和整治修复活动，都必须遵守《办法》的相关规定。

2017 年 3 月 27 日，国务院发布《国务院关于汕头市城市总体规划的批复》，原则同意《汕头市城市总体规划（2002—2020 年）（2017 年修订）》。《批复》明确在 2245km^2 城市规划区范围内，实行城乡统一规划管理；要合理控制城市规模，到 2020 年，中心城区常住人口控制在 222 万人以内，城市建设用地控制在 205km^2 以内。

2017 年 3 月 31 日，国务院新闻办公室举行新闻发布会，正式宣布在辽宁、浙江、河南、湖北、重庆、四川、陕西等 7 省市设立“自由贸易试验区”，并公布了详细方案。至此，我国将有共 11 个自贸区，新设立的 7 个自贸区将继续紧扣制度创新的核心，进一步对接高标准的国际经贸规则，形成各具特色、各有侧重的试点格局。

2017 年 4 月 1 日，中共中央、国务院印发通知，决定设立河北雄安新区。这是以习近平同志为核心的党中央做出的一项重大的历史性战略选择，是继深圳经济特区和上海浦东新区之后又一具有全国意义的新区，也是深入推进京津冀协同发展的一项重大决策部署，是千年大计、国家大事。雄安新区作为北京非首都功能疏解集中承载地，将在打造以首都为核心的世界级城市群的布局和调整优化京津冀空间结构中起到关键作用。通过建设雄安新区，将探索人口经济密集地区优化开发的新模式。雄安新区规划范围涉及河北省雄县、容城、安新 3 县及周边部分区域，地处北京、天津、保定腹地，区位优势明显、交通便捷通畅、生态环境优良、资源环境承载能力较强，现有开发程度较低，发展空间充裕，具备高起点高标准开发建设的基本条件。雄安新区规划建设以特定区域为起步区先行开发，起步区面积约 100km^2，中期发展区面积约 200km^2，远期控制区面积约 2000km^2。

2017 年 4 月 5 日，为贯彻落实《中共中央办公厅、国务院办公厅关于印发〈省级空间规划试点方案〉的通知》要求，统筹推进省级空间规划试点工作，国务院办公厅复函同意建立省级空间规划试点工作部际联席会议制度。联席会议由国家发展改革委、国土资源部、环境保护部、住房城乡建设部、水利部、农业部、林业局、海洋局、测绘地信局组成。在海南、宁夏试点基础上，综合考虑地方现有工作基础和相关条件，将吉林、浙江、福建、江西、河南、广西、贵州等纳入试点范围，共 9 个省份。

2017 年 4 月 11 日，住房城乡建设部办公厅下发《开展国家级风景名胜区总体规划评估工作的通知》。《通知》提出，总体规划评估要坚持问题导向，在充分肯定总体规划实施成效的同时，紧紧围绕现行规划履行《风景名胜区条例》规定，就总体规划对风景名胜区保护、利用和管理的指导性，以及总体规划编制、实施和监管的一致性等进行科学评估。

2017 年 4 月 13 日，国务院批转国家发展改革委《关于 2017 年深化经济体制改革重点工作的意见》。《意见》部署了 10 个领域 35 项年度经济体制改革重点任务，包括完善城乡发展一体化体制机制，健全新型城镇化体制机制，深入推进农业供给侧结构性改革，稳步推进农村集体产权制度改革；深化生态文明体制改革，完善主体功能区制度，深化生态文明建设试点示范，完善生态环境保护制度等内容。

2017 年 4 月 13 日，国家发展改革委、科技部、工信部、国土资源部、国家开发银行联合印发《关于支持首批老工业城市和资源型城市产业转型升级示范区建设的通知》，支持辽宁中部、吉林中部、内蒙古西部、河北唐山、山西长治、山东淄博、安徽铜陵、湖北黄石、湖南中部、重庆环都市区、四川自贡、宁夏东北部等 12 个城市（经济区）建设首批产业转型升级示范区，并明确了各示范区已初步取得的经验及建议下一步重点探索的示范领域。

2017 年 4 月 14 日，国务院发布《国务院关于大连市城市总体规划的批复》，原则同意《大连市城市总体规划（2001—2020 年）（2017 年修订）》。《批复》明确在 5558km^2 城市规划区范围内，实行城乡统一规划管理；要合理控制城市规模，到 2020 年，中心城区常住人口控制在 500 万人以内，城市建设用地控制在 496km^2 以内。

2017年4月14日，中共中央政治局常委、国务院副总理、京津冀协同发展领导小组组长张高丽就设立雄安新区接受新华社记者独家专访。张高丽就“在疏解北京非首都功能方面，怎么理解雄安新区的定位和功能”“设立雄安新区对全国改革发展大局有怎样的重大意义”等问题进行了详细解答。他要求用最先进的理念和国际一流的水准规划设计建设。在规划建设中，要把握空间均衡，统筹生产、生活、生态三大布局，使生产、生活、教育、医疗等有机衔接，建设便利快捷的城市交通，逐步实现工作生活一体。注重文化传承，体现中华传统经典建筑元素，同时结合区域文化、历史传承、时代要求，打造城市特色风貌。要始终坚持生态优先、绿色发展，严格划定开发边界和生态红线，实现两线合一，着力建设绿色、森林、智慧、水城于一体的新区；高标准高质量组织编制规划。要按照中央要求，抓紧组织编制雄安新区总体规划、起步区控制性规划、启动区控制性详细规划及白洋淀生态环境治理和保护规划等相关规划。在新区开展“多规合一”。规划定了要严格执行，确保“一张蓝图干到底”。新区规划还要加强与周边地区相关规划的衔接，促进合理分工、科学布局。有计划分步骤推进新区开发建设。要划定管控边界和开发红线，严格把控入区产业，制定负面清单；严控周边规划，严控周边人口，严控周边房价，严防炒地炒房投机行为。要切实修复和保护好白洋淀生态屏障。统筹区域协调发展。规划建设雄安新区，在起步之初就要加强与北京、天津等城市的紧密联系和融合发展，特别是要同北京中心城区、城市副中心在功能上有所分工，实现错位发展。

2017年4月21日，全国城市规划工作座谈会在福建省福州市召开。住房城乡建设部黄艳副部长在会上强调：要继续认真学习领会和贯彻落实习近平总书记关于城市规划建设的系列重要讲话，尤其是2017年2月24日视察北京工作时的讲话精神，继续深入落实中央城市工作会议、中央六号文件以及全国建设工作会议精神，加强学习，提高认识，努力承担新时期城市规划在治国理政中的新使命。黄艳同志要求，当前各地城乡规划主管部门要结合习总书记讲话和中央文件贯彻落实，2017年重点做好以下几个方面的工作：一是要科学编制新一版城市总体规划，坚持城乡统筹、全域覆盖、多规合一，加强城市总体规划强制性内容的刚性传导与落实，建立评估制度，强化规划的严肃性与权威性，加快建立城市规划管理信息平台。各地在新版城市总体规划编制中要借鉴学习北京和上海经验，做好图图叠合、指标统合、政策整合。同时，各省（区）要根据城市经济社会人口发展情况，对省级人民政府已经审批的新版城市总体规划进行人口和用地规模的核定，发现问题及时纠正。二是要积极推进省级空间规划改革，主动作为，积极探索，总结推广好的经验和做法。三是继续加强城市规划实施监管，启动城乡规划管理信息平台建设，各地在编制新版规划时要同步建设规划管理信息平台，逐步实现部、省、市三级规划信息平台互联互通。四是要切实提高县城规划建设管理水平，要求各省（区）要结合本地实际情况，着手对本省（区）县城规划建设情况进行梳理，查找问题、总结经验、加强分类指导。五是规范新城新区规划建设。六是进一步做好城市设计、“城市双修”和建筑设计管理工作。七是要进一步做好历史名城保护工作。八是结合当前社会需求重点开展专项调研和专项规划。

2017 年 4 月 24 日，国家测绘地理信息局、国土资源部、国家统计局和普查办联合发布了《第一次全国地理国情普查公报》。此次地理国情普查历时 3 年，对象为我国陆地国土范围内的地表自然和人文地理要素，采用覆盖全国优于 1m 分辨率遥感影像，收集多行业专题数据，获取了由 10 个一级类、58 个二级类和 135 个三级类共 2.6 亿个图斑构成的全覆盖、无缝隙、高精度的海量地理国情数据。

2017 年 4 月 28 日，国务院办公厅下发《国务院办公厅关于批准温州市城市总体规划的通知》，原则同意《温州市城市总体规划（2003—2020 年）(2017 年修订)》。《批复》明确在 2670km^2 城市规划区范围内，实行城乡统一规划管理；要合理控制城市规模，到 2020 年，中心城区常住人口控制在 350 万人以内，城市建设用地控制在 300km^2 以内。

2017 年 5 月 4 日，住房城乡建设部关于发布国家标准《城市轨道交通桥梁设计规范》，编号为 GB/T 51234—2017，自 2018 年 1 月 1 日起实施。

2017 年 5 月 4 日，国务院办公厅下发《国务院办公厅关于批准威海市城市总体规划的通知》，原则同意《威海市城市总体规划（2011—2020 年）》。《批复》明确在 777km^2 城市规划区范围内，实行城乡统一规划管理；要合理控制城市规模，到 2020 年，中心城区常住人口控制在 130 万人以内，城市建设用地控制在 128km^2 以内。

2017 年 5 月 4 日，国务院办公厅下发《国务院办公厅关于批准辽阳市城市总体规划的通知》，原则同意《辽阳市城市总体规划（2001—2020 年）（2017 年修订)》。《批复》明确在 1080.07km^2 城市规划区范围内，实行城乡统一规划管理；要合理控制城市规模，到 2020 年，中心城区常住人口控制在 107 万人以内，城市建设用地控制在 112km^2 以内。

2017 年 5 月 6 日，中共中央政治局常委、国务院副总理张高丽在河北实地察看和调研雄安新区规划建设有关工作时强调，认真贯彻新发展理念先谋后动严格管控稳扎稳打，推动雄安新区规划建设开好局起好步。张高丽强调要保持清醒头脑、坚持问题导向，精心细心用心、有力有序有效做好管控工作，坚决管住土地、管住房地产、管住周边区域，保护历史文化遗产，保护环境生态，保持社会大局稳定，为雄安新区规划建设开好局、起好步创造有利条件。要先谋后动、规划引领，坚持“世界眼光、国际标准、中国特色、高点定位”，高标准高质量组织编制完善新区总体规划、起步区控制性规划、启动区控制性详细规划、白洋淀生态环境保护和治理规划及各专项规划，推动“多规合一”。要突出生态优先、绿色发展，加强白洋淀生态环境治理和保护，提高产业准入门槛，建设绿色、森林、智慧、水城一体的新区，着力打造生态城市标杆。要用新发展理念引领新区发展，发展高端高新产业和服务业，加快体制机制创新，提高公共服务水平，促进人口资源环境协调发展，努力打造创新驱动引领区和协调发展示范区。

2017 年 5 月 8 日，国土资源部发布实施《土地利用总体规划管理办法》。《办法》明确，土地利用总体规划是国家空间规划体系的重要组成部分，是实施土地用途管制，保护土地资源，统筹各项土地利用活动的重要依据。城乡建设、区域发展、基础设施建设、产业发展、生态环境保护、矿产资源勘查开发等各类与土地利用相关的规划，应当与土地利用总体规划相衔接。

2017 年 5 月 8 日，国务院办公厅下发《国务院办公厅关于批准镇江市城市总体规划的通知》，原则同意《镇江市城市总体规划（2002—2020 年）（2017 年修订）》。《批复》明确在 1088km^2 城市规划区范围内，实行城乡统一规划管理；要合理控制城市规模，到 2020 年，中心城区常住人口控制在 133 万人以内，城市建设用地控制在 146.5km^2 以内。

2017 年 5 月 11 日，国土资源部印发《关于下达〈2017 年全国土地利用计划〉的通知》，下达了 2017 年全国土地利用计划，全年安排新增建设用地指标 600 万亩。《通知》明确要突出五方面重点，统筹安排土地利用计划。

2017 年 5 月 14~15 日，“一带一路”国际合作高峰论坛在北京举行。国家主席习近平 14 日出席“一带一路”国际合作高峰论坛开幕式，并发表题为《携手推进“一带一路”建设》的主旨演讲，强调坚持以和平合作、开放包容、互学互鉴、互利共赢为核心的丝路精神，携手推动“一带一路”建设行稳致远，将“一带一路”建成和平、繁荣、开放、创新、文明之路，迈向更加美好的明天。

2017 年 5 月 17 日，住房城乡建设部、国家发展改革委印发《全国城市市政基础设施建设“十三五”规划》。《规划》指出，城市市政基础设施是新型城镇化的物质基础，也是城市社会、经济发展、人居环境改善、公共服务提升和城市安全运转的基本保障。构建布局合理、设施配套、功能完备、安全高效的城市市政基础设施体系，对于扎实推进新型城镇化、确保“十三五”时期全面建成小康社会具有重要意义。

2017 年 5 月 26 日，由住房城乡建设部、国家发展改革委组织编制的《全国城市市政基础设施规划建设“十三五”规划》正式发布实施。这是首次编制国家级、综合性的市政基础设施规划。市政基础设施“十三五”规划改变了以往按专业分别编制规划的做法，对市政基础设施各专业进行系统集成，既强调各专业系统内的统筹，又考虑各专业系统间的协调，从而整体推动市政基础设施的增量提效，系统解决交通拥堵、马路拉链、城市看海、垃圾围城等各类“城市病”。

2017 年 6 月 12 日，《中共中央 国务院关于加强和完善城乡社区治理的意见》发布。《意见》提出的总体目标是，到 2020 年，基本形成基层党组织领导、基层政府主导的多方参与、共同治理的城乡社区治理体系，城乡社区治理体制更加完善，城乡社区治理能力显著提升，城乡社区公共服务、公共管理、公共安全得到有效保障。

2017 年 6 月 15 日，国务院发布《国务院关于齐齐哈尔市城市总体规划的批复》，原则同意《齐齐哈尔市城市总体规划（2011—2020 年）》。《批复》明确在 4310km^2 城市规划区范围内，实行城乡统一规划管理；要合理控制城市规模，到 2020 年，中心城区常住人口控制在 115 万人以内，城市建设用地控制在 116.8km^2 以内。

2017 年 6 月 19 日，国务院办公厅下发《国务院办公厅关于批准湛江市城市总体规划的通知》，原则同意《湛江市城市总体规划（2011—2020 年）》。《批复》明确在 2216.92km^2 城市规划区范围内，实行城乡统一规划管理；要合理控制城市规模，到 2020 年，中心城区常住人口控制在 125 万人以内，城市建设用地控制在 111.66km^2 以内。

2017 年 6 月 23 日，国务院发布《国务院关于太原市城市总体规划的批复》，原则同意《太原市城市总体规划（2011—2020 年）》。《批复》明确在 2712km^2 城市规划区范围内，实行城乡统一规划管理；要合理控制城市规模，到 2020 年，中心城区常住人口控制在 360 万人以内，城市建设用地控制在 360km^2 以内。

2017 年 6 月 23 日，国务院发布《国务院关于徐州市城市总体规划的批复》，原则同意《徐州市城市总体规划（2007—2020 年）（2017 年修订）》。《批复》明确在 3126km^2 城市规划区范围内，实行城乡统一规划管理；要合理控制城市规模，到 2020 年，中心城区常住人口控制在 288 万人以内，城市建设用地控制在 316.19km^2 以内。

2017 年 6 月 28 日至 30 日，由中国城市科学研究会、同济大学主办的 2017 全球智慧城市高峰论坛暨国际智慧城市博览会在上海新国际博览中心顺利举行。大会以“智慧转型：构建绿色、生态、可持续的智慧城市”为主题，旨在促进智慧城市领域的学术研究成果、案例实践经验的交流，集聚国内外不同专业、行业、部门的力量共同推进“十三五”期间的国家智慧城市健康发展。大会包含主旨论坛以及投融资、ICT、智慧城市标准、仿真技术等多个主题论坛。

2017 年 6 月 29 日，国务院发布《国务院关于包头市城市总体规划的批复》，原则同意《包头市城市总体规划（2011—2020 年)》。《批复》明确在 1901km^2 城市规划区范围内，实行城乡统一规划管理；要合理控制城市规模，到 2020 年，中心城区常住人口控制在 260 万人以内，城市建设用地控制在 302km^2 以内。

2017 年 7 月 1 日，《深化粤港澳合作 推进大湾区建设框架协议》在香港签署，国家主席习近平出席签署仪式。推进建设粤港澳大湾区，有利于深化内地和港澳交流合作，对港澳参与国家发展战略，提升竞争力，保持长期繁荣稳定具有重要意义。

2017 年 7 月 3 日，国务院发布《国务院关于长春市城市总体规划的批复》，原则同意《长春市城市总体规划（2011—2020 年）（2017 年修订)》。《批复》明确在 7293km^2 城市规划区范围内，实行城乡统一规划管理；要合理控制城市规模，到 2020 年，中心城区常住人口控制在 425 万人以内，城市建设用地控制在 445km^2 以内。

2017 年 7 月 6 日，国务院办公厅下发《国务院办公厅关于批准台州市城市总体规划的通知》，原则同意《台州市城市总体规划（2004—2020 年）（2017 年修订)》。《批复》明确在 1635km^2 城市规划区范围内，实行城乡统一规划管理；要合理控制城市规模，到 2020 年，中心城区常住人口控制在 172 万人以内，城市建设用地控制在 189km^2 以内。

2017 年 7 月 6 日，国务院办公厅下发《国务院办公厅关于批准德州市城市总体规划的通知》，原则同意《德州市城市总体规划（2011—2020 年)》。《批复》明确在 789km^2 城市规划区范围内，实行城乡统一规划管理；要合理控制城市规模，到 2020 年，中心城区常住人口控制在 144 万人以内，城市建设用地控制在 155.29km^2 以内。

2017 年 7 月 7 日，住房城乡建设部发布《关于保持和彰显特色小镇特色若干问题的通知》。《通知》明确，要尊重小镇现有格局、不盲目拆老街区，保持小镇宜居尺度、不盲目盖高楼，传承小镇传统文化、不盲目搬袭外来文化。要建设小尺度开放式街坊住区。应以开放式街坊住区为主，尺度宜为 100～150m，延续小镇居民原有的邻里关系，避免照搬城市居住小区模式。

2017 年 7 月 14 日，住房城乡建设部印发《关于将保定等 38 个城市列为第三批生态修复城市修补试点城市的通知》，继三亚首个试点城市和福州等 19 个第二批试点城市后，又将保定等 38 个城市列为第三批“城市双修”试点城市。至此，住房城乡建设部分三批共公布了 58 个“城市双修”试点城市。

2017 年 7 月 14 日，国务院发布《国务院关于沈阳市城市总体规划的批复》，原则同意《沈阳市城市总体规划（2011—2020 年）》。《批复》明确在 3471km² 城市规划区范围内，实行城乡统一规划管理；要合理控制城市规模，到 2020 年，中心城区常住人口控制在 725 万人以内，城市建设用地控制在 720km² 以内。

2017 年 7 月 14~16 日，河北雄安新区启动区城市设计国际咨询第一次现场咨询在保定市举行。来自国内和美国、意大利、西班牙、日本、德国等 12 家设计机构派出团队前来保定，并到新区现场踏勘，将以最先进的理念和国际一流的水准进行城市设计，优化启动区城市空间格局、塑造城市风貌，集成规划建设先进理念，为新区规划和设计献计献策，取得预期效果。

2017 年 7 月 19 日，国务院总理李克强主持召开国务院常务会议，部署创建“中国制造 2025”国家级示范区，加快制造业转型升级。会议指出，创建“中国制造 2025”国家级示范区，探索实体经济尤其是制造业转型升级新突破，对于推进供给侧结构性改革，建设制造强国，保持经济中高速增长、迈向中高端水平，具有重要意义。

2017 年 7 月 20 日，国务院印发《新一代人工智能发展规划》，提出六大重点任务。任务之一为“推进社会治理智能化”，将围绕行政管理、司法管理、城市管理、环境保护等社会治理的热点难点问题，促进人工智能技术应用，推动社会治理现代化。

2017 年 7 月 21 日，国务院办公厅下发《国务院办公厅关于批准焦作市城市总体规划的通知》，原则同意《焦作市城市总体规划（2011—2020 年）》。《批复》明确在 750km² 城市规划区范围内，实行城乡统一规划管理；要合理控制城市规模，到 2020 年，中心城区常住人口控制在 140 万人以内，城市建设用地控制在 140km² 以内。

2017 年 7 月 26 日，国务院办公厅下发《国务院办公厅关于批准马鞍山市城市总体规划的通知》，原则同意《马鞍山市城市总体规划（2002—2020 年）（2017 年修订）》。《批复》明确在 353km² 城市规划区范围内，实行城乡统一规划管理；要合理控制城市规模，到 2020 年，中心城区常住人口要控制在 106 万人以内，城市建设用地控制在 110km² 以内。

2017 年 7 月 27~28 日，主题为“城市双修、生态宜居、绿色智慧”的 2017 城市发展与规划大会在海南海口举行。本次大会组织了 24 场分论坛和近 200 场主题演讲，有 200 多名来自国内外规划领域相关管理部门和组织机构的专家学者参会，共同探讨如何通过“城市双修”推动城市绿色发展，构筑青山绿水的百年大计。国务院参事、住房城乡建设部原副部长、中国城市科学研究会理事长仇保兴出席大会，并作主题为“筑波科技新城的教训与经验”的主旨演讲。海南省委常委、海口市委书记张琦，海南省规划委员会主任、党组书记、省总体规划总督察丁式江出席大会开幕式。

2017年8月1日，国务院总理李克强签署第682号国务院令，公布《国务院关于修改〈建设项目环境保护管理条例〉的决定》，自2017年10月1日起施行。修改《建设项目环境保护管理条例》是国务院立法工作计划确定的全面深化改革亟需的项目。按照国务院“放管服”改革要求，《决定》取消了不适应形势发展需求的审批事项，加强了事中事后监管，减轻了企业不合理负担，对进一步激发企业和社会创业创新活力，推动政府转变管理方式和服务企业、便利群众，具有重要意义。

2017年8月2日，交通部等10部门联合出台《关于鼓励和规范互联网租赁自行车发展的指导意见》，要求对不适宜停放的区域和路段，可制定负面清单实行禁停管理；对城市重要商业区域、公共交通站点、交通枢纽、居住区、旅游景区周边等场所，应当施划配套的自行车停车点位或者通过电子围栏等设定停车位，为自行车停放提供便利。

2017年8月7日，国务院发布《国务院关于鞍山市城市总体规划的批复》，原则同意《鞍山市城市总体规划（2011—2020年）》。《批复》明确在792km^2城市规划区范围内，实行城乡统一规划管理；要合理控制城市规模，到2020年，中心城区常住人口控制在185万人以内，城市建设用地控制在192.64km^2以内。

2017年8月8日，国务院发布《国务院关于拉萨市城市总体规划的批复》，原则同意《拉萨市城市总体规划（2009—2020年）（2017年修订）》。《批复》明确在4326km^2城市规划区范围内，实行城乡统一规划管理；要合理控制城市规模，到2020年，中心城区常住人口控制在50万人以内，城市建设用地控制在77.88km^2以内。

2017年8月17日，京冀两地签署《关于共同推进河北雄安新区规划战略合作协议》。《协议》共八个方面的内容。一是建立健全对接协调工作机制；二是协同推进创新驱动发展；三是推进交通基础设施直连直通；四是开展生态环境联防联治；五是合力推动产业转型升级；六是协同提供高品质公共服务；七是加强城市规划技术支持服务；八是加强干部人才交流。

2017年8月18日，国务院办公厅下发《国务院办公厅关于批准泰安市城市总体规划的通知》，原则同意《泰安市城市总体规划（2011—2020年）（2017年修订）》。《批复》明确在2087km^2城市规划区范围内，实行城乡统一规划管理；要合理控制城市规模，到2020年，中心城区常住人口控制在135万人以内，城市建设用地控制在150km^2以内。

2017年8月22日，住房城乡建设部发布《关于进一步加强国家级风景名胜区和世界遗产保护管理工作的通知》。《通知》明确，风景名胜区规划是风景名胜区保护、利用和管理工作的基本依据。各级风景名胜区管理部门要进一步加强规划工作，切实把好规划“编、审、用、管”等相关工作。

2017 年 8 月 25 日，国务院办公厅下发《国务院办公厅关于批准湘潭市城市总体规划的通知》，原则同意《湘潭市城市总体规划（2010—2020 年）（2017 年修订）》。《批复》明确在 1069km^2 城市规划区范围内，实行城乡统一规划管理；要合理控制城市规模，中心城区常住人口控制在 110 万人以内，城市建设用地控制在 110km^2 以内。

2017 年 9 月 2 日，住房城乡建设部公布《2016 年城乡建设统计公报》。根据《公报》，2016 年末，全国设市城市 657 个，增加 1 个，其中，直辖市 4 个，地级市 293 个，县级市 360 个。城市城区户籍人口 4.03 亿人，暂住人口 0.74 亿人，建成区面积 5.43 万 km^2。全国共有县 1537 个，比上年减少 31 个。县城户籍人口 1.39 亿人，暂住人口 0.16 亿人，建成区面积 1.95 万 km^2。全国共有建制镇 20883 个，乡（苏木、民族乡、民族苏木）10872 个。据对 18099 个建制镇、10883 个乡（苏木、民族乡、民族苏木）、775 个镇乡级特殊区域和 261.7 万个自然村（其中村民委员会所在地 52.6 万个）统计汇总，村镇户籍总人口 9.58 亿。其中，建制镇建成区 1.62 亿，占村镇总人口的 16.96%；乡建成区 0.28 亿，占村镇总人口的 2.92%；镇乡级特殊区域建成区 0.04 亿，占村镇总人口的 0.45%；村庄 7.63 亿，占村镇总人口的 79.67%。

2017 年 9 月 4 日，国务院办公厅印发《关于推进城镇人口密集区危险化学品生产企业搬迁改造的指导意见》。《意见》指出，到 2025 年，城镇人口密集区现有不符合安全和卫生防护距离要求的危险化学品生产企业就地改造达标、搬迁进入规范化工园区或关闭退出，企业安全和环境风险大幅降低。

2017 年 9 月 5 日，中共中央、国务院发布《中共中央 国务院关于开展质量提升行动的指导意见》。《意见》指出，到 2020 年，供给质量明显改善，供给体系更有效率，建设质量强国取得明显成效，质量总体水平显著提升，质量对提高全要素生产率和促进经济发展的贡献进一步增强，更好满足人民群众不断升级的消费需求。区域质量水平整体跃升，区域主体功能定位和产业布局更加合理，区域特色资源、环境容量和产业基础等资源优势充分利用，产业梯度转移和质量升级同步推进，区域经济呈现互联互通和差异化发展格局，涌现出一批特色小镇和区域质量品牌。

2017 年 9 月 8 日，河北省政府印发的《雄安新区及白洋淀流域水环境集中整治攻坚行动方案》指出，要快速行动，把雄安新区及白洋淀流域周边一公里范围内区域环境清理干净，杜绝垃圾、污水入淀。《方案》提出，围绕雄安新区及周边地区、白洋淀及其外延连通水系等重点区域，以实施工业生产、城镇生活、农业农村等方面污染源整治为重点，加大对入淀河流、黑臭水体、纳污坑塘等整治力度，大力削减入河入淀污染负荷，推进雄安新区及白洋淀流域水环境质量改善，《方案》明确提出了开展十大攻坚行动。

2017 年 9 月 8 日，国土资源部已全面完成 2017 年报国务院批准的城市建设用地审查报批工作。2017 年，在报国务院批准用地的 106 个城市中，11 个城市利用存量土地进行开发建设，未申报新增建设用地；95 个申报用地的城市中，国土资源部对 16 个城市新增建设用地规模进行了核减，共核减新增建设用地 4541.9 公顷，占 16 个城市申报新增用地总规模的 46.52%。2017 年度共批准 95 个城市建设用地 31449.8 公顷，其中耕地 18837.6 公顷，占批准用地总面积的 59.9%；核减不合理用地 5197.8 公顷，其中耕地 2881.3 公顷。批准用地中，交通运输用地占 20.17%，公共管理与公共服务用地占 20.32%，商服用地占 17.11%，工矿仓储用地占 18.48%，住宅用地占 22.86%，其他用地占 1.06%。

2017 年 9 月 13 日，中共中央、国务院正式批复《北京城市总体规划（2016年—2035 年）》。批复指出，北京是中华人民共和国的首都，是全国政治中心、文化中心、国际交往中心、科技创新中心。北京城市的规划发展建设，要深刻把握好“都”与“城”、“舍”与“得”、疏解与提升、“一核”与“两翼”的关系，履行为中央党政军领导机关工作服务，为国家国际交往服务，为科技和教育发展服务，为改善人民群众生活服务的基本职责。要在《总体规划》的指导下，明确首都发展要义，坚持首善标准，着力优化提升首都功能，有序疏解非首都功能，做到服务保障能力与城市战略定位相适应，人口资源环境与城市战略定位相协调，城市布局与城市战略定位相一致，建设伟大社会主义祖国的首都、迈向中华民族伟大复兴的大国首都、国际一流的和谐宜居之都。《总体规划》明确，到 2020 年，北京市常住人口规模控制在 2300 万人以内，2020 年以后长期稳定在这一水平。城乡建设用地规模减少到 2860km^2 左右，2035 年减少到 2760km^2 左右。

2017 年 9 月 18 日，国务院发布《国务院关于抚顺市城市总体规划的批复》，原则同意《抚顺市城市总体规划（2011—2020 年）》。《批复》明确在 1857km^2 城市规划区范围内，实行城乡统一规划管理；要合理控制城市规模，到 2020 年，中心城区常住人口控制在 150 万人以内，城市建设用地控制在 172.5km^2 以内。

2017 年 9 月 19 日，国务院办公厅下发《国务院办公厅关于批准牡丹江市城市总体规划的通知》，原则同意修订后的《牡丹江市城市总体规划（2006 年—2020 年）》。《批复》明确在 1351km^2 城市规划区范围内，实行城乡统一规划管理；要合理控制城市规模，到 2020 年，市区实际居住人口要控制在 120 万人以内，建设用地控制在 110km^2 以内。

2017 年 9 月 20 日，住房城乡建设部下发了《关于加强历史建筑保护与利用工作的通知》。《通知》要求，一是做好历史建筑的确定、挂牌和建档；二是最大限度发挥历史建筑使用价值，支持和鼓励历史建筑的合理利用；三是不拆除和破坏历史建筑，各地应加强对历史建筑的严格保护，严禁随意拆除和破坏已确定为历史建筑的老房子、近现代建筑和工业遗产，不拆真遗存，不建假古董；四是不在历史建筑集中成片地区建高层建筑。

2017 年 9 月 20 日，中共中央办公厅、国务院办公厅发布《中共中央办公厅、国务院办公厅关于建立资源环境承载能力监测预警长效机制的若干意见》。《意见》指出，要坚定不移实施主体功能区战略和制度，建立手段完备、数据共享、实时高效、管控有力、多方协同的资源环境承载能力监测预警长效机制，有效规范空间开发秩序，合理控制空间开发强度，切实将各类开发活动限制在资源环境承载能力之内，为构建高效协调可持续的国土空间开发格局奠定坚实基础。

2017 年 9 月 22 日，国务院办公厅下发《国务院办公厅关于批准阜新市城市总体规划的通知》，原则同意《阜新市城市总体规划（2001—2020 年）（2017 年修订)》。《批复》明确在 1955. 24km^2 城市规划区范围内，实行城乡统一规划管理；要合理控制城市规模，到 2020 年，中心城区常住人口控制在 73 万人以内，城市建设用地控制在 83. 35km^2 以内。

2017 年 9 月 25 日，国务院办公厅下发《国务院办公厅关于批准伊春市城市总体规划的通知》，原则同意《伊春市城市总体规划（2011—2020 年）（2017 年修订)》。《批复》明确在 5239km^2 城市规划区范围内，实行城乡统一规划管理；要合理控制城市规模，到 2020 年，中心城区常住人口控制在 50 万人以内，城市建设用地控制在 64. 2km^2 以内。

2017 年 9 月 26 日，中共中央办公厅、国务院办公厅印发《建立国家公园体制总体方案》。《方案》指出，国家公园是指由国家批准设立并主导管理，边界清晰，以保护具有国家代表性的大面积自然生态系统为主要目的，实现自然资源科学保护和合理利用的特定陆地或海洋区域。

2017 年 9 月 26 日，中共中央政治局常委，国务院副总理张高丽在河北雄安新区调研规划建设有关工作。对于推进河北雄安新区规划建设，张高丽强调，要牢牢把握河北雄安新区功能定位，按照顺应自然、尊重规律、平原建城的要求，体现中西合璧，以中为主、古今交融城市风貌特色，努力编制出经得起历史检验、国际一流的新区规划。

2017 年 9 月 29 日，国务院办公厅下发《国务院办公厅关于批准大同市城市总体规划的通知》，原则同意《大同市城市总体规划（2006—2020 年）（2017 年修订)》。《批复》明确在 2370km^2 城市规划区范围内，实行城乡统一规划管理；要合理控制城市规模，到 2020 年，中心城区常住人口控制在 162 万人以内，城市建设用地控制在 154km^2 以内。

2017 年 10 月 2 日，中共中央办公厅、国务院办公厅印发《国家生态文明试验区（江西）实施方案》和《国家生态文明试验区（贵州）实施方案》，并发出通知，要求有关地区和部门结合实际认真贯彻落实。

2017 年 10 月 10 日，国务院办公厅下发《国务院办公厅关于批准盘锦市城市总体规划的通知》，原则同意《盘锦市城市总体规划（2011—2020 年）》。《批复》明确在 4071km^2 城市规划区范围内，实行城乡统一规划管理；要合理控制城市规模，到 2020 年，中心城区常住人口控制在 100 万人以内，城市建设用地控制在 111km^2 以内。

2017 年 10 月 11 日，国务院办公厅下发《国务院办公厅关于批准嘉兴市城市总体规划的通知》，原则同意《嘉兴市城市总体规划（2003—2020 年）（2017 年修订）》。《批复》明确在 986. 7km^2 城市规划区范围内，实行城乡统一规划管理；要合理控制城市规模，到 2020 年，中心城区常住人口控制在 130 万人以内，城市建设用地控制在 154. 27km^2 以内。

2017 年 10 月 13 日，住房城乡建设部印发《城市湿地公园管理办法的通知》。《通知》指出，城市湿地是重要的生态资源和生态空间，为切实履行《湿地公约》，全面加强城市湿地保护，改善城市生态环境，制定《城市湿地公园管理办法》。《国家城市湿地公园管理办法（试行）》（建城［2005］16 号）同时废止。

2017 年 10 月 18 日，中国共产党第十九次全国代表大会在北京人民大会堂隆重开幕，习近平总书记代表十八届中央委员会向大会作报告。报告回顾了过去五年的工作和历史性变革，提出：中国特色社会主义进入新时代，我国社会主要矛盾已经转化为人民日益增长的美好生活需要和不平衡不充分的发展之间的矛盾。报告明确了新时代中国共产党的历史使命，提出了坚持党对一切工作的领导、坚持以人民为中心、坚持全面深化改革、坚持新发展理念、坚持全面依法治国、坚持在发展中保障和改善民生、坚持人与自然和谐共生、坚持总体国家安全观等十四条新时代坚持和发展中国特色社会主义的基本方略。报告提出我国经济已由高速增长阶段转向高质量发展阶段，要求贯彻新发展理念，建设现代化经济体系。提出实施区域协调发展战略的要求。建立更加有效的区域协调发展新机制。以城市群为主体构建大中小城市和小城镇协调发展的城镇格局，加快农业转移人口市民化。以疏解北京非首都功能为“牛鼻子”推动京津冀协同发展，高起点规划、高标准建设雄安新区。以“共抓大保护、不搞大开发”为导向推动长江经济带发展。支持资源型地区经济转型发展。

2017 年 10 月 22 日上午，住房城乡建设部王蒙徽部长参加十九大第五场记者会并答记者问。王蒙徽部长介绍了党的十八大以来住房和城乡建设工作取得的成就，在保障和改善民生方面开展以下工作：第一，住房保障成就显著，近八千万困难群众改善了住房条件。五年来，棚户区改造大力推进，有 6000 多万棚户区居民出棚进楼。同时公租房保障能力显著提升，有 1900 多万住房困难的群众住进了公租房，城镇中低收入家庭的住房条件明显改善，城镇低保、低收入家庭基本上实现了应保尽保。第二，房地产调控成效显现，房地产市场总体保持稳定。坚持房子是用来住的不是用来炒的定位，坚持分类调控，因城因地施策，落实地方政府主体责任，出台了一系列有针对性的措施来稳定市场。正在进行 12 个大中城市住房租赁试点工作，支持北京、上海市积极探索发展共有产权住房。同时，在抓紧推进住房租赁市场的立法工作。第三，城市规划改革深入推进，城市发展方式在加快转变。我们认真贯彻习近平总书记对城市规划工作的重要讲话和指示批示精神，推动规划改革创新。把握好战略定位、空间布局、要素配置，坚持城乡统筹，以主体功能区战略和制度为基础，划定城市生态保护红线和开发边界，落实多规合一，实现一张蓝图干到底。目前我们正在开展城市总体规划编制试点工作，抓好规划的实施，践行新发展理念，加快城市转型的步伐。同时，全面开展城市设计，历史建筑保护进一步加强，生态修复和城市修补工作深入推进，城市环境明显得到了改善，城市的公共服务功能在不断提升。第四，城市建设水平不断提高，城市环境更加生态宜居。五年来，我们国家共新增城市道路 5.54 万公里，城市的轨道交通 1600 多公里，新增城市绿地 45.8 万公顷，城市生活垃圾无害化处理能力提高了 38.9 个百分点，城镇污水处理率达到 92.5%。海绵城市建设正在有序推进，地下综合管廊已经建成廊体 1600 多公里，城市基础设施建设取得了明显进展。

2017 年 10 月 26 日，国务院发布《国务院关于同意将吉林省长春市列为国家历史文化名城的批复》，同意将长春市列为国家历史文化名城。《批复》指出，吉林省及长春市人民政府要根据本批复精神，按照《历史文化名城名镇名村保护条例》的要求，正确处理城市建设与保护历史文化遗产的关系，深入研究发掘历史文化遗产的内涵与价值，明确保护的原则和重点。编制好历史文化名城保护规划，并将其纳入城市总体规划，划定历史文化街区、文物保护单位、历史建筑的保护范围及建设控制地带，制定并严格实施相关保护措施。在历史文化名城保护规划的指导下，编制好重要保护地段的详细规划。在规划和建设中，要重视保护城市格局，注重城区环境整治和历史建筑修缮，不得进行任何与名城环境和风貌不相协调的建设活动。

2017 年 10 月 27 日，住房城乡建设部发布《关于 2017 年中国人居环境奖获奖名单的通报》，经研究，决定授予江苏省如皋市、安徽省六安市 2017 年中国人居环境奖；授予北京市东城区东四南历史街区保护更新公众参与项目等60个项目中国人居环境范例奖。

2017年10月27日，住房城乡建设部发布《关于命名2017年国家园林城市的通报》，经研究，决定命名浙江省杭州市等4个城市为国家生态园林城市、河北省辛集市等35个城市为国家园林城市、河北省魏县等79个县城为国家园林县城、江苏省苏州市角直镇等19个城镇为国家园林城镇。

2017年10月31日，住房城乡建设部、广东省人民政府与联合国人居署共同在广州举办2017年“世界城市日”全球主场活动。围绕“城市治理，开放创新”的主题，与会人士认为，中国经验向世界证明：规划良好的城镇化可以促进经济发展。住房城乡建设部部长王蒙徽、联合国副秘书长兼人居署执行主任克洛斯、广东省省长马兴瑞、上海市副市长时光辉、广州市市长温国辉和南非驻华大使多拉娜·姆西曼女士出席开幕式并致辞。

2017年11月18~20日，以“持续发展、理性规划”为主题的2017中国城市规划年会在广东东莞召开，会议组织了1场全体大会、57场平行会议，来自全国各地数千名城市规划行业人士参会。全体大会邀请了住房城乡建设部副部长黄艳（住房城乡建设部副司长张兵代作报告）、东莞市长梁维东、阿里巴巴大数据专家王坚、中国工程院院士王建国、同济大学副校长吴志强、清华大学教授尹稚、中科院院士叶嘉安、中国社科院专家潘安、故宫博物院院长单霁翔9位大会报告人，分别从落实“十九大”精神、转变城市规划的理念和方法、城市数据资源、城市设计发展、规划生态理性、新型城镇化、粤港澳大湾区规划发展、全球转型发展以及文化自信等方面就当前城市规划工作中面临的一系列热点和难点问题进行了探讨。住房城乡建设部副部长黄艳委托住房城乡建设部城市规划司副司长张兵作《落实“十九大”新时代目标、方略和任务转变城市规划的理念和方法》的报告。报告解读了十九大报告的主要精神，包括新时代中国特色社会主义思想和基本方略、新时代中国特色社会主义发展战略安排，及全面建设中国特色社会主义强国的九项任务和工作等内容。报告提出，中国的城镇化、城市规划建设管理工作要放在党和国家治国理政的大局下来谋划和实践。报告强调，贯彻落实“十九大”会议精神以及习近平总书记系列讲话中对城市规划工作的具体要求，是全国城市规划行业和所有城市规划师的首要任务，特别是习近平主席在2013年中央城镇化工作会议上和2015年在中央城市工作会议讲话中提出的“尊重城市发展规律、做好五个统筹”的要求，和习近平主席分别在2014年和2017年视察北京时对城市规划工作提出的“要发挥城市规划在城市发展中的重要引领作用”的要求。报告中传达了王蒙徽部长对如何贯彻落实十九大精神的具体要求。报告强调，落实“十九大”精神，需要做好以下方面工作：第一，以人民为中心，以市民最关心的问题为导向，共建共治共享，建设让人民满意的城市；第二，促进城市发展治理和效益的提升，解决发展不平衡不充分的问题，推动城市发展由外延扩张式向内涵提升式转变；第三，践行新发展理念，创新协调绿色开放共享；第四，实现人与自然和谐共生、美丽中国、宜居城市；第五，保护传承历史文化、延续城市特色、塑造城市精神；第六，参与城市治理全过程，提高城市治理能力和现代化水平。要着力增强城市整体性、系统性、生长性，不断提高城市承载力、宜居性、包容性。报告指出了城市规划从业人员的七个不允许：一是不允许套用简单、程式化“规划原理和方式”对待所有被规划的城市；二是不允许好大喜功、浮夸城市战略定位和发展目标；三是不允许为了扩大建设用地规模，违反城市发展规律，人为做大人口规模；四是不允许违反生态自然环境；五是不允许简单套用城市规划的方法用于村庄规划；六是不允许忽视存量空间资源的规划；七是不允许做“没有用”的规划。

2017 年 11 月 29 日，国务院办公厅下发《国务院办公厅关于批准新乡市城市总体规划的通知》，原则同意《新乡市城市总体规划（2011—2020 年）（2017 年修订）》。《批复》明确在 850km^2 城市规划区范围内，实行城乡统一规划管理；要合理控制城市规模，到 2020 年，中心城区常住人口控制在 155 万人以内，城市建设用地控制在 138.18km^2 以内。

2017 年 11 月 30 日，住房城乡建设部办公厅、银监会办公厅日前下发《关于批复 2017 年公共建筑能效提升重点城市建设方案的通知》，北京、杭州、兰州等 29 个重点城市公共建筑能效提升目标任务将在 2020 年年底前完成。《通知》原则同意重点城市建设方案提出的公共建筑能效提升目标任务。重点城市要在 2020 年底前完成目标任务，公共建筑节能改造项目平均节能比例不低于 15%，通过合同能源管理模式实施的节能改造项目不低于 40%；要完成公共建筑节能信息服务平台建设，确定各类型公共建筑能耗限额，开展基于限额的公共建筑用能管理。

2017 年 12 月 4 日，国家发展改革委等四部委发布《关于规范推进特色小镇和特色小城镇建设的若干意见》。《意见》表示，不能把特色小镇当成筐、什么都往里装，要严防政府债务风险，严控房地产化倾向，严格节约集约用地，严守生态保护红线。

2017 年 12 月 4 日，国务院办公厅发布《关于推进重大建设项目批准和实施领域政府信息公开的意见》。《意见》指出，按照党中央、国务院关于全面推进政务公开工作的重要部署要求，把重大建设项目批准和实施领域政府信息公开作为全面推进政务公开工作的重要内容，积极回应社会关切，更好保障人民群众知情权、参与权、表达权、监督权。

2017年12月11日，国土资源部印发《关于改进管理方式切实落实耕地占补平衡的通知》，从转变补充耕地方式、扩大补充耕地途径、采取指标核销方式落实耕地占补平衡、规范省域内补充耕地指标调剂、拓宽补充耕地资金渠道等方面做出规定。今后将改进建设用地项目与补充耕地项目逐一挂钩的做法，建立以数量为基础、产能为核心的占补新机制。

2017年12月11日，国务院办公厅下发《国务院办公厅关于批准鹤岗市城市总体规划的通知》，原则同意《鹤岗市城市总体规划（2006—2020年）（2017年修订）》。《批复》明确在1067km^2城市规划区范围内，实行城乡统一规划管理；要合理控制城市规模，到2020年，中心城区常住人口控制在86万人以内，城市建设用地控制在98.68km^2以内。

2017年12月11日，国务院发布《关于同意设立中韩产业园的批复》，同意在江苏省盐城市设立中韩（盐城）产业园，在山东省烟台市设立中韩（烟台）产业园，在广东省惠州市设立中韩（惠州）产业园。上述3个产业园依托现有经济技术开发区、高新技术产业开发区建设，具体实施方案分别由所在地省级人民政府制定。

2017年12月12日，住房城乡建设部发布《关于将北京等10个城市列为第一批历史建筑保护利用试点城市的通知》。《通知》将北京等10个城市列为第一批历史建筑保护利用试点城市。历史建筑保护利用试点工作自2017年12月开始，为期1年。试点城市主要围绕以下六点内容开展试点工作：建立政府主导、部门联动的工作机制；开展历史建筑普查，完成建档挂牌工作；创新合理利用路径，发挥历史建筑使用价值；完善技术标准，科学保护利用历史建筑；创新相关审批机制，形成保护利用合力；拓宽资金渠道，保持资金良性循环。

2017年12月13日，国务院发布《国务院关于贵阳市城市总体规划的批复》，原则同意《贵阳市城市总体规划（2011—2020年）（2017年修订）》。《批复》明确在3121km^2城市规划区范围内，实行城乡统一规划管理；要合理控制城市规模，到2020年，中心城区常住人口控制在400万人以内，城市建设用地控制在380km^2以内。

2017年12月14日，住房城乡建设部在成都召开全国住房城乡建设系统法治政府建设暨依法行政工作会议。住房城乡建设部副部长黄艳出席会议，并发言指出，住房城乡建设系统要深入学习贯彻党的十九大精神，增强法治政府建设的使命感。黄艳总结回顾了党的十八大以来住房城乡建设系统法治政府建设工作取得的新进展，并提出5方面重点工作：一是推进科学立法、民主立法、依法立法；二是持续深入推进“放管服”改革，要研究推动投资项目报建审批改革的相关工作；三是做到严格规范公正文明执法，深入推进执法的规范化、信息化和制度化；四是加强行政复议行政应诉能力建设；五是加大普法工作力度。住房城乡建设部、司法部相关司局负责人，各省、自治区、直辖市住房城乡建设主管部门分管法制工作负责人和法规处处长参加了会议。

2017 年 12 月 18~20 日，中央经济工作会议在北京举行。国家主席习近平在会上发表重要讲话，总结党的十八大以来我国经济发展历程，分析当前经济形势，部署 2018 年经济工作。会议指出，要实现基本公共服务均等化，基础设施通达程度比较均衡，人民生活水平大体相当。京津冀协同发展要以疏解北京非首都功能为重点，保持合理的职业结构，高起点、高质量编制好雄安新区规划。科学规划粤港澳大湾区建设。提高城市群质量，推进大中小城市网络化建设，增强对农业转移人口的吸引力和承载力，加快户籍制度改革落地步伐。引导特色小镇健康发展。

2017 年 12 月 19 日，国务院办公厅发布《关于推进公共资源配置领域政府信息公开的意见》。《意见》指出，按照党中央、国务院关于全面推进政务公开工作的重要部署要求，推进公共资源配置决策、执行、管理、服务、结果公开，扩大公众监督，增强公开实效，努力实现公共资源配置全流程透明化，不断提高公共资源使用效益，维护企业和群众合法权益，为稳增长、促改革、调结构、惠民生、防风险作出贡献，促进经济社会持续健康发展。

2017 年 12 月 20 日，京津冀三省市协同办在京举办加强京津冀产业转移承接重点平台建设新闻发布会，发布《关于加强京津冀产业转移承接重点平台建设的意见》。三地初步明确了“2+4+46”个产业承接平台，包括北京城市副中心和河北雄安新区两个集中承载地，曹妃甸协同发展示范区、北京新机场临空经济区、天津滨海新区、张承生态功能区四大战略合作功能区及 46 个专业化、特色化承接平台。河北雄安新区重点发展高端高新产业，打造创新高地和科技新城。支持中关村科技园区与雄安新区合作共建雄安新区中关村科技园。鼓励在京金融企业在雄安新区设立分支机构，发展科技金融、普惠金融、互联网金融和绿色金融。

2017 年 12 月 20 日，住房城乡建设部印发《园林绿化工程建设管理规定》。《规定》的发布，有助于贯彻落实国务院推进简政放权、放管结合、优化服务改革要求，做好城市园林绿化企业资质核准取消后市场管理工作，加强园林绿化工程建设事中事后监管。

2017 年 12 月 21 日，住房城乡建设部发布《关于进一步加强违法建设治理工作的通知》，指出要坚决遏制新增违法建设、有效治理存量违法建设、建立健全惩防长效机制、全面强化综合考核评价。

2017年12月23日，全国住房城乡建设工作会议在京召开。住房城乡建设部党组书记、部长王蒙徽总结了五年来住房城乡建设工作情况，提出今后一个时期工作总体要求，对2018年工作任务做出部署。会议指出，党的十八大以来，在以习近平同志为核心的党中央坚强领导下，全国住房城乡建设系统认真贯彻落实党中央、国务院决策部署，城市发展成就举世瞩目，城镇化率从2012年的52.6%提高到2016年的57.4%，城市数量达到657个，建制镇数量从19881个增加到20883个，城市规划对于城市转型发展的引领作用日益显现，城市基础设施建设步伐加快，城市管理和服务水平明显提高。会议强调，今后一个时期，做好住房城乡建设工作，要全面贯彻落实党的十九大精神，以习近平新时代中国特色社会主义思想为指导，牢固树立“四个意识”，坚决贯彻落实党中央、国务院决策部署，坚持新发展理念，紧扣我国社会主要矛盾变化，着力解决住房城乡建设领域发展不平衡不充分问题，按照高质量发展要求，统筹推进“五位一体”总体布局和协调推进“四个全面”战略布局，推动住房城乡建设发展质量变革、效率变革、动力变革。会议要求，2018年，全国住房城乡建设系统要认真贯彻落实中央经济工作会议精神，全面提高城市规划建设管理品质，推动城市绿色发展。推进城市总体规划编制和实施体系改革，全面开展规划期至2035年的新一版城市总体规划编制工作，同步建设“多规合一”管理平台，建立和完善城市总体规划编制、审批、实施和考核评估体系。进一步加强历史文化保护，明年全部完成历史文化街区划定和历史建筑确定工作，积极开展历史建筑保护利用。全面推进海绵城市建设，完善标准体系，编制实施海绵城市建设专项规划。进一步加大城市黑臭水体整治力度，推进城市排水防涝补短板三年行动，因地制宜推进城市地下综合管廊建设，大力加强城镇污水和垃圾处理设施建设，全面推动城市生活垃圾分类工作，在部分城市开展老旧小区改造试点。切实抓好城市生态建设，建立城市生态建设评估考核标准和机制，提高生态建设水平。以生态修复城市修补工作为载体，改善城市生态环境，增强城市宜居性。积极创建绿色城市、绿色社区、绿色机关、绿色校园，大力发展绿色建筑，推进建筑节能。深化城市管理体制改革，搭建城市综合管理服务平台，坚持共谋共建共管共评共享，全面开展美好环境与和谐社会共同缔造行动，从群众关心的小事、身边事做起，开展城市环境整治，让城市更有序、更安全、更干净。建设数字化城市管理平台，大力加强城市管理执法队伍作风建设，严格规范公正文明执法。

2017年12月25日，国务院发布《国务院关于上海市城市总体规划的批复》，原则同意《上海市城市总体规划（2017—2035年）》。《批复》指出，上海是我国直辖市之一、国家历史文化名城，国际经济、金融、贸易、航运、科技创新中心。上海的城市规划、建设与发展，要立足国际国内和本地实际，主动服务“一带一路”建设、长江经济带发展等重大战略，切实在全面深化改革、创新驱动发展、优化经济结构等方面下功夫，在深化自由贸易试验区改革上有新作为，继续当好全国改革开放排头兵、创新发展先行者，为全国改革发展稳定大局做出更大贡献。到 2035 年，上海市常住人口控制在 2500 万左右，建设用地总规模不超过 $3200km^2$。

2018 年 1 月 2 日，第一批历史建筑保护利用试点城市名单公布，北京市、山东省烟台市、安徽省黄山市等 10 个城市入选。住房城乡建设部下发通知，对做好试点工作提出要求。根据通知，试点工作自 2017 年 12 月开始，为期 1 年。试点城市主要围绕“建立政府主导、部门联动的工作机制；开展历史建筑普查，完成建档挂牌工作；创新合理利用路径，发挥历史建筑使用价值；完善技术标准，科学保护利用；历史建筑创新相关审批机制，形成保护利用合力；拓宽资金渠道，保持资金良性循环”6 个方面内容开展试点工作。

2018 年 1 月 2 日，京津冀协同发展工作推进会议在北京召开，国务院副总理张高丽主持会议并讲话。张高丽强调，按照习近平总书记关于高起点高质量编制好雄安新区规划的要求，有关方面密切协调配合，集中国内外一流专家和顶尖团队参与规划编制、论证和评估，河北雄安新区规划框架基本成熟。规划框架在履行程序经党中央、国务院审批后，要稳妥精心抓好贯彻落实。

2018 年 1 月 7 日，中共中央办公厅、国务院办公厅印发《关于推进城市安全发展的意见》，并发出通知，要求各地区各部门结合实际认真贯彻落实。《意见》指出，要牢固树立安全发展理念，弘扬生命至上、安全第一的思想，强化安全红线意识，推进安全生产领域改革发展，切实把安全发展作为城市现代文明的重要标志，落实完善城市运行管理及相关方面的安全生产责任制，健全公共安全体系，打造共建共治共享的城市安全社会治理格局，促进建立以安全生产为基础的综合性、全方位、系统化的城市安全发展体系，全面提高城市安全保障水平，有效防范和坚决遏制重特大安全事故发生，为人民群众营造安居乐业、幸福安康的生产生活环境。

2018 年 1 月 15 日，国务院发布《国务院关于关中平原城市群发展规划的批复》，原则同意《关中平原城市群发展规划》，批复指出，陕西、山西、甘肃省人民政府要切实加强组织领导，健全协作机制，明确责任分工，制定实施方案，做好与相关专项规划的衔接，确保各项目标任务落到实处。《规划》实施中涉及的重大事项、重大政策和重大项目按规定程序报批。

2018 年 1 月 16 日，国土资源部办公厅发布《关于开展新一轮土地利用总体规划编制试点工作的通知》。《通知》指出，按照党的十九大报告中提出的统一国土空间用途管制和生态保护修复等要求，进一步健全国土空间用途管制制度，创新土地利用总体规划编制和实施体制机制，提出适应高质量发展要求的指标体系、政策体系、标准体系、统计体系等，加快土地供给侧结构性改革，推动土地利用方式转变和质量提升，强化空间治理能力建设，为实现第二个百年奋斗目标、实现中华民族伟大复兴的中国梦奠定更加坚实的基础。本次规划以 2035 年为规划目标年，展望至 21 世纪中叶。

2017—2018 年度城市规划相关法规文件索引

一、中共中央、国务院颁布政策法规

序号	政策法规名称	发文字号	发布日期
1	中共中央办公厅 国务院办公厅印发《省级空间规划试点方案》		2017 年 1 月 9 日
2	中共中央 国务院关于加强耕地保护和改进占补平衡的意见		2017 年 1 月 9 日
3	中共中央办公厅 国务院办公厅关于划定并严守生态保护红线的若干意见		2017 年 2 月 7 日
4	中共中央 国务院关于加强和完善城乡社区治理的意见		2017 年 6 月 12 日
5	中共中央 国务院关于开展质量提升行动的指导意见		2017 年 9 月 5 日
6	中共中央 国务院关于对《北京城市总体规划(2016 年—2035 年)》的批复		2017 年 9 月 13 日
7	中共中央办公厅、国务院办公厅关于建立资源环境承载能力监测预警长效机制的若干意见		2017 年 9 月 20 日
8	中共中央办公厅 国务院办公厅印发《建立国家公园体制总体方案》		2017 年 9 月 26 日
9	中共中央办公厅 国务院办公厅印发《国家生态文明试验区(江西)实施方案》和《国家生态文明试验区(贵州)实施方案》		2017 年 10 月 2 日
10	中共中央办公厅 国务院办公厅关于推进城市安全发展的意见		2018 年 1 月 7 日
11	国务院关于乌鲁木齐市城市总体规划的批复	国函〔2017〕2 号	2017 年 1 月 12 日
12	国务院办公厅关于批准佳木斯市城市总体规划的通知	国办函〔2017〕9 号	2017 年 1 月 23 日
13	国务院关于西部大开发“十三五”规划的批复	国函〔2017〕1 号	2017 年 1 月 24 日
14	国务院关于北部湾城市群发展规划的批复	国函〔2017〕6 号	2017 年 2 月 3 日

续表

序号	政策法规名称	发文字号	发布日期
15	国务院关于印发全国国土规划纲要(2016—2030年)的通知	国发〔2017〕3 号	2017 年 2 月 4 日
16	国务院办公厅关于促进开发区改革和创新发展的若干意见	国办发〔2017〕7 号	2017 年 2 月 6 日
17	国务院办公厅关于批准开封市城市总体规划的通知	国办函〔2017〕13 号	2017 年 2 月 7 日
18	国务院办公厅关于批准南阳市城市总体规划的通知	国办函〔2017〕14 号	2017 年 2 月 7 日
19	国务院办公厅关于批准衡阳市城市总体规划的通知	国办函〔2017〕16 号	2017 年 2 月 10 日
20	国务院办公厅关于批准泰州市城市总体规划的通知	国办函〔2017〕20 号	2017 年 2 月 16 日
21	国务院办公厅关于批准鸡西市城市总体规划的通知	国办函〔2017〕21 号	2017 年 2 月 23 日
22	国务院关于印发“十三五”现代综合交通运输体系发展规划的通知	国发〔2017〕11 号	2017 年 2 月 28 日
23	国务院关于印发“十三五”推进基本公共服务均等化规划的通知	国发〔2017〕9 号	2017 年 3 月 1 日
24	国务院办公厅关于批准株洲市城市总体规划的通知	国办函〔2017〕26 号	2017 年 3 月 10 日
25	国务院办公厅关于批准黄石市城市总体规划的通知	国办函〔2017〕27 号	2017 年 3 月 13 日
26	国务院关于印发中国(辽宁)自由贸易试验区总体方案的通知	国发〔2017〕15 号	2017 年 3 月 31 日
27	国务院关于印发中国(浙江)自由贸易试验区总体方案的通知	国发〔2017〕16 号	2017 年 3 月 31 日
28	国务院关于印发中国(河南)自由贸易试验区总体方案的通知	国发〔2017〕17 号	2017 年 3 月 31 日
29	国务院关于印发中国(湖北)自由贸易试验区总体方案的通知	国发〔2017〕18 号	2017 年 3 月 31 日
30	国务院关于印发中国(重庆)自由贸易试验区总体方案的通知	国发〔2017〕19 号	2017 年 3 月 31 日
31	国务院关于印发中国(四川)自由贸易试验区总体方案的通知	国发〔2017〕20 号	2017 年 3 月 31 日

续表

序号	政策法规名称	发文字号	发布日期
32	国务院关于印发中国(陕西)自由贸易试验区总体方案的通知	国发〔2017〕21号	2017年3月31日
33	国务院关于汕头市城市总体规划的批复	国函〔2017〕39号	2017年3月27日
34	国务院关于发布第九批国家级风景名胜区名单的通知	国函〔2017〕40号	2017年3月29日
35	国务院关于印发全面深化中国(上海)自由贸易试验区改革开放方案的通知	国发〔2017〕23号	2017年3月31日
36	国务院办公厅关于同意建立省级空间规划试点工作部际联席会议制度的函	国办函〔2017〕34号	2017年4月12日
37	国务院关于大连市城市总体规划的批复	国函〔2017〕45号	2017年4月14日
38	国务院办公厅关于批准温州市城市总体规划的通知	国办函〔2017〕39号	2017年4月28日
39	国务院办公厅关于批准辽阳市城市总体规划的通知	国办函〔2017〕41号	2017年5月4日
40	国务院办公厅关于批准威海市城市总体规划的通知	国办函〔2017〕42号	2017年5月4日
41	国务院办公厅关于批准镇江市城市总体规划的通知	国办函〔2017〕43号	2017年5月8日
42	国务院办公厅关于印发兴边富民行动“十三五”规划的通知	国办发〔2017〕50号	2017年6月6日
43	国务院关于齐齐哈尔市城市总体规划的批复	国函〔2017〕70号	2017年6月15日
44	国务院办公厅关于批准湛江市城市总体规划的通知	国办函〔2017〕60号	2017年6月19日
45	国务院办公厅关于建设第二批大众创业万众创新示范基地的实施意见	国办发〔2017〕54号	2017年6月21日
46	国务院关于徐州市城市总体规划的批复	国函〔2017〕78号	2017年6月23日
47	国务院关于太原市城市总体规划的批复	国函〔2017〕79号	2017年6月23日
48	国务院关于包头市城市总体规划的批复	国函〔2017〕82号	2017年6月29日
49	国务院关于长春市城市总体规划的批复	国函〔2017〕87号	2017年7月3日
50	国务院办公厅关于批准德州市城市总体规划的通知	国办函〔2017〕68号	2017年7月6日
51	国务院办公厅关于批准台州市城市总体规划的通知	国办函〔2017〕69号	2017年7月6日

续表

序号	政策法规名称	发文字号	发布日期
52	国务院关于修改《建设项目环境保护管理条例》的决定	国令第682号	2017年8月1日
53	国务院关于鞍山市城市总体规划的批复	国函〔2017〕111号	2017年8月7日
54	国务院关于拉萨市城市总体规划的批复	国函〔2017〕112号	2017年8月8日
55	国务院办公厅关于批准泰安市城市总体规划的通知	国办函〔2017〕80号	2017年8月18日
56	国务院办公厅关于批准湘潭市城市总体规划的通知	国办函〔2017〕83号	2017年8月25日
57	国务院办公厅关于推进城镇人口密集区危险化学品生产企业搬迁改造的指导意见	国办发〔2017〕77号	2017年9月4日
58	国务院办公厅关于批准牡丹江市城市总体规划的通知	国办函〔2017〕86号	2017年9月19日
59	国务院关于抚顺市城市总体规划的批复	国函〔2017〕122号	2017年9月18日
60	国务院办公厅关于批准阜新市城市总体规划的通知	国办函〔2017〕88号	2017年9月22日
61	国务院办公厅关于批准伊春市城市总体规划的通知	国办函〔2017〕89号	2017年9月25日
62	国务院办公厅关于批准大同市城市总体规划的通知	国办函〔2017〕92号	2017年9月29日
63	国务院办公厅关于批准盘锦市城市总体规划的通知	国办函〔2017〕111号	2017年10月10日
64	国务院办公厅关于批准嘉兴市城市总体规划的通知	国办函〔2017〕113号	2017年10月11日
65	国务院关于开展第三次全国土地调查的通知	国发〔2017〕48号	2017年10月16日
66	国务院关于同意将吉林省长春市列为国家历史文化名城的批复	国函〔2017〕131号	2017年10月26日
67	机关团体建设楼堂馆所管理条例	国令第688号	2017年10月27日
68	国务院办公厅关于批准新乡市城市总体规划的通知	国办函〔2017〕124号	2017年11月29日
69	国务院办公厅关于批准鹤岗市城市总体规划的通知	国办函〔2017〕135号	2017年12月11日
70	国务院关于贵阳市城市总体规划的批复	国函〔2017〕140号	2017年12月13日

续表

序号	政策法规名称	发文字号	发布日期
71	国务院办公厅关于推进重大建设项目批准和实施领域政府信息公开的意见	国办发〔2017〕94 号	2017 年 12 月 15 日
72	国务院关于同意设立中韩产业园的批复	国函〔2017〕142 号	2017 年 12 月 15 日
73	国务院关于上海市城市总体规划的批复	国函〔2017〕147 号	2017 年 12 月 25 日
74	国务院办公厅关于推进公共资源配置领域政府信息公开的意见	国办发〔2017〕97 号	2017 年 12 月 28 日

二、住房城乡建设部等部委颁布政策法规

序号	政策法规名称	发文字号	发布日期
1	《城市管理执法办法》	中华人民共和国住房和城乡建设部令第 34 号	2017 年 1 月 24 日
2	国土资源部 国家发展改革委关于印发《全国土地整治规划(2016—2020 年)》的通知	国土资发〔2017〕2 号	2017 年 1 月 10 日
3	关于印发《节水型社会建设“十三五”规划》的通知	发改环资[2017]128 号	2017 年 1 月 17 日
4	住房城乡建设部关于发布国家标准《城市排水工程规划规范》的公告	中华人民共和国住房和城乡建设部公告第 1447 号	2017 年 1 月 21 日
5	国家发展改革委关于支持郑州建设国家中心城市的复函	发改规划〔2017〕154 号	2017 年 1 月 22 日
6	住房城乡建设部办公厅 国家发展改革委办公厅关于做好城市排水防涝补短板建设的通知	建办城函[2017]43 号	2017 年 1 月 24 日
7	国家发展改革委办公厅关于明确新增国家重点生态功能区类型的通知	发改办规划〔2017〕201 号	2017 年 2 月 3 日
8	住房城乡建设部办公厅关于做好 2017 年中国人居环境奖申报工作的通知	建办城函[2017]84 号	2017 年 2 月 7 日
9	国家发展改革委 住房城乡建设部关于印发北部湾城市群发展规划的通知	发改规划[2017]277 号	2017 年 2 月 10 日
10	住房城乡建设部关于发布行业标准《城市综合地下管线信息系统技术规范》的公告	中华人民共和国住房和城乡建设部公告第 1473 号	2017 年 2 月 20 日
11	住房城乡建设部关于加强生态修复城市修补工作的指导意见	建规[2017]59 号	2017 年 3 月 6 日

续表

序号	政策法规名称	发文字号	发布日期
12	住房城乡建设部 国家发展改革委关于命名第八批(2016年度)国家节水型城市的通报	建城[2017]62号	2017年3月9日
13	《城市设计管理办法》	中华人民共和国住房和城乡建设部令第35号	2017年3月14日
14	住房城乡建设部办公厅关于学习贯彻习近平总书记在北京考察时重要讲话精神进一步加强城市规划工作的通知	建办规[2017]19号	2017年3月17日
15	住房城乡建设部关于山东省城镇体系规划的函	建规函[2017]94号	2017年3月23日
16	住房城乡建设部关于将北京等20个城市列为第一批城市设计试点城市的通知	建规[2017]68号	2017年3月14日
17	住房城乡建设部办公厅关于开展国家级风景名胜区总体规划评估工作的通知	建办城函[2017]255号	2017年4月11日
18	住房城乡建设部办公厅关于进一步加强历史文化街区划定和历史建筑确定工作的通知	建办规函[2017]270号	2017年4月17日
19	住房城乡建设部 文化部 国家文物局关于组织开展"文化和自然遗产日"活动的通知	建城[2017]105号	2017年5月2日
20	住房城乡建设部标准定额司关于征求行业标准《风景名胜区分类标准(征求意见稿)》意见的函	建标工征[2017]58号	2017年5月3日
21	住房城乡建设部关于发布国家标准《城市轨道交通桥梁设计规范》的公告	中华人民共和国住房和城乡建设部公告第1538号	2017年5月4日
22	土地利用总体规划管理办法	国土资源部第72号令	2017年5月8日
23	住房城乡建设部办公厅等关于做好足球场地设施布局规划建设的指导意见	建办规[2017]37号	2017年5月9日
24	住房城乡建设部 国家发展改革委关于印发全国城市市政基础设施建设"十三五"规划的通知	建城[2017]116号	2017年5月17日
25	住房城乡建设部关于发布国家标准《钢铁工业环境保护设计规范》的公告	中华人民共和国住房和城乡建设部公告第1581号	2017年5月27日
26	住房城乡建设部标准定额司关于征求国家标准《风景名胜区规划规范(征求意见稿)》意见的函	建标工征[2017]82号	2017年6月12日
27	住房城乡建设部标准定额司关于征求行业标准《县域生活垃圾处理工程规划规范(征求意见稿)》意见的函	建标工征[2017]103号	2017年7月3日

续表

序号	政策法规名称	发文字号	发布日期
28	住房城乡建设部标准定额司关于征求行业标准《卫星定位城市测量技术标准（征求意见稿）》意见的函	建标工征［2017］106 号	2017 年 7 月 3 日
29	住房城乡建设部关于印发《城镇污水处理工作考核暂行办法》的通知	建城［2017］143 号	2017 年 7 月 6 日
30	住房城乡建设部关于将保定等 38 个城市列为第三批生态修复城市修补试点城市的通知	建规［2017］147 号	2017 年 7 月 12 日
31	住房城乡建设部关于将上海等 37 个城市列为第二批城市设计试点城市的通知	建规［2017］148 号	2017 年 7 月 12 日
32	住房城乡建设部标准定额司关于征求国家标准《城市内涝防治规划标准（征求意见稿）》意见的函	建标工征［2017］110 号	2017 年 7 月 13 日
33	住房城乡建设部办公厅关于开展城市停车设施规划建设督查工作的通知	建办城函［2017］495 号	2017 年 7 月 17 日
34	住房城乡建设部标准定额司关于征求国家标准《城市居住区规划设计标准（征求意见稿）》意见的函	建标工征［2017］113 号	2017 年 7 月 31 日
35	交通运输部 中央宣传部 中央网信办 国家发展改革委 工业和信息化部 公安部 住房城乡建设部 人民银行 质检总局 国家旅游局关于鼓励和规范互联网租赁自行车发展的指导意见	交运发［2017］109 号	2017 年 8 月 1 日
36	国土资源部办公厅关于印发《省级国土规划编制要点》的通知	国土资厅函［2017］1282 号	2017 年 8 月 25 日
37	住房城乡建设部 国家发展改革委 财政部 能源局关于推进北方采暖地区城镇清洁供暖的指导意见	建城［2017］196 号	2017 年 9 月 6 日
38	国土资源部办公厅关于印发村土地利用规划编制技术导则的通知	国土资厅发［2017］26 号	2017 年 9 月 8 日
39	住房城乡建设部办公厅关于城乡规划编制单位甲级资质“双随机”抽查结果的通报	建办规函［2017］654 号	2017 年 9 月 15 日
40	住房城乡建设部关于加强历史建筑保护与利用工作的通知	建规［2017］212 号	2017 年 9 月 20 日
41	国土资源部 国务院扶贫办 国家能源局关于支持光伏扶贫和规范光伏发电产业用地的意见	国土资规［2017］8 号	2017 年 9 月 25 日
42	住房城乡建设部 国家文物局关于开展国家历史文化名城和中国历史文化名镇名村保护工作评估检查的通知	建规［2017］221 号	2017 年 10 月 9 日

续表

序号	政策法规名称	发文字号	发布日期
43	住房城乡建设部办公厅关于印发《城市湿地公园设计导则》的通知	建办城[2017]63号	2017年10月11日
44	住房城乡建设部关于印发《城市湿地公园管理办法》的通知	建城[2017]222号	2017年10月13日
45	住房城乡建设部关于命名2017年国家园林城市的通报	建城[2017]225号	2017年10月27日
46	住房城乡建设部关于2017年中国人居环境奖获奖名单的通报	建城[2017]224号	2017年10月27日
47	国土资源部关于改进管理方式切实落实耕地占补平衡的通知	国土资规[2017]13号	2017年12月11日
48	住房城乡建设部关于将北京等10个城市列为第一批历史建筑保护利用试点城市的通知	建规[2017]245号	2017年12月12日
49	住房城乡建设部印发《园林绿化工程建设管理规定》的通知	建城[2017]251号	2017年12月20日
50	住房城乡建设部关于进一步加强违法建设治理工作的通知	建督[2017]252号	2017年12月21日
51	国土资源部办公厅关于开展新一轮土地利用总体规划编制试点工作的通知	国土资厅函[2018]37号	2018年1月16日